U0295720

大飞机出版工程　总主编／顾诵芬

民机先进航电系统及应用系列

主编／冯培德　执行主编／金德琨

国家出版基金项目
NATIONAL PUBLICATION FOUNDATION

民用飞机
驾驶舱集成设计
与适航验证

Design, Integration and Certification
of Civil Aircraft Flightdeck

赵春玲 范瑞杰 朱志胜 刘洪涛 等／著

上海交通大学出版社
SHANGHAI JIAO TONG UNIVERSITY PRESS

内容提要

本书紧密围绕民用飞机驾驶舱研制展开，首先说明了民用飞机驾驶舱的功能和特点，提出了民机驾驶舱设计理念、顶层设计要求和研制方法；其次重点对驾驶舱综合环境设计、布局布置设计、控制器件设计、显示设计、机组告警设计、系统集成设计等研制活动进行了详细阐述；最后给出了驾驶舱评估和适航验证方法，并对驾驶舱相关技术的发展趋势进行了展望。本书提出了一套系统性的、基于系统工程的民机驾驶舱正向设计流程和方法，把握民用飞机驾驶舱设计理念、设计要求、设计方法、实现方案、适航验证的完整主线，将驾驶舱集成设计的各个环节进行有机融合，并进行详细阐述。书中也包含了大量工程案例和详实的工程数据。通过阅读本书，可以使读者清晰地了解民用飞机驾驶舱集成设计的理论、方法和实施途径，为后续民用飞机驾驶舱集成设计和适航验证提供了很好的借鉴。

图书在版编目(CIP)数据

民用飞机驾驶舱集成设计与适航验证/赵春玲等著. —上海：上海交通大学出版
社，2019(2020 重印)
大飞机出版工程
ISBN 978 - 7 - 313 - 22775 - 1

Ⅰ.①民…　Ⅱ.①赵…　Ⅲ.①民用飞机－座舱－适航性－研究　Ⅳ.①V223

中国版本图书馆 CIP 数据核字(2020)第 003654 号

民用飞机驾驶舱集成设计与适航验证
MINYONG FEIJI JIASHICANG JICHENG SHEJI YU SHIHANG YANZHENG

著　　者：赵春玲　范瑞杰　朱志胜　刘洪涛　等				
出版发行：上海交通大学出版社		地　　址：上海市番禺路 951 号		
邮政编码：200030		电　　话：021 - 64071208		
印　　制：上海盛通时代印刷有限公司		经　　销：全国新华书店		
开　　本：710mm×1000mm　1/16		印　　张：35.25		
字　　数：479 千字				
版　　次：2019 年 12 月第 1 版		印　　次：2020 年 6 月第 2 次印刷		
书　　号：ISBN 978 - 7 - 313 - 22775 - 1				
定　　价：368.00 元				

版权所有　侵权必究
告读者：如发现本书有印装质量问题请与印刷厂质量科联系
联系电话：021 - 37910000

大飞机出版工程
丛书编委会

总 主 编　顾诵芬(航空工业集团公司科技委原副主任、中国科学院和中国工程院院士)

副总主编　贺东风(中国商用飞机有限责任公司董事长)

　　　　　林忠钦(上海交通大学校长、中国工程院院士)

编 委 会　王礼恒(中国航天科技集团公司科技委主任、中国工程院院士)

　　　　　王宗光(上海交通大学原党委书记、教授)

　　　　　刘　洪(上海交通大学航空航天学院原副院长、教授)

　　　　　任　和(中国商飞上海飞机客户服务公司副总工程师、教授)

　　　　　李　明(航空工业集团沈阳飞机设计研究所科技委委员、中国工程院院士)

　　　　　吴光辉(中国商用飞机有限责任公司副总经理、总设计师、中国工程院院士)

　　　　　汪　海(上海交通大学航空航天学院研究员)

　　　　　张卫红(西北工业大学副校长、教授)

　　　　　张新国(中国航空工业集团原副总经理、研究员)

　　　　　陈迎春(中国商用飞机有限责任公司 CR929 飞机总设计师、研究员)

　　　　　陈宗基(北京航空航天大学自动化科学与电气工程学院教授)

　　　　　陈　勇(中国商用飞机有限责任公司工程总师、ARJ21 飞机总设计师、研究员)

　　　　　陈懋章(北京航空航天大学能源与动力工程学院教授、中国工程院院士)

　　　　　金德琨(航空工业集团公司原科技委委员、研究员)

　　　　　赵越让(中国商用飞机有限责任公司总经理、研究员)

　　　　　姜丽萍(中国商用飞机有限责任公司制造总师、研究员)

　　　　　曹春晓(航空工业集团北京航空材料研究院研究员、中国工程院院士)

　　　　　敬忠良(上海交通大学航空航天学院原常务副院长、教授)

　　　　　傅　山(上海交通大学电子信息与电气工程学院研究员)

民机先进航电系统及应用系列
编委会

主　　编　冯培德(中国航空工业集团公司科技委副主任、中国工程院院士)

执行主编　金德琨(中国航空工业集团公司科技委委员、研究员)

编　　委　(按姓氏笔画排序)

王国庆(中国航空工业无线电电子研究所原所长、研究员,上海交通大学教授)

王金岩(中国航空工业无线电电子研究所所长、研究员)

牛文生(中国航空工业西安航空计算技术研究所党委书记、研究员)

成　伟(民航东北地区管理局审定处原副处长、研究员)

肖　刚(上海交通大学航空航天学院副院长、教授)

吴建民(中国航空工业无线电电子研究所副总工程师、研究员)

陈骊醒(中国航空工业西安飞机工业(集团)有限责任公司副总经理)

周贵荣(中国商用飞机有限责任公司副总设计师、研究员)

赵清洲(陕西千山航空电子有限责任公司党委书记、董事长、研究员)

徐　明(中国航空综合技术研究所总工程师、研究员)

敬忠良(上海交通大学航空航天学院原常务副院长、教授)

蒋　欣(中国商飞北京民用飞机技术研究中心副主任、研究员)

程宇峰(中国航空工业集团公司雷华电子技术研究所所长、研究员)

曾　利(中国电子科技集团副总工程师、研究员)

总序

国务院在 2007 年 2 月底批准了大型飞机研制重大科技专项正式立项,得到全国上下各方面的关注。"大型飞机"工程项目作为创新型国家的标志工程重新燃起我们国家和人民共同承载着"航空报国梦"的巨大热情。对于所有从事航空事业的工作者,这是历史赋予的使命和挑战。

1903 年 12 月 17 日,美国莱特兄弟制作的世界第一架有动力、可操纵、重于空气的载人飞行器试飞成功,标志着人类飞行的梦想变成了现实。飞机作为 20 世纪最重大的科技成果之一,是人类科技创新能力与工业化生产形式相结合的产物,也是现代科学技术的集大成者。军事和民生对飞机的需求促进了飞机迅速而不间断的发展,应用和体现了当代科学技术的最新成果;而航空领域的持续探索和不断创新,为诸多学科的发展和相关技术的突破提供了强劲动力。航空工业已经成为知识密集、技术密集、高附加值、低消耗的产业。从大型飞机工程项目开始论证到确定为《国家中长期科学和技术发展规划纲要》的十六个重大专项之一,直至立项通过,不仅使全国上下重视起我国自主航空事业,而且使我们的人民、政府理解了我国航空事业半个世纪发展的艰辛和成绩。大型飞机重大专项正式立项和启动使我们的民用航空进入新纪元。经过 50 多年的风雨历程,当今中国的航空工业已经步入了科学、理性的发展轨道。大型客机项目其产业链长、辐射面宽、对国家综合实力带动性强,在国民经济发展和科学技术进步中发挥着重要作用,我国的航空工业迎来了新的发展机遇。

大型飞机的研制承载着中国几代航空人的梦想,在 2016 年造出与波音 737 和空客 A320 改进型一样先进的"国产大飞机"已经成为每个航空人心中奋斗的目标。然而,大型飞机覆盖了机械、电子、材料、冶金、仪器仪表、化工等几乎所有工业门类,集成了数学、空气动力学、材料学、人机工程学、自动控制学等多种学科，是一个复杂的科技创新系统。为了迎接新形势下理论、技术和工程等方面的严峻挑战，迫切需要引入、借鉴国外的优秀出版物和数据资料，总结、巩固我们的经验和成果，编著一套以"大飞机"为主题的丛书，借以推动服务"大型飞机"作为推动服务整个航空科学的切入点，同时对于促进我国航空事业的发展和加快航空紧缺人才的培养，具有十分重要的现实意义和深远的历史意义。

2008年5月，中国商用飞机有限责任公司成立之初，上海交通大学出版社就开始酝酿"大飞机出版工程"，这是一项非常适合"大飞机"研制工作时宜的事业。新中国第一位飞机设计宗师——徐舜寿同志在领导我们研制中国第一架喷气式歼击教练机——歼教1时，亲自撰写了《飞机性能捷算法》，及时编译了第一部《英汉航空工程名词字典》，翻译出版了《飞机构造学》《飞机强度学》，从理论上保证了我们飞机研制工作。我本人作为航空事业发展50年的见证人，欣然接受了上海交通大学出版社的邀请担任该丛书的主编，希望为我国的"大型飞机"研制发展出一份力。出版社同时也邀请了王礼恒院士、金德琨研究员、吴光辉总设计师、陈迎春副总设计师等航空领域专家撰写专著、精选书目，承担翻译、审校等工作，以确保这套"大飞机"丛书具有高品质和重大的社会价值，为我国的大飞机研制以及学科发展提供参考和智力支持。

编著这套丛书，一是总结整理50多年来航空科学技术的重要成果及宝贵经验；二是优化航空专业技术教材体系，为飞机设计技术人员培养提供一套系统、全面的教科书，满足人才培养对教材的迫切需求；三是为大飞机研制提供有力的技术保障；四是将许多专家、教授、学者广博的学识见解和丰富的实践经验总结继承下来，旨在从系统性、完整性和实用性角度出发，把丰富的实践经验进一步理论化、科学化，形成具有我国特色的"大飞机"理论与实践相结合的知识体系。

"大飞机"丛书主要涵盖了总体气动、航空发动机、结构强度、航电、制造等专业方向，知识领域覆盖我国国产大飞机的关键技术。图书类别分为译著、专著、教材、工具书等几个模块；其内容既包括领域内专家们最先进的理论方法和技术成果，也包括来自飞机设计第一线的理论和实践成果。如：2009 年出版的荷兰原福克飞机公司总师撰写的 Aerodynamic Design of Transport Aircraft(《运输类飞机的空气动力设计》)，由美国堪萨斯大学 2008 年出版的 Aircraft Propulsion(《飞机推进》)等国外最新科技的结晶；国内《民用飞机总体设计》等总体阐述之作和《涡量动力学》《民用飞机气动设计》等专业细分的著作；也有《民机设计 1000 问》《英汉航空双向词典》等工具类图书。

该套图书得到国家出版基金资助，体现了国家对"大型飞机项目"以及"大飞机出版工程"这套丛书的高度重视。这套丛书承担着记载与弘扬科技成就、积累和传播科技知识的使命，凝结了国内外航空领域专业人士的智慧和成果，具有较强的系统性、完整性、实用性和技术前瞻性，既可作为实际工作指导用书，亦可作为相关专业人员的学习参考用书。期望这套丛书能够有益于航空领域里人才的培养，有益于航空工业的发展，有益于大飞机的成功研制。同时，希望能为大飞机工程吸引更多的读者来关心航空、支持航空和热爱航空，并投身于中国航空事业做出一点贡献。

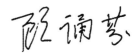

2009 年 12 月 15 日

系列序

20世纪后半叶特别是21世纪初，信息技术的高速发展带动了其他学科的发展，航空信息化、智能化加速了航空的发展。航空电子已成为现代飞机控制和运行的基础，越来越多的重要功能有赖于先进的航空电子系统来实现。先进的航空电子系统已成为飞机先进性的重要标志之一。

如果将发动机比作飞机的"心脏"，航空电子系统则称得上是飞机的"大脑"和"中枢神经系统"，其性能直接影响飞机的自动化和智能化水平，对飞机的安全性、经济性、舒适性、可用性等有重要的作用。由于航空电子系统地位特殊，因此当今主流飞机制造商都将航空电子系统集成与验证的相关技术列为关键技术，这也是我国亟待突破的大飞机研制关键技术。目前，国家正筹备航电专项以提升航空电子系统的自主研发和系统集成能力。

随着国家对航空产业的重视，在"十二五""十三五"民机科研项目的支持下，在国产大飞机研制的实践中，我国航空电子系统在综合化、模块化方面取得了很大的进步。本系列图书旨在将我国广大工程技术人员在航空电子技术方面多年研究成果和实践加以梳理、总结，为我国自主研制大型民用飞机助一臂之力。

本系列图书以"民机先进航电系统及应用"为主题，内容主要涵盖航空电子系统综合技术、飞行管理系统、显示与控制系统、机载总线与网络、飞机环境综合监视、通信导航监视、航空电子系统软件/硬件开发及适航审定、客舱与机载信息系统、民机健康管理系统、飞行记录系统、驾驶舱集成设计与适航验证、系统安全性设计与分析和航空电子适航性管理等关键性技术，既有理论又有设计方法；既有正在运营的各种大型飞机航空电子系统的介绍，也有航空电子发展趋势的展望，具有明显的工程实用性，对大飞机在研型号的优化和新机研制具有参考和借鉴价值。本系列图书适用于民用飞机航空电子研究、开发、生产及管理人员和高等学校相关专业师生,也可供从事军用航空电子工作的相关人员参考。

本系列图书的作者主要来自航空工业无线电电子研究所、航空工业西安航空计算技术研究所、航空工业雷华电子技术研究所、航空工业综合技术研究所、中国电子科技集团航空电子公司、航空工业陕西千山航空电子有限责任公司、上海交通大学以及大飞机研制的主体单位——中国商用飞机有限责任公司等专业的研究所、高校以及公司。他们都是从事大飞机航空电子系统研制的专家和学者,在航空电子领域有着突出的贡献、渊博的知识和丰富的实践经验。

大型民用飞机的研制承载着中国几代航空人的梦想,制造出先进的国产大飞机已经成为每个航空人奋斗的目标。本系列图书得到 2019 年国家出版基金的资助,充分体现了国家对"大飞机工程"的高度重视,希望该套图书的出版能够为国产大飞机的研制服务。衷心感谢每一位参与编著本系列图书的人员,以及所有直接或间接参与本丛书审校工作的专家学者和上海交通大学出版社的"大飞机出版工程"项目组,在大家的共同努力下,这套丛书终于面世。衷心希望本系列图书能切实有利于我国航空电子系统研发能力的提升,为国产大飞机的研制尽一份绵薄之力。

由于本系列图书是国内第一套航空电子系列图书,规模大、专业面广,作者的水平和实践经验有限,不妥之处在所难免,敬请读者批评指正!

民机先进航电系统及应用系列编委会

前 言

20世纪80年代，民用飞机驾驶舱人机界面主要由数量众多的独立机械仪表构成，飞行机组需要人工识别、判读这些独立仪表所显示信息间的关联性，从而判断飞机状态，控制和操纵飞机。随着计算机技术、显示技术、控制技术及通信技术的快速发展和广泛应用，集成式显示器取代了传统的机械仪表，驾驶舱显示器件数量明显减少，民机驾驶舱设计实现了功能集成、显示和控制器件集成、系统操作控制自动化程度的提升，大幅改善了驾驶舱的人机交互效能。尽管如此，由驾驶舱人为因素设计问题导致的坠机事件仍然是民航安全重点关注的领域。究其原因，大多可归咎于驾驶舱集成设计和人机工效设计的欠缺，传统的"以功能集成为中心"的驾驶舱设计理念在日益复杂的民航运输环境下，已不能满足驾驶员对驾驶舱人机接口及综合集成的需求。为此，对于高度复杂的民用飞机驾驶舱设计，"以人为中心"的设计理念应运而生，该理念采用基于系统工程的正向设计流程和方法，严格按照民航适航规章要求和工业界标准规范，将驾驶舱作为整体产品，开展民用飞机驾驶舱的集成设计、评估与适航验证。

编写本书的初衷源自中国首架具有完全自主知识产权的先进涡扇喷气式支线客机ARJ21飞机驾驶舱集成设计、评估与适航验证的工程实践。本书各章节编写人员均是直接参与ARJ21驾驶舱研制的核心工程技术人员，对多年从事民机驾驶舱研制的工程实践经验进行了系统性的总结。在ARJ21飞机驾驶舱研制过程中，首次系统性地贯彻了"以人为中心"的驾驶舱设计理念，充分考虑了驾驶员的特性和使用需求；按照复杂产品的系统工程方法，建立了"驾驶舱设计理念—设计要求—设计标准—设计规范—设计方案—产品实现—适航验证"的一整套自上而下的民用飞机驾驶舱正向设计流程和方法；从驾驶舱物理集成、功能集成、交互集成等角度开展了民用飞机驾驶舱的集成设计，并严格按照民航适航规章和标准要求完成了驾驶舱的适航验证。通过优化驾驶舱大大提升了ARJ21飞机的安全性、经济性和市场竞争力，同时也开启了我国民用飞机驾驶舱集成设计和评估的新模式，为后续飞机型号驾驶舱研制提供了经验和借鉴。

与已出版的驾驶舱相关人为因素理论和评估类著作相比,本书基于工程实践经验,将民用飞机驾驶舱作为一个总体进行了论述,突出驾驶舱集成设计,突出系统性的驾驶舱整体产品的设计、评估和适航验证的论述;突出系统工程理论和方法,从需求出发,明确设计要求,确定设计方法,提出系统实现方案,实施设计评估和验证;突出工程实践经验总结,给出了大量的工程案例和详实的工程数据。

本书共有 12 章。第 1 章介绍了民用飞机驾驶舱的发展历程、功能和特点;第 2 章阐述了民用飞机驾驶舱的设计理念与设计原则;第 3 章提出了民用飞机驾驶舱设计的基本要求,包括适航规章要求、工业标准要求,并从人为因素、驾驶舱环境等角度对驾驶舱的设计提出要求;第 4 章详细阐述了驾驶舱综合环境设计,包括光环境、内饰设计、声环境等;第 5 章阐述了驾驶舱布局布置的设计;第 6 章详细阐述了驾驶舱控制器件设计要求,包括杆、盘、舵、按钮、开关等;第 7 章从人机接口的角度详细阐述了驾驶舱显示设计要求、设计方法和符合性验证方法;第 8 章阐述了面向机组情景意识需求的机组告警设计的要求和方法以及符合性验证方法;第 9 章从系统工程的角度阐述了驾驶舱系统集成设计与验证的整体研制流程;第 10 章定义了驾驶舱评估的方法和准则;第 11 章阐述了基于适航要求的驾驶舱适航验证方法;第 12 章展望了未来民用飞机驾驶舱发展趋势及对驾驶舱集成设计的新挑战。本书各章节编写均遵循系统工程原则与方法,从需求出发展开论述,明确设计要求,阐述设计方法,提出系统实现方案,说明符合性验证方法,总结工程实践案例,展望细分领域的技术发展趋势。

本书可供从事民用飞机驾驶舱集成设计、驾驶舱系统及设备研制的工程技术人员,民航飞行学院、航空公司驾驶员及飞行培训人员,以及航空类高校师生参考使用。

本书由中国商飞上海飞机设计研究院赵春玲研究员主持编写,编写组主要由参与 ARJ21 飞机驾驶舱研制的工程技术人员组成。其中第 1、2 章由范瑞杰、孟繁栋编写;第 3、9 章由刘洪涛、蒋俊编写;第 4 章由朱志胜编写;第 5 章由张垠博编写;第 6 章由刘正权编写;第 7 章由杨宁、姚新斌编写;第 8 章由李凯、李先学编写;第 10、11 章由李飞、芦莎莎、朱瑶编写;第 12 章由范瑞杰编写。全书由赵春玲统筹策划、统稿并审阅。

本书的成稿与出版得到了业内专家的悉心指导,也得到了上海交通大学出版社的大力支持,更离不开本书各章节主要编写人员的辛勤付出,在此一并致谢。

希望本书的出版能够促进我国民用飞机驾驶舱集成设计技术的研究和发展,提升国产民机驾驶舱集成设计能力,促进我国航空领域技术发展和航空产业的能力提升。

由于作者水平有限,书中难免存在缺点甚至错误,恳请读者批评指正。

目录

3 民用飞机驾驶舱设计要求 / 35

4 驾驶舱综合环境设计 / 73

5 驾驶舱布局布置设计 / 153

8　机组告警设计 / 323

11 驾驶舱适航验证 / 427

1

绪论

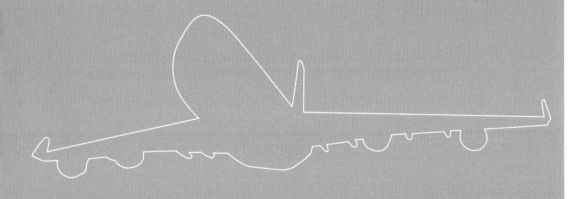

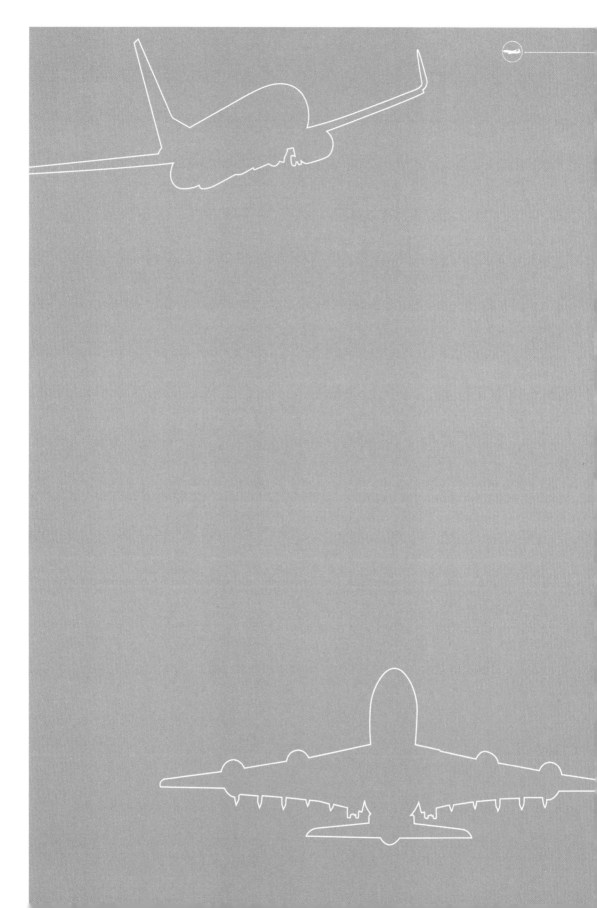

民用飞机的驾驶舱是飞机的控制中枢和智能终端,是驾驶员获取飞行信息、控制飞机、完成飞行任务的工作场所。飞机驾驶舱在有限的物理空间内为驾驶员提供物理认知和操纵界面。驾驶舱综合设计水平对飞机的安全飞行、性能的充分发挥起着重要作用。驾驶舱为驾驶员提供系统功能管理的界面和接口,是驾驶员与飞机交互的载体,驾驶舱物理工效设计和认知工效设计对驾驶员效能的发挥有着直接影响,在一定程度上对飞行安全起着决定性的作用。驾驶舱符合人机工效设计才能实现人机匹配,驾驶员才能安全、高效、舒适地完成驾驶任务。

民用飞机的驾驶舱研制逐渐从"以功能为主"的设计理念转变为"以人为中心"的设计理念。"以人为中心"的设计理念能够从驾驶员的角度充分考虑操纵、管理飞机的系统功能,定义包括驾驶员责任和权限;驾驶员特性;差错及系统方面的通信、自动化、新技术应用及设计优先级和机组任务简化等方面的需求。制订"以人为中心"的设计理念是为了简化机组任务,使飞行操作环境更加舒适,最终保障飞行安全。

本书后续各章节将驾驶舱整体产品作为研究对象,分别从驾驶舱主要职责、驾驶舱设计理念与设计原则、驾驶舱设计要求、驾驶舱综合环境、驾驶舱布局布置、驾驶舱控制器件、显示、机组告警、驾驶舱系统集成、驾驶舱评估、驾驶舱适航验证等角度去研究、实现驾驶舱的各项功能和效用,以满足较高的人机耦合效能的要求。

1.1　飞行操纵

民用飞机飞行机组的首要职责是操纵、控制飞机,让飞机在空中安全飞行。驾驶舱为飞行机组提供基本的驾驶操纵输入。飞行操纵系统主要包括主操纵系统和辅助操纵系统。主操纵系统用于驾驶员操纵飞机改变或者保持飞机的飞行姿态,辅助操纵系统用于改善飞机的飞行性能、减小驾驶员的操作负荷等。飞机驾驶舱需要为驾驶员提供操纵这些设备的操纵界面。

1.1.1 飞机操纵面及其功用

飞机操纵面大多安装于机翼和尾翼的后缘,通过操纵面偏转改变机翼、尾翼的气动特性,达到操纵飞机的目的。飞机操纵面按功用通常分为主操纵面和辅助操纵面两类。在驾驶舱设计过程中需要为机组提供包括驾驶盘(杆)、方向舵、转弯手轮等主操纵面以及减速板、襟缝翼手柄等辅助操纵面。

1) 主操纵面

飞机主操纵面包括副翼、方向舵和升降舵(或全动平尾),如图1-1所示。副翼铰接于外侧机翼之后,两边副翼相对反向偏转时产生对飞机纵轴的滚转力矩,实现对飞机的横侧操纵。方向舵铰接于垂直安定面之后,它向左或向右偏转时产生飞机立轴的偏航力矩,实现对飞机的方向操纵。升降舵铰接于水平安定面之后,向上或向下偏转时产生对飞机的横轴俯仰力矩,实现对飞机的俯仰操纵。

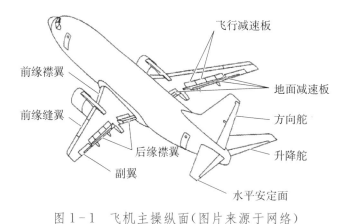

图1-1 飞机主操纵面(图片来源于网络)

2) 辅助操纵面

襟翼属于飞机的增升装置,用于起飞、进近及着陆阶段,其功用是改善飞机起飞和着陆性能。襟翼放下后,增大了机翼的翼型剖面弧度和面积,从而增大了相同空速时的升力。前缘缝翼也属于增升装置，与襟翼配合使用，以改善飞机的低速性能。

1.1.2 飞行操纵基本原理及主操纵力

1）飞行操纵基本原理

飞行主操纵是指操纵主舵面偏转，产生附加气动力对飞机的纵轴、横轴和立轴形成气动力矩，改变或保持飞机的滚转、俯仰和偏航。

在飞行中进行滚转操纵时，左转驾驶盘（杆），左边副翼上偏，附加气动力向下，右边副翼下偏，附加气动力向上，对飞机纵轴形成左滚力矩，使飞机左侧机翼相对于驾驶员下降；同理，右转驾驶盘（杆）则使飞机右侧机翼相对于驾驶员下降。

在飞行中进行俯仰操纵时，后拉驾驶盘（杆），升降舵后缘上偏，附加气动力向下，对飞机横轴形成抬头力矩，使机头相对驾驶员上仰；同理，前推驾驶盘（杆）则使机头相对驾驶员下俯。

在飞机进行偏航操纵时，蹬左脚蹬，方向舵后缘左偏，附加气动力向右，对飞机立轴形成左偏航力矩，使飞机机头相对驾驶员向左移动；同理，蹬右脚蹬则使飞机机头相对驾驶员向右移动。

在真实的飞行过程中，为获得更好的飞行性能和乘坐舒适性，各操纵面往往协同工作。

2）飞行主操纵力

驾驶员通过驾驶盘（杆）或者脚蹬等主操纵机构对副翼、升降舵或方向舵进行操纵，相应的主操纵面偏转，产生的气动力不仅对飞机三轴形成滚转、俯仰或者偏航力矩从而实现对飞机姿态的控制，而且这些气动力还会对各个操纵面的铰链（偏转轴）产生枢轴力矩，迫使操纵面回到中立位置。

根据空气动力学理论，作用在操纵面上的气动力与操纵面的尺寸和偏转角度成正比，与飞行速度的平方成正比。所以主操纵力也与操纵面尺寸和偏转角度成正比，与飞行速度的平方成正比。驾驶舱器件的设计需要考虑操纵力矩和行程,以使驾驶员能够有效地操纵、控制飞机。

1.2 飞行导航

飞行机组的第二职责是引导飞机安全抵达目的地。自人类首次飞天以来,在过去的一个多世纪中,飞行导航为保障飞行安全做出了重要贡献。民用飞机的导航主要是引导飞机沿着预定的航线安全、准确、准时地飞到目的地。但由于飞行路径并不像汽车行驶,可理解为在平面上飞机从 A 机场引导到 B 机场的(二维角度)行驶,因此飞行需要参考更为严谨和具体的地理位置——经纬度概念,且飞机需要在空中保持一定的高度飞行,这就决定了飞机需要考虑最优路径,为此长距离航线一般采用大圆航线来规划航路。飞行导航主要包括对飞机的飞行轨迹控制和任务制导。

在控制飞行轨迹时,姿态、航向、速度及高度是驾驶员关注的重要参数。姿态和航向分别描述飞机相对于水平面的俯仰角、滚转角以及在水平面内相对于北向的航向。这些信息对于驾驶员在各种气象条件下驾驶飞机是极其重要的,尤其在看不清或看不见地平线和地标的时候,如雾霭天气、穿云飞行和夜间飞行。姿态和航向信息对于辅助机组人员执行飞行任务的航空电子系统也非常重要,这些系统包括自动驾驶系统(如姿态和航向保持、自动着陆等模式)、导航系统等。根据纬度和经度坐标给出的准确位置信息、地速、航迹角、高度、垂直速度对于飞机的制导非常重要。

确定飞机位置、飞机航向和飞行时间是导航的三个基本职责。驾驶舱应为机组提供方便使用的人机界面。

1.2.1 目视飞行阶段

在飞机发展初期,基本以目视飞行为主,目视飞行是指在可见空地分割线和地面标志物的条件下,以目视判定飞机方位的一种分析方法,完全靠驾驶员目视观测地标,沿着山脉、河流、建筑等地形飞行。此时飞机的驾驶舱界面较为简单,基本上没有专用的导航设备,驾驶员也不需要进行额外的导航设备操作,但这种导航对飞机的飞行高度有着严格的限制。目视飞行作为核心导航手段使用了很多年,即使是现在,在终端区域,驾驶员依然沿用目视飞行规则,目视飞行是最初的,也是最有效的导航手段。

在目视飞行过程中,驾驶员在驾驶舱中主要关注航向、姿态、空速、高度和气象等数据,其中高度数据需要驾驶员在驾驶舱内通过高度表拨正等操作获得。

1.2.2　初级导航阶段

在初级导航阶段,飞机主要用无线电设备进行空间定位。初级导航的出现为驾驶舱增设了大量的设备,虽然让飞机能够飞得更远、更高,但驾驶界面变得更复杂,如图1-2所示;且机组工作量巨大,需要设置专门的领航员进行领航工作。在第一次世界大战期间,无线电导航技术问世,人们把无线电导航信标安装到了机场附近,飞机上安装了自动定向仪(automatic direction finder,

图1-2　波音707早期飞机驾驶舱界面(图片来源于网络)

ADF),用于帮助飞机精确地飞向机场。此时驾驶舱内出现了导航的最初操作手段和显示方式,ADF用于指示飞机航向与地面信标台的夹角,驾驶员只要保持航向指向信标台,最终就可以将飞机导航至机场附近。驾驶员需要人工输入ADF工作频率,其显示也相对简单,但是在侧风条件下飞机的飞行航路不固定,存在驾驶员无法准确控制航迹的缺点。

后来出现了甚高频全向信标(VHF omnidirectional range,VOR),可以为飞机提供基于磁北的航路,VOR使用极坐标进行定位,相对于ADF,其最大优点是为驾驶员提供稳定的航路,且不受外界因素的影响。从一个VOR导航台飞向另一个VOR导航台很容易,但是遇到复杂气象或者地形就需要驾驶员人工运用几何方法计算航路。

因此驾驶舱内设置了一个专注于导航的职业:领航员。领航员也坐在驾驶舱内,负责准确无误地计算飞机的位置、速度、高度和航向等数据,并根据飞行计划指挥驾驶员的飞行方向,确保航行安全;同时根据气象信息,在遇到意外情况时确定新的航向,保证航行安全。

1.2.3　现代导航阶段

随着导航技术的迅速发展,驾驶舱先进的导航计算机和综合液晶显示器代替了传统机械仪表,导航系统的飞行管理系统(flight management system,FMS)代替人脑进行大量的精密计算,使飞行导航变得更加简单,驾驶舱进入了双人制机组时代,此时的导航功能需要飞行机组在地面完成飞行计划的输入和确认,而飞行中主要监控导航信息,不再需要进行额外的人工计算,导航计算机的诞生大大简化了飞行机组的任务,驾驶舱界面变得更为简洁,如图1-3所示。

1.2.4　未来导航发展

目前,全球定位系统(global positioning system,GPS)是主要的高精度定

图 1 - 3　A320 飞机驾驶舱界面(图片来源于网络)

位导航系统,可以用于飞机、舰船以及陆地交通工具。随着中国北斗卫星系统功能的逐步完善,未来基于更高精度、更高通信速率的多维导航将获得长足发展。

(1)四维导航系统将结合飞机上的精密导航仪器和防撞系统以及追踪飞机位置的人造卫星,无须像现在这样通过空中交通管制(air traffic control,ATC)向驾驶员发布指令,飞机便会像鸟群一样在空中排列,有序地等候降落。一旦四维导航技术完全成熟,就可以自主控制飞机的速度和位置,驾驶员和管制员存在的必要性将大幅降低,无人驾驶的飞行时代即将变得可能。

(2)驾驶舱间隔管理(flight deck interval management,FIM)。未来空管的新技术——NASA 开发的 FIM 系统可以减少花在传递信息上的时间。该系统使用卫星定位追踪和自动化的计算机指令定位飞机,并不断更新驾驶员降落时的安全飞行速度。这样一来,那些等待降落的飞机之间就不需要留缓冲空间了,不仅可以减少燃料消耗和尾气排放,而且可以提高飞机的准点率。

随着飞行导航技术的发展,基于星基的导航手段逐渐成为主流,这将大大改变驾驶员对导航的操作方式,在一定程度上也会影响和改变驾驶舱的设计和布局。

1.3　驾驶舱通信

飞行机组的第三职责是有效通信,不管是内部通信还是外部通信,必要的信息沟通是保障安全飞行的前提,民用飞机驾驶舱通信是安全飞行的重要组成部分,也是实施 ATC 的主要措施。驾驶员作为 ATC 指令的执行者,是保障安全运行的重要一环。民用飞机在日趋繁忙的空中交通运输中,通信在落实空管指挥方面所起的作用越来越大。驾驶员应该对各种通信设备的性能和所具备的功能了如指掌,对其使用能达到熟练自如的程度,这对保障飞行安全、提高工作效率有着十分重要的意义。所以驾驶舱通信交流的设计应能满足机组操作的多余度要求;同时,控制界面应便捷好用,满足驾驶员高频操作的需求。

1.3.1　航空通信的一般规则

无线电通话指用于空中交通服务单位与航空器件的语音联络,其有特殊的发音,语言简洁、严谨,经过程序严格缩减,多使用祈使句。

联系时应采用下列通话结构:对方呼号＋己方呼号＋通话内容。

对于首次通话以后的隔次通话,空中交通管制员可采用下列通话结构:对方呼号＋通话内容。

驾驶员可采用下列通话结构:对方呼号＋己方呼号＋通话内容。

空中交通管制员确认驾驶员复诵的内容时可仅呼叫对方呼号,当空中交通管制员认为有必要时,可具体确认。

一般通话有下列技巧:先想后说,在发话之前想好说话内容;先听后说,避免干扰他人说话;说话速度保持适中,在描述需要记录的信息或重要信息时放慢语速;说话时发音应清楚、明白,保持音量平稳,使用正常语调;在数字前应稍有停顿。

通信系统为机组提供来自终端塔台和区域空管的指挥信息;为机组提供航

路的气象及其他空域信息,同时,通信系统也是机组间交流及对旅客进行广播的通道。

1.3.2　航空通信系统的一般组成

一般飞机上的通信系统基本构型主要包括以下系统和功能:

(1) 两套或两套以上甚高频通信系统用于飞机与外部的近距离通信,主要包括两套甚高频收发机、天线、无线电调谐装置和音频控制板以及用于数据集中、数据分发和音频管理的无线电接口装置。

(2) 高频通信系统用于飞机与外部的远距离通信,主要包括两套高频收发机、高频耦合器、高频馈线、高频天线、相关控制器如无线电调谐装置和音频控制板以及用于数据集中、数据分发和音频管理的无线电接口装置。

(3) 选择呼叫系统与甚高频和高频通信系统交联,用于地面呼叫飞机并请求与飞机通话,省去了驾驶员一直监听、守候地面通信请求的工作,减轻了驾驶员的负担。

(4) 旅客广播系统用于驾驶员或前乘务员对客舱旅客进行广播。系统组成包括广播放大器,乘务员广播话筒,实现放大器辅助通道的阻抗匹配的音频变压器,分布在前后盥洗室、前后乘务员处、厨房及客舱旅客服务单元(passenger service unit,PSU)上的扬声器。

(5) 机内通话包括飞行内话、客舱内话和勤务内话。飞行内话可提供驾驶舱内机组人员之间的通话;客舱内话提供前后乘务员或者驾驶舱内机组人员与客舱乘务员之间的通话;勤务内话可提供飞机在地面时各个维护点之间的通话。勤务内话在机上配备有多个维护点,即前附件舱、E/E 舱、主起舱、前货舱、后货舱、后设备舱、右机翼燃油控制板、外电源板。每个维护点都有服务内话插孔板,每个插孔板上都有耳机插孔和话筒插孔。各个维护点通过左右音频控制板相互交联。客舱内话主要包括客舱内前后乘务员手持送受话器,驾驶舱内机组人员的耳机和话筒等设备。前后乘务员手持送受话器通过左右音频控制板相互交联。

(6) 音频综合系统包括飞机上所有的音频信息,主要有通信和导航的音频、告警音频、客舱和服务内话音频以及驾驶舱话音记录器(cockpit voice recorder,CVR)的音频信息等。这些音频信息用于飞机外部通信、内部通信以及告警等功能。

在驾驶舱内为机组人员提供音频控制的部件包括正副驾驶员及观察员各配有的音频插孔板,每套插孔板上都有耳机插孔、话筒插孔、BOOM/MASK 转换开关、EMER/NORMAL 转换开关;正副驾驶员各有的驾驶盘按压发话开关;驾驶舱顶部左右各设有的扬声器。

中央操纵台上的音频控制板可为机组人员提供音频控制接口,包括通信通道选择、导航音频选择、音量调节、音频控制功能。无线电接口装置提供音频管理功能。

音频记录系统可记录正副驾驶员、观察员及区域话筒公共通道的音频信息,用于飞机事故后的调查。系统组成包括音频记录器、CVR 控制板、CVR 区域话筒;数据集中单元(data concentrator unit,DCU)为 CVR 提供逻辑以控制CVR 的停止记录及抹音操作。

1.4　机组资源管理

飞行机组的第四职责是提升机组效能,有效进行机组资源管理(crew resource management,CRM)。由于航空运输涉及的方面和要素越来越多,因此驾驶员作为驾驶舱最高职责的权力行使人,需要对飞行运输过程中的各要素进行有效的监视和协同管理,以提升机组对整个飞行运输过程中各种情况的处理能力。良好的机组资源管理能力是安全飞行的保障,也是现代航空机组人员都应该具备的能力之一。

1.4.1　机组资源管理的含义

机组资源管理原来称为驾驶舱资源管理,随着"人—机器—环境"范畴中强调客舱乘务员、维修人员及其他相关人员与飞行机组的协同,机组效能演变成更广义的"机组资源管理"。

根据中国民用航空局(Civil Aviation Administration of China, CAAC)飞行标准司发布的咨询通告,CRM 指机组有效地利用所有可以利用的资源(信息、设备以及人力资源),识别、应对威胁,预防、察觉、改正差错,识别、处置非预期的航空器状态,以实现安全、高效地飞行的全过程。

CRM 的重点在于飞行中的人力资源管理,它旨在研究和强化机组内人为因素,规范人与飞机、信息(环境)之间的关系,建立统一而标准的操作规程,确保飞行安全和飞行任务的圆满完成。本书研究 CRM 的目的是从驾驶舱整体产品考虑,在驾驶舱环境设计、器件设计、显示告警、人为因素等方面都能充分考虑 CRM 的特征,以使设计的驾驶舱产品具有较好的一致性,能够充分提高机组的协同效率,实现 CRM 的意义。

1.4.2　机组资源管理的特征

CRM 的特征如下:①侧重于飞行机组的群体相互作用,而不是个人技术胜任能力的简单积累;②机组成员相互间实现其在飞行中的角色技能;③机组成员使用有助于提高机组效益的个人和集体领导艺术;④机组成员在正常的情况下和高工作负荷以及高应激情境下都能够维持机组整体的效益。

由于 CRM 的概念在不同国家和不同航空组织中存在一些偏差,因此国际民航组织曾经指出如何正确理解 CRM 的概念,如表 1-1 所示。

表 1-1　如何正确理解 CRM 概念

正确的 CRM 概念	对一些错误的 CRM 概念的澄清
CRM 是改善机组表现的综合系统	CRM 并不仅仅是使用几个特殊的或者"固定"的案例实施的训练大纲,也不是独立于其他训练活动的某个单一系统

正确的 CRM 概念	对一些错误的 CRM 概念的澄清
CRM 适用于所有机组和驾驶员	CRM 并不是一种针对个别机组成员进行训练的形式
CRM 是一种可以延伸到所有形式机组训练中的系统	CRM 并不是给予机组成员怎样与其他机组成员共同工作的特别系统
CRM 侧重于机组成员的态度和行为以及对飞行安全的影响	CRM 并不是企图指挥驾驶舱行为的固定管理模式
CRM 是一种为飞行机组检验其行为的机会,通过这种检验,可以使他们就如何改善驾驶舱群体工作做出取舍	CRM 并不局限于讲座形式的课堂教学
CRM 将机组作为一个单元进行训练	CRM 并不是一种速成的技能

了解 CRM 特征有助于在驾驶舱集成设计过程中考虑机组间的协同,合理分配正副驾驶员的工作。这就要求在驾驶舱的顶层布局布置中,能够充分考虑机组任务合理分配器件布置的位置,避免出现某些重要功能或器件均设置于某一驾驶侧的情况。

1.4.3 机组资源的组成要素

机组资源包括驾驶舱内和驾驶舱外与机组活动有关的资源,包括所有可以利用的人、信息、设备及易耗品,通过机组人员联系起来。

机组资源指在飞行任务特定环境里的人机系统中的一切硬件、软件、人及其他资源,如个人专业技能、机组群体表现、飞机各系统、规章、程序、文件资料、时间、驾驶员、旅客、其他有关人员等。

根据资源的性质和来源,机组资源可以分为人力资源、信息资源、设备资源以及易耗品资源。

1) 人力资源

CRM 以提高机组人员的工作能力和工作绩效为目标,既包括飞行人员的专门飞行技能、术语化技能、个体交流和团体协作技能,也包括乘务员的服务技能、安全员的防暴制暴和紧急处置技能、交通管制员的指挥、机务人员的维修、气象人员的预报、飞机制造厂家的资料以及对整个航空公司配置资源的开发利用。研究人力资源就是考虑在驾驶舱整体产品实现的过程中,驾驶舱各种功能的开发、各种界面的设计能够充分考虑协同性,能够使机组成员有效合作。典型设计包括将油门杆布局布置到共同操纵区域的中间位置,以使机组能够较好地进行工作协调,提高人力资源的利用率。

机组人力资源的构成如图 1-4 所示。

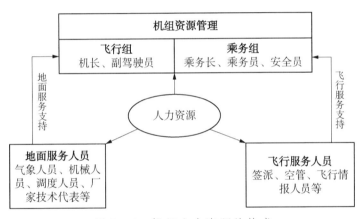

图 1-4 机组人力资源的构成

人力资源是驾驶员面临的最复杂、可变性最大也是最有价值的资源。

2) 信息资源

在现代人机系统中,操作者的体力负荷越来越小,而信息加工的要求越来越高,心理负荷则越来越大。飞行机组需要获得信息以建立情景意识。运营信息是驾驶员有效进行计划和做出决策所需的信息来源,包括飞行手册、检查单、性能手册、飞行机组操作手册、民用航空条例、航图、机场细则以及公司运营手册等,所有资料都应该随机携带以便机组在必要时可查找。但对于机组而言,更重要的信息资源是在动态飞行过程中显示告警系统报告的各层级消息,这类动态消息往往是不可预测的,由非固化程序执行,需要驾驶员判断处置,这就需要在设计过程中充分考虑信息判断处理的难度,这也是设计难点所在。

3) 设备资源

设备资源指人机系统中的飞机与机载设备,也称为硬件资源。现代飞机大量采用高新技术及自动化系统,大大改善了驾驶员的工作环境,也改变了机组成员在飞行过程中的行为。设备资源是对人力资源的扩充,自动驾驶仪、自动着陆系统等使飞行更安全、更高效。设备资源包括许多精密的机载设备,如气象雷达、导航设备、飞行仪表、系统指示器、指示灯及听觉警告系统等。大量机载设备在有限的驾驶舱空间内实现,就需要从顶层进行有效的集成综合。

4) 易耗品资源

易耗品资源是飞行过程中的消耗品,这些资源在每一次的飞行中所配给的数量都是有限的。飞机上的易耗品资源很多,最重要的三种易耗品资源是燃油、个人精力和时间。航空燃油是为飞机提供动力的易耗品,是有形的资源;而人的精力和时间则属于无形的资源,是驾驶舱集成设计过程中需要重点研究考虑的对象,当驾驶员精力消耗过度时,就会产生疲劳,情景意识也会受影响。这也往往是工程设计中容易忽略的,即认为功能和界面设计好就可以了,但如果这种设计容易使驾驶员过度消耗精力、造成疲劳,则存在安全隐患。因此,驾驶舱内各类物理操纵器件的设计应该使驾驶员操纵的行程和力度处于舒适范畴,不易造成驾驶员疲劳;同样,在认知工效方面也需要简化、直观,降低驾驶员认知判断的负担。

1.4.4 机组资源管理的内容

1) 机组交流

机组交流是指以令人愉快和易于理解的方式相互交换信息、思维及情感的过程。机组交流中的信息传递必须借助一定的符号系统才能实现,符号系统就是机组交流的工具。符号系统可分为两类,即语言符号系统和非语言符号系统。有一些符号是大多数人所共同使用并为大多数人所理解的,而有一些符号则只为特定的人群所熟悉,称为专业术语。对于专业术语必须仔细考虑并谨慎运用,以便在传输这些信息时能够使接受者理解并做出正确的反应。驾驶舱设计过程需要充分考虑机组间交流的有效性和准确性,如通信内话设计、驾驶舱盘(杆)同步等设计都是利于机组交流的设计案例。

2) 机组情景意识提升

机组情景意识又称处境意识,是机组在特定时段和特定的情境中对影响飞机和机组的各种因素、各种条件的准确感知。机组情景意识分为个体情景意识和机组群体情景意识两类。个体情景意识是指某个机组成员个人对影响飞行的因素和条件的知觉。由于每一个个体的知识经验、飞行态度和飞行动机不同,因此不同个体之间的知觉存在差异,每一个机组成员的情景意识水平都有可能不同。机组群体情景意识是指作为一个完整整体的机组所具有的情景意识。飞行安全主要取决于责任机长所能获得的情景意识水平,这样的情景意识绝不是每一个个体情景意识的简单叠加。

影响情景意识的因素有飞行动作技能、飞行经验和训练水平、健康与态度和 CRM 能力。驾驶员的动作技能是情景意识的基础,没有适宜水平的飞行动作技能就谈不上情景意识。没有飞行动作技能意味着将会处于驾驶舱的忙乱状态,也就谈不上对周围情景进行全面认识。经验与训练水平有着紧密的联系,训练使驾驶员较为容易地完善自身的知识系统和身体动作技能,同时也是构建其经验和扩展经验数据库的最有效途径。许多身体上和情绪上的因素都会制约驾驶员达到和维持较高的情景意识水平;身体和情绪状态会直接影响驾驶员对周围环境事件的感知和对相应事件的解释。所有影响情景意识的因素都必须以系统的方式加以整合才能发挥其作用,CRM 便是整合这些要素的有效工具。如果没有有效的 CRM 能力,则不能将各种要素和信息加以整合,甚至导致破坏机组的情景意识。

3) 机组判断与决策

驾驶员判断是指驾驶员在做出决策的过程中所经历的心理过程,包括察觉信息、评估信息、产生变式、鉴别变式、执行决定及评价执行等环节。判断是决策的前提,决策则是以判断为基础并导向行动的中间环节。

飞行操作所需的大量信息来自视觉、听觉、触觉及前庭功能的感知。一方面,每一种通道都有可能输入错误的信息,从而使驾驶员做出错误的判断和决策;另一方面,即使各种感觉通道输入的信息都是正确的,在分析、加工和处理信息的过程中,大脑也可能会因使用错误的或是参考价值很小的经验使驾驶员的判断和决策失误。因此,在驾驶舱界面设计中,给机组反馈的信息应尽可能明确,以避免驾驶员犯错。

在飞行过程中,飞行操纵、飞行导航、驾驶舱通信及 CRM 具有较复杂的交联场景,因此,工程设计人员在开展驾驶舱整体产品的研究和设计时,不仅需要考虑各主要方面的特征和限制,而且要综合考虑各要素间的关系,充分考虑场景化和相互的影响关系,包括驾驶舱内光线、颜色、内饰、噪声等环境特点。驾驶舱的集成设计就是要从各种关系的制约和平衡中梳理出驾驶舱的顶层设计理念和总体设计要求。驾驶舱开展飞行操纵器件设计、显示告警设计、人为因素应用等须遵从飞机驾驶舱的顶层理念和总体设计要求,对于驾驶舱内上述内容的详细设计理论和方法,本书的后续章节将分别进行详细介绍。

2

民用飞机驾驶舱设计理念与设计原则

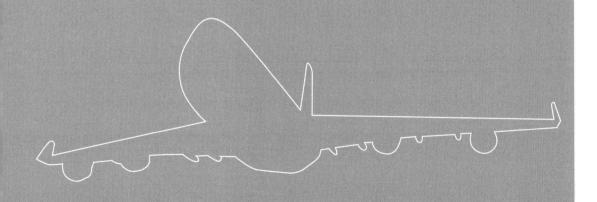

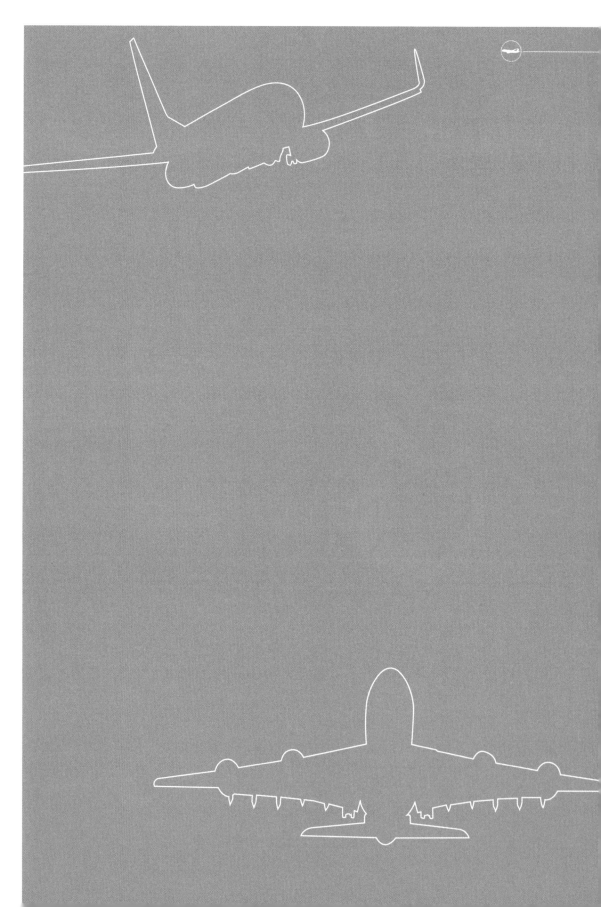

随着民航安全运行要求的逐步提升、新技术的不断发展应用及空中交通运输环境的日益复杂，民用飞机对驾驶员安全操作的要求越来越高。因此，在民机驾驶舱功能不断拓展、人机接口更加复杂的情况下，设计更为友好、高效的驾驶舱成了民航业的迫切需求。同时，随着自动化应用水平的不断提升，驾驶舱系统功能及人机界面变得越来越复杂，在一定程度上增加了驾驶员驾驶和管理飞机的难度，也促使驾驶员从单纯地驾驶飞机变为管理飞机。这要求驾驶舱的设计必须要有顶层设计理念作为指导和约束，以便在设计时更全面、系统地考虑驾驶舱功能、综合环境、人机接口、自动化应用、驾驶员责任分工等多个方面，更充分和系统地考虑驾驶员在环操作控制需求，实现飞机驾驶舱环境、系统设备和驾驶员的有机协调和统一。

民用飞机驾驶舱设计理念从顶层明确了驾驶舱设计应遵从的文化、市场及目标导向等，是飞机设计人员进行驾驶舱设计所要遵循的顶层指南和基本准则，对驾驶舱总体设计、人机交互、自动化应用等进行指导和约束。在开展驾驶舱工程设计时，应依据驾驶舱设计理念制定设计原则，并根据设计原则开展驾驶舱方案设计和工程实施。同时，在民用飞机研制、改型及未来发展过程中，为降低飞机研制成本、驾驶员训练成本等，实现机型人机接口和操作的共通性，飞机驾驶舱设计应遵循一致性的驾驶舱设计理念，这将有助于形成协调一致、可辨识的民用飞机机型"脸谱"特征。

飞机的驾驶舱设计理念主要从"人—机—环"角度出发，并以其为主线，定义驾驶舱工程设计应遵循的顶层原则，其目的是为驾驶员创造和谐统一的驾驶舱综合环境，设计简洁易控的人机界面，实现"以人（驾驶员）为中心"和"追求综合效能"的设计理念，即驾驶舱设计决策应考虑整体飞行安全和效率，飞行机组和驾驶舱系统的综合整体效能比该系统中任何人工或自动化的局部性能都更重要。

2.1 民机驾驶舱设计理念的要素

依据 SAE ARP 5056 的介绍,民用飞机驾驶舱设计理念主要包括以下九个方面的要素:驾驶员和飞行机组的责任、驾驶员的决策权限、驾驶员和飞行机组的特性、驾驶舱自动化、新技术和新功能的应用、人为差错、通信和协调、设计优先级、飞行机组任务简化。下面针对每个要素进行阐述。

2.1.1 驾驶员和飞行机组的责任

驾驶员对整个飞机的安全飞行负有最终责任,驾驶员应能获得飞机的最高控制权限。驾驶员的任务从总体上主要分为四个方面,即飞行、导航、通信和机组资源管理。

人机界面和系统功能的设计原则是为驾驶员提供完整、可靠、准确的控制器件和信息,以使驾驶员能够准确感知情景意识、高效操纵飞机、履行安全飞行责任。因此,在设计驾驶舱时应有以下考虑。

(1) 驾驶员操作要符合人的行为习惯,如飞机俯仰和滚转的操作与飞机的相应响应要匹配。同时,尽可能缩短驾驶员在环的操作周期,如在平视范围内主要执行与飞行、导航、情景意识提示紧密相关的中等频率操作;在下视范围内主要执行与飞行紧密相关的高频率操作;在上视区范围主要执行低频率操作。

(2) 驾驶舱信息显示的位置要符合驾驶员的行为习惯,方便驾驶员快速识别,使驾驶员能管理驾驶舱内的所有信息。

(3) 呈现给驾驶员用于执行操作任务时需要的信息必须是正确的、及时的且容易理解的。

(4) 机组告警是为了阐述与非预期事件相关信息,如系统失效、与飞机安全相关的事件、自动化系统的状态改变等。告警根据故障严重程度、系统重要程度以及飞行阶段定义系统的失效等级。告警信息必须简单、合理、易懂,能快速引起驾驶员的注意,方便驾驶员快速理解系统状态和应对措施。

2.1.2　驾驶员的决策权限

驾驶员应能通过简单、直接的动作,全权控制飞机的主要系统(如飞行控制系统、发动机系统和刹车系统等),同时把系统承受过度控制和操纵的风险降到最低甚至完全消除。驾驶员应对飞机有最高控制权限,系统设计应为驾驶员提供获得最高控制权限的便捷方式。且系统设计应充分考虑驾驶员在执行最高控制权限时,飞机产生的各类变化、过载等引起的不舒适甚至安全风险,系统设计应考虑将该不舒适和安全风险降到最低。

驾驶员的决策权限本质上更多的是考虑驾驶员决策权的边界,包括能力边界和操作边界,必须考虑何时给驾驶员多大的权限。在趋势判断、参数计算、精确控制等方面要划清人与系统的决策分工和边界。设计过程应至少考虑以下方面:

(1) 除特殊情况外,驾驶员仅负责飞行过载变化趋势的决策,机载系统根据驾驶员的决策进行相关飞行指令的计算。

(2) 在没有超出人的能力范围时,如果相关系统失效或故障,则系统设计必须为驾驶员适当替代该系统继续执行任务预留接口。

(3) 在超出人的能力范围时,如果相关系统失效或故障,则系统设计必须为驾驶员取消该任务或找出替代方法预留接口。

(4) 当驾驶员存在超过某种边界的趋势时,系统设计应考虑以下方面。

a. 接近边界时,要适当地提示驾驶员,飞机或系统可能会进入某种状态。

b. 到达边界时,要明确地提示驾驶员,飞机或系统已到达某种状态。

c. 超过边界时,除了继续明确提示驾驶员外,还要给出返回原始状态的操作建议。

（5）采用某种设计或方法，限制驾驶员的危险动作。

2.1.3　驾驶员和飞行机组的特性

驾驶舱设计应考虑驾驶员群体的基本特性。系统功能和相关界面的设计一般要建立在航线驾驶员操纵技能的基础之上，要充分考虑驾驶员的操作能力、已有的驾驶经验及操作习惯，尤其要考虑驾驶员的生理极限、认知特性以及个体差异。系统设计不允许出现类似认知较难、操纵需要特殊技能才能完成的功能和界面。

系统设计应充分考虑机组会产生人为差错的特性，通过防错设计、纠错设计、容错设计等措施减小潜在的人为差错发生率。所考虑的驾驶员或者机组特性包括如下几方面：

（1）驾驶员自身差异（如文化背景）、经验差别、驾驶员习惯以及人机工效考虑（人体构造和行为习惯等，例如驾驶舱中的可达性设计和显示项目要在使用的关键性和使用频率上体现出层次感；在人的前方显示关键信息，在可达性最好的区域布置关键的控制接口）。

（2）需要考虑人的自身基本能力和自身基本限制，包括人对正常和非正常（如系统失效）相关操作的认知能力（包括人对各种控制接口的操纵习惯）。

（3）不同驾驶员之间的能力差异，包括应考虑对其先前机型的操作经验。

（4）飞行机组之间的协作问题，包括不同等级、不同执照、不同机型驾驶员之间的合作问题，虽然驾驶员之间可以在多个系统间互相配合操作，但要保证不论何时都应避免一位以上的驾驶员同时操纵飞行。

2.1.4　驾驶舱自动化

从"飞行机组/驾驶舱系统"的角度考虑飞行机组与驾驶舱自动化之间的责任和分工。驾驶舱自动化是飞行机组完成任务的有效补充，飞行机组有权根据飞行情景决定何时使用自动化功能及使用的自动化等级。

驾驶舱系统设计应考虑机组任务工作负荷、防止人为差错及降低操纵疲劳等方面的因素,可考虑广泛采用自动化功能。但是,自动化功能作为辅助机组执行任务而不是代替机组角色,其应用程度及比例应使驾驶员保持适当的工作负荷,以维持较好的情景意识。

在驾驶舱自动化设计方面应有以下考虑:

(1) 何时采用自动化操作、何时返回人工操作的设计原则。

(2) 提出系统可靠性、超控能力、备用操作方法,并适当反馈信息的设计原则。

(3) 提出驾驶员超控自动化的能力和权限。

(4) 提出在失效条件下自动化返回人工的设计原则。

(5) 在非失效条件下返回人工模式时,如何重构自动化提供的功能。

2.1.5　新技术和新功能的应用

随着驾驶舱控制和显示等技术发展和产品升级换代,将这些新技术或产品等综合到已有的驾驶舱中可能会带来一系列问题。除了考虑这些技术或系统综合(如机械的、电子的和软件方面的综合)会带来很多技术问题外,更应从操作者(驾驶员)的任务和活动方面进行谨慎检查,确认新功能是否能与原有功能兼容和匹配。因此,应采用适当的试验方法,证明并确保新老驾驶舱之间不存在理念和技术上的冲突,并确保新技术和新系统具有优越性。

驾驶舱设计是否采用新技术、新功能、新产品取决于以下因素:能否获得显著的安全性收益;能否有效提高飞行机组的操作效率;是否来自驾驶员和航线运营的市场需求。

2.1.6　人为差错

在驾驶舱设计过程中必须要考虑如何管理、提醒、消除潜在的人为差错。

系统要具备为驾驶员提供适当的模式提示的功能,支持驾驶员获得适合的模式意识,如防止隐藏模式,因为它可能会影响机组了解系统的状态,进而妨碍机组用自动化的手段控制飞机。

系统设计要尽可能避免当机组利用先前同类机型的使用经验操作新机型时,存在完全相反的操作过程和操作结果。要确保在利用外部和内部之前设计的"正向传递"或者至少确保没有"反向传递",如相同的驾驶员动作造成两种不同的系统响应。

在使用自动化系统的过程中,应使驾驶员容易且清晰地理解和管理自动化系统的动作。

系统设计应尽量减小潜在的人为因素差错发生概率,应采用容错设计以防止一般的人为因素差错诱发飞机级安全事故。应在系统设计中考虑差错检测与管理,降低飞行机组潜在差错带来的安全性风险。

(1)容错是指在造成非预期的结果之前检测并更正错误的能力。容错很大程度上取决于系统自身提供的可供判断的反馈信息。人机接口设计的容错还取决于驾驶员采取修正动作的能力。

(2)完全消除人为差错可能造成繁重或不切实际的设计,有时甚至是不可能实现的系统设计。所以容错和从差错中恢复的能力就显得更加重要。

在系统设计过程中应考虑最新的人为因素,包括如下几方面:

(1)避免潜在的驾驶员差错。

(2)通过对差错的检测、提示、消除和恢复工作,管理潜在的飞行机组错误。

2.1.7 通信和协调

驾驶舱布局设计和驾驶舱人机接口设计应为机组有效通信提供条件。在飞行过程中发生机组间通信和机组与地面的通信(航空公司、ATC,包括塔台、地面、进近等),这些通信可能发生在多者之间,但不需要考虑优先级设计问题,因为这些通信是机组不能控制的。但是驾驶舱通信设计应确保飞行机组间、飞行机组与客舱乘务间及飞行机组与地面间(ATC、航空公司、放行、地勤等)在任何情况下均能保持有效的信息沟通,并需要考虑驾驶舱通信及其相关任务的优先级设计原则。

2.1.8　设计优先级

为支持机组执行操作任务,驾驶舱及其系统设计所要考虑的问题的优先级从高到低为安全性、乘客舒适度和效率。

驾驶舱集成设计在方案制订和优化权衡过程中,以安全、舒适和高效的优先级顺序进行考虑与权衡。不以牺牲安全为代价获取舒适和高效,一般也不以牺牲舒适来换取高效。

2.1.9　飞行机组任务简化

驾驶舱设计要考虑飞行机组任务的简化。围绕"人—机—环"设计主线,从驾驶员的视角,在人机界面简洁、系统余度设计和自动化应用等方面实现机组任务的简化。尤其要考虑在非正常情况下,驾驶舱能够为飞行机组提供可靠、便捷的方法和途径,使驾驶员继续安全驾驶飞机。

可以考虑从简化系统设计、冗余设计和自动化等几个方面,实现飞行机组任务的简化。

(1)驾驶舱设计应增强机组对情景和飞机状态的感知,从而简化飞行机组的任务。

(2)简化控制和操作设计。

(3)根据不同飞行阶段,筛选和移除机组决策程序中所不需要的信息。

(4)提供集中的、具有优先顺序的机组告警系统。

2.2 典型机型驾驶舱设计理念及设计对比

下面针对两种典型机型驾驶舱设计理念给出对照和分析,如表 2-1 所示。

表 2-1 典型机型驾驶舱设计理念对比

序号	空 客 公 司	波 音 公 司
1	The pilot is ultimately responsible for the safe operation of the aircraft. He has final authority with adequate information and means to exercise this authority 驾驶员对飞机的安全运行负责,驾驶员具有执行这一权利的足够信息和手段	The pilot is the final authority for the operation of the airplane 驾驶员对飞机操纵有最终决定权
2	The design of a cockpit is dictated by safety, passenger comfort, and efficiency in that order of priority 驾驶舱的设计应遵循的优先级顺序是安全、舒适和效率	Flight crew tasks, in order of priority, are: safety, passenger comfort, and efficiency 飞行机组的任务是安全第一,乘客舒适第二,效率第三
3	The design of a cockpit accommodates for a wide range of pilot skill levels and experience acquired on previous aircraft 驾驶舱的设计应考虑广大驾驶员在以往飞机上获得的技能和经验	Design for crew operations based on pilots' past training and operational experience 针对机组操作的设计应以以往的培训和操作经验为基础
4	The automation is considered as a complement available to the pilot, who can decide when to delegate and what level of assistance is desirable, according to the situation 自动化应作为驾驶员可用的补充,驾驶员根据所处的情景决定何时对自动化降级和需要何种层级的协助	Apply automation as a tool to aid, not replace the pilot 采用自动化是为了帮助驾驶员,而不是取代驾驶员
5	The human machine interfaces are designed considering system features, together with pilot's strengths and weaknesses 人机接口的设计应考虑系统特征以及驾驶员的优势和劣势	Address fundamental human strengths, limitations, and individual differences—for both normal and non-normal operations 在确定驾驶员优势、极限和个体差异时,正常和非正常两种状态均应考虑

（续表）

序号	空 客 公 司	波 音 公 司
6	The use of new technologies and implementation of new functionalities are dictated by: （1）Significant safety benefits （2）Obvious operational advantages （3）A clear response to a pilot's needs 只有在下列三种场合才考虑采用新技术和实现新功能： （1）重大的安全益处 （2）明显的操作优点 （3）满足驾驶员的要求	Use new technologies and functional capabilities only when: （1）They result in clear and distinct operational or efficiency advantages （2）There is no adverse effect to the human machine interface 只有在下列两种场合才考虑采用新技术和新功能： （1）对操作和效率有显著的优越性 （2）对人机接口无负面影响
7	State of the art human factors considerations are applied in the system design process to manage the potential pilot errors 将最前沿的人为因素引入系统设计过程以控制潜在的驾驶员差错	Design systems to be error-tolerant 系统设计应能容错
8	The overall cockpit design favors crew communication 驾驶舱的设计应支持机组交流	Both crew members are ultimately responsible for the safe conduct of the flight 两位机组成员均最终对飞行安全负责
9	The cockpit design aims at simplifying the crew's task by enhancing situational and aircraft status awareness 驾驶舱的设计应通过提高情景和状态感知简化机组的任务	The hierarchy of design alternatives is: simplicity, redundancy, and automation 设计考虑层次依次为简单、余度和自动化
10	The full authority, when required, is obtained with simple intuitive actions, while aiming at eliminating the risks of over-stress or over control 当需要时,应通过简单直观的动作获得全权,并且降低过分控制的风险	—

2.2.1 驾驶舱驾驶员责任的设计对比

针对驾驶员责任的理念定义,空客公司强调在拥有足够信息和手段的前提下,赋予驾驶员最终权力,强调信息和人对信息的反馈是同样重要的;波音公司则无条件地强调驾驶员的终极权限,直接强调人的决定权和无可替代性。空客公司强调人和系统之间的互相依赖,这种依赖体现在各自能力缺陷的互相弥补上。在驾驶员责任的定义上,这两个理念存在根本差别。

下面以驾驶舱飞行模式控制板的设计为例说明上述两种理念的差异。空客公司从导引飞行的基本功能出发,在飞行控制组件面板上设置空速、航向、高度和垂直速度的控制接口,覆盖了飞机轨迹控制的4个主要方面,如图2-1所示。而波音公司虽也从导引飞行的基本功能出发,设置上述4个控制区,但是提供给驾驶员的控制接口比空客公司的要多,如图2-2所示。典型例子如下:单独设置连续爬升控制,波音飞机坡度角有多挡限制,并且将所有飞行参数的保持和选择接口分开。这些均体现了驾驶员要实时介入每个飞行参数的控制,说明波音飞机更多地靠驾驶员操纵飞机,驾驶员对系统自动化的依赖程度相对空客飞机的要低。

图 2-1　A320 飞机飞行控制组件面板

图 2-2　波音 787 飞机飞行控制组件面板

驾驶舱操纵盘(杆)的设计也体现了两个公司的理念差异。波音公司以驾驶杆、驾驶盘组合的方式作为其标志性的飞机操纵机构,中立驾驶杆和驾驶盘的力臂较长,可增大驾驶员俯仰和滚转操纵行程,增大了俯仰和滚转指令的分辨率,这是因为当时飞机的操纵指令都是舵偏指令,考虑到人的精确控制能力有限,因此适当放大操纵指令的分辨率,可弥补人在这一方面的不足。同时,当时的飞机还没有通过放宽静稳定技术提升飞行性能,也是考虑到人的操纵能力的局限性。波音公司在波音 777 客机上才第一次使用了电传操纵系统,将操纵指令由舵偏指令改成过载指令,在飞行性能、操纵性能之间做出了适当的折中。空客公司在广泛吸取波音公司的经验教训后,先于波音公司在 A320 客机上采用了电传操纵技术,简化了操纵机构,又不至于超出人的能力极限。

空客公司采用包线保护策略,即使驾驶员做出危险操纵,也不会导致飞机超出设计飞行包线;而波音公司采用包线限制策略,在驾驶员做出危险操纵时,系统通过增大杆力回馈和抖杆的方式增加驾驶员的操纵力并提示驾驶员,但是如果驾驶员强行实施操纵,则系统仍然响应其输入。

2.2.2　驾驶舱驾驶员特性考虑的设计对比

在针对驾驶员特性考虑方面,空客公司更注重考虑普通驾驶员对飞机的操纵和控制需求,而波音公司强调驾驶员需要具备一定基础及专业训练。这也解释了空客飞机更易于初学者飞行,也更利于机型改装后学习飞行。而波音飞机对驾驶员来说,上手较慢,驾驶员需要积累专业知识和飞行经验。但随着驾驶员培训和长期飞行积淀,波音飞机更容易建立一种"人机合一"的操作和控制境界。

对驾驶员特性的充分考虑往往决定了驾驶舱显示控制等人机接口的布局。人的生理结构决定了重要的飞行信息显示和关键的控制接口最好布置在驾驶员的平视区,因为这个区域的显示和操作不容易使驾驶员产生疲劳感,并且驾驶员操作方便,使得操作动作更加精确、快速,而上视区和后视区最好布置不经常使用的显示和控制接口。

例如,发动机失火的概率一般很小,并且对发动机的使用都有明确的机组操作程序,所以灭火手柄的使用频率极低,中央操纵台的前部处于人的下视区,并且是人体可达性很好的区域,在该区域布置使用频率极低的控制接口在一定程度上是一种空间的浪费;顶部板处于人的上视区,属于一般不太注意的地方,此处适合布置一些不需要经常使用和状态逻辑较恒定的控制接口,因此适合灭火手柄的布置,所以图2-4的布置方式比图2-3单从人机工效角度考虑要更好,这也是典型的对人的特性考虑认知不同而导致的设计结果差异的案例。

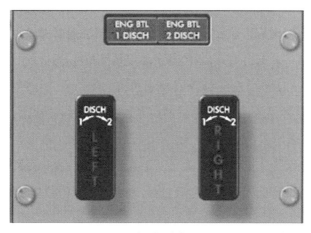

图 2-3　波音 787 飞机发动机灭火手柄布置在中央操纵台靠前部

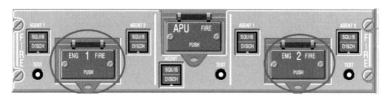

图 2-4　A320 飞机发动机灭火手柄布置在顶部板的后端

2.2.3　驾驶舱自动化对比

自动化应用的驾驶舱设计理念差异是空客公司和波音公司最为典型的差

异。空客公司倾向于使自动化在必要或需要的地方直接替代驾驶员,而波音公司对自动化的应用仅限于辅助和帮助驾驶员完成任务,可以说这是两者最直接、最根本的区别。

目前民用航空主要飞机制造商驾驶舱设计大都采用"静暗"座舱设计理念。"静暗"座舱可以理解为当飞机处于正常飞行状态时,无相关"声""光""振"等告警反馈。该理念最早是由空客公司提出的,后被其他民航航空制造商应用。

空客公司的"静暗"座舱理念建立在系统高度集成的基础上。在各系统正常工作时,人机接口界面不提示、不显示系统工作状态,带指示灯按压开关(push button annunciator,PBA)不点亮。一旦系统工作不正常或出现故障,则会出现提示音或点亮 PBA。所以在正常飞行时,空客飞机的驾驶舱为真正意义上的"静暗"座舱。

波音公司采用实时反馈系统操作状态的理念。大部分的驾驶舱控制器件,尤其以 PBA 为主,一般都用"ON"指示飞机系统的操作状态,用机组告警系统(crew alerting system,CAS)指示系统的工作状态。空客公司更强调系统特征与驾驶员压力及缺陷的综合考虑,所以空客飞机在正常操作程序上驾驶员的工作压力相比波音飞机,不管认知难度还是操作工作负荷都较轻、较小。波音飞机则强调人机交互需要充分考虑机组弱项和非正常操作,这也解释了航线驾驶员遇到空客飞机出现大面积故障时的手足无措(如澳航 A380 飞机发动机转子爆破后出现百余条告警消息),波音飞机相对非正常操作的考虑则更符合机组操作习惯。

2.2.4 新技术和新功能应用对比

关于新技术和新功能应用,空客公司和波音公司也存在较大差异,空客公司认为只要能够带来安全收益及显著的操作优势或其来自驾驶员的需求,就会充分考虑新技术的应用。波音公司则不同,波音公司一直认为新技术和新功能都是辅助驾驶员操作的,与安全收益无关,最多只是评估新技术、新功能能否提高操纵效率优势,并且需要考虑是否带来人机界面及接口方面的负面影响。可以说波音公司对新技术和新功能的应用更为慎重或需要经过更严苛的评估。

2.2.5 人为差错设计对比

关于人为差错设计,空客公司更强调把人为因素纳入系统设计中以防止潜在驾驶员差错,更多地考虑人的因素。波音公司则强调系统设计需要防差错,更多地关注系统防差错设计,相比空客公司,更注重系统设计如何实现防差错。

2.2.6 通信设计对比

关于机组通信及责任的问题,空客公司强调驾驶舱设计应充分考虑机组间的沟通。波音公司则强调整个机组成员对安全飞行的责任,不管是机组交流还是其他方式。

2.2.7 机组任务简化对比

关于机组任务简化,空客公司通过增强机组对飞机的情景意识和飞机的态势感知来简化任务,实际上是要求系统设计的自动化程度高,驾驶员更多的是管理和监控飞机。波音公司则强调简洁、冗余和自动化,通过将系统设计得直观、简单来降低机组任务和工作负荷,这与空客公司通过高自动化的集成替代驾驶员、把驾驶员的任务转换为对飞机的监控有本质不同。

此外,关于全权限,空客公司做了额外补充,认为当过压力或者过操纵时,驾驶员可依据直觉来获得最终权限,也说明了当系统变得不可靠或者不符合驾驶员预期时,驾驶员也可全权接管飞机。

3

民用飞机驾驶舱设计要求

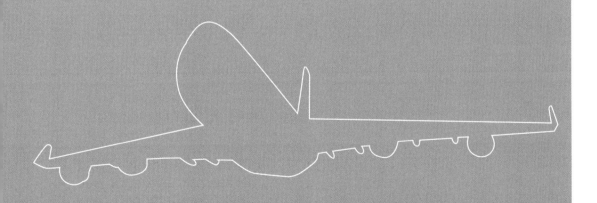

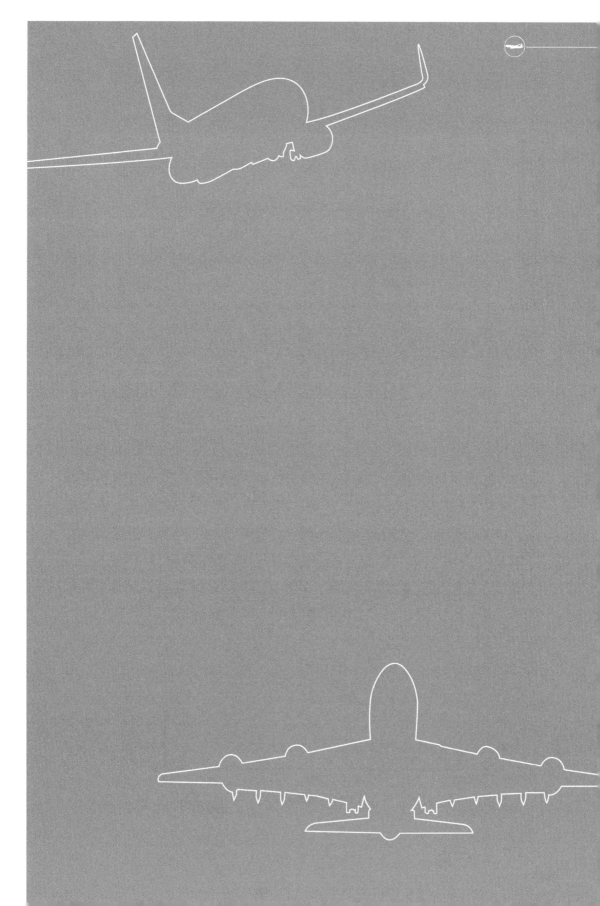

在驾驶舱内,飞行机组与飞机系统进行的交互活动对航空运输系统的安全起着决定性作用,机组依靠自身技能以及程序对不断变化的飞机状态和环境条件进行评估,分析飞机运行状态,做出合理的决策。民机驾驶舱产品特征直接决定了飞行机组的工作效率和判断准确性,并影响飞机运行安全和航空公司运营效率。如图 3-1 所示为 1990—2000 年中国民航航空事故原因统计,表明在大部分各种类型的航空事故中,驾驶舱内的人为因素是引发事故的最主要原因。即使是训练得当的、合格健康的、警觉的机组成员也会犯错,一系列的差错或是与差错相关的事件(如设备故障、天气状况)相结合引起了事故的发生[1]。

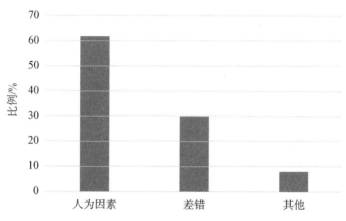

图 3-1   1990—2000 年中国民航航空事故原因统计

驾驶舱设计会影响驾驶员行为和人为差错发生的频率和后果,不合理的设计会导致差错的发生,而合理的设计往往能将人为差错的发生概率和严重程度降到最低[2]。主要影响因素包括驾驶舱环境、布置布局、人机界面、操作程序,以及相应的系统功能等。通过驾驶舱设计可以提升驾驶舒适性,提高机组与飞机的交互效率,降低机组工作负荷,减少人为差错,这也是民机制造商、适航审定机构、航空公司等利益攸关方的迫切要求。

为了规范驾驶舱设计,各国民航监管机构、工业组织、制造商都提出了具体的设计要求,而相关的工业组织如国际自动机工程师学会(Society of

Automotive Engineers，SAE)、航空无线电通信公司(Aeronautical Radio，Incorporated，ARINC)等还提出了相应的标准规范和最佳实践。这些设计要求和标准为驾驶舱研制提出了顶层要求和设计指南，是民机驾驶舱设计的基础，因此本章 3.1、3.2 节将首先列举当前与驾驶舱相关的适航规章要求，并列出工业界相关的标准供参考。考虑到人为因素设计和环境设计是"以人为中心"的驾驶舱设计理念的具体体现，因此 3.3 节将重点说明驾驶舱人为因素设计要求，3.4 节对驾驶舱综合环境设计要求进行简要阐述。

3.1 适航规章

在早期民用飞机适航验证中，有一系列的条款对人机工效、人为因素设计提出了要求。早期有关人为因素的相关条款分布在各部分中，最终通过最小飞行机组条款 CCAR/FAR/CS‐25.1523 集中体现。在美国联邦航空管理局(Federal Aviation Administration，FAA)的咨询通告 AC 25.1523‐1 中可以看到 25.1523 条款的核心要求：运输类飞机适航标准中没有专门的条款强调人为因素问题和工作负荷评估问题，所有这些问题都归结到对最小飞行机组的评估上。也就是说在早期并没有针对人为因素的专项要求，而是通过对 25.1523 的符合性来间接表明人为因素的符合性。这些条款基本都未给出潜在的人为缺陷与差错发生情况下驾驶员应如何应对。如 25.1523 条款只规定了机组成员工作量、控制设备可达性和操控难易程度的要求，并未对机组差错提出安全性方面的规定。因此，25.1523 条款并不能构成飞机安全性的充分条件。

由于航空事故中人为因素的占比突显，因此 FAA 和欧洲航空安全局(European Union Aviation Safety Agency，EASA)从 20 世纪 90 年代开始就驾驶舱人为因素问题联合成立了人为因素协调工作组(Human Factors Harmonization Working Group，HFHWG)，该工作组由来自 FAA、EASA、主制造商、系统制造商、研究院所等机构的专家组成,针对驾驶舱人为因素相关问题开展了近十年的研究,于 2004 年完成了研究报告,并形成了驾驶舱人为因素专门条款的建议稿和咨询通告的草稿。

2008 年,EASA 率先修订了 CS‐25 部,重点是增加了针对飞行机组的 25.1302 条款,要求驾驶舱设计中充分考虑人为因素。2010 年,FAA 也发布了修正案 25‐138,将 1302 条款引入 FAR‐25。考虑到对标国际标准开展型号适航审定,2012 年,CAAC 在 C919 型号中以专用条件的形式首次引入 CS‐25.1302 条款,将人为因素条款纳入 C919 飞机的审定基础,以增加对飞机驾驶舱设计中人为因素的考虑。

CS/FAR‐25.1302 条款指出:

本条款适用于为飞行机组成员在驾驶舱正常座位上操纵飞机而安装的设备。此类设备必须独立地或与其他这样的设备结合在一起来表明,通过满足以下设计要求,能使经过培训后具备资格的飞行机组成员安全地执行预期功能的相关任务:

(1) 必须安装驾驶舱操纵器件并提供必要的信息以完成任务。

(2) 为飞行机组使用的驾驶舱操纵器件和信息必须:

a. 以清晰和明确的形式呈现,在分辨度和精度上与机组任务相适应。

b. 操纵器件和信息对于飞行机组来说是可达的和可用的,且应以与任务的紧急性、使用频率和持续时间协调一致的方式来使用或显示。

c. 如果对安全运行而言情景感知是必要的,则应让飞行机组知晓飞行机组进行动作后对飞机或系统的影响。

(3) 与安装设备的操作相关的行为必须是可预知的和明确的,并且设计成使飞行机组能够以与任务(及预定功能)相适应的模式干预。

(4) 在可行范围内,假设飞行机组主观上不违规操作,则安装设备必须使飞行机组有能力管理来自飞行机组与设备之间的各类交互作用导致的合理预期的差错。本条不适用于与飞机手动操纵相关的技能性差错。

可以说 CCAR/CS/FAR-25.1523 与 CS/FAR-25.1302 构成了民用飞机驾驶舱人为因素设计的核心适航要求。在这两个条款之外,还有一系列其他条款提出了驾驶舱设备可达性、机组注意力管理、机组视界、操纵器件可达性和操作方向、仪表的布局与可读性、机组告警、仪表和控制的符号与标记等方面的设计要求,这些条款的主体内容分布如图 3-2 所示,具体内容参见附录 A.1。

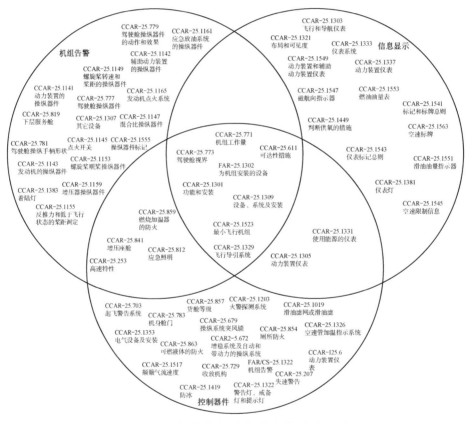

图 3-2　驾驶舱相关条款主体内容分布

为确保以上适航要求得到满足,CAAC、EASA、FAA 等航空监管方对适航要求的实施和符合性验证提出了相应的补充说明和规范,包括咨询通告(advisory circular,AC)和技术标准规定(technical standard order,TSO)。AC 是适航部门向公众公开的,对适航管理工作的政策以及某些具有普遍性的技术问题的解释性、说明性和推荐性文件或指导性文件。TSO 是针对民用飞机使用的特殊材料、零件和装置的最低性能标准。目前与驾驶舱相关的 AC 和 TSO 如表 3 - 1 和表 3 - 2 所示,本章将结合 AC 25.1302 - 1 以及 AMC 25.1302,重点对驾驶舱人为因素设计要求和环境设计要求进行分析研究。

表 3 - 1　与驾驶舱相关的 AC 条款

序号	编号	名称	内容概要
1	AC 20 - 138D	Airworthiness Approval of Positioning and Navigation Systems	本 AC 提供了机载定位和导航设备适航批准的指导建议,包括导航、自动相关监视、地形监视和告警系统等
2	AC 20 - 175	Controls for Flight Deck Systems	本 AC 提供了从人为因素的角度提供的驾驶舱系统操控装置的安装和适航批准的指导建议
3	AC 20 - 88A	Guidelines on the Marking of Aircraft	本 AC 提供了飞机仪表和电子显示器的标志要求的符合性指南
4	AC 25.1302 - 1	Installed Systems and Equipment for Use by the Flight Crew	本 AC 为运输机上飞行机组使用的装机设备提供设计与符合性方法指导,旨在尽量减少与设计相关的飞行机组差错的发生,并且在发生差错时使飞行机组能够探测到并处理
5	AC 25.1322 - 1	Flight Crew Alerting	本 AC 提供了对 FAR - 25.1322 条款要求的符合性方法和设计批准的指导建议
6	AC 25.1329 - 1B	Approval of Flight Guidance Systems	本 AC 提供了自动飞行、飞行指引、自动推力控制等功能及其与增稳和配平的接口的设计批准指导建议
7	AC 25.1523 - 1	Minimum Flight Crew	本 AC 阐明了对于 FAR - 25.1523 条的符合方法,该条款规定了运输类飞机的最小飞行机组合格审定要求

序号	编号	名称	内容概要
8	AC 25-11B	Electronic Flight Deck Displays	本 AC 为表明符合 FAR-25 有关安装于运输类飞机的驾驶舱电子显示器、组部件和系统的设计、安装、综合与批准的一系列要求提供了指导
9	AC 120-76D	Guidelines for the Certification, Airworthiness, and Operational Use of Electronic Flight Bags	本 AC 包含了有关电子飞行包的操作使用指导，适用于根据 FAR-91K 部分（第 91K 部分）、FAR-121、FAR-125 或 FAR-135 的标题 14 进行飞行操作的所有运营人
10	AC 25-7D	Flight Test Guide for Certification of Transport Category Airplanes	本 AC 为运输类飞机的飞行试验评估提供了指导，提供了一种可接受的方式来证明符合 FAR-25 第 14 条的相关规定
11	AMC 25.1141 (f)	Powerplant Controls, General	本 AMC 明确动力装置的控制活门不需要提供连续指示器
12	AMC 25.1302	Installed Systems and Equipment for Use by the Flight Crew	本 AMC 对 CS-25.1302 和 CS-25 中的相关条款的符合性提供演示材料，CS-25 中的相关条款涉及有关飞行机组为操作飞机而安装的设备
13	AMC 25.1322	Flight Crew Alerting	本 AMC 提供了一种可接受的合规方式和指导材料，以表明其符合 CS-25.1322 条款的要求，用于飞行机组告警功能的设计批准
14	AMC-25.143 (d)	Controllability and Manoeuvrability	本 AMC 为驾驶盘或方向舵脚蹬上的最大操纵力要求提出了符合性指导
15	AMC 25.1523	Minimum Flight Crew	本 AMC 为最小飞行机组和工作负荷要求提供符合性指导

（续表）

序号	编号	名称	内容概要
16	AMC 25.671(a)(b)	Control Systems—General	本 AMC 阐述了在基本服务控制系统时应设计成当选择一个位置的运动时,可以选择不同的位置而无须等待最初选择的运动完成,系统应该在没有进一步关注的情况下到达最终选定的位置
17	AMC 25.685(a)	Control System Details	本 AMC 明确了在评估是否符合 CS-25.685(a)时,应考虑到由于部件积水导致的控制电路短路等情况
18	AMC No.1 至 CS-25.1329	Flight Guidance System	本 AMC 提供了解释性材料和符合 CS-25.1329 飞行制导系统的可接受方式,这些方法旨在提供指导,以补充必须构成任何合规性演示基础的工程和操作判断

表 3-2　与驾驶舱相关的 TSO 条款

序号	TSO 编号	英文名称	中文名称
1	TSO-C101	Over Speed Warning Instruments	超速警告仪
2	TSO-C104	Microwave Landing System (MLS) Airborne Receiving Equipment	微波着陆系统(MLS)机载接收设备
3	TSO-C105	Optional Display Equipment for Weather and Ground Mapping Radar Indicators	气象及地形雷达指示器用辅助显示设备
4	TSO-C106	Air Data Computer	大气数据计算机
5	TSO-C10b	Altimeter, Pressure Actuated, Sensitive Type	压力制动敏感型高度表
6	TSO-C110a	Airborne Passive Thunderstorm Detection Equipment	机载被动式雷雨探测设备
7	TSO-C113a	Airborne Multipurpose Electronic Displays	机载多功能电子显示器

序号	TSO 编号	英文名称	中文名称
8	TSO - C115c	Flight Management System（FMS）Using Multi-Sensor Inputs	使用多传感器的飞行管理系统(FMS)
9	TSO - C117a	Airborne Windshear Warning and Escape Guidance Systems for Transport Airplanes	运输类飞机机载风切变警告及逃离引导系统
10	TSO - C118	Traffic Alert and Collision Avoidance System（TCAS）Airborne Equipment，TCAS I	I 型机载空中交通告警和防撞系统（TCAS I）机载设备
11	TSO - C119c	Traffic Alert and Collision Avoidance System（TCAS）Airborne Equipment，TCAS II with Optional Hybrid Surveillance	使用可选混合监视的 II 型机载空中交通告警和防撞系统(TCAS II)机载设备
12	TSO - C145c	Airborne Navigation Sensors Using the Global Positioning System Augmented by the Satellite Based Augmentation System	使用卫星增强型全球定位系统的机载导航传感设备
13	TSO - C146c	Stand-Alone Airborne Navigation Equipment Using the Global Positioning System Augmented By the Satellite Based Augmentation System	使用卫星增强型全球定位系统的独立机载导航设备
14	TSO - C147	Traffic Advisory System（TAS）Airborne Equipment	空中交通咨询系统(TAS)机载设备
15	TSO - C151c	Terrain Awareness and Warning System(TAWS)	地形提示与告警系统(TAWS)
16	TSO - C165	Electronic Map Display Equipment for Graphical Depiction of Aircraft Position	飞机位置信息电子地图显示设备
17	TSO - C169a	VHF Radio Communications Transceiver Equipment Operating within the Radio Frequency Range of 117.975 to 137.000 Megahertz	工作范围在 117.975～137.000 MHz 的甚高频无线电通信收发设备

（续表）

序号	TSO 编号	英文名称	中文名称
18	TSO - C198	Automatic Flight Guidance and Control System(AFGCS) Equipment	自动飞行引导与控制系统（AFGCS）设备
19	TSO - C2d	Airspeed Instruments	空速表
20	TSO - C34e	ILS Glide Slope Receiving Equipment Operating within the Radio Frequency Range of 328.6 to 335.4 Megahertz(MHz)	工作范围在 328.6～335.4 MHz 的仪表着陆系统（ILS）下滑接收设备
21	TSO - C35d	Airborne Radio Marker Receiving Equipment	机载无线电信标接收装置
22	TSO - C36e	Airborne ILS Localizer Receiving Equipment Operating within the Radio Frequency Range of 108 to 112 Megahertz(MHz)	工作范围在 108～112 MHz 的 ILS 航向信标接收设备
23	TSO - C3e	Turn and Slip Instrument	转弯侧滑仪
24	TSO - C40c	VOR Receiving Equipment Operating within the Radio Frequency Range of 108 to 117.95 Megahertz(MHz)	工作范围在 108～117.95 MHz 的 VOR 无线电接收设备
25	TSO - C41d	Airborne Automatic Direction Finding Equipment	机载自动定向仪
26	TSO - C43c	Temperature Instruments	温度表
27	TSO - C44c	Fuel Flowmeters	燃油流量表
28	TSO - C46a	Maximum Allowable Airspeed Indicator Systems	最大允许空速指示系统
29	TSO - C47a	Fuel, Oil, and Hydraulic Pressure Instruments	燃油、滑油和液压压力指示表
30	TSO - C49b	Electric Tachometer: Magnetic Drag(Indicator and Generator)	磁滞式电动转速表
31	TSO - C4c	Bank and Pitch Instruments	倾斜俯仰仪
32	TSO - C54	Stall Warning Instruments	失速警告设备

序号	TSO 编号	英文名称	中文名称
33	TSO‑C55a	Fuel and Oil Quantity Instruments	燃油和滑油油量表
34	TSO‑C63d	Airborne Weather Radar Equipment	机载气象雷达设备
35	TSO‑C66c	Distance Measuring Equipment (DME)Operating within Radio Frequency Range of 960 to 1 215 Megahertz	工作范围在 960～1 215 MHz 的测距设备(DME)
36	TSO‑C6e	Direction Instrument，Magnetic (Gyroscopically Stabilized)	陀螺稳定型磁航向仪
37	TSO‑C7d	Direction Instrument，Magnetic Non‑Stabilized Type(Magnetic Compass)	非稳定型磁航向仪(磁罗盘)
38	TSO‑C87a	Airborne Low‑Range Radio Altimeter	机载低空无线电高度表
39	TSO‑C8e	Vertical Velocity Instruments (Rate‑of‑Climb)	垂直速度(爬升速率)表
40	TSO‑C92c	Airborne Ground Proximity Warning Equipment	机载近地告警设备
41	TSO‑C93	Airborne Interim Standard Microwave Landing System Converter Equipment	机载标准微波着陆系统临时转换设备
42	TSO‑C95a	Mach Meters	马赫表

3.2 工业标准

除适航条款外，还有一系列的工业标准和规范也对驾驶舱人机工效、人为因素提出了要求和指南，这些工业标准和规范主要针对驾驶舱整体环境、驾驶舱颜色、机组视界、布置布局、控制器件、显示界面、机组告警、自动化系统(如自动刹车、自动着陆)的人为因素考虑，提供了设计和使用的要求和建议。表 3‑3 中列出了与驾驶舱相关的工业标准。

表 3 - 3　与驾驶舱相关的工业标准

序号	编号	名称	内容概要
1	AIR 1093	Numeral，Letter and Symbol Dimensions for Aircraft Instrument Displays	航空仪表刻度盘和仪表板显示器上所使用的字符或符号的最小尺寸的设计建议
2	ARP 4256	Design Objectives for Liquid Crystal Displays for Part 25 (Transport) Aircraft	运输类飞机液晶显示器的设计目标
3	ARP 4032	Human Engineering Considerations in the Application of Color to Electronic Aircraft Displays	驾驶舱中颜色使用指南
4	ARP 4033	Pilot-System Integration	驾驶舱驾驶员-系统集成的自顶向下的设计方法
5	ARP 4101	Flight Deck Layout and Facilities	驾驶舱总体布局、设备设施、环境控制等要求
6	ARP 4101/2	Pilot Visibility from the Flight Deck	驾驶舱内外部视界的要求
7	ARP 4101/4	Flight Deck Environment	驾驶舱通风、温度、噪声、振动、辐射等环境要求
8	ARP 4101/5	Aircraft Circuit Breaker and Fuse Arrangement	驾驶舱内断路器等的布局布置及其他相关要求
9	ARP 4102	Flight Deck Panels，Controls, and Displays	驾驶舱面板、控制器件、显示器的布局、设计、安装、使用要求
10	ARP 4102/1	On-Board Weight and Balance System	驾驶舱内重量与载重平衡系统的显示信息设计要求
11	ARP 4102/12	Airborne Landing Guidance System for Transport Aircraft	对运输类飞机机载着陆引导系统及其控制、显示、系统行为的设计提出了原则
12	ARP 4102/2	Automatic Braking System (ABS)	自动刹车系统（ABS）及其控制、显示界面的设计
13	ARP 4102/3	Flight Deck Tire Pressure Monitoring System(TPMS)	驾驶舱内胎压监测系统（TPMS）设计要求

序号	编号	名称	内容概要
14	ARP 4102/4	Flight Deck Alerting System (FAS)	驾驶舱告警系统(FAS)设计要求
15	ARP 4102/5	Engine Control by Electrical or Fiber Optic Signaling	驾驶舱内发动机控制系统的设计
16	ARP 4102/7	Electronic Displays	运输类飞机驾驶舱内电子显示器的设计准则,包括飞行仪表、告警显示器、系统页面、飞行管理、无线电管理等
17	ARP 4102/8	Flight Deck Head-up Displays	驾驶舱平视显示器的设计与安装
18	ARP 4102/9	Flight Management System (FMS)	飞行管理系统(FMS)的设计要求、设计准则以及人为因素考虑
19	ARP 4103	Flight Deck Lighting	驾驶舱整体照明、局部照明、导光板照明的设计
20	ARP 4105	Abbreviations，Acronyms and Terms for Use on the Flight Deck	对驾驶舱内的术语、缩略语的使用进行了规范
21	ARP 4107	Aerospace Glossary for Human Factors Engineers	为人为因素工程师提供的航空领域术语
22	ARP 4153	Human Interface Criteria for Collision Avoidance Systems in Transport Aircraft	运输类飞机防撞系统人机界面准则
23	ARP 4155	Human Interface Design Methodology for Integrated Display Symbology	集成显示符号的人机界面设计方法
24	ARP 5056	Flight Crew Interface Considerations in the Flight Deck Design Process for Part 25 Aircraft	运输类飞机驾驶舱人机界面设计考虑
25	ARP 5108	Human Interface Criteria for Terrain Separation Assurance Display Technology	机载地形间隔保障系统人为因素考虑和设计准则

（续表）

序号	编号	名称	内容概要
26	ARP 5288	Transport Category Airplane Head up Display (HUD) Systems	平视显示器的设计、分析、测试及其预定功能的建议
27	ARP 5289	Electronic Aeronautical Symbols	电子航空符号、线条、图案的通用设计建议
28	ARP 5364	Human Factor Considerations in the Design of Multifunction Display Systems for Civil Aircraft	民用飞机驾驶舱多功能显示系统设计指南
29	ARP 5365	Human Interface Criteria for Cockpit Display of Traffic Information	驾驶舱交通信息系统的人为因素考虑和设计准则建议
30	AS 392C	Altimeter, Pressure Actuated Sensitive Type	两种基本类型压力高度指示仪器的设计要求
31	AS 8004	Minimum Performance Standard for Turn and Slip Instrument	转动和滑动仪器的设计要求,用于测量和显示绕垂直轴的转动速度,并包含一个整体滑动指示器
32	AS 8007	Minimum Safe Performance over Speed Warning Instruments	使用静态和皮托压力输入的超速告警仪的最低性能要求,适用于超速警告仪器功能
33	AS 8016	Vertical Velocity Instrument (Rate-of-Climb)	垂直速度仪器的设计要求,包括A型直读式、独立式、压力驱动,B型电动或电动操作、独立式、压力驱动和 C 型电子或电子操作,从远程压力传感器输入
34	AS 8018	Minimum Performance Standard for Mach Meters	亚声速和超声速马赫仪表的设计要求,当连接到静压(P_s)和全压(P_t)或动压(P_t-P_s)时,仪表提供马赫数的指示
35	AS 8019	Airspeed Instruments	该标准涵盖了显示飞机空速的空速仪表
36	AS 8034	Minimum Performance Standards for Airborne Multipurpose Electronic Displays	机载多功能电子显示器的性能要求

序号	编号	名称	内容概要
37	AS 8055	Minimum Performance Standard for Airborne Head-up Display (HUD)	机载平视显示器的最低性能标准
38	HB 7489 - 2014	民用飞机环境控制系统通用要求	民用飞机环境控制系统的组成和功能、控制、环境适应性、噪声、安全性、可靠性、维修性等技术要求及相应的验证要求

3.3 驾驶舱人为因素设计要求

前文介绍了驾驶舱设计中需要考虑的规章要求以及需要遵守或可以参考的 AC、TSO 以及相关的工业标准，接下来将对综合性的驾驶舱设计要求进行介绍，本节重点介绍驾驶舱人为因素设计要求。驾驶舱设计理念的核心是"以人为中心"，与人相关的需求是驾驶舱设计的顶层设计要求，需要考虑人的生理特点和认知特性。人为因素适航条款 CS/FAR - 25.1302 与机组工作量适航条款 CCAR/CS/FAR - 25.1523 从驾驶舱整体集成的角度提出了顶层要求，而其中又以 CS/FAR - 25.1302 为核心，明确了驾驶舱集成设计中对人的认知特性的设计要求。

在已交付运营的主要机型中，目前仅有 C 系列和 A350 飞机按包含人为因素条款的审定基础完成了符合性验证，因此，对于将人为因素条款纳入审定基础的型号而言，在人为因素验证方面必然面对缺经验、缺流程、缺方法的困境，明确驾驶舱人为因素设计要求对于任何新的运输类飞机型号的驾驶舱研制都至关重要。本节将结合人为因素条款 CS/FAR - 25.1302（后文简称25.1302），参考 AC 25.1302 以及 AMC 1302 等咨询通告的内容对驾驶舱人为因素设计要求进行详细探析[3]。

3.3.1　机组任务

飞机产品的意义在于完成飞行和运输等任务，这个过程离不开飞行机组，每一个航班在飞行过程中，飞行机组都需要在驾驶舱内完成既定的任务，安全驾驶飞机完成推出、起动发动机、滑行、起飞、爬升、巡航、下降、着陆、滑出、停机等任务。驾驶舱的作用在于让机组能安全、有效地执行任务，为此，在驾驶舱内安装的使飞行机组能在正常座位上操纵飞机的设备必须独立地或与其他驾驶舱设备结合在一起，使经过培训后具备资格的飞行机组成员可以安全地执行预期功能的相关任务。

功能与任务相匹配是 CS/FAR - 25.1302 条款的核心，驾驶舱必须支持飞行机组安全地完成任务。驾驶舱内安装的每一项设备都必须符合"其种类和设计与预定功能相适应的要求"，以确保设计能帮助机组成员执行与系统预期功能相关的所有任务。

在驾驶舱设计过程中，必须对预期功能进行足够深入的分析，确保系统适合于预期功能和相关的机组任务，尤其是针对新颖性、复杂性和集成性高的系统和设备。

在试验试飞和航线运营中，制造商通常需要在飞行手册和机组操作手册中提供设备预期功能和相关机组任务的信息，包括控制器件、信息指示、机组告警、机组操作程序等内容。

3.3.2　驾驶舱功能需求

为了满足功能与任务相适用这一要求，驾驶舱必须以合理的方式为驾驶员提供操纵控制手段和状态指示信息。

（1）驾驶舱内必须安装适当的相关系统和设备控制器件，控制器件的位置必须保证操作方便并防止混淆和误动。

（2）驾驶舱必须为相关系统和设备提供必要的信息显示。控制设备和显示信息必须能保障机组安全地完成所有任务。在研制过程中应分析相关系统和设备的每一项关联任务,并表明设备的控制手段和状态信息对于机组成员执行确定的任务是足够的。

(3) 对于机组完成任务所需的控制手段及状态信息,控制器件和信息显示装置对机组人员必须是可用的,以减少与设计相关的机组人为差错,因此信息和控制必须满足如下要求:

a. 为机组人员的计划和决策提供适当的支持。

b. 使机组人员能够以恰当、有效的方式完成预期动作以及决策。

c. 为机组人员提供其行为影响飞机的适当反馈信息。

驾驶舱内的控制器件以及信息必须以清晰和明确的形式,并与任务相适应的分辨率和精度提供控制和信息。

驾驶舱内的信息必须通过清晰明了的方式进行显示,能够在与设备预期功能相关的任务情景中被正确感知、理解,以使机组人员能够执行所有的相关任务。

对于控制器件,机组人员必须能够借助具体器件的特性正确、可靠地识别和操作,如 CCAR/CS/FAR - 25.777、25.779、25.781、25.1543、25.1555 等适航条款规定的形状、颜色、位置等要求。

控制器件和显示信息必须与机组任务的精确度要求相适应。如果控制的分辨率或精确度不足,则机组成员将无法很好地完成任务;相反,如果信息的分辨率过高,则会导致信息可读性差,从而使得任务变难。

驾驶舱控制器件必须能够与其任务的紧迫性、频率和持续时间相匹配,确保对驾驶员是可达的和可使用的。例如,使用频率较高或较紧急的控制器件必须很容易碰到,或只需要很少的步骤或动作便可以完成任务。对于使用频率低或不太紧迫的控制,较差的可达性也可接受。

显示信息是机组行为的响应,为机组提供飞机系统的状态。机组在驾驶舱内的决策和操作往往依赖显示信息或体现在显示信息上,显示信息必须足够充分,以确保影响安全的人为差错对机组而言是可探测的。新技术可能带来以往要求中没有强调的新的机组交互界面,这时尤其需要注意。

驾驶舱相关的系统和设备及其控制、显示、告警等人机界面功能必须匹配机组任务,并符合以下要求:

(1)机组操作的结果可预测且无歧义。

(2)驾驶舱人机界面功能应确保机组人员能够以适合任务和预期功能的方式进行干预。

(3)驾驶舱内的设备和人机界面必须满足机组与飞机系统之间的交互需求。运行经验表明一些系统的行为非常复杂,尤其是自动化设备,其预期的逻辑状态或模式转换很难被机组理解。不好的设计特征会使机组人员困惑,会引发事故和事故征候。

在驾驶舱人机交互过程中,具备资质的飞行机组应当清楚知悉系统正在做什么以及为什么这么做,机组操作相关的系统行为是“可预测和无歧义的”。这要求机组必须能够理解并记忆系统的运行逻辑、模式变化,对系统当前的状态具有充分的情景意识,并据此知晓系统的预期行为。这种“可预测和无歧义的”行为可以确保机组成员安全地操纵系统。

机组成员对飞机的操作行为取决于操纵器件或运行环境的当前状态,在某些情形下,同样的行为可能对飞机性能和(或)飞行品质有不同的影响。例如,自动驾驶仪会根据当前状态选择不同的工作模式,因此自动驾驶仪在设计时必须避免关于可能的机组选择结果的歧义。

驾驶舱的信息应能让机组人员确定人为操作的需求,采取适当的操作改变系统状态,并监视飞机和系统的响应。例如,为满足 ATC 系统的高度间隔要求,驾驶舱必须为机组提供实时有效的飞行导航和飞行管理模式指示。

3.3.3　控制器件

控制器件是为机组成员操作、配置和管理飞机及其飞行控制界面、系统和其他设备而设计的装置,包括驾驶舱中的按钮、开关、旋钮、键盘、按键、触摸屏、光标控制装置(cursor control device，CCD)。控制器件可能包括图形用户界面，如提供控制功能的弹出窗口和下拉菜单，以及用声音启动的操作设备。

驾驶舱内的控制器件必须是清晰的、无歧义的;具备合适的分辨率和精确度;是可达的、可使用的;能确保机组成员的情景意识并提供适当的反馈。

制造商在研制过程中需要从单个要素和驾驶舱整体的角度，考虑每个控制器件的设计特征，包括位置、形状、尺寸、表面材质、移动范围、颜色等物理特性。控制器件应该有相应的标记，说明直接影响的设备或系统，并标明控制器件位置所对应的状态。

对于存在多种模式的控制器件，必须清晰地描述机组操作的所有影响;同时，还需要考虑是否有其他的控制器件可以造成相同的影响(或作用于同一个目标参数)。控制操作应有相应的反馈，可以通过位置或者其他方式提供。

与控制器件相关的驾驶舱显示信息必须清晰、无歧义，确保飞行机组清晰辨认和预测其对应的功能。

(1)每一个机组成员都应该能够以与任务相适应的速度和精确性来识别和操作控制器件。对机组而言，控制器件的功能应该非常直观，可以自然、快速地识别。

(2)在设计过程中，应该评估控制器件操作的结果，以表明这些结果对每一个机组成员是可预测的和明显的。例如，在显示控制中应评估单一装置，如CCD、多功能键盘(multifunction keyboard，MKB)对多重显示器的控制效果，以及机组人员分别控制共享显示区域的交互效果。

可以通过外形、颜色、位置、移动、效果、标识等方面的差异确保控制器件是可辨别的和可预测的。但颜色编码不能作为唯一的可辨别设计特征，这不仅适用于操纵手柄和控制开关，也同样适用于图形交互用户界面的控制器件。

适航条款CCAR/CS/FAR-25.1555(a)中明确了控制器件通用标识的要求。此外，驾驶舱电子显示器相关的旋钮、按钮、符号和菜单等标识的设计要求可以参考AC 25-11B。控制器件必须与任务的紧迫性、频率和持续时间一致，确保飞行机组对控制器件是可达和可用的。

考虑驾驶舱的完整使用场景,控制器件的标识应该在所有光照和环境条件下从飞行机组正常位置都可读。如果一个控制器件具有一种以上的功能,则标识应该包括所有的预期功能,除非其功能非常直观,即使没有标识也不会对机组使用产生负面影响。

CCD(如轨迹球)等图形控制器件的标识应该包含在图形显示器中。当菜单带有附加选项如子菜单时,菜单的标识应该提供关于下一个子菜单的合理描述。

控制器件的标识应采用标准且无歧义的缩写、命名或符号,相同功能的标识应保持一致,缩略语和符号在驾驶舱整体范围内也应当保持一致。SAE ARP 4105 提供了驾驶舱内的术语和缩略语的使用规范,而国际民用航空组织(International Civil Aviation Organization,ICAO)的 ICAO 8400 提供了标准的缩略语,这是航空业的惯例,可以作为补充参考。

可以采用符号作为控制器件的标识。采用符号标识应确保机组只需要简短地看到符号就可以确定控制器件的功能以及如何操作。应使得符号与其代表的对象或状态相似、通用性强且能被机组人员很好地了解,应尽量基于已经建立的惯例(如果存在)和传统选用符号。如使用符号,则应通过机组的任务完成速度和出错率评估符号的使用效果,确定符号是否与文字标识等价或更好。当符号与文字标识不等价时,符号不应对安全和机组工作负荷造成不可接受的影响,也不应造成混淆。

如果多个控制器件为机组成员提供一个功能,则应该有足够的信息使机组清晰判断哪一个控制通道是激活的或者有效的。例如,当两个 CCD 能访问同一个屏幕时,机组成员需要知道哪一个机组成员的输入具有优先权。当两个控制器件可以同时影响相同参数时,应为机组提供告警。

可达性是决定控制器件是否支持机组成员使用设备预期功能的因素之一。控制器件的布局设计应充分考虑可达性,最小机组中的每一个成员都必须可以接触并操作所有必要的控制器件。在设计中必须利用分析和评估等手段表明,当一位机组成员失能时,无论是正常情况还是非正常情况,都符合 CCAR/CS/FAR‐25.777 条款中体型要求的有效飞行机组,即坐在位置上且肩膀处于束缚状态时,所有控制器件都应是可见、可达和可操作的。如果肩部束缚是解锁的,则可以不限定肩部锁定,除非控制器件一定要求在锁定情况下操作(如硬着陆或重颠簸)。适航条款 CCAR/CS/FAR‐25.777 要求每一个驾驶舱控制器件的位置和布局应能使每个控制器件在不受驾驶舱结构和机组人员着装干扰的前提下,达到完全且不受限的移动。

控制器件的直观性不应受到信息的显示、控制、分层、重构等设计特征的影响,对应的信息必须以清晰和无歧义的方式提供,必须是可达的,且能引起机组足够的注意。

控制器件的可达性需要通过分析、评估等手段进行验证。在评估中,不应只考虑控制功能的物理层面,还需考虑控制功能与多重菜单的关联关系带来的问题、光标可能置于多重菜单中的何处,以及机组成员如何通过这些多重菜单访问功能。可达性评估还应考虑系统故障、机组成员失能和最低设备清单放行情况下的运行。

控制器件的可用性还受到驾驶舱环境的影响,在驾驶舱设计阶段必须充分考虑环境对控制器件可用性的影响:

(1)在飞机允许的运行包线内的湍流或振动以及在极端的光照条件下运行时,都应当保证飞行机组以可接受的工作负荷执行所有任务,并达到预期的绩效水平。

(2)如果预计要使用手套,则应重点考虑手套的使用对控制器件尺寸和精确度的影响,并开展相应的评估表明产品对这类使用场景的适应性。

(3)控制器件的灵敏度应足够精确,但又不至于过于灵敏,使得在飞机运行包线定义的不利环境中也能执行任务。对于新的控制器件或是现有控制器件和交互技术的新应用思路,需要进行测试以确定它们能够在不利环境下合适地工作。

（4）在研制过程中应表明恢复飞机或系统控制以及继续安全操作飞机所需的控制器件在所有环境条件下可识别且可用，包括驾驶舱中的浓烟和严重振动，或是发动机叶片脱落的情况。

控制器件的位置和移动方向必须依照 CCAR/CS/FAR – 25.777、25.779 条款的要求，并保持一致性，尤其是操作对飞机或其他被操作部分的直观效果应当是一致的。

为了确保控制器件无歧义，控制器件与相关的显示器或指示器之间的联系和交互应该是显而易见、可理解且符合逻辑的。通常要求一个控制输入对显示器上的信息做出反应或改变显示器上的参数设置。应明确地评估是否任何输入设备或控制与机组人员的期望相比都不会有太大的偏差，以及与驾驶舱其他控制器件的一致性。

与显示器有关的控制器件必须安装在不干扰机组成员执行任务的位置，并与相对应的显示信息就近安装在一起。通常将控制器件直接置于显示器下方更好，因为在大部分情况下，将控制器件直接安装在显示器上方会导致在机组人员的手进行操作时遮挡显示器的显示。

控制器件及其显示器之间的空间分隔可能是必要的。这是指相同系统的控制器件位于一处或控制一个多功能显示器的几种控制器件位于一个仪表盘上的情形。

控制器件的设计和布局应该避免视觉信息被遮挡的可能性。如果控制系统的移动范围暂时阻碍了机组人员观察信息，则应确保这些信息在当前时刻不是必需的，或者从其他的可达位置可以获得所需的信息，并能与任务的紧迫度、频率和持续时间相适应。

控制器件的标识应与显示信息的通告或标识保持一致，如果不同，则应确保飞行机组能够快速、准确地辨别出相关的控制器件，以安全地执行所有与系统和设备预期功能相关的任务。

控制器件应当有足够的操作反馈，使机组能确定操作的影响。每一个控制器件都应该向机组提供菜单选择、数据输入、控制行动或其他输入的反馈。如果机组成员的输入没有被系统接受,那么应该清晰且无歧义地表明输入失败。这种反馈可以是视觉形式的、听觉形式的或者触觉形式的。

对于安全飞行所必需的反馈信息,必须通过合理的形式提供给机组,典型的例子是自动飞行系统的模式通告,需要告知当前激活的状态、预位的状态、状态的变化趋势。

信息反馈的类型、持续时间和适当性取决于机组成员完成任务和操作所需要的具体信息。如果一个机组人员必须知晓所需动作导致的实际系统响应或是系统状态,则仅仅有开关位置信息的反馈是不够的。

小键盘应该对按下任意按键提供触感反馈。为了防止被忽视,触感反馈应该被替换为适当的视觉或其他反馈以指示系统已经接受了输入并且正在做出预期的响应。

系统不仅应该为旋钮、开关和按键位置提供适当的视觉反馈,而且也应为图形控制元件如下拉菜单和弹出窗口提供类似反馈。通过图形控制,交互用户应接收到一个正面指示,表明层级菜单的一个选项被选中了,一个按钮被激活了或是其他输入被接受了。

3.3.4 信息显示

信息显示、控制器件的形式以及结果应符合人的特性和认知特点,显示信息的结果应该做到清晰、无歧义,具有适当的分辨率和精确度,并保证可达性和可用性,能够为飞行机组提供足够反馈。

为飞行机组呈现信息的方式包括视觉方式(如液晶显示器)、听觉方式(如语音检查单)或触觉方式(如物理控制器件)。信息的显示形式,包括飞行机组人员任务需要的数据类型,都应满足适航条款 CCAR/CS/FAR - 25.1543 的要求。信息以文本、数值、状态或比例信息的图形呈现,状态信息表示在特定时间下特定参数的值,比例信息表明该参数变化的比例。

数值信息包括定性和定量两类,定性形式在传递速率和趋势信息上优于定量形式(如数字显示),而定量形式对需要精确值的任务来说更加适合。不论采用哪一类信息显示,都应表明飞行机组人员能够通过获取的信息完成任务。

飞行机组坐在驾驶座内且头部做正常运动时必须能够看到和读到所需的显示信息,如字体、符号、图标和标记。对于左右机组都必须获取的信息,需要评估两位机组的可读性,如显示故障或交叉检查飞行仪表时。显示信息的布局应符合 SAE ARP 4102/7 定义的视角范围。

应避免在显示器上使用过多的颜色来表达含义,但是合理地应用颜色可以有效地减少显示理解工作量和反应时间,如颜色可以用于系统模式或数据类型的分组。驾驶舱内有必要采用统一的颜色理念,尽管在一定条件下可以接受偏差的存在。AC 25 - 11B(电子飞行控制显示器)提供了驾驶舱内电子显示器颜色编码的设计指南。

对于多颜色显示器上的视觉告警,红色、琥珀色和黄色的使用在整个驾驶舱内应一致,以保证告警的有效性,除机组告警功能外应限制红色、黄色和琥珀色的使用,以确保其他信息不会对飞行机组告警产生不利影响。过多地使用红色、黄色以及琥珀色会降低告警和报警吸引注意力的特性。在驾驶舱内使用的动力、飞行、导航以及其他显示器和指示器的告警、故障旗、状态信息的颜色也都应当一致。

颜色的选择应确保不同显示界面上的颜色使用不会造成认知困惑或误解。不合适的颜色编码会增加显示项目识别和选择的反应时间,在任务完成速度比准确率更重要的场景下会增加人为差错的可能性。

当颜色用于任务关键信息时,应补充其他编码特征,如纹理、明暗度、符号等表达不同信息。显示信息颜色、符号应经过分析或评估,确保不会增加认知困难和混淆。

显示信息的位置应符合机组任务场景的需要,并保持良好的逻辑性,使机组能非常直观地找到并获取信息。如果信息显示区域没有一致性或者符号位置没有逻辑性,则可能会增加反应时间和认知难度。

显示信息中新符号或新应用方式应经过评估试验的确认,从飞行机组理解力、记忆保持、符号区分度等方面进行筛选。

显示信息的设置应确保飞行机组在不同飞行阶段和运行场景中都能够获取和管理所需的信息。在某些特定飞行阶段或是飞行场景中,机组可能需要某些特定信息,这些信息在其他飞行阶段中可能不是必要的。

在显示器故障的情况下,必须确保飞行机组能获取继续安全飞行和着陆的所有必要信息。在某些情况下,会设置补充信息,这时应确保补充信息不会代替或者干扰所需的其他主要信息。

对于引入新的或新颖的显示管理方案,应在典型运行场景下进行模拟器和飞行试验来验证飞行机组对显示信息的管理能力。

视觉、听觉信息的拥挤、混乱会分散机组执行主任务的注意力。为了减少飞行机组的理解时间,驾驶舱内应该以简单、有序的方式呈现信息。无论是视觉还是听觉信息的传递均应及时有效,能够提供机组人员处理当前任务所需要的信息。为了在一定的空间内显示足够的信息,可以设置人工选择的方式,保持基本的显示模式简单直观,并允许机组选择额外的信息。

由于听觉信息呈现的短暂性,因此在驾驶舱内应该避免听觉信息竞争的可能性,它们会导致信息间的冲突并妨碍理解。对于听觉信息,必须合理安排优先级和时序,有效地避免这种潜在问题,确保信息的优先级能匹配任务的重要程度,低优先级的信息不应遮挡高优先级的信息。

显示控制输入长或变化不定,以及输入与响应时间长或变化不定会影响系统的可用性。因此,必须确保对控制输入(如参数设置、显示参数或在图形显示器中移动光标符号)的响应足够快,从而让机组人员能够在可接受的时间内完成任务。如果需要较长的系统处理操作时间,而又需要驾驶员保持意识以确保安全,则必须提供状态信息提示驾驶员系统响应正在处理中。

显示信息的设置必须考虑驾驶舱环境,必须确保在自然光阅读条件下和其他不利条件(如震动或湍流等不良条件)下显示信息的可读性。

3.3.5　系统行为

CS/FAR - 25.1302 要求为机组安装的设备的设计必须使得与机组任务操作相关设备的行为是可预测且无歧义的,且允许机组人员以适合于任务和预期功能的方式进行干预。

这就要求与操作相关的系统行为可预测且无歧义,能使合格的机组人员了解系统正在做什么以及为什么这么做。这意味着机组要安全地操纵系统,且应该拥有足够的、关于系统在可预见情况下对机组行为和变化情景的反应等飞机状态信息。这要求区分系统行为和系统设计内部的功能逻辑,大多数的功能逻辑是机组不知道或不需要知道的。

如果机组的干预是系统预期功能的一部分或是系统非正常流程的一部分,那么机组可能需要采取一些行动改变某些系统的输入。系统必须根据 CS/FAR - 25.1302(c)的要求进行相应的设计,并在操作程序中提出机组的要求。

当前飞机系统技术提升了产品的整体安全和性能,但同时也必须确保机组与其在飞机上操作的集成的复杂信息和控制系统之间适当的合作。如果机组成员不能理解和预测系统行为,则可能会产生困惑,最终影响安全性。

系统行为的复杂性在自动化系统上体现得非常明显。例如,飞行导引和自动飞行系统是自动化程度很高的系统,可以将飞行机组从操纵技能中解放出来;但飞行机组对自动化系统始终有管理、超控的权限,这个权限在特殊或紧急情况下显得至关重要。

运行经验表明,自动化系统行为过于复杂,或是依赖机组不能理解或预期的逻辑状态或模式,会导致机组混淆,甚至导致航空安全事故和事故征候。

为确保飞行机组和飞机系统的有效交互,必须采用合理的功能分配,使得飞行机组具有足够的情景意识和操作权限,在正常和非正常条件下都能成功完成他们所分配的任务。此外,还需要保证机组具有合理工作负荷,不会要求过度的专注、额外的技能或体力,不会导致过度疲劳,应充分考虑驾驶员的特征和能力限制。

系统功能、行为的设计应确保机组可以理解、可以预测,人机界面的设计应匹配权限并做到简单直观,避免设计中控制系统行为的功能逻辑为机组表现带来不可接受的影响。

机组在进行模式选择和转换,或是对系统未来意图和行为理解不充分和期望不准确时,都会造成使用困难、人为差错和不安全后果。

对于飞行机组,系统或系统模式行为必须是可预测且无歧义的。对机组成员来说,歧义的或是不可预测的行为会导致机组差错,也会潜在地降低机组在正常或非正常条件下执行任务的能力。一些设计注意事项已确认为能最大限度减少机组差错和其他机组绩效问题。

因此,在定义操作相关的系统行为以及系统运行模式时应注意以下几个方面。

(1) 系统逻辑设计应该简单、直观、一致,确保机组能快速理解、记忆,并在正常和非正常情况下根据信息进行快速理解和判断。

(2) 模式通告应该清楚不含糊。例如,机组的模式使用或配置选择应该有充分的通告、指示或显示反馈,使机组能意识到他们操作的效果。除此之外,任何由于飞机运行模式的改变而带来的模式改变都应该清晰且无歧义地通告并反馈给机组人员。

(3) 模式配置、使用以及取消的方法的可达性和可用性。例如,系统模式切换的操作不应过于复杂,要求每个模式都需要不同操作可能会导致差错。关于飞行导引和自动飞行系统的具体指导可以参考 AC 25.1329 - 1B。

在各模式的正式描述和定义中,模式间通常是互斥的,因此一个系统不可能同时存在一个以上的模式。地图描绘可以是计划模式或者航向模式,但不能同时出现两种模式。

应表明驾驶舱系统、设备、人机界面的方案能确保机组在不影响安全的前提下干预系统操作。自动化系统为一个或一系列系统的功能管理提供控制,确保系统能安全、有效地执行机组人员选择或监督的各种任务,包括如下几方面。

(1) 安全地准备好系统以执行当前任务或后续任务。新任务(如新的飞行轨迹)的准备不应干扰或混淆当前自动化系统执行的任务。

(2) 激活合适的系统功能,清晰地理解被控制对象以及机组人员的期望。例如在操作垂直速度指示器时,机组人员必须清晰地了解他们能够设置垂直速度或飞行路径角度。

(3) 根据操作条件需求,手动干预任何系统功能,或者回到手动控制。例如,如果系统失去功能、工作异常或存在故障,则可能需要手动干预。

自动化系统应保证机组的正常监督,并以最小的机组干预完成各种任务。为了保证监督的有效性以及保持机组对系统状态的理解和对系统意图(未来状态)的判断,系统应提供足够的状态和趋势信息反馈,使机组能符合如下要求:

(1) 理解自动化系统或运行模式的当前状态(即正在做什么),以及系统状态之间的转换。

(2) 判断使系统达成或保持目标状态而进行的操作。

(3) 根据决策对系统进行干预,并检测和纠正错误。

(4) 确认自动化系统规划的未来状态(即下一步将做什么)。

在机组干预过程中,目标值和实际值的信息指示应能帮助机组人员确定自动化系统是否按照他们的预期工作。系统必须向机组人员通知工作极限参数,确保机组知晓系统正在接近其操作极限,或工作异常,或是无法在选定的指标下工作。

出于安全运行的需要,自动化系统必须通过确保机组对系统状态和系统输入的情景意识,支持机组人员的协调和合作。自动化系统应该能使机组人员在命令被触发前检查和确认其准确性,这一点对于自动化系统来说相当重要,因为他们需要复杂的输入任务。

3.3.6　人为差错

人为差错受很多因素的影响,包括系统设计、人机界面、机组训练、操作环境和驾驶员以往的经验。就驾驶舱产品而言，人为差错与驾驶舱设计特征、人的情景意识、理解和判断、记忆负荷有密切的关联。通过对产品方案进行差错分析，可以提前发现潜在的人为差错风险，识别潜在差错，分析差错的机理和影响，通过防差错和容忍差错的设计，减小差错的发生概率，减轻差错后果，构建更具防差错能力和容忍差错能力的系统。

人为差错的产生难以预测，而且无法完全预防，即使是有经验的、训练有素的驾驶员使用精心设计的系统也会发生差错。为此，对于潜在的人为差错，有必要设置差错的检测和恢复手段。差错检测信息由以下指示组成：正常运行时的指示（如模式通告或飞机状态信息）、对具体差错或系统条件的告警指示以及外部威胁或不利运行环境的指示。

系统设计应该使飞行机组出现差错的可能性和影响最小，同时使识别和解决差错的可能性最大。

系统设计应该能够阻止不可逆的、会影响安全性的差错发生。可接受的防差错方法包括开关保护、互锁或多重确认动作。例如，在许多飞机上，发电机驱动器控制有开关保护以阻止意外断开，因为一旦驱动器断开，在飞行过程中或发动机运行时就无法再次接通。多重确认的例子如飞行机组在接受之前可以检查临时的飞行计划。

设备的操作程序应该使操作适用性最优、机组工作负荷最小、机组记忆依赖程度最低。数据输入方法、颜色编码理念以及符号使用应该在不同的应用之间尽可能地保持一致。

应该设计设备向飞行机组提供信息，让他们意识到差错的存在或者由于系统动作产生的系统或飞机状态。应该表明信息对飞行机组是可用的，并且是经过充分检测的，同时表明飞行机组动作和差错之间的关系，使得差错可以及时恢复。

差错检测的信息可能有如下所示的三种最基本形式：

（1）在正常监视任务中向飞行机组提供的指示。

（2）飞行机组指示提供差错信息或者飞机系统状态变化。

（3）确定信息对飞行机组可用且有足够的可检测性。

为建立可接受的差错恢复方式，存在的控制器件和指示应能够用于直接修正错误的控制，从而让飞机或系统恢复到正常状态或者减轻差错的影响，保证飞机或系统安全。在差错恢复的过程中，飞行机组应能够使用控制器件和指示及时地完成恢复动作。

差错恢复所需的动作应该是直接的、快速的，并且对随后的操作影响最小。在可能的情况下，应该使所需的动作对驾驶员记忆的依赖程度降至最低。

3.3.7　综合集成

飞机大部分系统都在物理上和功能上集成到驾驶舱中，并且与其他驾驶舱系统交联。为确保驾驶舱内的设备能以整体的形式为机组所使用，使机组能执行与预期功能相关的所有任务，在驾驶舱设计中不仅要从单独的角度，而且要从驾驶舱整体的角度审视所有的设计要素。

在研制过程中，应从驾驶舱整体机组任务、人机交互的角度考虑设计的合理性，包括与机组交互的飞机系统整体界面，如控制、显示、指示和通告。系统性地考虑集成的问题：显示或控制安装在哪里；如何与其他系统交互；在多功能显示中，各个功能是否有内部一致性，或者与其他驾驶舱设备是否一致。

在设计中应能充分考虑新引入的或新颖的设计特征，或设备与已有的并经批准的特征或设备之间的集成，考虑其一致性、驾驶舱环境、集成相关的工作负荷及差错，并通过分析、评估、试验和其他数据验证其符合性。

应该考虑既定系统和驾驶舱整体的设计一致性。不一致可能会导致系统性能降低，如增加工作负荷和错误，尤其是在压力情景下。例如在一些飞行管理系统中，在不同的显示界面上输入经度和纬度的格式不同，这种设计可能导致机组人员犯错,或者至少会增加机组工作负荷。此外,如果显示经度和纬度的格式与最常用的图表格式不同则也可能导致差错。因此,最好尽可能地使用与其他媒介一致的格式。

实现系统内部以及系统和整个驾驶舱的一致性的方法是遵循统一的、综合的驾驶舱设计理念。设计一致性不代表一味严格地标准化,如果过分严格地执行不合适的标准,则会妨碍创新和产品改进。

尽管极力地鼓励一致性,但应认识到不是在所有情况下都能保证驾驶舱界面的一致性。此外,尽管遵循驾驶舱设计理念、一致性原则等,仍有可能对机组人员的工作负荷造成不利影响。例如,在设计中所有的声音告警都可能符合驾驶舱告警设计理念,但是告警的数量可能不可接受。

当个别的任务需要采用两种明显不同的数据显示格式时,可能就无法完全套用驾驶舱一致性要求。例如,天气雷达显示格式只需要显示环境的扇形区域,而一个计划模式会显示360°的视图。在这些情况下,应表明界面设计与飞行任务要求是兼容的,它可以单独使用或是在不影响其他系统或功能的前提下,与其他界面同时使用且不会造成干扰或混淆。

飞机的物理构型和操作环境会影响驾驶舱系统的集成方式和布置。系统会受到驾驶舱的影响,如湍流、噪声、环境光照、烟尘以及振动(如结冰或风机叶片损失造成的结果)。系统设计应认识到这些对系统可用性、工作负荷和机组任务表现的影响,例如湍流和环境光照可能会影响显示的可读性,驾驶舱的噪声可能会干扰听觉告警的辨识度。在设计过程中也应考虑非正常驾驶舱环境的影响,如刚从非正常姿态中恢复时或是重新得到飞机或系统的控制时。

当集成功能和设备时,应意识到集成性对机组人员工作负荷以及相应错误管理造成的潜在的有利和不利影响,从单独以及与驾驶舱其他系统综合两个角度对系统进行设计和评估,以保证机组人员能够检测、纠正错误或是从错误中恢复。当采用各种自动化系统或是集成的系统与驾驶舱其他系统高度交互和依赖时,这个过程可能有一定难度。

因为每一个集成到驾驶舱的新系统都可能对工作负荷带来有利或不利的影响,所以每个新系统都必须进行单独评估以及与其他系统进行联合评估。这是为了保证总体工作负荷在可接受的范围之内,即集成的系统不会对飞行任务的执行造成不良影响,以及机组人员对信息检测和理解的时间在可接受的范围之内。

3.4　驾驶舱环境设计要求

飞机的运行过程具有复杂性和不确定性,机组的任务也非常多样化,这就使得机组必须具备灵敏的觉察力和良好、高效的记忆、判断、思维以及动作协调能力。飞行任务是一项脑力劳动和体力劳动相结合的活动,驾驶舱环境直接影响到飞行机组在任务过程中对信息的接受、处理、决策和执行等关键环节。

民用飞机驾驶舱环境因素主要包括空间、声音、环境光、温度、湿度、压力、振动等会对飞行机组的任务绩效和舒适性产生影响的条件。一个适宜的工作环境不仅可以提高工作绩效,而且能够保持良好的工作情绪、减轻工作负荷。反之,不适宜的工作环境将影响驾驶员的操作绩效,大大增加人为差错。

驾驶舱舒适性通常定义为驾驶员在特定驾驶环境中效率高、感到满意的状态。这种状态是由多种影响因素组成的动态平衡,这些因素包括物理因素,如驾驶舱空间尺寸、热环境、座椅结构等;也包括心理因素,如对光的敏感程度、对失重状态的承受程度等[4]。

驾驶舱综合环境是通过多种因素共同作用形成的动态平衡,其评价一般以主观感受为判断标准,在不同的工作环境、工作时间以及任务下,人对环境产生的不同适应程度必须结合生理与心理两个方面,在主观评价的基础上辅以生理测量基础来综合评价。

3.4.1 空间与布局

空间是决定驾驶舱安全性和舒适性的最直接因素,驾驶舱空间设计应符合人的生理、心理特点。驾驶舱空间设计除应对主要作业空间做出合理安排之外,还应考虑与主要作业空间无直接关系的受限空间问题。例如,飞行作业会受到设备结构的制约;人的自由活动范围会受到设施的制约;某些空间可能会存在危及人身安全的因素,而对人的活动进行限制。某些空间范围与驾驶员的正常工作心理状态有关,而应予以考虑。人的心理空间是一个围绕着人体的无形区域,它不是人进行正常工作所需的物理空间,而是心理感受所期望的空间。在进行布局设计或设备设计时必须充分考虑保证这些空间,否则将影响人有效地进行工作,甚至影响人的健康和安全。当个人心理空间受到侵扰时,会产生不愉快感、不安感、不舒适感和紧张感,难以保持良好的心理状态,轻则分散注意力,重则影响操作,是一种影响正常工作的安全隐患。

驾驶舱的内部装饰也是设计阶段的重要工作内容,在设计过程中对该因素人机工效方面的考虑对改善驾驶员的心理压力和缓解生理不适反应都起到了极其关键的作用。内饰设计的首要工作是确定理念和风格,同时还要注意舱内各部分器件的外观与光环境的有机结合[5]。

内部装饰对驾驶舱舒适性的影响主要体现在材质、色彩和装饰风格三个方面。色彩对驾驶员的生理影响主要表现在视觉舒适性上。由于人眼的生理结构限制,人对彩度和色度的分辨能力差,因此选择色调对比来研究色彩对视觉舒适性的影响[6]。

3.4.2 声环境

飞机在飞行中,由于上升、下降、转弯、气流波动等一系列的机械运动,已经给乘客造成极不舒适的感觉,若再伴以过大的舱内噪声就会使人们更感烦躁,甚至难以忍受。国外曾就飞机座舱环境的工作空间、压力、温度、前后及上下运动、烟味和噪声等因素对人的影响进行了多方面的测试。结果表明,舱内噪声被认为是第二重要的因素。但是,直至现在,不少论述座舱环境控制的文献几乎都忽略了这一重要因素。当然,要降低飞机座舱噪声就必然会增加重量,而飞机座舱声学研究的目的就是为了寻求使重量最小但仍能获得所需要的安静环境的方法。毫无疑问,它与飞机的总体性能是密切相关的。飞机的噪声源主要有发动机噪声、飞行时的空气动力噪声、管路噪声、成品附件噪声以及气密座舱排气噪声等[7]。

3.4.3　空气微环境

驾驶舱空气微环境主要是指驾驶舱内的压力、温度这两方面因素。驾驶舱空气微环境对驾驶员能否高效、准确地完成预期飞行任务起着至关重要的作用。驾驶舱空气微环境对驾驶员的呼吸、人体代谢、体感温度等会产生直接影响,一个良好的驾驶舱空气环境既可以保证驾驶员的基本生存需要,又可以提高驾驶员在任务执行过程中的舒适性,降低疲劳感,从而提高驾驶员的任务执行效率。对驾驶舱微环境的评价主要包括温度、湿度、压力、通风等因素[8-9]。

驾驶舱内的温度直接影响驾驶员皮肤表面与驾驶舱空气环境之间的对流和辐射,是影响人体热舒适性的主要因素。在不影响驾驶员正常操纵的情况下,航空生理学对飞机驾驶舱内温度控制提出了要求,如表 3 - 4、表 3 - 5 所示[10]。

表 3 - 4　夏季飞行着装条件下飞机驾驶舱温度控制要求

分级	三球温度指数/℃	干球温度/℃	飞行时间极限/min
舒适级	<21	16～26	不限
安全级	22～27	27～32	30
排斥级	28～30	33～35	15

表 3-5　冬季飞行着装条件下飞机驾驶舱温度控制要求

分级	干球温度/℃	飞行时间极限/min
舒适级	16~20	不限
安全级	5~15	30
排斥级	1~4	15

在空气温度较高的情况下,相对湿度就成为人体热舒适性的主要影响因素。在规定的舒适区范围内(空气温度为24~26℃)确定湿度的上限。在湿热环境下人体对空气湿度尤为敏感,人体会在高温、高湿环境下产生热反应规律。

气压主要通过影响驾驶员体内的氧气供应来影响驾驶员的生理状态。正常人体每天需要提供大量氧气为大脑耗用。在处于高空低氧的驾驶舱内时,如果氧气含量没有达到大脑所需要求,则驾驶员在执行任务中的意识判断和高级智力反应都会受到影响,严重时可能会造成飞行事故。当飞机驾驶舱的气压在短时间内发生较大变化时,驾驶员的耳膜会承受巨大压力,引起的疼痛会对驾驶员造成不舒适感。同时,气压变化对驾驶员的心理也有一定的影响。在气压变化的环境中,驾驶员极易产生压抑的情绪,这样的负面情绪会影响驾驶员的中枢系统。因此,针对驾驶舱压力系统的舒适性评价内容主要有压力的变化范围和变化率。

驾驶舱内通风性能是环境控制的重要方面,也是影响体感舒适性的一个重要指标。在驾驶舱内,由于驾驶员的皮肤温度和舱内空气温度存在温差,因此形成了自然对流。当气流为0.1~0.15 m/s时,驾驶员有较好的适应性。一般地,当驾驶员周围的风速低于0.13 m/s时认为是感觉舒适的。

对于同一机型,不同时段的通风要求也是有所差异的,主要表现在气流速度和气流温度两个方面。气流可以通过影响对流交换热系数来改变驾驶员与驾驶舱环境的对流换热量[11]。因此,白天飞行时的空气流速稍大,舱内气流温度一般较低,这是为了补偿白天太阳辐射对驾驶员的作用。同时,驾驶舱还配备了热空气喷射系统,虽然可以及时加热舱盖内表面,防止低空时因湿度太大引起舱盖表面结雾,但增加了不舒适的温度梯度。

3.4.4　光环境

飞机驾驶舱所处的光环境照度变化范围非常宽,从漆黑的夜间到夏天正午的阳光直射,甚至到强探照灯和一些爆炸所引起的超强闪光,其跨度可达一个数量级。驾驶舱空间狭小,设备排列紧凑,在相同的舱外光照环境下,舱内不同部位的照度也会相差一倍。而驾驶员交替观察舱内外情况的周期一般是几秒甚至一秒以内,在一个不合理的照明环境下,眼睛适应如此大的照度变化需要几分钟甚至更长的时间。除此之外,驾驶舱照明还面临着以下矛盾:舱内观察和舱外观察要求不同;舱内不同部位和不同显示器件对观察要求不同;不同的生理、心理功能对光环境提出的要求不同。因此,选择、设计合理的照明系统和光环境,为驾驶员创造良好、舒适的工作条件与环境,使其视觉疲劳减少至最低程度,保证驾驶员视觉功能充分发挥,是保证飞机全天候飞行的必要条件,是驾驶舱光环境设计的根本任务[12]。

为了达到最佳的光环境效果,国内外相关照明标准在照明环境的亮度、均匀度以及色度等方面均做了相关规定,主要体现在以下几个方面:

(1) 驾驶舱内仪表盘、操纵台或者膝盖面等区域之间的亮度或照度的变化要尽量小,即保证亮度和照度分布均匀,且任意一个视标的亮度都不能低于视觉准确、迅速地判读、识别的阈值,也不能过亮造成眩光。

(2) 对于驾驶员在飞行过程中可能碰到反光和眩光等问题,驾驶舱内的设备、内饰表面应尽量减少反光,防止光源直接照射驾驶员的眼睛。控制眩光不仅有利于驾驶员的外视力,而且能保证舱内的观察,减少视觉疲劳。

(3) 考虑到环境亮度的变化,驾驶舱内照明设备的亮度应可调分级或连续调光,以满足不同驾驶员对照明的要求。对于发光显示器件来说,不仅自身亮度需要可调,而且要避免对其他显示标记如导光板造成不利影响。

(4) 视标与背景的亮度对比度应该符合视觉对比敏感度的要求,既有利于

减少错误判读,又有利于减缓视觉疲劳。合适的亮度对比度和颜色对比度是照明环境舒适的关键因素。

3.4.5 振动环境

飞机在飞行过程中常常会产生振动,振动源主要是气动力的波动、气流的冲击,或是发动机不稳定工作带来的失衡。飞机驾驶舱的振动会从座椅通过脊椎和躯干传到驾驶员头部和身体的其他部位,造成头部和身体的晃动和摇摆。

长久低频振动会导致驾驶员换气过度,高频振动会打乱驾驶员呼气,使其说话声音颤抖,影响机组间的沟通。在振动环境下机组的视觉也会受到影响,在 5 Hz 左右的振动下,机组会点头共振。振动环境还会影响眼睛的对焦,因为眼睛通过前庭眼反射稳定视线,这种稳定机制对于远处视觉有作用,但对于驾驶舱内部显示信息,大幅度的振动会带来很大影响,导致信息不可读。振动还会导致手臂和手的移动精确度下降,以及驾驶员操作键盘、触屏、控制器件等的有效性下降。

振动的影响主要表现在视觉性能和操作绩效上。机载设备的振动会造成驾驶员视觉模糊,影响其对仪表信息或精确刻度的读取。不规律的振动会对驾驶员掌控操纵力度和方向带来困难,导致操纵误差。在严重的情况下,剧烈的振动还会影响驾驶员的中枢系统,在人机交互过程中分散注意力,增加脑力负荷,产生极强的不舒适感。

在民用飞机驾驶舱设计中,必须确保机组和驾驶舱设备的振动不会影响机组正常执行任务及机组之间的沟通,并使机组不会受到振动对身体造成的有害影响。新技术的使用,如电荷耦合器件、触屏、语音识别,必须充分考虑驾驶舱内振动的影响,确保驾驶舱在所有可预期的环境下都是可用的。

4

驾驶舱综合环境设计

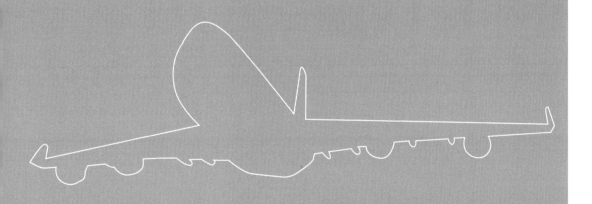

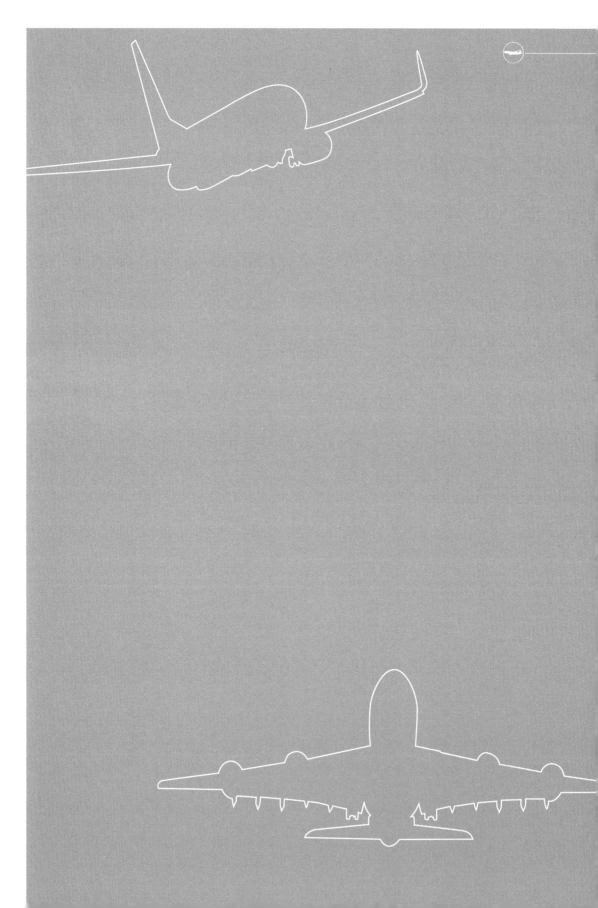

4.1　驾驶舱光环境设计

4.1.1　概述

驾驶舱光环境设计是驾驶舱人机环境集成的重要部分,应与驾驶舱整体环境设计融为一体,是一个机型驾驶舱设计理念的具体表现之一。

驾驶舱光环境设计可分为三个层次,一是实现基本照明功能,称为"功能照明";即在所有预期的环境照明条件和供电模式下确保快速、准确的可视、可读、颜色识别以及驾驶舱内所需的控制和信息的区分。从驾驶员角度来看,所有需要目视观察的地方均须有合理亮度水平的照明。为达到这一基本目标,设计者应该考虑的主要设计因素有照度、亮度、对比度、颜色以及字体等。二是营造舒适的驾驶舱照明氛围,称为"情景照明"。为达到这一目标,设计者需要综合考虑光源布置、周围区间的物理位置与尺寸、外部瞬时强光等因素。三是实现"光"与"声、电、触"等其他感官环境一起,针对不同的飞行阶段(如正常飞行、紧急情景等),通过光环境为驾驶员营造不同的飞行场景,称为"智慧照明"。

为了实现预期的驾驶舱光环境,须从如下几个方面定义、设计、试验、验证和综合评估:驾驶舱终饰;风挡位置、尺寸、角度;灯具;导光板;开关、旋钮;信号器、指示灯;控制板、按键、键盘;触摸屏;电子显示器;平视显示器;综合导光仪表、传统仪表、黑板白漆;断路器板照明;标记、标牌;一般区域、局部任务和泛光照明;遮光板、遮光罩、透明体。

4.1.2　设计要求

在飞机安全飞行所需的信息中,90%来自驾驶员的视觉系统。FAA 的一份报告指出,照明不合理会使驾驶员容易疲劳,导致判读、操纵的错误率升高,即人为差错率上升。视觉是驾驶员在驾驶舱中获取信息的主要途径,视觉性能的好坏决定了驾驶员获取信息的能力。照明是视觉感知的必要条件,照明条件的优劣直接影响驾驶员获取信息的质量和速率。照明的条件与驾驶员工作效率、工作质量、安全以及人的舒适程度、视力和健康有着密切的联系,是工作环境的重要因素之一。

4.1.2.1　适航条款

1) CCAR - 25.773(a)(2)驾驶舱视界

条款内容:

(a) **无降水情况**　对于无降水情况,采用下列规定:

(2) 驾驶舱不得有影响(按第 25.1523 条规定的)最小飞行机组完成正常职责的眩光和反射,必须在无降水情况下通过昼和夜间飞行试验表明满足上述要求。

条款的技术含义:需通过正常的飞行程序且在昼间和夜间分别检验驾驶舱是否有机组主观认为影响其正常操作或对执行正常飞行任务产生不利影响的各类眩光和反射现象。

条款制定的目的:本条制定的目的同 CCAR - 25.1381 条。

2) CCAR - 25.1381 仪表灯

条款内容:

(a) 仪表灯必须满足下列要求:

(1) 提供足够的照明,使安全运行所必需的每个仪表、开关或其它装置易于判读,除非有其它光源提供的充足照明。

(2) 灯的安装应做到:

(i) 遮蔽直射驾驶员眼睛的光线;

(ii) 使驾驶员看不到有害的反光。

(b) 除非在每一预期的飞行条件下,不可调节亮度的仪表灯已令人满意,否则必须有措施控制照明强度。

条款的技术含义:仪表灯的用途是对驾驶舱仪表板上的各种仪表、开关或其他装置提供照明,使机组人员能在各种飞行条件下清晰判读需要观察的仪表显示信息。本条是从满足适航的最低安全标准出发,对运输类飞机驾驶舱仪表灯照明的总体效果所做的规定。条款中的"易于判读"是对仪表灯照明功能综合效果的最低要求。"易于判读"的要求包含客观照明条件和主观视觉两方面的内容。机组能否容易地判读仪表的显示与下列因素有关:机组人员的视觉敏锐度和对比敏感度、仪表显示的清晰程度、照明环境(由驾驶舱观察窗的自然采光、仪表照明和其他灯的照明共同形成)。

条款制定的目的:根据(a)款(1)项中的要求,要使机组人员能在各种飞行条件下容易地辨认仪表刻度、指针和字符,需要综合考虑下列各种因素。

(1) 发光体的亮度或被照明区域的照度。

(2) 颜色,包括被观察目标的颜色、照明的光色和色对比。

(3) 对比,即被观察目标的亮度与背景亮度的对比以及照明的整体均匀性。

(4) 大小,即被观察目标的几何形状和尺寸以及与观察者眼睛之间的距离和视角。

(5) 时间,即被观察目标运动的速度和注目观察的持续时间。

(a)款(2)项中要求灯的安装应做到的第一点是"遮蔽直射驾驶员眼睛的光线",即应避免直射眩光。直射眩光按其影响程度可分为三类:

(1) 不舒适眩光或心理眩光。由视线附近过亮的发光物引起,能使人感觉烦恼、不舒适,但不影响观察能力。

(2) 失能眩光或生理眩光。由视线附近过亮、大面积的发光物引起,会减小被识别物与背景物的对比度,使人丧失部分视功能。

(3) 失明眩光。光线太强直射眼睛,当移开光源后,经过十几秒还看不清物体,造成短暂直射致盲。

(a)款(2)项中要求灯的安装应做到的第二点是"使驾驶员看不到有害的反光",即应避免间接眩光。间接眩光有两种:反射眩光和光幕反射,其可能产生眩光反应的原因有三种。

（1）高亮度刺激使眼睛瞳孔缩小。

（2）角膜或晶状体等眼内组织产生光散射，在眼内形成光幕。

（3）视网膜受高亮度的刺激，使适应状态破坏。

对于如何消除眩光，除在安装上采用遮光罩等手段遮蔽直射驾驶员眼睛的光线外，还应注意发光体与驾驶员眼睛的距离，发光面的形状、大小和亮度，环境的发射率以及整个驾驶舱照明环境的均匀性等均要适当。

（b）款要求除特定条件以外，照明强度都应是可调的。因为对于全天候飞行的飞机，外部光照环境变化很大，夜航时可能漆黑一片，照度极低；而在夏季正午，在阳光直射下，照度可高达十万勒克斯以上。即使在同一次飞行中，也可能遇到万里晴空和乌云雷雨等飞机外部光照条件悬殊的情况。为了适应各种气象和光照条件下的安全飞行，仪表灯的亮度必须可调，而且其亮度调节范围应足够大，才能满足驾驶员对机内外观察的适应性要求以及在日出和黄昏时需要高亮度而在夜航时需要低亮度的不同要求。

3）CCAR - 25.1383(a)(1)(2)着陆灯

条款内容：

（a）每个着陆灯必须经过批准，其安装必须做到：

（1）使驾驶员看不到有害的眩光；

（2）使驾驶员不受晕影的不利影响；

条款的技术含义：从驾驶舱光环境角度来看，本条款明确了着陆灯在飞机上安装部位的原则：确保着陆灯直射光线或反射光线不会对驾驶舱内的机组造成眩光或晕影等不利影响。

条款制定的目的：本条款旨在从着陆灯的安装设计上确保满足本条的要求。例如，着陆灯安装于尽量远离飞机中心线的翼尖上，使前向光线远离驾驶员，对于安装在机头下部区域或前起落架上的着陆灯，应使灯的主光束轴线与驾驶员的正常外视的视线方向错开一个角度；又如对于灯丝旁有遮光片的着陆灯，在安装时应使遮光片处在驾驶员一侧,起到有效的遮挡作用;此外,应尽量使着陆灯的灯光分布均匀。通过上述方法,避免驾驶员直接受到眩光或晕影等影响。

4) CCAR - 25.1401(a)(1)防撞灯系统

条款内容:

(a) **总则**　飞机必须具有满足下列要求的防撞灯系统:

(1) 由一个或几个经批准的防撞灯组成,其安装部位应使其发射的光线不影响机组的视觉,也不损害航行灯的明显性。

条款的技术含义:从驾驶舱光环境角度来看,本条款明确了防撞灯在机上安装部位的原则:确保防撞灯射出的光线不会影响驾驶员的视觉,为此应选择合适的安装位置(一般尽量靠后)或采取适当的遮蔽措施。

条款制定的目的:由于防撞的光强极强,因此能在黑夜或能见度较差的环境中引起相邻飞机上的机组警觉,但若本机防撞灯安装位置不当,则其持续的脉冲光会一直干扰本机的机组。因此本条款从防撞灯最终效果的角度对其安装位置做了定性要求。

5) CCAR - 25.1403 机翼探冰灯

条款内容:

除非使用限制规定在已知或预报有结冰条件下禁止作夜间飞行,否则必须有措施来照亮或以其它方式确定机翼临界部位(从积冰观点考虑)的冰聚积情况。所采用的照明方式必须不会产生妨碍机组成员执行其任务的眩光或反光。

条款的技术含义:从驾驶舱光环境角度来看,机翼探冰灯的安装位置和角度应满足对机翼易于结冰的部位提供良好的照明,同时探冰灯不会直接或间接地产生妨碍机组人员工作的眩光或反光。

条款制定的目的:本条款对飞机机翼探冰灯的设计和安装提出了一般要求。

4.1.2.2　工业标准

涉及驾驶舱光环境的工业标准如下:

（1）SAE ARP 4103《运输类商用飞机驾驶舱照明》。SAE ARP 4103 初版发布于 1989 年 2 月，并于 2014 年 10 月发布了最新版（A 版）。该标准推荐了驾驶舱照明设计与性能标准，以保证在所有预期的环境照明和供电状态下可读性和可视性、颜色识别和所需信息的辨识都是快速、准确的。

（2）SAE AS 7788《面板、信息、集成导光》。SAE AS 7788 发布于 1999 年 7 月，并于 2011 年 4 月发布了最新版（A 版）。本规范涵盖了整体照明信息面板在设计中的一般要求。

（3）SAE ARP 1161《商用飞机机组站照明》。SAE ARP 1161 发布于 1972 年 5 月，并于 2002 年 11 月发布了最新版（A 版）。本规范涵盖了仪表板、导光信息板、警告/警戒/提示/状态信息指示器、断路器和拨动开关位置的建议，照明水平和性能要求，以及驾驶员工具箱照明系统的推荐要求。

综合上述工业标准，驾驶舱光环境设计可以分为功能设计需求和"以人为中心"的性能设计需求。

1）驾驶舱光环境功能设计需求

驾驶舱照明设计需要考虑如下顶层功能需求。

（1）正常照明：在预期的正常电源和飞行环境中的照明。

（2）非正常照明、备用照明：当正常电源失效时或在预期的非正常飞行环境中，为保证飞行安全所必须为仪表及重要控制器件提供的基本照明。

（3）紧急撤离：在仅使用蓄电池的情况下，必须为机组紧急撤离提供的照明。

（4）服务与维护：飞机维护时提供的照明。

基于上述顶层功能需求，设计者应考虑但不限于如下因素来进一步分解设计需求：

（1）人的视觉工效。

（2）周围照明环境。

（3）视觉几何考虑因素，包括驾驶员视角和距离发光器件的视距、阳光直射时和夜间反射时的风挡和显示器的位置。

(4) 光源和显示器类型、技术可靠性和可视性的影响应该考虑如下因素：亮度、照度、光色、时间特性、热效应、老化与寿命期、亮度维持性、对比度、调光、环境条件(高温、低温)、适用的电源。

(5) 格式与布置通过字体、类型、尺寸、亮度、颜色和形状影响可视性。

(6) 反射色，它是光谱特性、光泽、纹理以及反射率的函数。

(7) 眩光和反射。

(8) 飞机分配给照明系统的重量以及基于设备安装空间所运行的尺寸限制。

2) 视觉任务

驾驶舱照明初步设计的第一步是定义驾驶员视觉任务，用于驾驶员使用的所有显示、控制信息和控制器件必须在所有可预期的环境条件和电源状态下可读、可视。与驾驶舱照明有关的驾驶员和用户任务包括如下内容：

(1) 阅读和确认检查单。

(2) 书写。

(3) 阅读飞机状态告警、姿态、高度、速度、航向、系统信息等飞行状态，阅读标牌、航图。

(4) 设置和调节操纵器件。

(5) 设置和调节亮度控制器件。

3) 视觉性能

视觉性能是最重要的人机接口，视觉性能的考察点是精度、速度和舒适度。视觉性能因素包括可视性、可读性、易读性、字体(视觉大小、视角、距离)、亮度、照度、对比度、颜色、显色性(光谱)、时间性、眩光、杂散光、反射、均匀性、平衡性、调光等。这些因素都应应用在驾驶舱照明器件上，以保证顶层需求得以满足。

应该使用相同的照明和显示技术，以帮助颜色、外观、亮度得以匹配和平衡。综合各种不同的照明元素媒介和光源技术是很困难的任务,如混合发光二极管(light emitting diode,LED)和白炽灯光源技术,因此在这些视觉性能因素间不可避免地需要权衡。

在使用测量技术时,要意识到目前对于这些人机工效因素的测量方法不能很好地代表(表达)人眼与大脑的视觉系统,因此主观评估几乎一直是驾驶舱照明系统的有效评估方法。

4.1.3　设计方法

4.1.3.1　驾驶舱光学集成设计

在典型的驾驶舱光环境条件下,综合考虑外部光环境与内部光学设备间的兼容性影响,提出如图4-1所示的光学集成设计思路。驾驶舱光学集成设计以人的视觉任务为设计的中心因素,形成具体的设计目标,通过外部光环境、驾驶舱色彩、终饰、局部照明与反光照明、按压指示灯、仪表照明等光学元素的集成设计,改善主观视觉条件和整体光环境,从而达到提高识别准确性、减轻视觉疲劳、优化整体驾驶舱环境、提供驾驶舱舒适性的目的,最终获得安全、舒适的驾驶舱光环境。

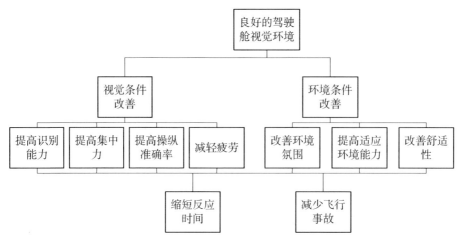

图4-1　"以人为中心"的驾驶舱光学集成设计思路

4.1.3.2　驾驶舱外部光环境定义

驾驶舱照明环境对整个驾驶舱人机环境设计而言是一个极具挑战性的设计因素,不但要考虑到白昼时的阳光明媚与黑夜时的极端漆黑,而且要考虑穿云或闪电时的亮度瞬变。本节定义了几种典型的驾驶舱照明环境并推荐如下量化环境指标,供进行设计假设和试验验证时参考。

1) 黑夜

夜间,驾驶舱区域照明关闭或调至很暗。飞机飞行在海洋上方没有月亮的夜空时可定义为极端漆黑的自然环境,此时环境照度在 1.1 lx(0.1 fc[①])以下。将驾驶舱内的仪表和导光板亮度调至驾驶员感觉舒适的状态,此时在驾驶舱通道处的照度应小于 5.4 lx(0.5 fc)[13]。

2) 黎明与黄昏

在黎明、黄昏以及其他定义为低亮度的环境中时,要求驾驶舱通道处的照度为 5.4~32 lx(0.5~3 fc)[13]。

3) 典型白昼

典型白昼是指在驾驶舱里没有阳光直射,天空晴朗的情况,此时要求在前方视野里的亮度范围为 685~13 704 cd/m²(200~4 000 fL[②])[13]。

4) 明亮视野

明亮视野考虑的是比典型白昼更亮的环境,如正午的太阳直射在驾驶员视野前方的白云上,此时进入驾驶员视野中的亮度会达到 34 260 cd/m²(10 000 fL)[13]。当驾驶员看着外面明亮的环境再回头看相对较暗的驾驶舱控制器件和显示器时会产生视觉不适应感。

5) 穿云

当飞机飞入或飞出乌云和晴空时,驾驶员前向视野中的亮度会在 685~34 260 cd/m² 之间剧烈变化[13]。

---

① fc: 英尺烛光,照度单位,1 fc=0.092 9 lx。
② fL: 英尺朗伯,亮度单位,1 fL=3.426 cd/m²。

6）阳光直射仪表

中午时分，阳光通过侧窗直射在仪表板和遮光罩上，在显示器、控制板上的照度超过 86 111 lx（8 000 fc）。阳光直射环境规范对于运输机顶部板和一些中央操纵台靠后部的设备的作业评定来说可能是过于严苛的，因为实际上安装在这些区域的设备不可能处于如此高的环境照度下，顶部板照度可能是 32 292 lx（3 000 fc），前向和遮光罩区域为 86 111 lx（8 000 fc），中央操纵台和过道区域为 43 045 lx（4 000 fc）[13]。但出于共通性考虑，对于在驾驶舱各安装位置处的一部分设备有时设计成适用于最高的亮度水平。

7）驾驶员白衬衫反射

白天，阳光直射在驾驶员的白衬衫上，在机长和副驾驶的白衬衫上的照度会超过 86 111 lx（8 000 fc）[13]，驾驶员的白衬衫映射在显示器里称为"白衬衫效应"。由于一些航空公司驾驶员身着高反射率的白衬衫，因此，在研发试验阶段应模拟这种情形，要求参试者也身着白衬衫以精确仿照实际航线的工作环境。

8）标准光源

在实验室测量和视觉观察评估时，应采用国际照明委员会（International Commission on Illumination，CIE）标准 C 光源或者 D65 光源来代表白昼和阳光。驾驶舱内表面和显示器需要评估和测量，应考虑白炽灯、荧光灯和 LED 灯等。白炽灯标准光源为 CIE 标准 A 光源，荧光灯标准光源为 CIE 标准 F 光源。

4.1.3.3　驾驶舱颜色设计考虑

1）驾驶舱颜色理论

驾驶舱颜色对提升驾驶员的警觉性、注意力、空间感知等具有显著影响，各方面的影响讨论如下。

（1）颜色心理学。

a. 灰色在外观上既不冷也不暖，通常不会引起强烈的情绪。

b. 暖和冷是颜色的动态特性。暖意味着与环境接触，冷意味着退缩。

c. 尽管冷色被认为是让人平静的，但冷色也有可能让人沮丧。

d. 当光线较暗时,人们更喜欢温暖的光线和环境;当光线较亮时,人们更喜欢较冷的光线和环境。

e. 消色差配色方案往往显得有高科技感。

(2) 驾驶员警觉性。驾驶舱内的环境氛围应让机组人员保持警觉。通常暖色令人兴奋,而冷色令人放松。当颜色接近消色差灰色时,该影响不显著。

(3) 驾驶员注意力。为了提升驾驶员注意力,驾驶舱背景颜色需淡化,以便驾驶员专注于必须观察、操纵的设备——飞行控制器件与显示器。使用高饱和度的颜色会使驾驶员产生视觉疲劳。此外,天空色(蓝灰色)有增加雾影响的趋势。天空色有很大一部分蓝色薄雾色,暖色可以尽量减少这种影响。

(4) 空间感知。驾驶舱的实际尺寸由多种几何形状限制,并通过取得这些约束条件之间的最优解来决定。几何约束包括驾驶室的气动形状,这往往确定了驾驶舱呈现的最初结构;此外,出于飞行控制和其他驾驶舱内设备操作的人机工效学考虑因素,这些设备表面一般在伸手可及的范围内,因此,驾驶舱空间往往显得很小。冷色,特别是蓝灰色,往往会增大感知的空间;暖色倾向于使观察者感知的距离比实际距离更近。同时,这种效果也会受到色调明暗变化的影响。例如,浅蓝色的天花板会比蓝色的天花板和浅棕色(米色)天花板显得更远。

(5) 时间感知。在飞机巡航期间,虽然驾驶员对飞机的操纵动作减少,但仍要保持警觉。因此在驾驶舱内的感知时间应该接近现实或比现实稍快一些,以保持驾驶员的警觉、消除沉闷的氛围。较冷的颜色往往会增加对时间的感知(感觉似乎比实际花费的时间要长),而暖色则会减少对时间的感知。

2) 颜色定义

颜色可用 3 个参数表征:明度、色调、饱和度,明度与反射率的概念比较相似,色调和饱和度是表征颜色的两个重要的基本概念。颜色表征系统如图 4-2 所示。

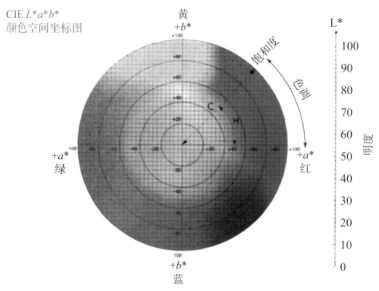

図 4 - 2 颜色表征系统(图片来源于网络)

CIE 设计了 L^*、a^*、b^* 定义一个颜色空间,其采用明度、色调、饱和度共同定义和确定一个颜色。CIE 这个颜色系统常用于理论界,在工业实践中常使用标准色卡作为颜色表征和检验的方法,常用的是 FED - STD - 595 联邦色卡,如图 4 - 3 所示。联邦色卡广泛应用于印刷、纺织印染等工业领域。

4.1.3.4 驾驶舱终饰设计

驾驶舱终饰是指机组可视的表面反射(一般指漫反射),包括反射率、色彩、颜色、质地、光泽、纹理等。

1) 基本原则

驾驶舱终饰的设计须遵循以下原则:

(1) 需符合驾驶舱顶层设计需求(如静暗舱、颜色选用理念)。

(2) 确保在所有运营条件下的基本功能(白天到夜晚的环境照度、飞行阶段如夜航进近时阅读航图暗适应、雷暴雨模式等)。

(3) 人的工作强度与限制、个体差异,以匹配人的视觉特征(颜色、对比度、亮度敏感度、适应水平、辨识度)。

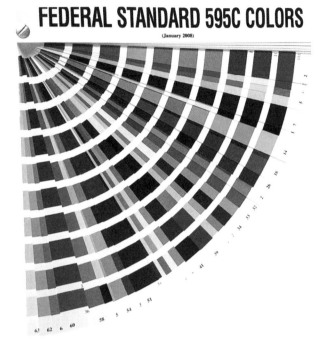

图 4-3　FED-STD-595 联邦色卡(图片来源于网络)

(4) 设计应使得驾驶员工作负荷得以优化。

(5) 需符合适航规章要求。

(6) 需符合市场需求,如客户化定制等。

2) 漫反射等级

一般来说低反射率的表面看起来比它实际尺寸要小,而高反射率的表面看起来比它实际尺寸要大。大区域表面有显著的外形,一般不需要通过反射率与它的背景进行区分;而小的操纵器件(如旋钮)其外形不显著,需要高反射率帮助驾驶员快速识别。

在选择驾驶舱装饰和设备反射率时,根据其安装位置以及预期的使用环境,分别采用高、中、低反射率水平,具体的驾驶舱终饰反射率分为如表 4-1 所示的等级。

表 4 - 1 驾驶舱终饰反射率等级

反射率水平	孟赛尔值	反射率范围/%
低	2~3	3~7
中	4~5	12~22
高	6~7	30~42

3）驾驶舱视界区域终饰

驾驶舱视界区域的设施主要有窗框和遮光罩。驾驶舱窗框需要在预期的环境光下亮度和对比度最小，且需要避免阳光从后窗照射进来在前窗产生不良影响；驾驶舱遮光罩顶部水平面极易在前风挡形成倒影，因此根据工程经验定义窗框反射率为20%左右，定义遮光罩顶部水平面反射率为7%左右。

4）工作表面终饰

工作表面主要包括前仪表板、中央操纵台、顶部板、侧操纵台区域，这些区域的反射率定义为中等水平。如果驾驶舱设有图表夹，那么该区域反射率定义为50%左右，以匹配白色纸张的固有反射率（80%以上）。

5）控制表面终饰

控制表面包括旋钮、按压开关、杆、盘、舵、手轮等，可以通过如图4-4所示

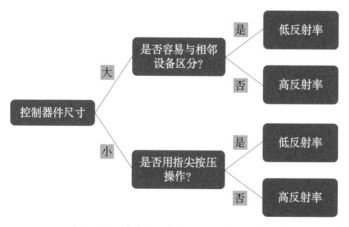

图 4 - 4 控制器件表面反射率决策树

的决策树确定其反射率等级。

6）机组设施终饰

机组设施包括衣柜、地板、天花板、座椅、应急设备等。

垂直表面采用高反射率，以增加驾驶舱内的漫射照明，且能使驾驶舱看起来更大。不同于一般建筑中天花板的反射率可达 60%～80%，飞机驾驶舱天花板的反射率最高定为 42%，因为在飞行时常有光从下面射入驾驶舱，会通过天花板反射到显示器表面，所以天花板采用低反射率有利于使显示器表面的亮度最小。

地板的反射率是 20%，这是工业界普遍采用的水平。

壁橱内部采用高反射率以增加与置放在其内的物件的对比度，若壁橱有门，则厨壁门应为透光的，这样驾驶员不需要打开门就可以看到里面，减少驾驶员的工作负荷。

驾驶员接触的座椅表面应采用低反射率，这些表面包括头枕、扶手、调节杆。若座椅带有文件托盘，则其应采用高反射率以便阅读。座椅的其他表面则采用中等反射率。

应急设备相对于其背景应该可察觉、可读。大多数应急设备都放置在高反射率背景下，以便在低亮度环境下识别。大部分应急设备都赋予标准的工业颜色（如红色氧气面罩等），因此其识别度更加归因于颜色，而不是反射率。

7）终饰颜色

某支线飞机驾驶舱采用灰色系，这也是波音 737 和波音 747 等上一代飞机主要采用的色系。灰色能在驾驶舱中营造一种肃静感，促进驾驶员提高注意力，提高飞行安全度。不过，随着现代飞机驾驶舱自动化程度越来越高，越来越多的航空公司在购机时会考虑驾驶舱营造的舒适环境，以帮助驾驶员缓解飞行负荷。波音 777、波音 787 飞机驾驶舱使用棕色系，能够显著增加驾驶舱舒适感。

无论如何,一个飞机的驾驶舱设计应该有一个颜色理念,以使控制器件、显示、人为因素、美学等信息具有一致性。在这个统一的颜色理念下,用于仪表斜垫面、控制器件和显示面板、数字字母键盘、导光板、旋钮、按键和驾驶舱侧操纵板、顶部板以及其他驾驶舱材料终饰和线条等颜色的选择必须在整个驾驶舱内保持一致。

终饰颜色是一种不能自发光的颜色(反射颜色),人眼对其颜色的感觉是通过光源(人造的或自然的)的发射光谱和其反射面的光谱反射率共同决定的。终饰颜色应该营造出一个良好的工作环境,且不能与 CCAR - 25.1322 中规定的告警颜色相干涉。

关于终饰颜色的检验,在 CIE 的标准 A 光源或者 D65 光源(1 076±538)lx[(100±50)fc]的环境光下观察,所有的反射颜色都应符合颜色标准规范。

4.1.3.5 驾驶舱泛光照明与局部照明设计

泛光照明和局部照明的作用是为驾驶员创造一个良好、舒适的视觉环境,保证驾驶员在各种亮度环境下能准确、清晰地判读所有显示信息,减轻驾驶员的视觉疲劳,确保飞行安全。局部照明相对于泛光照明而言有明确的照射区域边界,照亮有限尺寸区域所需的每个照明装置都应具有明显的截止光圈。

1) 功能概述

(1) 天花板灯(顶灯):为驾驶舱侧壁区、座位区、工作台和地板区域提供高亮度的泛光照明。天花板灯应凹陷或平齐于天花板表面安装,且提供的照明应能覆盖整个驾驶舱区域。

(2) 控制板和仪表板泛光照明:为无自发光功能的控制板和仪表板提供泛光照明,泛光照明灯具(或光源)的安装位置应接近被照表面,不会因人为因素或设备的原因产生阴影。

(3) 地板灯和脚蹬灯:为脚蹬、地板区域提供照明,其作用面不超过膝盖以上部分,以免影响其他视觉任务区。

（4）入口灯：驾驶舱里的不规则地板或台阶必须被固定的低亮度灯照亮。

（5）地图灯和阅读灯：为驾驶员阅读航图和手册资料提供照明，其光斑为方形或圆形，亮度和照射角度应可调。地图灯和阅读灯应考虑安装在驾驶员膝盖上的导航测绘板或固定的写作板上，不会因驾驶员的手臂或身体遮挡而产生光线阴影。

（6）便携式工作灯（活动灯）：驾驶舱内应为各个机组人员提供一个可固定、可拆卸和可移动的工作灯。此便携式工作灯应具有聚光和泛光两种模式，且固定在灯座上的工作灯可以对准方位。此支架可安装在接近公文包位置附近，并照亮该区域。

（7）手电筒：它是一个手提式的电池驱动式光源，其需求由政府规章确定。驾驶舱照明设计者应该考虑在驾驶舱基本设计中包括一个手电筒，虽然它一般也会被航空公司或者机组作为标准设备的一部分带上飞机。

（8）备用照明：为控制板和仪表板提供低亮度的泛光照明，当飞机正常供电电源出现故障时，具有自发光功能的控制板和仪表板会因此而失去照明，此时应提供一套由应急电源供电的备用照明系统为正常飞行操作的控制器和基本仪器提供照明。在实践中控制板和仪表板的背光照明由应急汇流条供电，无须专门设置一套连接应急电源的照明设备。

（9）雷雨照明：在闪电雷雨天气情况下，为驾驶舱提供高亮度照明，帮助减少高亮闪电和黑暗驾驶舱之间的适应性不匹配问题，这样驾驶员仍可以阅读显示信息。通常采用多用途灯，而不为了此功能增加专用灯具。此系统应包含达到最亮状态的导光板背光源照明、仪表内置照明和天花板照明（可选）。提供的雷暴雨照明系统由一个驾驶员单次手动操作就能够立即开启和关闭，并设置在两个驾驶员都可达的地方。提供的雷暴雨照明系统应该在备用电源条件下完全可运行。

（10）应急照明：用于机上人员安全撤离时提供照明，或在备用照明条件下提供高亮度的照明，应急照明系统应包括一个或多个天花板灯。

2）照明布置

驾驶舱照明布置的原则是将作用范围大的泛光照明布置在水平视线以上的区域（如顶部区域），采用宽光束角的灯具，在平视时，裸眼不应看到光源；而局部照明布置在水平视线以下的区域，在执行正常视觉任务时，裸眼不应看到发光面（见光不见灯）。

3）照明控制

需要对（物理）亮度和照度进行调节以达到在白天和夜间照明环境里所需的光强度。

一般地，照射在同一平面上的每一组灯具都应有一个统一调节的控制器，使视觉亮度可以从最小亮度点到最大亮度点连续可调。泛光照明、局部照明、信号灯、内置仪表和导光板照明的亮度控制应该分开。由于某些特定的显示器具有特殊功能，因此可以要求带有单独的亮度控制器。

照明控制器采用典型的旋转型号，照明的最亮端应位于顺时针的终端，在逆时针的终端是电源关闭位置。在电源刚启动时应该提供一个最小化的激励值，根据每个灯具照射的作用面来确定该最小激励值。

光强控制器必须安装在方便控制的地方。被两个驾驶员控制的一般照明和主控制开关必须放置在当驾驶员入座且系好安全带后两个驾驶员均方便触及的一个控制板上。

4）光色特性

（1）照度。照度指入射到被照表面的光线的数量，灯具（光源）应有足够的亮度以提供机组执行预期任务所需的表面照度水平。一般来讲，当灯具选用LED光源时，在连续调光至最暗位置和完全关断位置之间有一个亮度跳变，最暗的亮度不能完全达到0，此时应对最低亮度有一个参数要求。一般要求可调至的最小照度不超过（0.1±0.05）lx。在正常状态下，飞机构型对于每个典型的任务区域和不能自发光的控制器件而言，其表面照度要求推荐如表 4-2 所示。

表 4 - 2　正常状态下驾驶舱视觉任务区域照度要求

类型	视觉任务区域	照度水平/lx	模式
泛光照明	驾驶舱地板	32～54	亮模式
		0～0.54	暗模式
	侧操纵台	215～646	亮模式
	应急照明(出口通道)	0.538	应急模式
局部照明	航图(驾驶员膝盖处)	161	中间亮度
		495	亮模式
	控制板和仪表板(无自发光)	65	中间亮度
		194	最亮
	便携式工作灯(距光源0.61 m处)	107.6	聚光圈
		53.8	泛光圈

在非正常构型或特殊状态下,如应急电源启动、紧急撤离等,需要的目视任务区域的照度要求如表 4 - 3 所示。

表 4 - 3　非正常构型或特殊状态下驾驶舱视觉任务区域照度要求

类型	视觉任务区	照度水平/lx	备注
应急照明	过道	33～54	
	氧气面罩	1.1	
备用照明	各预期的视觉任务区	11～54	
其他照明	台阶	54～107	若驾驶舱有台阶

(2) 照度均匀性。照度均匀性是指在整个表面区域的照度变化。要实现表面区域照度均匀,光源(灯具)的亮度应充分、均匀,为执行预期任务的机组提供满意的表面照度水平。具体的照度均匀性定量要求为在整个表面区域内的照度变化应小于 2∶1,这里的表面区域是指垂直于光源的被照表面。与灯的距离和表面区域由机型项目定义,通过考虑每个视觉任务的区域需求定义表面区域尺寸。

(3) 流明稳定性。在灯具的生命周期内,其光输出会随着时间的变化而衰减,因此在设计时有必要考虑这一点,即流明稳定性。

灯具中的光源和其他元素组件都会随着时间而变化,这些都会叠加反应在光输出上。在整个灯具预期的生命期内,光源亮度应充分,为机组执行预期任务的表面提供令人满意的照度水平。为了实现这一目标,需要一个流明维护计划以确定灯泡或者灯具的替换、清洁时间表。灯泡替换的必要性也决定了是否需要在驾驶舱设置一个备用灯泡盒。设计灯具时通过维持一个恒定的亮度输出驱使灯泡超负荷工作以补充其能效减少;或者允许这个周期内的光衰退直到它不再满足预期的亮度输出为止。

目前,航空公司可以实施快速视觉检查以确保飞机照明灯可用。如果一个灯泡失效,则会立即被发现。供应商应使得照明系统的检查尽量简单。从飞机上取下灯组件来测试,使用复杂的测试设备或者复杂的航线维护以表明其功能等方法都是不可接受的。

(4)颜色。除非在后面章节中有特定的规定,否则驾驶舱照明的颜色都应为白色。用于阅读地图或图表的任务灯必须具有好的显色指数(color rendering index,CRI),为了保证图表和仪表上所有颜色的可读性和可视性,CIE 的一般颜色显示指数为 Ra,它作为 9 种特殊颜色显色指数的平均值,应不小于 85。

5)有害光

泛光照明和局部照明导致的有害光包括眩光、闪烁、漏光等,这些都是应该在驾驶舱设计中尽量避免的现象。

(1)闪烁。闪烁是指在驾驶舱内任何观察点处,在任何照明条件下观察时,指定的照明表面呈现出的可见的短时亮度变化。导致光源闪烁的主要因素是供电电源的频率,如技术上容易导致闪烁的包括荧光灯和脉冲宽度调制(pulse width modulation,PWM)调光的 LED。闪烁会引起驾驶员注意力分散和疲劳。由于闪烁感知的个体差异变化大,因此在验证闪烁时应包括相当多的评估者,至少包括一到两个已知的、对闪烁非常敏感的评估者。如果光源可以直视,如一个地图灯,那么在评估闪烁时直接评估光源比评估被照表面更为合适。

(2)眩光。根据 CIE 117 - 1995 文件中的"室内照明不舒适眩光"计算统一眩光值(unified glare rating, UGR),CIE 定义的"不舒适眩光"指"引起不舒适但不一定影响目标物视觉",具体公式如下所示。影响目标视觉的成为"失能眩光",不在此公式覆盖范围内。

$$UGR = 8\lg \frac{0.25}{L_b} \sum \frac{L_a^2 \cdot \omega}{P^2} \qquad (4-1)$$

式中,L_b 为背景亮度;L_a 为观察者眼睛方向每个灯具发光部分的亮度;ω 为每个照明器发光部分对观测者眼睛所形成的立体角;P 为视线方向的偏移系数。

UGR 的一般范围为 10~30,值越高表明不舒适程度越高,反之表明不舒适程度低。当电光源系统产生的 UGR 小于 10 时,不会产生不舒适。

设计时应根据驾驶员视角和灯具安装位置在设计过程初期尽早通过仿真分析和地面评估的方式排除飞机里的眩光。中央操纵台上的显示屏倒影在风挡上形成眩光如图 4 - 5 所示。

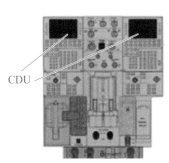

图 4 - 5   中央操纵台上的显示屏倒影在风挡上形成眩光

(3)漏光。漏光是指从灯具或者通过灯具周边发出的可见光,出现这种现象一般代表灯具存在质量问题。漏光可以看作是一个会导致机组分散注意力的眩光源。

（4）光线遮蔽。驾驶舱照明灯应设计成当驾驶员坐在座椅上时，没有光源直射到驾驶员的视线内。

4.1.3.6　驾驶舱导光板设计

1）导光板定义及发光原理

飞机上的导光板不同于民用领域的广告灯箱，它是飞机驾驶舱照明的一部分，通过光线在有机玻璃板内传递以指示面板上的标记。使用这种照明方式无论在白天还是在夜晚等环境下，面板上的标记都能清晰可见，且其光线不会影响驾驶舱其他目视区域。

导光板使用透明的航空有机玻璃为基材，其发光原理如图4-6所示。首先在上面喷涂一层白漆，目的是提升亮度均匀性；其次再喷涂一层黑漆，目的是防止漏光；再次喷涂一层色漆，该色漆根据驾驶舱整体理念和风格确定（如ARJ21飞机采用灰色）；然后根据需求刻蚀黑漆与色漆；最后再喷涂一层清漆，在增加表面耐磨性的同时也有降低光泽度的功能，表面处理如表4-4所示。如此导光板表面处理就完成了，当其下的光源发光时，光线充满了整个有机玻璃，漫反射通过白漆均匀地投射出来，经过刻蚀的字符或图案便发光了。

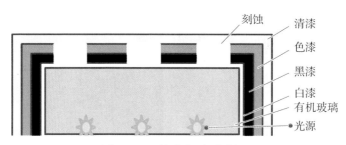

图4-6　导光板发光原理

表4-4　导光板表面处理

层级	工艺	作　　用
4	清漆	增加表面耐磨性，降低光泽度
3	色漆	导光板终饰

（续表）

层级	工艺	作　用
2	黑漆	防止漏光
1	白漆	提升亮度均匀性

2）导光板分类

导光板按照终饰和光色分类，可分为 1 - R 类、1 - W 类、1 - BW 类、2 - R 类、2 - W 类、2 - BW 类，如表 4 - 5 所示。

表 4 - 5　导光板分类

类别	描　述
1 - R 类	塑料面正面终饰黑色背景，整体照明为红光
1 - W 类	塑料面正面终饰黑色背景，整体照明为白光
1 - BW 类	塑料面正面终饰黑色背景，整体照明为滤蓝白光
2 - R 类	塑料面正面终饰灰色背景，整体照明为红光
2 - W 类	塑料面正面终饰灰色背景，整体照明为白光
2 - BW 类	塑料面正面终饰灰色背景，整体照明为滤蓝白光

导光板按照背光源不同，可分为Ⅲ型、Ⅳ型、Ⅴ型、Ⅵ型、Ⅶ型[14]，如表 4 - 6 所示。现代民用飞机驾驶舱导光板推荐使用Ⅴ型或Ⅶ型[15]。导光板实物如图 4 - 7 所示。

表 4 - 6　导光板类型

类型	描　述
Ⅲ型	单块有机玻璃板，采用灯泡为其照明
Ⅳ型	集成馈电线的白炽灯有机玻璃板，面板上嵌入灯泡和馈电线
Ⅴ型	印刷电路式导光板，灯泡焊接在可移动的印刷线路板上，线路板呈凹陷状，以便与面板背面齐平
Ⅵ型	场致发光导光板

类型	描　　述
Ⅶ型	LED 导光板

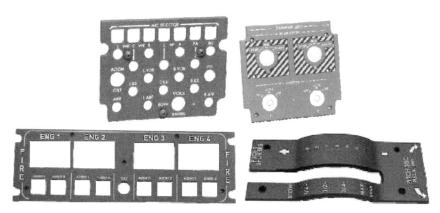

图 4-7　外观各异的导光板实物

3）导光板视角

依据 FAR-25.1321,在驾驶员设计参考眼位(design eye reference point,DERP)处的最小头部移动范围内,所需信息均必须可见。DERP 必须定义为推荐的眼位以确保前向仪表和显示器具有适当的外部和内部视界。视角由 DERP 和基于头部及身体移动而形成的驾驶员最终眼位(final eye position,FEP)决定的眼位点到所观察的显示器和各种操纵器件来定义。必须采用头部移动下的 FEP 确定观察设备的视角。

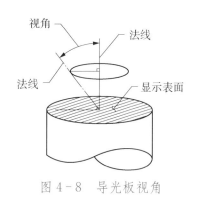

图 4-8　导光板视角

对于驾驶舱导光板来说,除了安装在驾驶舱视线正前方区域的导光板,如顶部板中心偏向前部位置,其余位置的导光板均应确保驾驶员在可能的斜视角度下的可读性,因此要求导光板应定义一个最小视角,一般定义为 70°。导光板视角如图 4-8 所示。

4）导光板图文

适用于航空器的字体有 Futura、Gorton、Helvetica、Din451 等多种，这些字体都很常用。所有这些字体在笔画宽度与高度比、字符间距等方面都有其各自的规则。许多字体都有版权。本书推荐驾驶舱导光板上所使用的字符为 Futura Medium 字体，具体如图 4-9 所示。

Futura Medium

ABCDEFGHIJKLMNOPQRSTUVWXYZ

1234567890 .,-%/

图 4-9 Futura Medium 字体

字高应按照"面板标题名""区域名""操作器件名"分类定义，推荐的字符尺寸如表 4-7 所示。

表 4-7 推荐的字符尺寸

型别	高度/ft①	字高与宽度比	字高与笔画宽度比
一级标题	0.188 ± 0.05	8∶5	8∶1
二级标题	0.156 ± 0.05	8∶5	8∶1
三级标题	0.125 ± 0.05	8∶5	8∶1

字符间的空格应为一个笔画宽，允许按需调整字距以使文本均匀以及在 28 in② 距离处观察时可读性好。调整字符后，在水平特征上文字串应保持中心对齐。单词间的空格应为高度/1.6，行间距应为字高的一半，导光板表面字符深度不应超过 0.005 in。

导光板上指示系统逻辑的标记线宽度为 0.062 in，其他标记线（如指示开关位置和边界线）宽度为 0.031 in，如图 4-10 所示。

---

① ft：英尺，长度单位，1 ft=0.304 8 m。
② in：英寸，长度单位，1 in=2.54 cm。

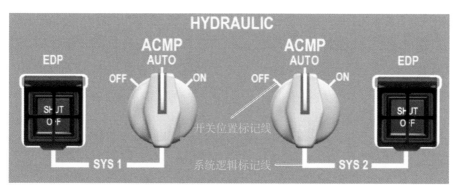

图 4-10 导光板标记线宽度

5) 导光板亮度特性

为了保证导光板上的图文信息在 0～86 000 lx 范围内的光环境中清晰可读，要求导光板亮度必须连续可调。本书推荐最低亮度不大于 0.2 cd/m²，最高亮度不小于 12 cd/m²。

在连续可调的过程中，每一个亮度调定后，导光板上的发光字符都不应有明显的亮暗不一的情况，即应符合亮度均匀性要求。本书推荐最高亮度与最低亮度之比不超过 3∶1；对于同一个字符而言，最高亮度与最低亮度之比不超过 2∶1。

人眼所感受到的亮度与发光体的物理亮度（测量值）存在一定的关系，这种关系为非线性。如图 4-11 所示，在人眼的视网膜中存在着视锥细胞和视杆细

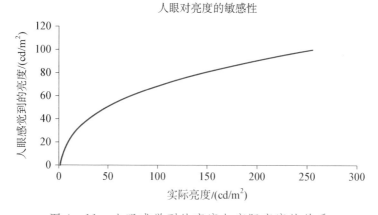

图 4-11 人眼感觉到的亮度与实际亮度的关系

胞,它们分别在强光和弱光环境中起主要作用。而视杆细胞对亮度的敏感性比视锥细胞强万倍,因此在微弱的光环境下,亮度变化比较易于察觉;而在强光环境下,亮度变化会不太明显。

为了能使人眼感觉到的亮度变化呈线性,导光板物理亮度与调光旋钮位置应呈反向非线性。典型的导光板调光曲线如图 4 - 12 所示,横轴为旋钮位置(以顺时针旋转占全行程百分比表示),纵轴为导光板物理亮度(测量值),其中 ——▲—— 为平均亮度曲线,——◆—— 和 ——■—— 分别为最高亮度曲线和最低亮度曲线。在任何一个旋钮位置上,最高和最低亮度之比均不超过 3∶1。此外,在亮度调节过程中为使人眼获得感觉上的亮度连续,要求调光控制旋钮尽量选用具备连续调节功能的旋钮。

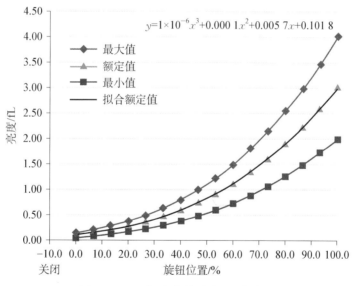

图 4 - 12　典型的导光板调光曲线

定义导光板亮度还需要考虑亮度稳定性的要求。亮度稳定性可分为两个方面,一方面是在不操作的时候,亮度应保持不变。但实际上飞机的负载和飞行状态一直在变,因此电流稳定性也并非一条直线,本书推荐在任何一个 3 s 周期内,一个区域的导光板亮度变化不超过 5%。另一方面是指当亮度调节指令发出后,导光板能快速响应并保持稳定。本书推荐在任何增加或者减少 1/10 亮度的要求发出 250 ms 之后,亮度应达到要求水平的±10%。

6) 导光板对比度

在 86 000 lx(8 000 fc)环境光照度下,非激励的导光板上的图文符号与背景对比度应不小于 3.5,对比度 C 定义如下:

$$C = \frac{L_2 - L_1}{L_1} \tag{4-2}$$

式中,L_1 为背景平均亮度;L_2 为图文符号平均亮度。

7) 导光板调光及其分区

应为不同区域的导光板设置调光控制器件(旋钮),以方便驾驶员操作。控制器件的设置应遵循"操作便利、可达,左右区域分开控制、上下分开控制、中间区域共同控制"的原则。

如图 4-13 所示,红色区域里的导光板定义为中间区域,黄色区域里的导光板定义为左右区域;以驾驶员水平视线为机组,上下两个蓝色区域的导光板可分为上部和下部区域。

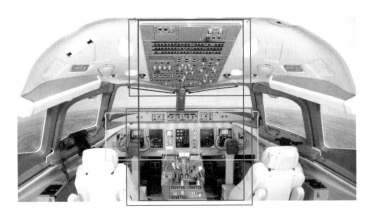

图 4-13　导光板区域划分

具体的调光区域设置可根据上述分区定义来设定,因此有几种方案可选,图 4-14、图 4-15 所示为两种可选的分区方案。两种分区方案的共同点都是将顶部区域作为共同调光区域单独控制,不同的是在 A 方案中,将仪表板区域分为左右两个调光区分开控制,中央操纵台区域作为一个共同调光区单独控制;而在 B 方案中,遮光罩区域作为一个共同调光区单独控制,而中央操纵台和仪表区合为一个共同调光区单独控制。B 方案比 A 方案减少一个调光分区,简化了调光,而 A 方案的左右仪表板区域分开,由左右座驾驶员各自控制,稍显人性化特点。

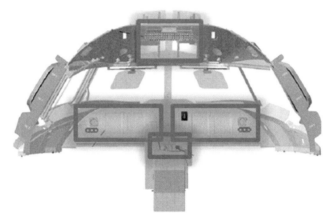

图 4-14　调光分区 A

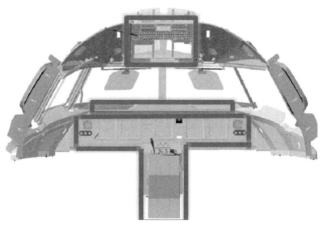

图 4-15　调光分区 B

不同调光分区的布置各有特点,在设计时需要把握以下几点:一是个性化控制与调光简易程度的平衡;二是相同视野区里的导光板应可调到相似的感官亮度水平;三是控制器件若为共用则应安装在左右座驾驶员均可达的区域。

8) 导光板光泽度

当按照 ASTM D523 - 2014《镜面光泽度的标准试验方法》标准方法(20°、60°和85°)测量时,导光板背景光泽应不超过 5 个单位。

9) 导光板有害光

驾驶舱导光板有害光包括眩光、闪烁、漏光、杂散光等,均是要在导光板设计和验证中避免和排除的现象。其中漏光是比较常见的现象,通常由漆面喷涂质量不高或者外界物体剐蹭漆面所致,如图 4 - 16 所示。

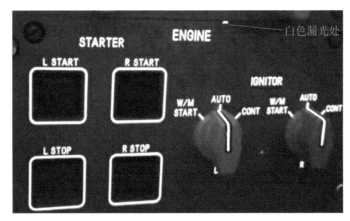

图 4 - 16　漆面未完全覆盖导致的漏光

所有的有害眩光都应该通过机上地面试验排除,验证时应在所有预期的光环境下从任何角度到 90°视角范围内观察,确保均不会出现上述有害光。

10) 导光板反射颜色

导光板反射颜色指在自然光下呈现出来的颜色,当在(1 076±538)lx 环境光下采用 CIE 的标准 A 光源和 D65 光源检查时,未通电的导光板上的颜色必须与规定的颜色标准相匹配。推荐采用 FED - STD - 595 联邦标准颜色,具体参数指标如表 4-8 所示。

表 4-8 导光板反射颜色具体参数指标

类别	颜色	色号(FED-STD-595)
图文	白色	37925、37875
背景	灰色	36118
	褐色	30040

11) 导光板发光颜色

导光板上字符、标记和旋转开关的旋钮标示线条的光色用 CIE 的 1931 色度坐标规定。当在暗室中按规定的测试电压测量时,导光板上所有字符、标记和旋钮指示线的颜色都应在如表 4-9 所示的颜色范围内。

表 4-9 导光板发光颜色范围

x	0.36	0.36	0.42	0.42
y	0.393	0.348	0.428	0.383

4.1.3.7 驾驶舱按压开关指示灯与通告指示灯设计

PBA 用于激活或关闭一个系统,并为机组提供关于该系统工作状态的视觉上的通告,视觉通告可以通过在开关帽下面内置白炽灯泡或排布 LED 光源实现。PBA 无开关功能,其外形与按压开关类似,具备视觉通告功能。本节主要从光学方面对其进行讨论。按压开关实物图如图 4-17 所示。

图 4-17 按压开关实物图(图片来源于网络)

1) 视角

PBA 上的字符和标记应满足 70°视角,在此视角范围内,显示元素必须在所有可预期的照明和运营条件下都清晰可读。

2）图文

PBA上的名称、字符的字体推荐使用 Futura Medium Condensed 或 Futura Medium,字体特征和尺寸要求见上文导光板章节中的相关内容。

3）光色特性

（1）背景颜色。PBA 推荐采用联邦标准 FED－STD－595C 中颜色色号为 37038 的黑色。当在(100±50)fc 条件下,并在 CIE 中标准 A 光源或 D65 光源下观察时,LED 按压开关和信号器显示面背景颜色应与规定的颜色标准相匹配。

（2）亮度。若不能提供连续调节功能,则至少应提供"亮-暗"两种模式的亮度调节功能。当 PBA 通电时,亮模式下的 PBA 字符和标记亮度推荐为 250～500fL,暗模式下 PBA 字符和标记亮度推荐为 5～10 fL。

（3）颜色。PBA 上的字符和标记通常有白色、红色、琥珀色、蓝色（青色）、绿色等,这些颜色代表着不同的含义,在不同的飞机状态下遵从统一的使用原则。驾驶舱设计者应与 PBA 器件供应商共同定义每种颜色的色坐标范围。可选用 CIE1931 坐标系,也可以选用 CIE1976 坐标系（如波音 777、波音 787 飞机）,本书不具体推荐色坐标参数。

（4）对比度。PBA 的对比度有通电和非通电两种状态要求。通过定义对比度,保证了在通电时 PBA 上的字符和标记清晰可见,而在非通电时肉眼不可见,具体要求如表 4－10 所示。

表 4－10　PBA 上字符和标记对比度要求

环境光	亮度模式	比较对象	对比度
8 000 fc	最亮模式	透光字符/黑色背景	≥0.6
8 000 fc	不通电	隐形字符/黑色背景	≤0.1

（5）亮度均匀性。在同一个 PBA 上的字符和标记的最高亮度与最低亮度之比不超过 2∶1,以保证视觉均匀性。

（6）亮度稳定性。该要求见上文导光板章节中的相关内容。

（7）有害光。在全天候光环境下，从任何角度至 90°观察，按压开关和指示灯均不得呈现可见的闪烁、眩光和杂散光。

4.1.3.8　驾驶舱仪表照明设计

1）分类

（1）电子显示器：采用高分辨率、图形化的方式显示，这些电子显示器可能是有源矩阵液晶显示器（active matrix liquid crystal display，AMLCD）、阴极射线管（cathode ray tube，CRT）或其他技术的显示器。

（2）字母数字式显示器：字母数字式显示器是电子显示器的一个子类，又称为节段式显示器，其可以是单色的也可以是彩色的，有穿透式、半透反射式和反射式。

（3）传统显示器：传统仪表主要指机械机电模拟显示器，如安装在波音飞机驾驶舱里的旋转球式备用仪表、带有移动计量和指针的仪表，是采用背面、侧面或前端的集成式照明。

2）视角

（1）正常视角：在驾驶舱所有位置的最小视角为 45°。

（2）扩展视角：安装在顶部区域位置的最小视角为 70°。

3）光色特性

（1）亮度：仪表亮度必须与周围的导光板相匹配，针对周围环境亮度而设定亮度控制水平。

（2）发光颜色：应使用白光整体照明，色坐标应与导光板照明保持一致，以符合光色一致性原则。

（3）反射颜色：当在（1 076±538）lx 环境光下采用 CIE 的标准 A 光源和 D65 光源检查，且在仪表照明电路未激励时，具体的颜色代码应在多个仪表之间统一遵循。

（4）仪表前盖：有黑色和深灰色两种，常见的为深灰色，仪表前盖上的字母、数字和标记应为白色。

（5）按钮颜色：按钮通常为浅灰色。假如旋钮有一个带标志的指示边缘，这个边缘应为黑色。在按钮边缘或在装有按钮的仪表深灰色前盖上的标志应为白色。在浅灰色按钮上的非内部照明的标志可以是黑色的。如果使用同心按钮，那么靠近显示器的按钮应是浅灰色的，顶部或内圈按钮应是黑色的。

（6）显示器的指针和游标线应是白色的；指针的非亮区和显示器的背景应是黑色的。

（7）特殊工作的颜色如工作范围和极限标志、警告旗应按照不同的等级单独定义其颜色。

4.1.3.9　驾驶舱其他光学设计对象

1）分类

在驾驶舱整体光环境设计中还应考虑太阳镜、风挡玻璃、遮阳板和卷帘等因素，它们也会对驾驶舱整体光环境起着不可忽视的作用。

2）太阳镜

许多驾驶员都佩戴太阳镜，这对于优化视觉性能是必要的。佩戴太阳镜可以减少烈日的影响，减轻环境视觉疲劳，保护眼组织免受有害太阳光辐射。此外，佩戴太阳镜可以保护驾驶员的眼睛免受目标物（如来自鸟撞的飞行碎片、突然降压、飞行特技表演）的影响。在驾驶舱照明验证过程中，应该将评估者（驾驶员）佩戴合适的太阳眼镜（无偏光）作为预期的使用环境。

3）风挡玻璃

人类第一次驾驶飞机飞向蓝天时，那时的飞机并无风挡玻璃，驾驶员只戴一副眼镜。随着飞机技术的发展，开始有了普通玻璃制成的飞机风挡，再后来开始使用复合材料玻璃（玻璃纤维）。20世纪五六十年代出现了有机玻璃和钢化玻璃，其层数也由单层变为多层。

无论其结构和材质如何变化，对于风挡玻璃的光学性能要求都可从透光率和表面光学质量两方面考虑。往往要求透光率至少达到90%，以提供清晰的视野,便于驾驶员观察外部情况。在风挡玻璃制造完成后应通过目视或使用专用工具检验其表面光学质量,如内部裂纹(银纹)、表面划伤、畸变等现象。

4) 遮阳板和卷帘

遮阳板安装在驾驶舱前风挡内部,用于部分遮挡驾驶舱窗户,其角度可调节;卷帘一般安装在驾驶舱侧风挡内部,如图 4-18 所示。

图 4-18　驾驶舱遮阳板和卷帘(图片来源于网络)

在设计、选用驾驶舱遮阳板和卷帘时应考虑如下光学性能指标:

(1) 颜色。在阳光下遮阳板和卷帘呈现的颜色一般有灰色、绿色、棕色等,其中灰色又分为浅灰色和深灰色两种。如波音 737 飞机采用绿色遮阳板,波音 777 飞机采用深灰色遮阳板。绿色用于大多数单通道商用飞机,在 1940 年代绿色被认为是最有利于视觉特性的。蓝光逐渐被认为是对人眼有害的光,而棕色更符合视觉特性,因为轻微的棕色可以阻挡自然光谱中的蓝光。

(2) 透光率。透光率是光线通过遮阳板到达目标物上的亮度与光线直接到达目标物上的亮度之比。每种颜色都有其对应的透光率要求,浅灰色的透光率最高,可达 14%;而绿色最低,其透光率仅为 2%。在检验时,遮阳板和卷帘的透光率应在上述推荐值的 ±3% 范围内。

(3) 色差。应保证遮阳板和卷帘在整个区域里的颜色均匀性,在检验时,垂直测量遮阳板,颜色不超过 $0.05(u', v')$ 个单位。

(4) 弥散。弥散效应在一个光源点周围产生,在遮阳板上看起来像雾,它是在光线穿过遮阳板时由细微的裂纹或凝结而产生的。

（5）光线角度偏差。光线角度偏差是光线经过遮阳板后相对于其原来的入射角度的偏差。这种现象会导致通过遮阳板观察目标时其位置非真实的位置，会发生偏移，如图 4 - 19、图 4 - 20 所示。

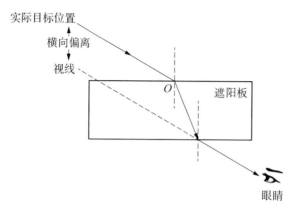

图 4 - 19　无角度偏离的遮阳板

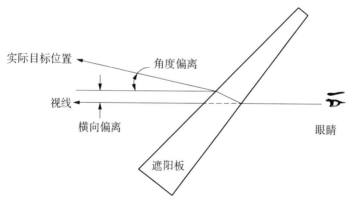

图 4 - 20　有角度偏离的遮阳板

（6）光学瑕疵。光学瑕疵是在制造过程中渗入遮阳板和卷帘的细微瑕疵和裂纹，如种子、凹凸点、气泡、碎玻璃、灰尘、污颗粒、表面划伤、凹口等。检验方法为在阳光下，在目视距离 50～70 cm 处观察。

（7）镜面反射。镜面反射是表面或媒介上的出射光通量与入射光通量之比,镜面反射应该尽量最少。在实际中,遮阳板是可调节的,当反射光不可接受时,驾驶员可以按需调节以消除眩光。

4.1.4　验证方法

驾驶舱光环境的验证应包括研发试验和适航符合性验证试验两个层级,其中每个层级都可分为实验室试验、机上地面试验、飞行试验以及设备鉴定试验等。

1) 研发试验

(1) 试验目的。研发试验主要是在设计初期通过机上地面试验、MOCKUP 或特定光环境实验等方式来验证驾驶舱光环境需求定义的正确性和完整性,一般考虑如下几个方面:

a. 验证驾驶舱灯具布置的合理性。

b. 验证驾驶舱控制板组件对设计要求的符合性。

c. 验证驾驶舱调光控制系统的功能是否达到预期。

d. 评估整个驾驶舱照明、显示及内饰的综合视觉效果。

e. 评估驾驶舱照明能否为驾驶员判读与操作设备提供足够的照明。

f. 评估驾驶舱内是否存在有害光,包括漏光、反光和眩光等。

g. 获取相关测试数据,为改进和迭代设计提供试验依据。

(2) 试验科目。针对上述试验目的,围绕驾驶舱光环境设计的功能试验、性能试验和人机工效三个方面,应开展如下具体的试验科目:

a. 驾驶舱内导光板光色性能测试。

b. PBA 的光色性能测试。

c. 驾驶舱内各类灯具的照度测试。

d. 驾驶舱调光控制系统功能试验。

e. 主观检查和评估。

2) 适航符合性验证试验

针对前文所述的驾驶舱光环境相关的试验条款,一般均需要通过地面试验和飞行试验来验证其符合性。在试验中须考虑特定的外界光环境和气象环境，如黑夜、黄昏、多云等。表4-11总结了与驾驶舱光环境相关的适航规章条款的验证方法，并对验证方法及目的予以简要说明。

表4-11 与驾驶舱光环境相关的适航规章条款的验证方法

条款	MC	说 明
25.1381(a)	1	包括系统原理（方案）说明、安装图纸和地面试验、飞行试验文件说明符合性等
	5	地面试验在夜间、黄昏、白昼等典型条件下对驾驶舱内单个控制板、各区域内控制板及导光板整体照明的亮度一致性、色调一致性进行主观评价，验证导光板是否能够提供足够的照明以及整个驾驶舱是否有直射驾驶员眼睛的光线和有害的反光
	6	飞行试验在夜间、黄昏、白昼等典型条件下对驾驶舱导光板整体照明进行评估，验证导光板是否能够提供足够的照明以及整个驾驶舱是否会产生直射驾驶员眼睛的光线或有害的反光
25.1381(b)	1	系统描述文档说明导光板亮度可调
25.1383(a)(1)(2)	1	对着陆灯的安装位置和控制进行说明，通过飞行试验文件表明符合性
	6	通过夜间、云层等特定天气环境下的飞行试验验证着陆灯的安装是否会产生影响驾驶员视觉的眩光或晕影
25.1401(a)(1)	1	防撞灯安装图纸和飞行试验文件说明符合性
	6	通过夜间、云层等特定天气环境下的飞行试验验证防撞灯的安装是否会产生影响驾驶员视觉的眩光或晕影
25.1403	1	探冰灯安装图纸和飞行试验文件说明符合性
	6	在夜间飞行试验过程中，在云层里外都需要评估探冰灯能否帮助机组成员观察机翼前缘。观测探冰灯的照射区域，并在驾驶舱内观察是否有眩光和反光

4.1.5 工程实践

4.1.5.1 驾驶舱照明布置

1) A320飞机驾驶舱照明布置

A320飞机驾驶舱内的仪表板都配置有内藏照明和泛光灯照明，所有工作面和侧面都有白炽聚光灯和泛光灯照明，其照明布置如图4-21所示。

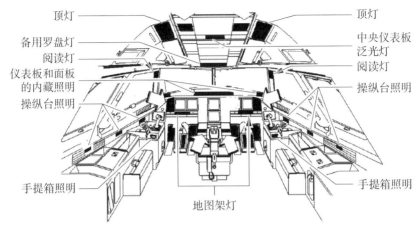

图 4-21　A320 飞机驾驶舱照明布置(图片来源于网络)

（1）顶灯：两个舱顶灯为驾驶舱提供无影照明，其中右侧顶灯可作为应急照明。

（2）地图架灯：每个驾驶员的位置都有一个带照明的地图和图表架。

（3）操纵台和手提箱照明：每个驾驶员的位置都有手提箱、侧操纵台和地板的照明。

（4）仪表板和面板的内藏照明：驾驶舱内所有的仪表板和面板（显示组件除外）都有内藏照明。

（5）备用罗盘灯：备用罗盘带有内藏照明。

（6）阅读灯：每个驾驶员的位置都有一个阅读灯。

（7）中央仪表板泛光灯：为中央仪表板区域提供泛光照明。

2）ERJ190 飞机驾驶舱照明布置

ERJ190 飞机驾驶舱灯具设置比较简单，设置了顶灯、应急顶、仪表板泛光灯、雷暴灯、机长和副驾驶阅读灯、观察员阅读灯、航图灯。顶灯共 2 个，且通过内饰做了造型，其光照可间接照到顶部板区域。仪表板泛光灯用了两条荧光灯管，亮度比较高，照射的范围也比较大，中央操纵台区域基本也被其覆盖，如图 4-22 所示。

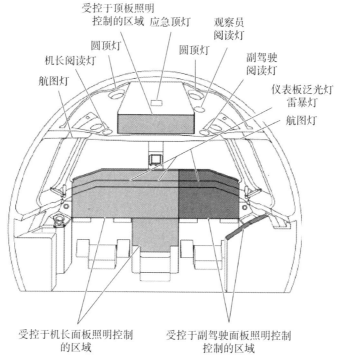

受控于顶板照明
控制的区域 应急顶灯 观察员
阅读灯

机长阅读灯 圆顶灯 圆顶灯 副驾驶
阅读灯

航图灯 仪表板泛光灯
雷暴灯
航图灯

受控于机长面板照明控制 受控于副驾驶面板照明控制
的区域 控制的区域

图 4-22　ERJ190 飞机驾驶舱灯光布置(图片来源于网络)

　　航图灯装在两侧窗框上,并由内饰做了造型,其调光旋钮设置在遮光罩左右两侧的控制板上,如图 4-23、图 4-24 所示。

图 4-23　ERJ190 飞机驾驶舱航图灯(图片来源于网络)

图 4 - 24 ERJ190 飞机航图灯及其旋钮布置(图片来源于网络)

4.1.5.2 驾驶舱导光板 PBA 指示灯颜色

驾驶舱导光板上的 PBA 指示灯颜色对于驾驶员快速判别系统状态、识别故障系统具有非常重要的作用,这也是 PBA 能够代替拨动开关在飞机驾驶舱内大量使用的原因之一。老一代飞机驾驶舱顶板大量使用拨动开关,而新一代飞机则较多使用 PBA。不同的飞机驾驶舱 PBA 颜色有所差别,一般都遵循红色代表警告(warning)、琥珀色代表警戒(caution)的原则。至于白色、绿色各机型有各自的含义。各典型机型的 PBA 所用的指示灯颜色如表 4 - 12 所示。

表 4 - 12 各典型机型的 PBA 所用的指示灯颜色

机型	PBA 外观	PBA 颜色
ARJ21 - 700	FAULT OFF	红色、琥珀色、白色、青色、绿色
CRJ - 200		红色、琥珀色、蓝色、绿色

机型	PBA 外观	PBA 颜色
A320	FAULT / ON	红色、琥珀色、白色、蓝色、绿色
波音 777	ON / INOP	红色、琥珀色、白色、绿色
ERJ190	▭	红色、琥珀色、白色

飞机驾驶舱设计是一个复杂的系统工程，太过复杂的定义会使驾驶员感觉复杂，在转机型时增加驾驶员困扰，而这种困扰有时会为驾驶员转机型训练或者航线飞行造成困扰。

4.1.5.3　用于验证的天空光环境仿真系统

天空光环境仿真系统是一种能够全方位模拟自然环境，并可将整机（驾驶舱）沉浸其中的人工自然光模拟仿真系统，相对全面、客观地验证涉及驾驶舱照明定量测试和操作者对各种光环境中所有显示设备信息的可读性和易读性的评估。

1）国外天空光环境仿真系统试验平台

世界各国的研究机构相继建设了不同的仿天空自然光环境系统，可以使研究不受天气的影响，进而达到可重复、可靠、确定和经济的目的，如图 4-25～图 4-28 所示。

截至目前，意大利 Alenia 公司的 SLS 天空光模拟实验室是世界上最先进的地面天空光模拟试验平台，它可以模拟全天候的天空光环境，从而使飞机座舱在任何时间都能再现高空飞行时的恶劣光环境，为飞机座舱的照明评估提供试验平台，如图 4-29 所示。

图 4 - 25 意大利 Alenia 公司的 SLS 天空光模拟
实验室(12M)(图片来源于网络)

图 4 - 26 欧洲 ALF 实验室天空光环境模拟平台
(8M)(图片来源于网络)

图 4 - 27　OSRAM 天空光模拟实验室(6M)(图片
　　　　　来源于网络)

图 4 - 28　美国福特 VPEL 汽车实验室(6M)(图片
　　　　　来源于网络)

图 4 - 29　意大利 Alenia 公司的 SLS 天空光模拟
　　　　　实验室(图片来源于网络)

2) 国内天空光环境仿真系统试验平台

某高校天空光环境仿真系统试验平台是目前世界范围内已知的、尺寸最大的智能人工模拟天穹系统。传统天空光环境仿真系统主要采用灯光直投内表面扩散形式和镜面房形式，模拟的光照环境均匀、模式单一，不能充分满足不同光照环境下的实验要求。该天穹系统采用内透光扩散形式，在穹体内部均匀分布扩散灯具，结合智能控制技术，可以模拟多种 CIE 标准的天空，增加了太阳模拟灯和运行轨道，还可以进行日照模拟实验，如图 4-30、图 4-31 所示。

图 4-30　国内某高校天空光环境仿真系统试验平台

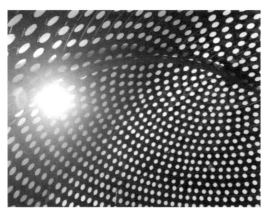

图 4-31　国内某高校天空光环境仿真系统
试验平台的太阳模拟灯与扩散灯

太阳模拟灯通过在垂直轨道上运动设置太阳的高度角，在水平轨道上运动模拟方位角。好的设计使用操作软件控制电路和信号，可以模拟北半球和南半球的任何一天、任何一年时间内的太阳位置和运行轨迹,可以加速一天的时间流逝,使其缩短为十几分钟。

4.1.6　驾驶舱调光技术发展趋势

自动调光是现代民机驾驶舱调光系统发展的趋势,该技术应用于驾驶舱显示器已较为成熟,应用也相对广泛,但自动调光技术在驾驶舱导光板上的应用仍然有很广阔的发展前景。

导光板自动调光技术有两个关键技术点:一是光传感器,二是调光曲线。

光传感器作为自动调光系统的重要输入采集单位,是整个自动调光系统中的关键部件。在自动调光技术中,光传感器选型的关键参数包括量程、光谱响应曲线、感知精度。在自然光条件下,经过飞机壳体和遮光罩等结构的遮挡以及风挡玻璃对光线的吸收,光线在驾驶舱导光板表面产生的照度上限一般不超过 8×104 lx,因此光传感器的量程上限也不应低于 8×104 lx,而一般暗环境下的环境照度不高于 0.1 lx,因此光传感器的最低测量精度应不高于 0.1 lx。

图 4-32 展示了一种常见的驾驶舱导光板自动调光系统架构[16],此架构

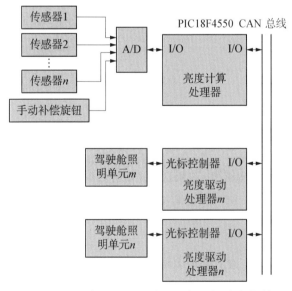

图 4-32　驾驶舱导光板自动调光系统架构

采用总线拓扑结构。光学传感器获取驾驶舱全局光环境变化,通过 A/D 转化模块输入至亮度计算处理器,该处理器整合环境光变量、飞机飞行的状态、实时时间、天气状况等参数,输出调光信号给控制器局域网(controller area network,CAN)总线,亮度驱动处理器从 CAN 总线上获取调光信号,输出相应的 PWM 信号给相应的导光板。其中手动补偿旋钮用于驾驶员对驾驶舱调光曲线的个性化修正。需进一步研究补偿量并体现在最终的调光曲线上。

4.2　驾驶舱内饰设计

随着社会的进步和生活水平的不断提高,人们不光只关注飞机外形设计,也越来越关注飞机驾驶舱和客舱内饰。驾驶舱是驾驶员日常工作的场所,驾驶舱内饰产品的设计很大程度上决定了整个驾驶舱环境设计。因此,驾驶舱内饰设计是否成功已逐渐成为衡量一架飞机设计成功与否的关键因素之一。

一般我们所说的飞机内饰主要包括遮光罩、仪表板、天花板、窗框装饰罩、侧壁板和侧操纵台等相关的功能件和装饰件,还包括空调系统中的出风口和控制面板等。

好的驾驶舱内饰必须满足功能性、舒适性、经济性以及人们广泛认同的精湛工艺和审美。因此,驾驶舱内饰设计要求设计师从功能、造型、色彩、材质以及必要的装饰件等方面进行全面设计,既要符合使用功能的要求,又要使内饰风格整体协调,达到赏心悦目的效果。

4.2.1　设计要求

1) 内饰功能优先

驾驶舱内饰设计应该首先围绕着功能性展开,充分满足驾驶员在驾驶舱内部空间中的活动需要。

（1）操控功能。满足驾驶员在正常情况下操控的基本要求以及其他相关活动,如取物、开关空调、控制灯光、调节出风口、使用杯托和点烟器等。在设计操控功能时,最重要的是要符合人机工效学方面的要求。通过运用在驾驶舱内饰设计中的人机工效因素分析软件,帮助设计师建立理想的驾驶舱内部操作空间,使驾驶员更加舒适和安全。

（2）乘坐功能。涉及座椅的滑动、转动、升降、角度调节、拆卸,头枕和扶手的调节等。此外,高档的座椅还有加热、背托、模态记忆复位等功能,根据受力和人体局部舒适度的差异,椅面的硬度也有相应的区别。

（3）储物功能。除了行李箱外,驾驶舱内饰也应当满足驾驶员和航空公司的一些储物需要,合理利用驾驶舱内空间,在细微处体现人性化的设计思想。常见的储物设计方式按照所处的区域可分为侧壁板区域、侧操纵台区域、天花板区域、窗框装饰罩等,并根据实际需要巧妙地设计诸如杯架、烟灰盒、地图袋、储物盒等储物空间。

（4）照明功能。主要形式有驾驶舱内泛光灯、驾驶员阅读灯、区域泛光灯、脚部照明灯等,而且根据不同用途的需要,各种灯要提供漫射、聚光、亮度调节以及某些特殊的艺术效果氛围。随着电子照明技术的发展,驾驶舱内饰的照明将展现给人们更加多姿多彩的形式。

（5）内饰造型。内饰造型应遵循造型优美原则。任何产品都会通过其特定的造型语言向人们表达其个性,驾驶舱内饰也不例外。设计师通过线条和型面勾勒出内饰产品的外形特征,体现出不同的造型风格,内饰的造型往往和飞机外形的风格相吻合,总体上分为如下几种类型:

a. 豪华气派型。配置豪华、做工精致、选材考究,如公务机和定制机的驾驶舱等。

b. 稳重大方型。造型平稳、功能齐全、做工精湛,目前大部分飞机驾驶舱多为稳重大方型,如 A320 系列、波音 737 系列。

c. 市场定位型。驾驶舱内饰设计需要根据各个机型的市场定位和以往机型的共通性进行考虑，以迎合客户需求。

2）材质选用与装饰

材质是将材料本身所具有的特性通过一定的加工处理来展现其纹理、光泽、粗糙度和软硬度等效果和表面质感，带给人以不同的视觉和触觉感受，如轻重感、软硬感、明暗感、冷暖感等，体现出驾驶舱内饰的整体品质。

随着航空制造技术和材料工艺水平的不断提高，现代内饰产品已大量运用工程塑料和高分子复合材料，并结合其他材料如金属、陶瓷、碳纤维，通过高科技的工艺处理和合理的搭配组合，使人们在视觉和触觉上从材料的外表肌理中感受到疏松与密集、光滑与粗糙、柔软与坚硬、随意与工整等效果，从而体现驾驶舱内饰特有的和谐美。

对于设计师来说，必须合理运用材质，以表达不同的效果。如光滑冰冷的金属内饰加上规整的表皮纹理和面料上的几何图案传递的是高科技和现代感；而选用自然的材质加上柔软顺贴的面料和不规则的图案纹理搭配则体现自然和传统的韵味。

这里提及的装饰件是指不具有实用功能、在整体内饰中局部运用的装饰零件。好的驾驶舱内饰装饰件可以成为飞机身价和品牌的标志，也是文化和艺术的体现。

内饰装饰件的种类繁多，除了少量高档车运用经过特殊处理的金属贴片外，大多数装饰件是在注射成型后通过曲面印刷、电镀、喷涂等工艺将艺术和现代技术相结合，展现出特定的纹理、图案、色彩、质感、光泽等效果。比起天然材质，它们具有更好的加工性和实用性。目前驾驶舱内饰中颇为流行将哑光和磨砂饰件结合使用，体现了自然与科技相融合的和谐。

3）模块化设计与文化表现

在内饰设计中体现系统集成将有助于驾驶舱内饰产品更具有整体感和协调性，同时它也是一种面向生产装配过程的设计。设计时整个系统按功能被分成几大独立的模块，每个模块上集成多个零件或总成，各个模块之间的连接设计简易可靠,装配方便,这样就使产品的设计开发和生产制造成本都大大下降,并有利于提高驾驶舱内饰零部件的质量和自动化水平,提高驾驶舱内饰的装配质量,缩短驾驶舱内饰的设计开发和生产周期。

任何产品都有其产生的文化背景和时代特征,驾驶舱内饰也不例外,应当融入不同国度、地域、文化中特有的内涵,使产品更具表现力和生命力。现代驾驶舱内饰设计还越来越多地融入多种国际流行元素,并体现数字化、高科技的时代特征,将工业设计中各领域的设计语言体现于驾驶舱内饰,满足并引导当代社会的审美情趣。

4.2.2 设计方法

驾驶舱装饰与设备的设计应按照相关适航条款、行业标准以及国标、军标的相关要求进行设计。

1) 一般要求

(1) 驾驶舱装饰与设备应提供使飞行机组人员能安全、高效、舒适地完成对飞机操纵、控制、显示和监控所需的工作环境和必要的储藏设备。

(2) 驾驶舱设计应采用设备功能模块化、人-机-环境高效综合和静暗驾驶舱的先进驾驶舱设计思想。

(3) 驾驶舱设计在确保安全性的前提下,应使得驾驶舱整体易于操作,减少培训成本。

(4) 驾驶舱装饰应保证驾驶员设计眼位到装饰板的头部活动空间。

(5) 飞机驾驶舱对于驾驶员来说是一个立体坐姿作业空间,驾驶舱内设备应根据人体的使用习惯布置,使其有较好可达性。

(6) 在磨损区域内,应减少采用漆层和漆类的表面涂层。

(7) 需留有足够的储藏空间放置航图、手册和其他飞行需用物品,并易于获取。

(8) 应提供合适的遮阳板,以避免阳光直射驾驶员。

（9）应提供合适的透明遮光物或遮阳帘子，以避免驾驶舱持续暴露在阳光下产生温室效应。

（10）观察员位置应按需设置必要的踏脚板和扶手。

（11）应满足飞机驾驶舱的驾驶员视界，并且在保证装饰板覆盖结构件的基础上提供最大的驾驶舱视界。

（12）驾驶舱装饰板与设备之间保留 0.5 in 的间隙，以适应制造和安装公差要求。

2）人机工效要求

驾驶舱装饰与设备的人机工效根据 GJB 2873—1997[17] 的 5.7 节"工作空间要求"进行设计，主要考虑可达性和易操作性。

（1）可达性。可达性涉及杯托、烟灰缸、垃圾桶、遮阳板和为其他设备提供安装支持的布置位置，保证 158～190 cm 身高的驾驶员能够操作，人体测量数据依据为 GB 10000—88《中国成年人人体尺寸》。

（2）易操作性。易操作性涉及驾驶员小桌板、辅助手柄、遮阳板、垃圾桶盖等设备。驾驶员小桌板设计应考虑操作所需要的力符合操作者的要求；辅助手柄设计应考虑人体手掌抓握的尺寸；遮阳板设计应考虑驾驶员一个手就可以旋转操作；垃圾桶盖设计应考虑其翻盖手柄的易操作性。设计参考 GJB 2873—1997 5.4 节"控制器要求"，满足在操作这些设备时，所需要的力和时间符合操作者的要求，操作的步骤简单，让操作者易于执行；手柄的尺寸满足人体手掌尺寸等。

（3）驾驶舱储物空间要求。

a. 驾驶员行李箱储存空间。其必须符合 CCAR - 25.787 条款规定的标明其最大载重，以及规定的飞行载荷情况和地面载荷情况；符合 CCAR - 25.561 (b)条款的应急着陆情况所对应的最大载荷系数下的临界载荷分布；符合 CCAR - 25.789 条款规定的具有防止移动的固定装置。航空行李箱设计于座椅和侧壁板中间，大小为长 46 cm、高 35 cm、宽 25 cm；个人行李箱设计于座椅后方,大小为长 45 cm、高 30 cm、宽 25 cm。

b. 衣帽间。其必须能够为每一位机组人员容纳一件夹克、一件雨衣和一顶帽子。

c. 文件储藏盒。其布置位置应可达,应提供足够大小以避免文件杂乱无章,在湍流状态下仍可以保护好文件。

d. 氧气和应急设备储存空间。必须为每一名机组人员提供氧气面罩箱;在驾驶舱内提供应急手电筒、应急绳和应急斧等。

(4) 与其他系统安装接口设计要求。在设计过程中,要考虑驾驶舱其他系统在内饰方面的安装,并为安装设备预留接口。

4.2.3 验证方法

驾驶舱内装饰验证方法主要有说明性文件(MC1)、试验室验证(MC4)、航空器检查(MC7)和飞行试验(MC6)等,具体的适用方法应基于不同机型的设计特征与局方共同确定。

4.2.4 工程实践

典型机型驾驶舱内饰如图 4 - 33 所示。

波音 787 飞机驾驶舱内饰是波音飞机的最新设计,采用上部浅灰,下部深灰的颜色搭配,使得整体颜色风格一致。同时冷色调的设计增加了驾驶舱高科技的质感,将工业设计和功能设计完美结合。

空客飞机驾驶舱内饰设计始终保持系列化发展,从 A320 飞机到最新的 A350 飞机,驾驶舱内饰始终保持一个风格,这种共通性的设计能让驾驶员快速熟悉,减少培训时间,降低培训成本。空客飞机驾驶舱整体采用深蓝色和浅灰蓝色的颜色搭配。

ARJ21 飞机驾驶舱内饰设计采用顶部为米色,下部为深灰蓝色的设计。米色和深灰蓝色的搭配给人以简洁的感觉。

▲波音787飞机驾驶舱

▲ A320飞机驾驶舱

◀ARJ21飞机驾驶舱

图4-33　典型机型驾驶舱内饰

4.2.5　技术展望

驾驶舱内饰既要符合使用功能的需要，又要使内饰风格整体协调，达到赏心悦目的效果。受流行元素、审美等因素变化的影响，驾驶舱内饰设计造型会随着时间改变，设计师在设计时会根据当前和今后一段时间的发展趋势，从功能、造型、色彩、材质等方面进行全面设计。从飞机驾驶舱内饰发展趋势看，驾驶舱内饰造型设计将越来越简洁，在大面积使用复合材料减轻重量的同时增强了驾驶舱整体质感。充分利用颜色和造型的变化可以给驾驶员营造一个温馨舒适的工作环境。

4.3 驾驶舱声环境设计

随着民用航空运输业的发展,飞机噪声在今天已成为最主要的噪声源之一。据报道[18],20世纪60年代美国民用航空研究与发展组织通过调查研究发现,飞机噪声已成为机场发展和民用航空系统增长的主要障碍之一。飞机噪声主要来自发动机噪声和机体噪声,飞机噪声水平不仅关系到研制的飞机能否满足适航条例限制要求,而且成了市场竞争力的重要指标之一。

民航发达国家早在20世纪六七十年代就开始关注航空器噪声的问题。为了控制飞机噪声,FAA于1969年颁布了FAR-36部,制定了史上第一个噪声限制规定,称为一级限值,要求所有申请类型证书的新飞机都必须满足其噪声限值。

4.3.1 设计要求

1) 适航相关要求

目前暂无针对驾驶舱内部噪声的适航要求,适航法规仅对外部噪声做了要求。

(1) 美国FAA噪声标准。FAA有关噪声的规章主要有FAR-36部《航空器型号和适航合格审定的噪声标准》、FAR-91部《运行和飞行的一般规则》、FAR-150部《机场噪声形容性规划》、FAR-161部《机场噪声和准入限制的通过和批准》等。除FAR-36部外,其余都是运行方面的规定。

(2) 中国CAAC噪声标准。由于我国民用航空工业和民用航空运输业起步较晚,因此直至2002年3月20日才正式出台第一部关于航空器噪声法规CCAR-36部。2017年12月12日,结合ICAO和FAA对最新噪声规章的修订情况,交通运输部发布CCAR-36-R2,对噪声法规进行修订,采纳了ICAO

和 FAA 对直升机的噪声要求,新增第三阶段噪声级和第三阶段直升机的定义,并已于 2018 年 1 月 12 日实施。

2）工业标准

（1）ICAO 标准。ICAO 于 1971 年 4 月 2 日,在关于机场附近航空器噪声的特别会议上通过发布了航空器噪声的标准和建议措施,命名为《航空器噪声》,为《国际民用航空公约》的附件 16,并在此后十年间修订五次。1981 年,随着航空器发动机排放物的标准和建议措施的制定,ICAO 将附件 16 更名为《环境保护》,分两卷出版:卷 I 为《航空器噪声》,卷 II 为《航空器发动机的排放》。最近一次修订于 2017 年 3 月 3 日,于 2017 年 7 月 8 日生效,并已于 2018 年 1 月 1 日实施。

（2）SAE AIR 1826《飞机环境控制系统设计中的声学设计》发布于 2011 年 1 月,并于 2016 年 8 月更新至最新版（A 版）。本规范的范围限于环境控制系统噪声的一般考虑及其对机上人员的舒适性影响。

（3）HB 7229《民用客机环境控制系统声学设计要求》发布于 1995 年 12 月,适用于民用客机环境控制系统中的噪声控制问题,在巡航和地面状态下环境控制系统所辐射到座舱内的推荐噪声压级应比座舱要求的低 10 dB。

4.3.2　设计方法

1）驾驶舱噪声指标

由于目前暂无针对驾驶舱内部噪声的适航条款和行业标准要求,因此各机型在设计时会综合考虑各飞机总体设计,提出驾驶舱噪声参考指标,本书推荐的驾驶舱噪声指标如下:

（1）在巡航状态下,驾驶舱持续 A 声级应不大于 70 dB(A)。

（2）在巡航状态下,驾驶舱持续语音干扰级应不大于 62 dBSIL。

（3）在巡航状态下,驾驶舱音调噪声应不影响正常操作。

（4）在巡航状态下,驾驶舱瞬态噪声应不影响正常操作。

2) 噪声源声学特性及传递路径

可以从飞机的机体结构、发动机噪声、边界层噪声和环控系统噪声源几个方面进行声学特性及传递路径分析。舱内噪声分解如图4-34所示。

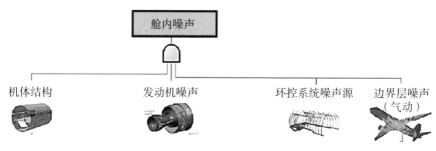

图4-34 舱内噪声分解

（1）发动机噪声声学特性及传递路径分析。

尽管随着涵道比的增加，发动机的噪声越来越小，但是发动机作为主要的噪声源依然会对舱内噪声产生影响。

发动机噪声由风扇噪声、燃烧噪声、涡轮噪声和喷气噪声四个部分组成，其中风扇噪声和喷气噪声是发动机的主要噪声源。同时，由发动机振动源直接激发结构振动（如机翼、发动机等），这种振动以弹性波的形式通过短舱、吊挂、机翼及机身传入舱内，由结构向舱内辐射声能，影响舱内的声学环境。

结合发动机噪声指向性强和宽频特性强的特点，利用已有的实测数据和型号设计中的数据对发动机噪声进行定量分析和频谱特性评估，进一步得到噪声传递路径，主要包括发动机噪声—机身蒙皮—机身绝热隔声层—机身内饰板—机身客舱和发动机不平衡振动量—吊挂前后吊点—机翼双梁—机身结构—机身绝热隔声层—机身内饰板—机身客舱。

（2）边界层噪声声学特性及传递路径分析。

边界层噪声是由飞机高速运动与周围空气产生相互作用，气流在机体表面产生持续性的脉动压力所产生的噪声。边界层噪声作用于飞机各个位置，由于其对驾驶舱、客舱内的噪声水平有显著的影响，因此是舱内声学设计的主要考虑因素。

　　边界层噪声量级与分布主要取决于飞机气动外形,但同时边界层噪声是飞机气动流场引起的微量脉动,因此准确识别与分析边界层噪声相当复杂。

　　边界层噪声的传递路径大致为边界层噪声—全机机身蒙皮—全机绝热隔声层—全机内饰板—全客舱,如图4-35所示。

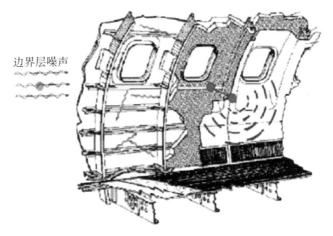

图 4-35　边界层噪声典型传递路径

　　(3) 环控系统噪声声学特性及传递路径分析。环控系统噪声与边界层噪声和发动机噪声不同,属于飞机的内部噪声源,环控系统噪声随空气循环直接辐射入客舱,无法通过机身结构、内饰、绝热隔声层等隔离。环控系统由复杂的引气系统、涡轮增压系统及大量的管路系统等组成。

　　3) 降噪声学设计流程

　　分析复合材料壁板声学性能以及复合材料设计参数对声学性能的影响,建立复合材料机身段噪声预计模型,利用统计能法分析飞机各主要噪声源贡献量及传入舱内噪声的主要传递路径,然后针对复合材料飞机壁板结构进行声学优化,采用数值分析和试验验证相结合的方法,从隔热隔声层设计、阻尼层减振设计、减振器安装设计、吸声设计等方面进行部件级优化,遵循传递损失特性分析、质量分配和质量控制原则以及适航条款要求,制订合理的复合材料机身结构隔声设计方案,并进行工程可行性安装优化。

降噪声学设计从三个方面进行：舱内声学特性分析、舱内降噪声学设计和声学试验。

4）舱内降噪声学设计

（1）隔热隔声层设计。隔热隔声层是飞机上的重要隔绝系统，它分布于全机机身的各个位置，承担保持舱内温度、气压与湿度稳定，隔离外部发动机噪声与机体噪声；客舱防火安全等功能。在正常服役条件下，保持客舱、驾驶舱的温度和湿度稳定，隔离飞机外部的发动机噪声与边界层噪声；在非正常服役条件（如坠机、失火等）下防止机舱外部火焰进入客舱与驾驶舱。降噪量与质量的灵敏度分析数据表明，在机身壁板-隔热隔声层-内饰板的组合结构中，隔热隔声层对机身组合结构的降噪量灵敏度最高，因此隔热隔声层的隔声与吸声设计是复合材料机身结构隔声设计的重点关注部件之一。

（2）阻尼层减振设计。

a. 结构侧加铺阻尼层。阻尼层是一种可以吸收能量（包括振动与噪声）的橡胶材料，因此加铺阻尼层对由发动机与边界层引发的机体结构噪声具有较好的吸收与衰减作用。同时，黏附于结构侧的阻尼层相当于对结构增加了一定的附加质量，根据质量定理，对壁板结构的隔声性能也有提高。通过调研，加铺阻尼层进行降噪设计在 ERJ190/195、波音 767、波音 787、A320-Vip 及新舟 600等机型上都有实际的应用。ERJ 190 飞机的阻尼层如图 4-36 所示。

在结构侧铺设阻尼层便于安装，可直接粘贴于机体蒙皮内侧，是有效降低结构振动的降噪手段之一，可在飞机蒙皮隔框与长桁间的允许空间内铺设。但阻尼层面密度较大，质量也较大，因此需要根据噪声源贡献量分析结果，优化阻尼层的铺设面积和区域，以获得最佳的降噪效果与质量平衡。

b. 内饰板侧加铺阻尼层。与结构侧加铺阻尼层的原理相同，在内饰板外侧加铺阻尼层可以吸收与衰减由外部噪声载荷引发的内饰板振动能量，并提高内饰板的面密度，由此提高整体壁板结构的隔声性能。这种降噪方案在达索的公务机与 A320 飞机上已经有实际的应用。

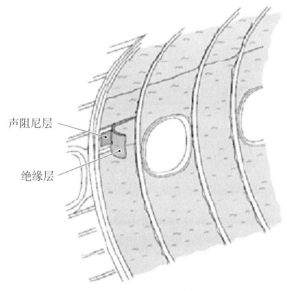

声阻尼层

绝缘层

图 4-36   ERJ190 飞机的阻尼层

与结构侧铺设阻尼层类似,在内饰板外侧可直接粘贴阻尼层,同时也需根据传递路径分析,优化阻尼层的铺设面积和区域,以获得降噪效果与质量的平衡。A320 飞机内饰板侧阻尼层如图 4-37 所示。

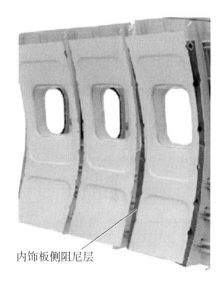

内饰板侧阻尼层

图 4-37   A320 飞机内饰板侧阻尼层

4.3.3 验证方法

声学试验的对象包括舱内降噪材料和产品两类。常用的舱内降噪材料有隔音棉、泡沫材料、包覆膜、阻尼材料、微穿孔材料、座椅包覆材料和地毯材料等。常用的舱内降噪产品包括绝热隔声层、降噪声学包、减振器、动力吸振器等，以及上述产品与复合材料机身壁板的不同组合构型。由于飞机舱内降噪材料和产品的声学试验对象多，因此涉及的声学试验类型也较多。

1）隔声试验

在复合材料机身壁板上开展壁板隔声试验，并通过在飞机壁板上加铺不同构型的隔声隔热棉、阻尼层、泡沫以及新型声学降噪包，加装内饰板等措施，评估各降噪构型的隔声性能。为飞机的声学设计、隔声隔热棉和阻尼层等降噪材料的铺设方案、隔声隔热棉和阻尼层等降噪材料以及内饰板的选型提供数据支持。

在混响室-全消声室的试验环境下，飞机壁板隔声测试如图4-38所示，利用声强法开展壁板隔声测试，即混响室用多个麦克风测量多点声压后求平均，全消声室用声强探头直接测量声强。

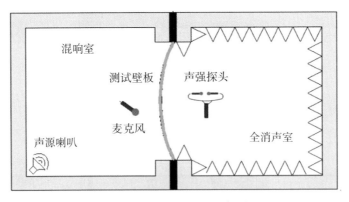

图4-38　飞机壁板隔声测试

测试要求如下：

（1）隔声测试需严格按照 ISO 15186 - 1：2000 和国家标准 GB/T 31004.1—2014 执行。

（2）在隔声测试之前，首先测量混响室-全消声室的背景噪声。

（3）所有隔声测试的频率范围均为 50～5 000 Hz，并保存所有测试工况的原始试验数据和频率数据。

2）吸声试验

吸声试验可以分为阻抗管法吸声试验和混响室法吸声试验两种。阻抗管法吸声试验是在阻抗管中测量小尺寸材料的吸声系数。阻抗管的声场是平面波法向入射声在阻抗管轴向形成的驻波声场，是研究材料本身声学属性的理想声环境。阻抗管法吸声试验测量材料的吸声系数和法向声阻抗，可以作为材料选型的参考，也可以作为仿真的输入参数，但理想的驻波声场与实际环境有差距。混响室法吸声试验是在混响室内进行的大样品试验，其测试声场更接近实际环境，因此试验数据也更接近工程实际。但混响室法吸声试验只能测量混响场的吸声系数，无法测量声阻抗，且所需样品的尺寸较大，试验难度较大，试验效率低，与阻抗管法相比经济性较差。因此，对产品和材料进行吸声试验时，需要结合两种吸声试验方法的特点，综合运用两者，以达到试验数据真实有效、试验效率高的目标，并保持合理的经济性。

4.4　驾驶舱空气环境设计

驾驶舱空气环境设计考虑的设计指标包括热舒适性和空气品质两类，如表 4-13 所示。其基本任务是使飞机的驾驶舱在各种飞行条件下都具有良好的环境参数，以满足飞行机组的正常生活条件和设备的正常工作条件。空气环境参数主要指驾驶舱空气的温度和压力以及它们的变化速率，此外还包括空气的流量、流速、湿度和空气品质等。

表 4-13 驾驶舱空气环境设计指标

分类	指标	分类	指标
热舒适性	温度	空气品质	臭氧浓度
	温度均匀性		一氧化碳浓度
	压力		二氧化碳浓度
	压力变化率		可吸入颗粒物
	湿度		细菌总数
	风速(通风量)		甲醛浓度
			挥发性有机化合物浓度

为保证舱内条件良好,就要使这些参数维持在规定范围内,因而必须采取相应的技术措施,需要各种机械和自动控制装置,以及安全和指示设备。主要措施有两类:

(1)气密座舱。气密座舱实际上就是在大环境中建立的一个封闭的小环境。由于这个小环境空间较小,因此人们能够较容易地对这个小环境内的空气基本参数进行控制,包括气压、温度、湿度等,从而创造一个舒适的环境,满足高空飞行的需求。

(2)供氧装置。一般在 4 km 左右的高度开始供氧[19]。可提高氧气浓度,补偿氧气分压的下降。此种措施一般适用于低空、低速的螺旋桨飞机。对于高速大型运输飞机而言必须在座舱内配置专用供氧装置。

在我国民航运输机中,涡轮螺旋桨和涡轮喷气式飞机的巡航高度为 6 000~12 000 m,约 20 000~40 000 ft。ARJ21 飞机设计巡航高度达 39 000 ft,A320 飞机设计巡航高度达 39 100 ft,波音 737-800 飞机设计巡航高度达 41 000 ft。

民航客机一般在对流层飞行,该层的特点如下:

(1)气温随着高度的增加而递减。对流层大气的热量大部分直接来自地面,因此离地面越高的大气,受热越少,气温越低。

(2)对流层高度随纬度变化而变化,从赤道向极地递减。纬度较低的地区(如赤道)气温很高,对流运动很强烈,所以对流层的高度就高;纬度较高的地区温度较低,对流层高度较低。对流层在低纬度地区平均高度为 17～18 km,在中纬度地区平均为 10～12 km,在极地平均为 8～9 km。

(3) 有复杂多变的天气现象。对流层的直接热源是地面辐射,因为对流层内空气上冷下热不稳定,所以容易产生对流运动,加之对流层内的水汽、固体杂质多,使得该层易产生雷暴和过云雨等复杂多变的天气现象。

在不同高度和纬度上飞行时,大气中的气压、压力变化、氧气这三项指标会对人体产生明显的生理影响。标准大气压力随高度的变化如图 4 - 39 所示。

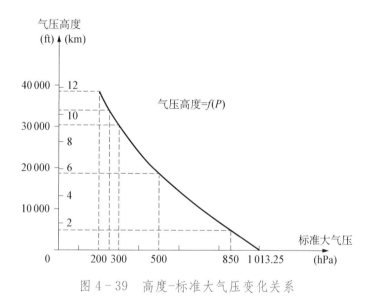

图 4 - 39　高度-标准大气压变化关系

人体对气压的变化有较强的适应能力,一般来说,既可忍受 15 个大气压的高压,也可忍受 0.303 个大气压的低压。但在短时间内气压变化太大,人体便很难适应。生理高度限制标准如表 4 - 14 所示。

表 4 - 14　生理高度限制标准

序号	高度	影　响
1	1 524 m(5 000 ft)	人的夜视和视觉分辨力降低
2	3 048 m(10 000 ft)	持续几小时使人的脑力和工作能力下降

序号	高度	影　响
3	5 486 m(18 000 ft)	脑力迟钝可能导致丧失意识,有效意识时间(time of useful consciousness,TUC)约为 15 min
4	7 620 m(25 000 ft)	TUC 为 3~10 min
5	7 620 m(25 000 ft)以上	TUC 急剧下降
6	12 192 m(40 000 ft)	TUC 只有几秒

4.4.1　设计要求

4.4.1.1　适航相关要求

针对相关的设计指标,适航条款对压力(座舱高度)、臭氧、一氧化碳、二氧化碳、新鲜空气量有具体要求。

1) CCAR-25.831 通风

条款内容:

(a) 在正常操作情况和任何系统发生可能的失效而对通风产生有害影响条件下,通风系统都必须要能提供足够量的未被污染的空气,使得机组成员能够完成其职责而不致过度不适或疲劳,并且向旅客提供合理的舒适性。通常情况下通风系统至少应能向每一乘员提供每分钟 250 克(0.55 磅)的新鲜空气。

(b) 机组和旅客舱的空气不得含有达到有害或危险浓度的气体或蒸气。为此,采用下列规定:

(1) 一氧化碳在空气中浓度超过 1/20,000 即认为是危险的。可使用任何可接受的检测一氧化碳的方法进行测试;

(2) 必须表明飞行期间通常有旅客或机组乘坐的舱的二氧化碳浓度不得超过 0.5% 体积含量(海平面当量)。

(f) 如果满足下列各条,则不要求有措施使飞行机组能独立控制驾驶舱通风空气的温度和流量:

(1) 驾驶舱和客舱的总容积不超过 23 立方米(800 立方英尺);

(2) 通风空气进气口及驾驶舱和客舱之间的空气流动通道的布置,能使两舱之间的温差在 3℃(5 ℉)以内,并且使两舱乘员均有足够的通风;

(3) 温度和通风控制器件的位置便于飞行机组接近。

条款制定的目的:本条款制定的目的是保证飞机具有对人体无害的舱内环境条件,主要体现为温度和湿度合适;乘员能够呼吸到足够的新鲜空气而不会受到一氧化碳和二氧化碳等气体的污染;在驾驶舱发生烟雾的情况下能迅速排烟;防止驾驶员窒息或失去判断舱外情况的能力。

2) CCAR-25.832 座舱臭氧浓度

条款内容:

(a) 必须表明飞行时飞机座舱中的臭氧浓度符合下列要求:

(1) 在 320 飞行高度层(高度相当于 9,750 米)以上的任何时刻,不超过 0.25/1,000,000 体积含量(海平面当量);

(2) 在 270 飞行高度层(高度相当地 8,230 米)以上任何 3 小时期间,不超过 0.1/1,000,000 体积含量(海平面当量时间加权平均值)。

(b) 在本条中"海平面当量"是指 25℃和 760 毫米汞柱压力的状态。

(c) 必须根据飞机的使用程序和性能限制进行分析或试验,当证实符合下列情况之一时,则表明满足本条要求:

(1) 飞机不能在座舱臭氧浓度超过本条(a)规定限度的高度上运行;

(2) 含有臭氧控制设备的飞机通风系统,能使座舱臭氧浓度保持在不高于本条(a)规定的限度。

条款制定的目的:飞机巡航所处的对流层是臭氧浓度非常高的环境区域,暴露在该区域的机组和乘客的心血管系统会受到严重影响其至病变。制定本条款旨在通过专业技术设备控制舱内臭氧浓度,保护机组和乘客的健康和生命安全。

3) CCAR-25.841 增压座舱

条款内容:

（a）载人的增压座舱和隔舱必须装有设备，以保证在正常运行条件下，在飞机最大使用高度上保持座舱压力高度不超过 2,438 米（8,000 英尺）。

（1）如果申请在 7,620 米（25,000 英尺）以上运行的合格审定，则飞机必须设计为在增压系统任何可能的失效情况发生后乘员不会经受到座舱压力高度超出 4,572 米（15,000 英尺）。

（b）增压座舱必须至少有下列控制座舱压力的活门、控制器和指示器：

（5）驾驶员和飞行工程师工作位置处的仪表，用来指示压差、座舱压力高度和压力高度变化率；

（6）驾驶员和飞行工程师工作位置处的警告指示器，当超过压差的安全值或预先调定值时，以及超过座舱压力高度限制时能发出指示。座舱压差指示器上相应的警告标记，要满足对压差限制的报警要求；音响或目视信号（座舱高度指示装置除外）要满足对座舱压力高度限制的要求，当座舱压力高度超过 3,048 米（10,000 英尺）时向飞行机组发出警告。

条款制定的目的：制定本条款的目的是与 25.1447（c）条款的要求结合，确保在最大审定高度发生导致减压的一个故障或故障组合后驾驶员能保持警惕并且能使飞机安全飞行和着陆；保护舱内乘员不受缺氧影响；在此事件中，即使一些乘员没有得到补氧，他们仍然不会受到永久的生理（大脑）伤害。

座舱的压力高度限制是由人的生理要求决定的，座舱压力高度为 2 438 m（8 000 ft）是使人比较舒适的压力环境；座舱压力高度为 4 572 m（15 000 ft）是人能承受的外部压力的极限，超出该极限（一定时间内），人会呼吸困难，导致危险。

4）CCAR - 25.1443 最小补氧流量

条款内容：

（a）如果装有飞行机组成员使用的连续供氧设备，则每分钟呼吸 15 升（BTPS，即体内温度 37℃，周围压力及饱和水气），且（保持固定呼吸时间间隔的）最大潮气量为 700 毫升时，每一机组成员所需的最小补氧流量，不得小于保持吸气平均气管氧分压为 19,865 帕(149 毫米汞柱)所需的氧流量。

(b) 如果装有飞行机组成员使用的肺式供氧设备,则每分钟呼吸 20 升(BTPS)时,每一机组成员所需的最小补氧流量,座舱压力高度低于和等于 10,500 米(35,000 英尺)时,不得小于保持吸气平均气管氧分压为 16,265 帕(122 毫米汞柱)所需的氧流量;座舱压力高度在 10,500 米至 12,000 米(35,000 至 40,000 英尺)之间时,不得小于保持含氧百分比为 95 所需的氧流量。此外,必须具有可供机组成员选用纯氧的手段。

条款制定的目的:本条款提供的标准保证氧气分配设备能防止乘客和机组受到缺氧的影响。

4.4.1.2　工业标准

1) 驾驶舱环境控制相关工业标准

(1) HB 7489—2014《民用飞机环境控制系统通用要求》于 2014 年 5 月发布。该标准规定了民用飞机环境控制系统的组成和功能、控制、环境适应性、噪声、安全性、可靠性、维修性等技术要求及相应的验证要求。

(2) ASHRAE 161‑2007《商用飞机中的空气质量》发布于 2013 年 1 月,该标准描述了航空承运人飞机的空气质量要求,并规定了测量和测试方法,以确保符合标准。

(3) SAE ARP 1270《飞机座舱压力控制标准》发布于 1993 年 6 月,并于 2015 年 10 月发布了最新版(B 版)。该标准是通用航空、商用和军用加压飞机机舱压力控制系统设计的基本标准。

(4) SAE ARP 85F《亚声速飞机空调系统》发布于 1943 年 1 月,并于 2018 年 8 月发布了最新版(F 版)。该标准包含亚声速飞机空调系统和组件的指南和建议,包括要求、设计理念、测试和环境条件。飞机空调系统包括设备、控制器、指示器的管理,用来支持和分配空气至各舱段,以实现通风、加压、温度和湿度控制。

2) 温度及温度均匀度

在稳态条件下,温度及温度均匀度应满足表 4‑15 的要求。

表 4-15 飞机座舱温度及温度均匀度要求

序号	参数名称	设 计 要 求
1	座舱温度	正常工作时,飞行和地面运行时座舱空气平均温度范围为 18~30℃;设计控制误差为±2℃
2	空间温度变化	温度控制区纵向温度变化小于 5℃;温度控制区横向温度变化小于 2℃;座椅处竖直方向温度变化小于 3℃
3	壁面温度	侧壁和厨房区域壁面表面平均温度与座椅区平均温度差应小于 6℃;地板表面(离地不小于 100 mm 高度测量点)平均温度与座椅区平均温度差应小于 6℃(门区域地板表面可放宽到 9℃)

3)相对湿度

在通常情况下,对于 4 h 以上航程的飞行,飞机驾驶舱内空气相对湿度应大于 10%,飞机客舱内空气相对湿度宜大于 10%。

4)气流速度

飞机座舱内的气流速度对座舱人员的舒适性和污染物扩散有较大的影响。座舱局部气流速度要求如表 4-16 所示。

表 4-16 座舱局部气流速度要求

参数名称	设 计 要 求
局部气流速度	座椅上人员的周边:0~0.36 m/s(推荐小于 0.20 m/s) 头部(个人通风打开):1.00~1.50 m/s 头部(无个人通风):0.10~0.30 m/s

5)臭氧

依据 CCAR-25-R4 中 25.832 条,飞机在飞行中,座舱的臭氧浓度应满足以下要求:

(1)在飞行高度始终保持在 9 750 m 以上的任何时刻,都应不超过 0.25/1 000 000 体积含量(海平面当量[①])。

---

① 海平面当量是指 25℃和 760 mmHg(101.3 kPa)压力的状态。

（2）在飞行高度始终保持在 8 230 m 以上的任何 3 h 期间，都应不超过 0.1/1 000 000 体积含量（海平面当量时间加权平均值）。

6）二氧化碳

依据 CCAR‑25‑R4 中 25.831 条，飞机座舱的二氧化碳浓度应满足以下要求：

（1）在正常情况下，二氧化碳浓度不得超过 0.5％体积含量（海平面当量）。

（2）在任何合理、可能的故障状态下，飞机座舱的二氧化碳浓度都不得超过 0.5％体积含量（海平面当量）。

7）一氧化碳

依据 CCAR‑25‑R4 中 25.831 条，飞机座舱的一氧化碳浓度应满足以下要求：

（1）在正常情况下，一氧化碳浓度不得超过 1/20 000 体积含量（海平面当量）。

（2）在任何合理、可能的故障状态下，飞机座舱的一氧化碳浓度都不得超过 1/20 000 体积含量（海平面当量）。

8）可吸入颗粒物

在飞机座舱内的空气中，可吸入颗粒物（直径不大于 10 μm）浓度（每架次平均值）应不大于 0.15 mg/m³。

9）细菌

在飞机座舱内的空气中，细菌总数应满足以下要求：

（1）不大于 2 500 cfu[①]/m³（撞击法）。

（2）不大于 30 个/皿（沉降法）。

10）二氧化氮

飞机座舱内的二氧化氮体积浓度应不大于 0.12 ppm[②]。

11）挥发性有机物

飞机座舱内的总挥发性有机化合物（total volatile organic compound,

---

① cfu：菌落形成单位，指单位体积中的细菌、霉菌、酵母等微生物的群落总数。
② ppm：百万分之一，1 ppm＝1×10⁻⁶。

TVOC)体积浓度应不大于 0.24 ppm,主要挥发性有机化合物(volatile organic compound,VOC)浓度限值($\mu g/m^3$)要求如表 4-17 所示。

表 4-17 飞机座舱内 VOC 浓度限值

单位:$\mu g/m^3$

序号	1	2	3	4	5	6	7	8	9
参数名称	苯	甲苯	乙苯	间/对二甲苯	邻二甲苯	萘	四氯乙烯	N,N-二甲基甲酰胺	1,4-二氯苯
浓度	≤3	≤100	≤63	≤100	≤100	≤3	≤40	≤30	≤14.5

12) 座舱压力

飞机座舱的压力高度应满足以下要求。

(1) 在正常运行条件下,在飞机最大使用高度上应保持座舱压力高度不超过 2 438 m(8 000 ft)。

(2) 在增压系统发生任何可能的失效后,座舱人员都不应经受超出 4 572 m(15 000 ft)的座舱压力高度。

(3) 在发生任何未经表明是极不可能的失效情况而导致释压后,都不应使座舱人员经受在下列时间条件下超出的座舱压力高度。

a. 超过 2 min:7 620 m(25 000 ft)。

b. 任何时刻:12 192 m(40 000 ft)。

13) 座舱压力变化率

飞机座舱的最大压力变化速率如下所示。

(1) 上升阶段:不大于 152 m/min(海平面当量),约 1.8 kPa/min。

(2) 下降阶段:不大于 91 m/min(海平面当量),约 1.1 kPa/min。

14) 风量

在通常情况下,至少应能向每位座舱人员提供每分钟 250 g(0.55 lb)的新鲜空气;在可能的故障状态下,应确保在任何 5 min 时间内,至少能向每位座舱人员提供每分钟 181 g(0.4 lb)的新鲜空气。当个人通风口全开时,最小通风气流量应不少于 9.4 L/s。新鲜空气来自空调组件或地面空调等的飞机外部空气。

15）风速

在正常、稳定的工作情况下,座椅上机组人员周边的气流速度应保持在 0～0.2 m/s 范围内,最大气流速度不超过 0.36 m/s;当个人通风打开时,座椅上机组人员头部位置的气流速度范围为 1～1.5 m/s。

4.4.2　设计方法

4.4.2.1　温度与湿度控制

1）座舱温度控制原理

来自气源系统的热空气经两个流量控制活门调节流量后进入制冷组件和配平空气系统。飞机上一般装有两套制冷组件,为飞机提供新鲜空气;两个制冷组件将来自流量控制活门的热空气冷却并除水后供入混合腔;混合腔将来自制冷组件的冷空气与来自客舱的再循环空气进行混合,两个再循环风扇将客舱排出的空气供入混合腔循环利用,从而减少引气的需求量,混合腔出口的气体分别供入驾驶舱和客舱分配管路;配平空气系统为驾驶舱和客舱分配管路提供热空气,从而调节进入驾驶舱和客舱空气的温度,两个配平空气活门分别控制进入驾驶舱和客舱分配管路热空气的流量,从而分别控制驾驶舱和客舱的温度。

对于双发飞机的空调系统,驾驶舱空调空气一般来自左空调组件。如果左空调组件不工作,则驾驶舱也可以从右空调组件获得空调空气。驾驶舱空气分配系统供机组选择驾驶舱温度。驾驶舱空气分配如图 4-40 所示。

2）驾驶舱流场及温度场设计

不同飞机驾驶舱空气出口分布不同,也是驾驶舱温度场设计的重要内容。一般在几何构型及主要热源确定的条件下,驾驶舱内的气流及温度分布主要由驾驶舱通风决定,具体影响因素包括总送风流量、风口尺寸、各风口的位置布局

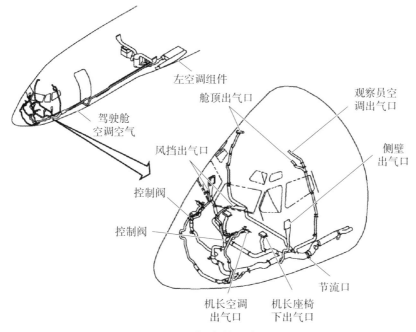

左空调组件

舱顶出气口

观察员空
调出气口

驾驶舱
空调空气

风挡出气口

侧壁
出气口

控制阀

控制阀

节流口

机长空调
出气口

机长座椅
下出气口

图 4-40　驾驶舱空气分配

及送风流量分配比例、送风方向、送风温度、回风口位置等。通风系统向驾驶舱内供应流量及温度合适的新鲜空气，并提供合理的送风及回风分配，可带走驾驶舱内多余热载荷，将舱内风速和温度维持在舒适范围内。

　　首先在飞机前期空调系统设计中，考虑到适航条款对于驾驶舱新鲜空气量的要求、驾驶舱总热载荷、座舱压力调节要求等因素，确定了驾驶舱的总送风流量。在此条件下，通过仿真计算及相关试验，选取合适的送风口大小及位置布局，确定各风口优化的送风流量分配比例及送风方向，并确定回风口位置。驾驶舱流程温度设计的模型边界条件如表 4-18 所示。

表 4-18　驾驶舱流程温度设计的模型边界条件

序号	边界名称	边界类型
1	送风口	流量入口
2	回风口	压力出口

（续表）

序号	边界名称	边界类型
3	驾驶舱显示器	热源
4	顶部板	热源
5	中央操纵台	热源
6	两侧操纵台	绝热
7	遮光罩	热源
8	驾驶员衣柜	绝热
9	座椅	绝热
10	驾驶员/观测员	热源
11	天花板/侧壁板	对流
12	驾驶舱舱门	对流
13	窗/风挡	对流、太阳辐射
14	地板	对流

4.4.2.2 座舱压力控制

座舱压力控制系统用于控制包括驾驶舱在内的飞机增压舱的座舱高度、座舱高度变化率和座舱内外压差。

外界新鲜空气通过制冷组件进入飞机增压舱。排气活门用于调节空气排出增压舱的流量，从而进行座舱压力控制。

由于座舱温度通常通过改变供气温度和供气量控制，因此为了保持压力控制与温度控制互相独立，压力控制通常不采用改变供气量的方法，而采用改变排气量的方法。目前飞机上的座舱压力调节一般都保持供气量不变，通过改变排气量控制座舱压力。

座舱压力控制系统的自动模式控制飞机所有飞行阶段的压力，包括起飞前、起飞、爬升、巡航、下降、着陆，如图 4-41 所示。

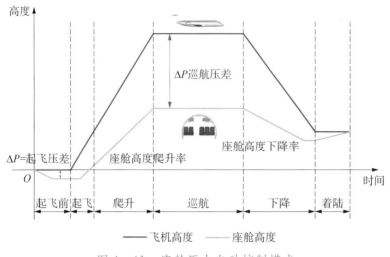

图 4-41 座舱压力自动控制模式

1）地面不增压阶段

飞机在地面上时，自动座舱控制器发出使座舱高度高于跑道高度的指令，因此使排气阀完全打开，飞机座舱处于自由通风阶段。

2）地面预增压阶段

座舱增压控制器发出使座舱高度低于跑道高度的指令，排气阀关小，飞机座舱开始增压，一般增压到座舱内外压力差为 0.1 psi[①]，此时座舱高度低于飞机高度。

3）爬升阶段

当飞机离地后，空地感应系统向增压控制器输送飞机离地的信号，增压控制器进入爬升程序。在爬升过程中，飞机的座舱高度随着飞行高度的增加而增加。

4）巡航阶段

当飞机接近设定的巡航高度时，增压控制器进入巡航程序。在巡航飞行中，高度控制器自动保持座舱高度为预定值，称为等压控制阶段。如果飞机从

---

① psi：磅力每平方英寸，压力单位，1 psi＝6.895×10³ Pa。

设定的巡航高度继续上升到更高的高度,则座舱高度仍将保持在预定值,直到座舱内外的压力差(座舱余压)达到最大值为止。此后,如果飞机继续爬升,则压差限制器会输出强大的排气阀开大信号,使座舱余压保持在最大余压值而不再增大。于是当飞机继续爬升时,座舱高度会随之增加,称为等压差控制阶段。

5) 下降阶段

当飞机下降时,由于飞机实际的座舱高度比预定值高得多,因此高度控制器输出排气阀关小的信号。

6) 着陆预增压阶段

当飞机接地时,座舱高度低于着陆机场高度,即座舱保持微增压接地。

7) 停机不增压阶段

增压控制器发出使座舱高度高于着陆机场高度的指令,使排气阀完全打开,舱内外压差为零。

4.4.2.3　机组氧气

1) 机组氧气系统基本组成

现代民航客机机组氧气系统大多采用高压氧气瓶,向机组提供低压氧气。其主要组成部件为氧气瓶、压力传感器、减压调节器(减压阀)、关断阀、氧气面罩和调节器、(驾驶舱)氧气瓶压力表等。

2) 机组氧气系统设计目标

(1) 机组氧气系统应是一套用于保护性呼吸的、可调节压力的稀释耗氧型气态系统,满足 CCAR - 25.1441 的规定。

(2) 系统应为每个飞行机组成员提供不少于 2 h 的供氧量和自由选择使用纯氧(100%)的方法。

(3) 氧气瓶及氧气瓶与关断阀之间的管路位置应使撞损着陆时破裂的概率和危险减至最小。

(4) 系统应留有空间安装远距离充氧装置。如果选装了远距离充氧设备,则系统在充氧时的增压速度应由充氧设备控制。

（5）在近火源部位不应安装任何氧气管路及设备、连接器和接头。

（6）驾驶舱机组人员使用的氧气面罩箱上应设置闪动式流量指示器及氧气流量测试开关，可使操作者方便地知道氧气是否供到氧气面罩。

（7）氧气系统管路通常采用无扩口的连接形式。

（8）氧气系统应设置氧气瓶泄压机外排放口，防止泄压氧气大量聚积。

（9）系统应满足气密性要求，系统泄漏量在 24 h 内应不超过型号飞机要求的量值。

（10）可以从一个部位实施分配管路的清洗维护。

3）机组氧源设计目标

（1）机组氧气瓶组件应避免位于转子爆破区。

（2）机组氧气瓶组件的安装可快速更换。机组氧气瓶应配备减压器、氧气压力表、关断阀和释压装置；减压器到氧气瓶的管路应最短。

（3）机组氧气瓶组件应根据能供给规定人数的用氧量选用。

（4）机组氧气瓶组件内的供氧量应考虑温度补偿以确认准确的氧气含量。

（5）机组氧气瓶组件的连接端口应设置单向活门（不包括高压安全装置），单向活门应能有效防止氧气额外流失。

（6）机组氧气瓶组件的高压安全装置应能在超压时爆破排出氧气。

4）机组供氧量计算方法

（1）机组氧气量需求。

在 CCAR－121.333(b)款中规定了下述机组氧气系统供氧量要求："当在飞行高度 3 000 m(10 000 英尺)以上运行时，合格证持有人应当向在驾驶舱内值勤的每一飞行机组成员提供足以符合本规则第 121.329 条要求的但供氧时间不少于 2 小时的氧气。所要求的 2 小时供氧量，是飞机从其最大审定运行高度以恒定下降率用 10 分钟下降至 3 000 m(10 000 英尺)，并随后在 3 000 m(10 000 英尺)高度上保持 110 分钟所必需的供氧量。在确定驾驶舱内值勤的飞行机组成员所需要的供氧量时,可以包括座舱增压失效时本规则第 121.337 条所要求的供氧量。"

在 CCAR - 121.333(c)(3)项中规定:"当在飞行高度 7 600 m(25 000 英尺)以上运行时,如果由于任何一种原因,在任一时刻,操纵飞机的一名驾驶员需要离开其工作位置,则操纵飞机的另一名驾驶员应当戴上并使用氧气面罩,直至那名驾驶员回到其工作位置。"

因此,若满足上述两条适航运营条款要求,则总供氧量将由 3 部分组成:满足应急下降剖面所需供氧量($V_{descent}$)、应急下降到 3 048 m(10 000 ft)平飞时所需供氧量($V_{sustaining}$)以及单人操纵飞机所需供氧量(V_{single})。

(2) 飞行机组总供氧量计算。

机组氧气系统储氧量至少应能保证每位飞行机组人员每人不少于 2 h 的供氧量(包含应急下降时间 t)。t 为飞机应急下降剖面所定义的时间,应急下降剖面由飞机总体设计专业根据飞机性能及航线要求定义。典型飞机应急下降剖面如图 4 - 42 所示。

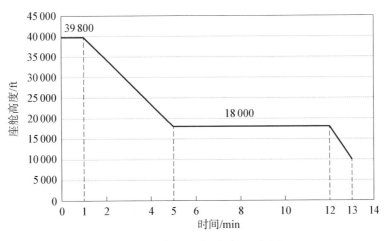

图 4 - 42   典型飞机应急下降剖面

根据座舱高度,应急下降到 3 048 m(10 000 ft),机组面罩供氧方式为应急或 100% 纯氧模式;在 3 048 m(10 000 ft)平飞时,机组面罩供氧方式为正常模式。

V_{total}、$V_{descent}$、$V_{sustaining}$ 以及 V_{single} 可由下列公式计算得出：

$$V_{total} = N_1(V_{descent} + V_{sustaining}) + V_{single} \tag{4-3}$$

$$V_{descent} = \sum(Q_{i1} \cdot T_i) \tag{4-4}$$

$$V_{sustaining} = Q_{10\,000} \cdot T_1 \tag{4-5}$$

$$V_{single} = Q_{8\,000} \cdot T_2 \tag{4-6}$$

式中，V_{total} 为驾驶舱飞行机组人员总供氧量；$V_{descent}$ 为一名机组人员在应急下降过程中的所需供氧量；$V_{sustaining}$ 为一名机组人员在座舱高度 3 048 m(10 000 ft) 连续飞行时间内的所需供氧量；V_{single} 为一名机组人员操纵飞机时的所需供氧量；N_1 为驾驶舱内飞行机组人员数量；Q_{i1} 为各座舱高度对应的面罩在 100% 纯氧模式或应急模式下，经调节器调节后的氧流量；$Q_{10\,000}$ 为 3 048 m(10 000 ft)处面罩在正常模式下的氧流量；$Q_{8\,000}$ 为 2 438 m(8 000 ft)处面罩在正常模式下的氧流量；t 为应急下降时间；T_i 为各座舱高度对应的飞行时间(min)；T_1 为在 3 048 m(10 000 ft)高度飞行的时间，$(120-t)$min；T_2 为在驾驶舱内仅由一名机组人员单独操作飞机的时间(通常假设为 15 min)。

5

驾驶舱布局布置设计

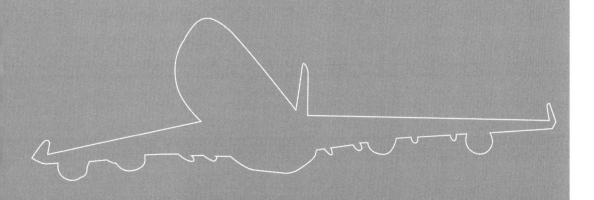

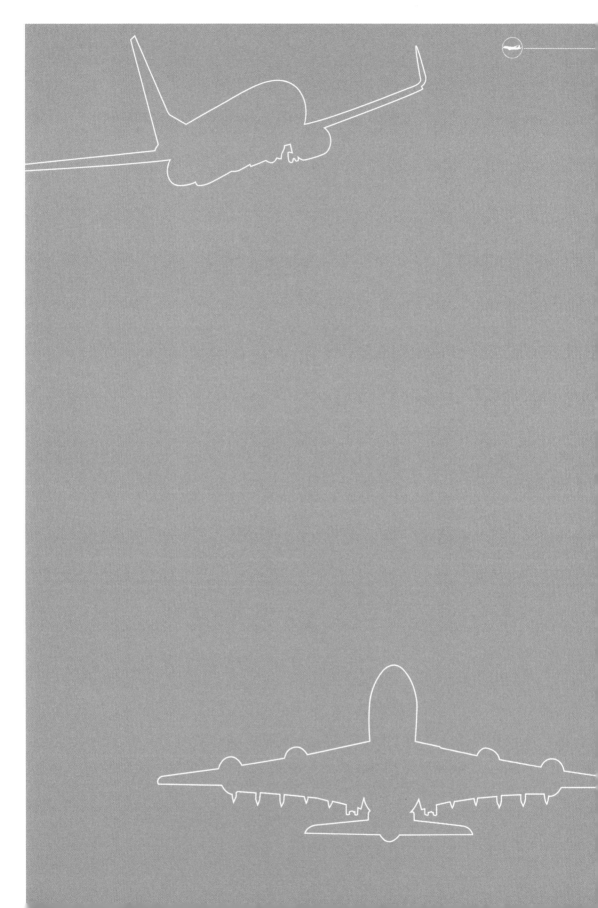

　　驾驶舱是一个典型的人—机—环境系统。人——驾驶员,是工作的主体;机——飞行人员所需判读和操作的显示器、控制器、仪表、计算机等;环境——驾驶舱环境。驾驶舱的布局、照明和飞机姿态为直接环境,驾驶舱内温度、湿度、压力、噪声为一般环境。飞机驾驶舱的设计实际上就是考虑各种环境因素的控制设计,也就是说通过对空间和设备的最佳选择、最优化设计和合理布局等途径达到最佳人-机-环工效。驾驶舱基本布局如图 5-1所示。

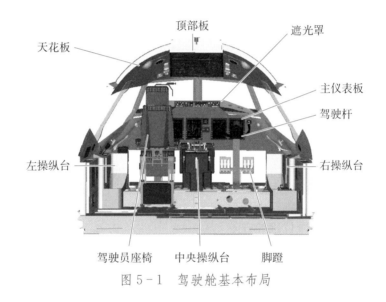

图 5-1　驾驶舱基本布局

5.1　驾驶舱眼位设计

　　布置驾驶舱时所有设备都以设计眼位为基准进行布置。在民用飞机驾驶舱设计初期,以设计眼位为基准,以驾驶员生理极限、认知特性和个体差异为可达性、可视性设计参数依据,开展驾驶舱布置设计工作。

5.1.1 驾驶舱眼位设计要求

CCAR - 25.773(d)条款内容：

在每一驾驶员位置处必须装有固定标记或其它导标,使驾驶员能把座椅定位于可获得外部视界和仪表扫视最佳组合的位置。如使用有照明的标记或导标,它们必须满足第 25.1381 条规定的要求。

5.1.2 驾驶舱眼位设计准则

布置驾驶舱时我们一般以左侧驾驶员设计眼位点为参考点进行设计。在设计初期,可以假定一个点作为设计眼位点,此点将作为风挡、地板、座椅参考点等基本参考数据的依据,也将作为确定驾驶舱大部件以及主要控制器件位置的基础,舱内所有设备布置也以此作为参照。

设计眼位：单眼理论位置是基于第 50 百分位[①]的驾驶员在其座椅处于自然姿态和处于 1g 的飞行条件下,允许内部和外部观察并位于驾驶员中心线的眼睛位置。

5.1.3 驾驶舱眼位设计方法

驾驶舱设计眼位需要考虑驾驶舱最小飞行机组人数、横向眼位坐标位置、纵向眼位坐标位置、高度眼位坐标位置。布置驾驶舱时将以左驾驶员设计眼位点为参考点进行设计,即设计眼位点坐标为(X_{DEP}, Y_{DEP}, Z_{DEP})。坐标系 X 轴通过机身典型截面上的圆弧圆心,从机头指向机尾,Y 轴方向竖直向上,Z 轴遵循右手法则,指向飞机左侧。

1) 最小飞行机组人数

根据飞机的实际情况确定飞行机组的人数。目前,一般的大型商用飞机最小飞行机组通常为两人制机组。

[①] 人体百分位的定义：百分位表示具有某一人体尺寸和小于该尺寸的人占统计对象总人数的百分比。

2）横向眼位坐标位置

设计眼位在 Z 方向上坐标的确定与驾驶员手臂的可达范围、中央操纵台的初步评估尺寸有关,两个驾驶员设计眼位横向间距需保证能对中央操纵台上的设备可达。

根据飞机机身直径的变化情况,确定横向眼位坐标位置。横向眼位坐标位置一般与飞机横向对称。

3）纵向眼位坐标位置

确定一个基准点作为设计眼位,考虑视界、气动和头部空间等要求设计飞机外形,以此确定设计眼位和等直段的距离为 D。根据飞机机体坐标系定义,等直段的坐标为 X_{eq},因此,飞机设计眼位 X 方向上的坐标确定为

$$X_{DEP} = X_{eq} - D \qquad (5-1)$$

需要考虑飞机天窗骨的布置,以满足适航对外部最小视界的要求,并考虑驾驶舱内主要设备的内部视界,按照 SAE ARP 4101,纵向眼位坐标应位于驾驶盘(杆)后极限位置向后 5 in 处。

4）高度眼位坐标位置

设计眼位在 Y 方向上的坐标的确定与驾驶员人体尺寸、正常飞行的舒适坐姿、座椅椅盆和椅背调节角度等因素有关。设计眼位在 Y 方向上的坐标为

$$Y_{DEP} = Y_{cf} + H_f \qquad (5-2)$$

式中,Y_{cf} 为驾驶舱地板坐标;H_f 为驾驶舱地板距设计眼位点高度。其中,Y_{cf} 与客舱地板坐标和客舱与驾驶舱地板之间的阶差有关,客舱地板坐标在飞机客舱剖面设计中规定,客舱地板和驾驶舱地板是否存在阶差在飞机顶层设计中规定。

根据驾驶员座椅基准点,初步计算驾驶员高度眼位坐标位置。座椅基准点到驾驶舱地板的距离一般为固定值,此外还需要考虑座椅的上下调节尺寸量。SAE ARP 4101 建议设计眼位设置于座椅基准点以上 31 in 处。

在考虑高度眼位坐标位置时,还需要兼顾飞机应满足适航对最小外部视界的要求。

根据第 50 百分位驾驶员舒适坐姿确定。

$$H_s = H_{e50} - H_{c50} + D_c \qquad (5-3)$$

式中,H_s 为座椅选定基准点距设计眼位点的垂直距离;H_{e50} 为第 50 百分位数驾驶员坐姿眼高;H_{c50} 为第 50 百分位数驾驶员舒适坐姿设计眼位点与标准坐姿设计眼位点的垂直差距;D_c 为衣服厚度。

$$L_s = L_{e50} - L_{c50} + D_c \qquad (5-4)$$

式中,L_s 为选定基准点距设计眼位的水平距离;L_{e50} 为第 50 百分位驾驶员眼突枕突距;L_{c50} 为第 50 百分位驾驶员舒适坐姿眼位点与标准坐姿眼位点的前后差距;D_c 为衣服厚度。

驾驶员座椅参考点如图 5-2 所示。

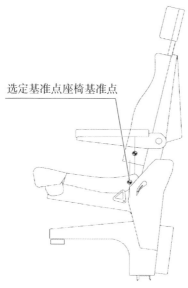

选定基准点座椅基准点

图 5-2　驾驶员座椅参考点

驾驶舱设计眼位点是一个空间虚拟点,一般需要通过驾驶舱眼位仪定位。目前有两种主流飞机驾驶舱眼位仪形式:三点一线的形式和两条直线相交的形式。

三点一线的形式:将驾驶舱设计眼位看成一个点,在其等高平面内再寻找其他两个点,形成一条直线,以确定驾驶舱设计眼位,如图 5-3 所示。空客飞机一般采用此种设计形式。

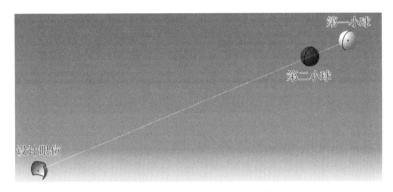

图 5-3   三点一线的形式

两条直线相交的形式:将驾驶舱设计眼位看成一个点,向前形成一条直线,穿过遮光罩上沿;向下形成第二条直线,穿过驾驶盘(杆),到达仪表板下沿,如图 5-4 所示。两条直线的交点就是驾驶舱设计眼位点。波音飞机一般采用此种设计形式。

5.1.4   驾驶舱眼位验证方法

驾驶舱眼位一般通过驾驶舱眼位仪实现,其一般通过说明性文件(MC1)和航空器检查(MC7)进行验证。MC1 通过描述眼位仪的位置以及使用方法说明设计眼位的设计符合性;MC7 在驾驶舱内通过实际就座确定飞机上的眼位仪和设计的眼位仪的一致性。

5.1.5   驾驶舱眼位实践案例

波音系列的飞机驾驶舱眼位仪都采用两条直线相交的形式。一条向下的

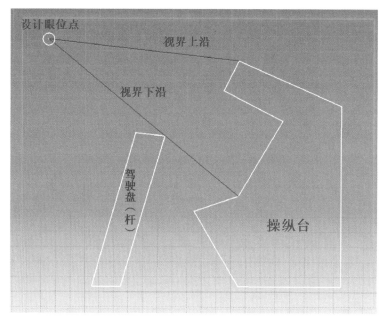

图 5-4　两条直线相交的形式

线来自仪表板下沿和驾驶盘上端;一条线和遮光罩上表面相切。两条直线相交处就是设计眼位,如图 5-5 所示。

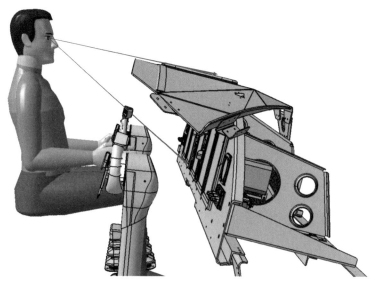

图 5-5　波音飞机的驾驶舱眼位仪

　　空客系列的飞机驾驶舱眼位仪通常采用三点一线的形式。一般会在立柱的中央处设置一个眼位仪,眼位仪是由三个小球组成的(一个白色,两个红色),红色、白色和设计眼位组成一条直线,确保驾驶员就座于设计眼位,如图 5-6 所示。

图 5-6　空客飞机的驾驶舱眼位仪(源自空客飞机)

5.1.6　驾驶舱眼位技术展望

　　为了满足不同的驾驶员驾驶飞机时其眼位在目标基准点处,目前飞机上驾驶员采用三点一线的形式或两条直线相交的形式目视调节座椅位置,以确定眼位,这种方法既不准确,也给驾驶员驾驶飞机带来了不舒适的感觉。为解决眼位定位不准确及驾驶员操作不便的问题,今后将通过定位装置及座椅调节装置对座椅位置进行智能调节,达到智能定位眼位的目的。

　　智能定位驾驶员眼位的装置包含驾驶员眼位定位单元、接收信号单元以及座椅调节控制单元。驾驶员眼位定位装置会通过摄像头、图像识别技术等各种定位方法,对驾驶员眼位实时三维定位。

5.2 驾驶舱外视界设计

1971年1月19日,FAA发布了规章制定提案的71-2公告《驾驶舱视界和驾驶舱控制》。此公告提出了对运输类飞机适航标准的修订,介绍了可理解的驾驶舱视界标准,更改了用于驾驶舱控制的部位和安排的驾驶员身高范围。对于71-2公告,大多数评议人反对所提出的修订。飞机制造商认为所提出的要求过于严格,特别是关于透明仪表板的尺寸,须考虑在特殊领域提供清晰的视界所需的重量和结构强度。由航天工业协会交通部适航需求委员会(Transport Airworthiness Requirements Committee,TARC)代表的制造工业方表示所提出的清晰视界的尺寸超过了所提标准要满足最重要目标的要求。此目标是在"见和可见"的飞行情况下,为避免半空碰撞而提供的最优化视界。委员会开展了计算机化的学习程序,考虑了10 000 000种综合了撞击事故中合理的飞机类型、速度、飞行航向角、侧倾角等的假设情况。其中使用了所有由半空碰撞得到的数据、近距离错过的报告和美国空军危险空中交通事故报告(hazardous air traffic report,HATR)。

由TARC研究发展来的驾驶舱视界稍小,面积根据已有的CAM 4b.350建议和71-2公告进行比较,重新布置。基于现有的信息,FAA撤销了规章制定提案。在撤销后,SAE、S-7委员会采纳了TARC的意见作为宇航标准AS 580B。在AC 25.773-1咨询通告中,FAA采纳了TARC和SAE的驾驶舱视界。有一些SAE标准已经经过了修改,并用来作为确认驾驶舱视界的指导性文件。AC 25.773-1咨询通告的使用者应注意此处所述的驾驶舱视界是TARC研究表明为有效避免碰撞事故的最小视界。设计者需要提供超过此视界大小的实际最大设计能力。

5.2.1　驾驶舱外视界设计要求

1) CCAR - 25.773 驾驶舱视界

条款原文：

(a) **无降水情况**　对于无降水情况,采用下列规定：

(1) 驾驶舱的布局必须给驾驶员以足够宽阔、清晰和不失真的视界,使其能在飞机使用限制内安全地完成任何机动动作,包括滑行、起飞、进场和着陆。

(2) 驾驶舱不得有影响(按第 25.1523 条规定的)最小飞行机组完成正常职责的眩光和反射,必须在无降水情况下通过昼和夜间飞行试验表明满足上述要求。

(b) **降水情况**　对于降水情况,采用下列规定：

(1) 飞机必须具有措施使风挡在降水过程中保持有一个清晰的部分,足以使两名驾驶员在飞机各种正常姿态下沿飞行航迹均有充分宽阔的视界。此措施必须设计成在下列情况中均有效,而无需机组成员不断关注：

(i) 大雨,速度直至 $1.5V_{SR1}$,升力和阻力装置都收上；

(ii) 第 25.1419 条规定的结冰条件下,如果要求按结冰条件下的飞行进行审定。

(2) 正驾驶员必须有：

(i) 当座舱不增压时,在本条(b)(1)规定条件下能打开的窗户,提供该项所规定的视界,又能给予驾驶员足够的保护,防止风雨影响其观察能力；

(ii) 在本条(b)(1)规定条件下考虑遭到严重冰雹可能造成的损伤,保持清晰视界的其它手段。

(c) **风挡和窗户内侧的起雾**　飞机必须具有在其预定运行的所有内外环境条件(包括降水)下,防止风挡和窗户玻璃内侧在提供本条(a)规定视界的范围上起雾的措施。

2) CCAR - 25.775(e) 风挡和窗户

条款原文：

（e）驾驶员正面风挡玻璃必须布置成,如果丧失了其中任何一块玻璃的视界,余下的一块或几块玻璃可供一个驾驶员在其驾驶位置上继续安全飞行和着陆。

5.2.2　驾驶舱外视界设计准则

在无降水情况下,为了安全,驾驶员需要直接看到机外的情况,特别是飞机起飞、着陆和待机时,在驾驶员前方和侧方一定高度范围内需要足够宽阔、清晰和不失真的视界。

AC 25.773-1规定必须有足够宽阔、清晰的视界范围:

（1）垂直基准面向左40°处,向前上方与水平基准面夹角35°,在向右20°处,按线性关系减小到15°。

（2）从垂直基准面向左30°到向右10°,向前下方与水基准平面夹角17°,在向右20°处线性减小到10°。

（3）在垂直基准面向左40°和向左80°之间,向前上方与水平基准面夹角35°,在向左120°处线性减小到15°。

（4）垂直基准面向左30°处,向前下方与水平基准面夹角17°,在向左70°处线性增加到27°。

（5）在垂直基准面向左70°～95°之间,向前下方与水平基准面夹角27°,在向左120°处线性减小到15°。

此外,在降水的情况下,应使飞机的风挡玻璃具备一个清晰的范围,以保证飞行和着陆安全。在降水情况下,驾驶员视界的能见度下降,特别是玻璃上的流水也会影响驾驶员视界的清晰。在某种飞行速度下,流水可能停留在风挡玻璃上,使驾驶员的能见度变得更低。因此,每一个驾驶员前面的风挡玻璃都必须保证在降水情况下的清晰度,可以使用雨刷进行除水,速度应该在每秒两个来回左右,以达到满意的除水效果。

5.2.3　驾驶舱外视界设计方法

清晰的视界面积应通过利用双眼视界的设计眼位测量的角度来决定。双眼视界是两眼可视的总面积,其并不局限于两眼均可见的范围,还包括右眼单眼可视,而左眼不可见的区域,反之亦然。角度测量方法如图 5-7 所示,眼内的距离为 63.6 mm(2.5 in),在水平面内利用设计眼位后 84 mm(3.3 in)的中心轴旋转。

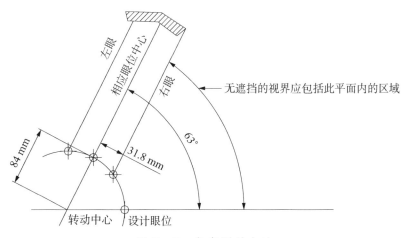

图 5-7　角度测量方法

通过确定的设计眼位点,根据驾驶舱外视界的设计要求,利用角度测量的方法,对驾驶舱视界进行测量和计算,以验证是否符合驾驶舱视界的设计。

这些尺寸对应于人类头盖骨的平均尺寸。水平、垂直视界角度应由以下方式测量:

(1) 通过设计眼位和中心轴纵向的垂直数据面测量。

(2) 与垂直数据面正交的水平数据面通过设计眼位和中心轴测量。垂直和水平数据面相对于飞机固定,并与飞机的零度螺旋角和偏航角对应的平面平行。按照 AC 25.773-1 所确定的设计眼位,通过透明面积的视界应能提供以下所述的驾驶舱视界:此视界范围仅适用于左驾驶员。右驾驶员的最小视界范围是与图 5-8 中的视界范围沿 0°经线左右对称的视界范围。

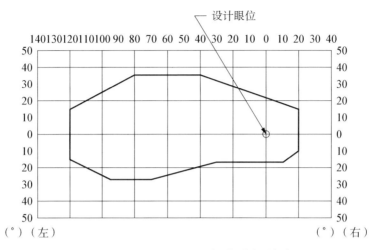

图 5 - 8 AC 25.773 - 1 规定的视界范围

（3）驾驶舱着陆视界设计。除了驾驶舱视界清晰的界面面积要求外，向前和向下的视角应保证允许驾驶员看到跑道的长度和着陆区域灯，着陆区域灯在以着陆速度接地时，可能在以下情况下有 3 s 时间被遮挡：

a. 在 2.5°滑行角的情况下。

b. 决断高度使飞机最低部位在水平延展的着陆区域以上 30.5 m(100 ft)。

c. 向左偏航补偿 10 kn 侧风速度。

d. 载荷接近临界重量和重心中心。

e. 使飞机跑道具有 366 m(1 200 ft)的可视范围。

（4）驾驶舱视界阻挡。在图 5 - 8 所示的坐标下，向右 20°和向左 20°间的视界无任何阻挡。在这 40°角面积之外的视界阻挡应减至最小，在理想情况下不多于三处（如中心柱、前壁柱和侧壁柱）。在使用双眼视界时，可使一位驾驶员具有另一位驾驶员在设计眼位左右各 80°的范围内任意被阻挡部位的视界，且根据人类平均眼内尺寸的双眼视界可排除视界的阻挡。而此情况需要阻挡的投影宽度不超过眼内尺寸。应可能使驾驶员在头部可左右移动 13 mm(0.5 in)的范围内，利用双眼视界排除任何视界的阻挡。在图 5 - 7 所示的例子中，头部向左移动可以排除阻挡。可使用遮阳板减小光线的透射系数，但不可使用完全不透明的遮阳板挡在如图 5-8 所示的区域。如果窗户和风挡在运营期间性能降低,则只有在驾驶舱视界满足上段中所述的标准时,才可认为窗户和风挡满足适航条件。

(5) 驾驶舱风挡光学性能。风挡应能表现出与 MIL-P-25374B 标准(塑料窗户)和 MIL-G-25871B 标准(玻璃或玻璃-塑料窗户)等效的光学性能。这些文件包括层状构型、光学均匀性、光透射性、物理性能、环境暴露等信息。

(6) 驾驶舱视界降水沉积设计。必须在每个驾驶员正前方提供为风挡面板清除降水的功能,并在至少 $1.5V_s$(清除)或 230 kn 速度的较小值下、所有设定的推力情况下都保持有效。清除雨水的面积最小为设计眼位左右 $15°$ 的区间,在预期操作的最陡峭飞行中向上至水平,并向下至 5.3.2 节中推荐的极限位置。若使用风挡刷,则每秒两次扫掠的刷子速度可满足保持清晰面积的要求。

(7) 驾驶舱视界符合性考虑。用来表明视界符合性的典型方法是有些歧义的照相机系统方法。同样也允许其他方法验证,包括三维图像系统和简单的测量设备。视界边界是基于亚声速飞行形成的。任何具有可变前端几何形状或可做短距离起落或垂直短距起落的飞机都应有特殊的符合性考虑。

5.2.4　驾驶舱外视界验证方法

驾驶舱外视界一般采用 MC1 和 MC6 的方法进行验证。通过专业设计软件,根据 AC 25.773-1 的要求生成三维的视界模型。将三维的视界模型与风挡透明区进行比较,如果风挡透明区的范围大于视界模型,则可表明其设计符合要求。通过 MC6 进行白天和夜晚的飞行试验,通过驾驶员评估表明其设计符合性。在白天和夜晚飞行的情况下,在起飞、进场和着陆过程中,左右驾驶员分别观察各自视界。表 5-1、表 5-2 是简单的驾驶舱外视界和驾驶舱眩光评估单。

表 5 - 1　驾驶舱外视界评估单

评估人：				评估时间：
气象环境：昼间		左右驾驶：左驾驶员□　　右驾驶员□		
序号	飞行阶段	驾驶员是否有一个宽阔、清晰和不失真的视界？		如果否，则描述具体情况
1	滑行	是□	否□	
2	起飞	是□	否□	
3	进场	是□	否□	
4	着陆	是□	否□	

表 5 - 2　驾驶舱眩光评估单

评估人：				评估时间：
气象环境：昼间□　黄昏□　夜间□		左右驾驶：左驾驶员□　　右驾驶员□		
序号	飞行阶段	风挡是否有影响机组正常操作的眩光和反射？		如果是，则填写眩光和反射的位置和设备
1	滑行	是□	否□	
2	起飞	是□	否□	
3	进场	是□	否□	
4	着陆	是□	否□	

5.2.5　驾驶舱外视界实践案例

某型飞机驾驶舱外视界区域设计如图 5 - 9 所示，图中红色线条为条款要求区域，绿色区域为某型飞机外视界区域。

某型飞机驾驶舱外视界区域设计如图 5 - 10 所示，图中红色线条为条款要求区域，黄色区域为某飞机外视界区域。

5.2.6　驾驶舱外视界技术展望

未来新技术会为驾驶员提供增强型视觉效果，从而拓展驾驶员外部视界，

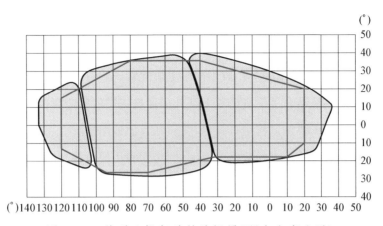

图 5-9　某型飞机驾驶舱外视界(源自空客公司)

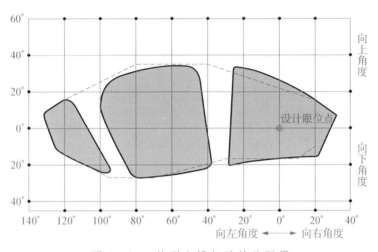

图 5-10　某型飞机驾驶舱外视界

减少因恶劣天气造成航班延误而导致的成本和安全问题。

通过增强视景系统(enhanced vision system，EVS)和合成视景系统(synthetic vision system，SVS)解决方案,能翔实地呈现实时地面图像和主要障碍物,使驾驶员即使在可视度低的情况下也能看清跑道及周边地况,实现简易安全的着陆。该技术同时结合了三维图像和由机载红外摄像机在进场过程中拍摄的实时视频。

这种综合视景显示方式结合了飞机的 GPS 功能,能够为机组人员清楚地展示飞机对应周边环境的实时方位。基于全球地形和地面障碍物电子数据库，EVS 和 SVS 能够排除浓雾或黑夜等视觉阻碍，有效地模拟外部景观。最重要的是，应用此技术能让驾驶员比应用裸眼更早地看到跑道指示灯。

综合视景系统结合了飞机鼻翼上红外摄像机提供的实时影像，在恶劣的天气下也能清楚地反映跑道指示灯、跑道交通和其他地面情况。将此视觉图像叠加在由综合视景系统提供的数字地形图之上，驾驶员便可得到完整的飞行环境图像，这可以大大提升驾驶员对飞机的态势感知能力。

目前综合视景系统已得到认证和市场认可，如今部分飞机已经安装 EVS 和 SVS 航空电子设备。最新的 EVS 功能目前尚在测试中，一旦测试流程结束并获得局方的认可，全面解决恶劣天气导致的航班延误、飞行成本增加及安全隐患等问题指日可待。

5.3　驾驶舱内视界设计

CCAR-25.1321　布局和可见度

条款原文：

（a）必须使任一驾驶员在其工作位置沿飞行航迹向前观察时，尽可能少偏移正常姿势和视线，即可看清供他使用的每个飞行、导航和动力装置仪表。

（b）第 25.1303 条所要求的飞行仪表必须在仪表板上构成组列，并尽可能集中在驾驶员向前视线所在的垂直平面附近。此外，必须符合下列规定：

（1）最有效地指示姿态的仪表必须装在仪表板上部中心位置。

（2）最有效地指示空速的仪表必须直接装在本条（b）（1）所述仪表的左边。

（3）最有效地指示高度的仪表必须直接装在本条（b）（1）所述仪表的右边。

（4）最有效地指示航向的仪表必须直接装在本条（b）（1）所述仪表的下边。

（c）所要求的动力装置仪表，必须在仪表板上紧凑地构成组列。此外，必须符合下列规定：

（1）各发动机使用同样的动力装置仪表时，其位置的安排必须避免混淆每个仪表所对应的发动机。

（2）对飞机安全运行极端重要的动力装置仪表，必须能被有关机组成员看清。

（d）仪表板的振动不得破坏或降低任何仪表的精度。

（e）如果装有指出仪表失灵的目视指示器，则该指示器必须在驾驶舱所有可能的照明条件下都有效。

5.3.1　驾驶舱内视界设计准则

必须使任一驾驶员在其工作位置沿飞行航迹向前观察时，尽可能少偏移正常姿势和视线，即可看清供他使用的每个飞行、导航和动力装置仪表。

考虑到仪表板不受外界光线干扰，其上设有遮光罩，自设计眼位至遮光罩顶部以上是前方向外视界，遮光罩顶部应至少位于水平标准视线以下 17°。

主飞行显示区应该位于主视区范围内。

从飞机设计眼位观察仪表板时，仪表板上所有仪表、控制装置和灯光装置都应易于观察和辨认。

重要的和使用频率高的仪表应不超过头转动的最大视区，尽量位于最优视区。

飞行中需要操作但使用频率不太高的仪表（如侧显）不应超过头眼转动的最大视区。

人眼最优视区与最佳视区参见 MIL‑STD‑1472G 中给出的视角的范围标准。人眼正常视线为水平向下 15°。

在垂直方向上，头部不转动时最佳视角范围是人眼正常视线上下 15°之间，最大视角范围是人眼正常视线向上 40°，向下 20°之间；头部转动时最大视角范围是正常视线向上 90°，向下 55°之间。

在水平方向上，当头部不转动时，最佳视角范围为左右 15°之间；最大视角为左右 35°之间；当头部转动时,最大视角为左右 95°之间。

仪表板安装位置需要考虑驾驶员视觉特性,仪表板上控制部分还需考虑驾驶员可达的要求。

$$L_p = L_{ua5} + D_{sh5} - L_{e5} \qquad (5-5)$$

式中,L_p 为距设计眼位点水平位置;L_{ua5} 为第 5 百分位数驾驶员上肢长度;D_{sh5} 为第 5 百分位数驾驶员背肩峰距;L_{e5} 为第 5 百分位数驾驶员眼突枕突距。

考虑人体肩部的活动性,可以适当增加修正量。距设计眼位点的垂直位置由外部视界要求决定,顶部边缘在各个方位上都应低于外视界中下视界要求,下边缘由膝部活动空间限制,宽度应与机头外形布局协调。

显示界面与驾驶员视线夹角至少为 45°,如图 5-11 所示。

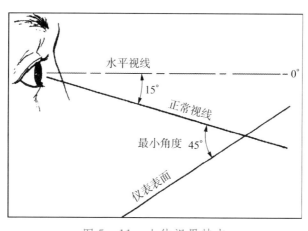

图 5-11　人体视界特点

人体处于舒适坐姿时观察显示界面的视锥轴线低于水平视线约 20°~25°,倾角与地面成 65°~70°夹角。

5.3.2　驾驶舱内视界设计方法

随着数字电子技术的发展,以往分散的机电式指示器变为综合的电子显示器,从此驾驶舱进入了玻璃驾驶舱时代。它在传统布局的基础上使用了多功能显示器(multi-function display，MFD)、控制显示单元(control display unit，CDU)、更多的自动化功能,使机组可以获得远超传统飞机的海量信息,并且是深加工以后的数据信息,大大降低了飞行机组的工作负荷。但是,玻璃驾驶舱也带来了一些问题:大量的信息通过小小的显示器显示时会导致信息杂乱,尤其是需要快速查找的信息可能很难及时获取。因此在飞机驾驶舱设计时需要更多地考虑视觉工效的因素。

1) 视觉系统及视觉信息获取途径

在人们认识世界的过程中,大约 80% 以上的信息是通过视觉系统获得的,因此,视觉系统是人与世界相联系的最主要途径。

物体通过光的反射映入眼睛,所以光、对象、眼睛是构成视觉现象的三个要素。但视觉系统并不只包括眼睛,从生理角度看,它包括眼睛和脑;从心理角度看,它不仅包括当前的视觉,而且包括以往的知识经验。换句话说,视觉捕捉到的信息不只是人体自然作用的结果,还是人的观察与过去经历的反映。

人们获取视觉信息有两种途径:一种是直接的,如直接看到的周围的人和物;另一种是间接的,即借助各种视觉显示装置,如显示器、雷达、电视机等。在科学技术高度发达的今天,后一种途径比前一种途径对于人们获得视觉信息更为重要,也是飞机驾驶舱设计需要更多考虑的。

2) 飞机驾驶舱设计需要考虑视觉工效因素

驾驶舱内视界主要关注于仪表显示和操纵器件之间的空间位置等。显示操纵设备的布局与排列是否合理关系到认知效果、巡检时间和工作效率。显示器和操纵器件的布局与排列应考虑人的视觉特性、使用频率及重要性等。布局显示操纵设备时应遵循以下人机工效准则:

(1) 视野。视野是当人的头部和眼球不动时,人眼能察觉到的空间范围,通常以角度表示。

人眼在垂直方向 3° 和水平方向 3° 的范围内看到的物体映象在视网膜黄斑中央的中央凹上,上下、左右视野均只有 1.5° 左右,这就是最佳视区。

在垂直面上，在水平视线以下 30°和水平面内零线左、右两侧各 15°的范围内获得的物像最清晰，为良好视野范围。在垂直面内水平视线以上 25°，以下 35°，在水平面内零线左、右 35°的视野范围为有效视野范围。

在垂直面上，人的自然视线实际上低于水平视线，直立时低 15°，放松站立时低 30°，放松坐姿时低 40°，因此，视野范围在垂直面内的下界限也应随之变化。人机工效学规定了在如图 5－12 所示的人的眼球转动、头部转动以及眼球和头部同时转动的各种状态下，在垂直和水平面上的最佳视野和最大视野。

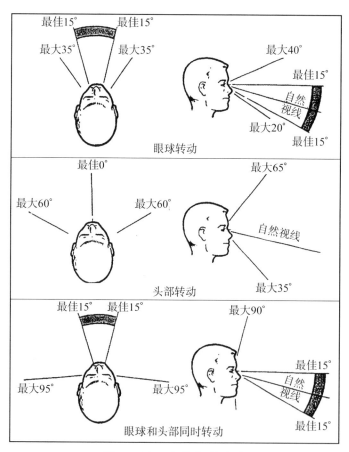

图 5－12　人体视界角度

视区分布的人机工效学要求如下：

　　a. 水平方向的视区。10°以内为最佳视区，是人们辨别物体最清晰的区域。30°以内为良好视区，人们需要集中注意力，才能正确辨别。120°以内为最大视区（驾驶员头部不动，只用眼睛扫视），对于处在120°边缘的物体，人们需要高度集中注意力才能识别。

　　b. 垂直方向视区。视水平线以下10°以内为最佳视区。视水平线向上10°和向下30°的范围内为良好视区。视水平线向上60°和向下70°的范围内为最大视区。一般来说，显示界面最佳位置是与驾驶员视线垂直，显示界面与视线的夹角要大于45°，如图5-11所示。

　　在配置设计显示器与控制器时应考虑这些视区。在进行显示器的布局时，应根据显示信息的重要程度、使用频率以及视区分布规律，在驾驶员的视域范围内进行合理布局，将最重要的显示器或仪表布置在最佳视区；当较重要的显示器或仪表在最佳视区无处布置时，应布置在良好视区；当重要性较低的显示器或仪表在最佳视区和良好视区都无处布置时，应布置在最大视区。

　　（2）视距。视距是人在操作系统中正常的观察距离。一般应根据观察目标的大小和形状以及工作要求确定视距。通常，观察目标在560 mm处最为适宜，小于380 mm时会引起目眩，大于760 mm时看不清细节。此外，观察时头部的转动角度左右均不宜超过45°，上下均不宜超过30°。当视线转移时约97%时间的视觉是不真实的，所以应避免在转移视线的过程中进行观察。根据工程经验，设计眼位点到相关联的一组显控设备距离不能超过635 mm（25 in），最小距离不能小于330 mm（13 in），两者最佳距离应为508 mm（20 in）。

　　（3）显示器字符。经研究表明：英文拼音字母的认知容易程度是汉字的2倍。故在仪表显示中应尽量避免使用汉字。有源矩阵液晶显示器上字符辨认效果与观察角度及字符大小的关系如下：

　　a. 液晶显示的字符辨认效果因观察角度不同而存在显著差异，无论是在水平方向还是下视方向上，字符辨认错误率均随着观察角度的增大而先慢后快地上升。但相比之下，水平方向上观察角度变化的容许范围大于下视方向上的容许范围。

b. 液晶显示器上字符辨认效果也受字符大小的影响,并且字符大小与观察角度之间存在显著的交互作用。当观察角度较大时,可加大字符尺寸,提高视觉辨认效果。

所以,当从机组成员眼位基准点测量时,要求电子显示符号对应至少10′的视觉圆弧。标识的印刷字体在正常照明下观察距离与最小字体高度的关系如表5-3所示,一般要求印刷体能在711 mm(28 in)远的范围内读取到,对应的字体高度要求约为5 mm(0.18 in)。在正常照明下观察距离不同时要求的最小字体高度不同;还要避免字体的混淆,如小写英文字母"l"应该使底部笔画适当向右进行延展,而数字"1"则在顶部适当向左进行笔画延展,从而区分两者;还有数字"0"要瘦些,以和字母"O"进行区分。

表5-3　在正常照明下观察距离与最小字体高度的关系

观察距离/m	最小字体高度/mm	观察距离/m	最小字体高度/mm
<0.5	2.3	2.0~4.0	18
0.5~1.0	4.7	4.0~9.0	38
1.0~2.0	9.4		

(4) 色彩环境。色彩是物理属性、人体视觉的生理特性以及人的心理属性的综合反映。人们通过色彩视觉从外界获得各种不同的信息。良好的色彩环境有助于提高工作效率,减少或避免差错,提高人对信号、标志的辨别速度,并且可以加快恢复人的视觉能力,减少疲劳等;而较差的色彩环境会影响人的心理情绪和视觉功能,从而影响工效。

(5) 振动。有关实验表明,人眼与监控目标之间的相对振动量级越大,影响越严重。振动严重干扰人眼视觉功能的敏感振动频率范围如下:垂直方向为8~16 Hz;水平方向为4~8 Hz,且垂直方向振动对人眼视觉功能的影响远比水平方向振动要大。对于垂直振动,人眼识别的最佳视角应设计成大于10′,其垂直方向的排列间距应为字符高度的2倍,这样可明显减少振动对人眼视觉功能的影响。

（6）反射眩光。根据有关实验可得，眩光强度越大，对视觉作业工效的影响越大；反射眩光离判读者视线越近，视觉作业工效越差；当视标亮度为 1.5 cd/m² 时，反射眩光的亮度为 30 cd/m² 时，不同反射眩光面积对被试视觉作业工效有显著影响，并且反射眩光面积越大，视觉作业工效越差。

5.3.3　驾驶舱内视界设计验证

驾驶舱内视界主要通过说明性文件（MC1）和航空器检查（MC7）进行设计验证。通过 MC1 提交有关仪表板上设备布局以及驾驶舱内设备之间布置的设计文件和图纸，表明其设计符合性；通过 MC7 获得仪表板上和驾驶舱内设备之间的位置，表明其设计符合性。

5.3.4　驾驶舱内视界实践案例

波音飞机内视界设计如图 5-13、图 5-14 所示。

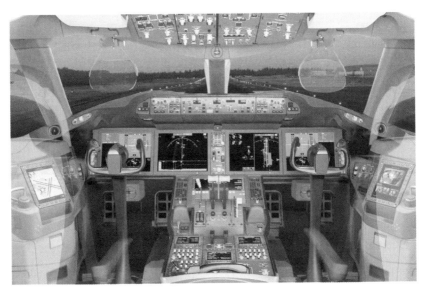

图 5-13　波音 787 飞机驾驶舱内视界设计（源自波音公司）

图 5 - 14　波音 777 飞机驾驶舱内视界设计(源自波音公司)

空客飞机内视界设计如图 5 - 15、图 5 - 16 所示。

图 5 - 15　A320 飞机驾驶舱内视界设计(源自空客公司)

图 5 - 16　A350 飞机驾驶舱内视界设计(源自空客公司)

5.3.5　驾驶舱内视界技术展望

在航空商业展上,越来越多的航空产业配套商推出了以大屏幕和触摸屏为主要特征的未来驾驶舱。根据设计要求,所有的仪表都被整合到定制的触摸屏上,驾驶员可以根据多点触屏来完成飞机驾驶操作。为了让驾驶员快速、准确地捕获到所需的信息以及进行相关的操作,驾驶舱必然会越来越高度集成,信息显示和操纵设备必然会越来越紧凑地呈现在驾驶员最舒适的区域中。未来显示器会动态捕捉驾驶员的眼动状态,为驾驶员提供其想要的飞行参数,减少飞行机组工作量。

5.4　驾驶舱总体布局布置设计

目前民用航空飞机驾驶舱内的设备一般都采取"T"形布局。"—"为驾驶员前方的主仪表区域；"丨"代表中央操纵台区域。飞机主仪表区域在驾驶员前方，飞机中央操纵台布置在两名驾驶员之间。

飞机主仪表区域主要包括遮光罩和主仪表板。主仪表板上方的遮光罩区域一般会布置显示控制板（display control panel，DCP）和飞行控制板（flight control panel，FCP）；主仪表板一般会布置几块大的显示器，用以显示飞机的各种状态。中央操纵台和飞机两侧的侧操纵台上会安装用来控制飞机各个系统的设备。一般飞机的中央操纵台上会安装动力装置、升力和阻力装置、通信设备、飞行管理设备等。侧操纵台上会布置侧操纵杆（波音飞机在驾驶员前方会布置驾驶盘和驾驶杆）、起落架前轮转弯手轮、氧气面罩等。

在整个飞行过程中，驾驶员不断地使用飞机上的各种设备操纵飞机，使飞机正常飞行。驾驶舱总体布局布置决定了驾驶舱内操纵器件的位置以及使用舒适性，进而影响飞行安全。

5.4.1　驾驶舱总体布局布置设计要求

1）CCAR-25.771(c)　驾驶舱

条款原文：

（c）如果备有供第二驾驶员使用的设施，则必须能从任一驾驶座上以同等的安全性操纵飞机。

2）CCAR-25.777　驾驶舱操纵器件

条款原文：

（a）驾驶舱每个操纵器件的位置必须保证操作方便并防止混淆和误动。

（b）驾驶舱操纵器件的运动方向必须符合第25.779条的规定。凡可行处，其它操纵器件操作动作的直感必须与此种操作对飞机或对被操作部分的效果直感一致。用旋转运动调节大小的操纵器件，必须从断开位置顺时针转起，经过逐渐增大的行程达到全开位置。

（c）操纵器件相对于驾驶员座椅的位置和布局，必须使任何身高158厘米

(5 英尺 2 英寸)至 190 厘米(6 英尺 3 英寸)的(按第 25.1523 条规定的)最小飞行机组成员就座并系紧安全带和肩带(如果装有)时,每个操纵器件可无阻挡地作全行程运动,而不受驾驶舱结构或最小飞行机组成员衣着的干扰。

(d) 各台发动机使用同样的动力装置操纵器件时,操纵器件的位置安排必须能防止混淆各自控制的发动机。

(e) 襟翼和其它辅助升力装置的操纵器件必须设在操纵台的上部,油门杆之后,对准或右偏于操纵台中心线并在起落架操纵器件之后至少 254 毫米(10 英寸)。

(f) 起落架操纵器件必须设在油门杆之前,并且必须使每个驾驶员在就座并系紧安全带和肩带(如果装有)后可以操作。

(g) 操纵手柄必须设计成第 25.781 条规定的形状。此外,这些手柄必须是同色的,而且颜色与其它用途的操纵手柄和周围驾驶舱的颜色有鲜明的对比。

3) CCAR - 25.807(j)　应急出口

条款原文:

(j) 飞行机组应急出口　对于旅客应急出口与飞行机组区的靠近程度不能为飞行机组撤离提供方便和易于接近的措施的飞机,以及客座量大于 20 座的所有飞机,飞行机组应急出口应设置在飞行机组区。此类出口的尺寸和位置应足以使机组能迅速撤离。在飞机两侧必须各有一个出口,或代之以一个顶部带盖舱口。每个出口必须包含一个至少为 483×510 毫米(19×20 英寸)的无障碍矩形出口,除非能通过一名典型的机组成员圆满地演示了出口的实用性。

对于适航条款有如下理解。

(1) CCAR - 25.771(c)款是对双人驾驶舱操纵系统安排的要求。驾驶舱设计应做到当一名驾驶员不能按要求操作飞机时,另一名驾驶员能够从任一驾驶座上安全地操纵飞机。

(2) CCAR - 25.777(a)款说明了驾驶舱操纵器件布局的总要求,即应保证操作方便,防止混淆和误操作。发动机操纵器件、襟翼和其他辅助升力装置的操纵器件及起落架操纵器件应满足本条(d)、(e)、(f)款的布置要求;操纵手柄的设计应满足本条(g)款要求;可设计止动块、卡槽和制动件,防止误操作;设计的操纵器件应使无论在白天还是晚工作时都容易识别,并能提供清晰的状态显示。如果在起飞、加速、停止、中断着陆和着陆期间由一个驾驶员操作操纵器件,而这些操纵动作的顺序安排又要求驾驶员在上述机动飞行期间改换握持操纵杆的手,则这些顺序不应要求换手过快,以免使飞机的操纵性受到不利的影响。

(3) CCAR-25.777(b)款说明了驾驶舱操纵器件的运动方向。操纵器件的运动方向必须符合 CCAR-25.779。凡可行之处,其他操纵器件也应具有运动的直感,如配平操纵器件等。用旋转手柄调节运动大小的操纵器件必须从断开位置顺时针逐渐加大到全开位置。

(4) CCAR-25.777(c)款指出发动机操纵器件、襟翼和其他辅助升力装置的操纵器件及起落架操纵器件可以无阻挡地全行程运动。无阻挡全行程运动是指在从滑行起飞到落地的各种姿态下,能够正常开关各按键或调整各手柄到各个设定位置。

(5) CCAR-25.777(d)款说明了动力装置操纵器件的布置要求。

(6) CCAR-25.777(e)款说明了襟翼和其他辅助升力装置的操纵器件的布置要求。除非证明更小的距离是合适的,否则起落架操纵器件之后的距离不应小于 10 in(254 mm)。

(7) CCAR-25.777(f)款说明了起落架操纵器件的布置要求。

(8) CCAR-25.777(g)款说明了操纵手柄的设计要求。驾驶舱操纵手柄应当符合 CCAR-25.781 规定的形状(但无须按其精确大小和特定比例设计)。如果设计中采用其他形状,则必须经适航当局批准。

(9) CCAR-25.807(j)款对飞行机组应急出口提出了要求,如在驾驶舱内设置阻挡飞行机组接近旅客应急出口的观察员座椅,或者旅客应急出口设置在客舱中部或后部,飞行机组必须通过客舱才能接近旅客应急出口,从而导致旅客应急出口与飞行机组区的靠近程度不能为飞行机组的撤离提供方便和易于接近的措施的飞机，必须在飞行机组区设置飞行机组应急出口。对于客座量大于 20 座的飞机，必须在飞行机组区设置飞行机组应急出口。飞行机组应急出口的设置应考虑飞行机组易于接近、方便撤离的可能性。设置在飞行机组座椅和出口之间的障碍不能妨碍有效撤离或者降低撤离速度，不能伤害飞行机组，还必须保证在从出口撤离至地面的过程中，不能有机身外部天线等突出物伤害飞行机组，在评估时还必须考虑一根或几根起落架支柱折断导致飞机倾斜或俯仰后的各种不利姿态。必要时通过一名机组成员演示出口的实用性。

5.4.2　驾驶舱总体布局布置设计准则

驾驶舱总体布局布置设计一般遵循以下设计准则：

(1) 应使控制器件布局与驾驶员和飞行机组任务相匹配。

(2) 应考虑左右驾驶员能够同样安全地操纵飞机。

(3) 应使飞行机组更舒适地操纵。

(4) 应使控制器件布局考虑操作程序，避免驾驶员上肢大幅度运动。

(5) 应尽量与所控制的系统布局一致。

(6) 应考虑与显示器布置的相对位置关系，尽可能采用就近原则。

(7) 应使控制器件在各种环境下都具有良好的可见性。

(8) 应使控制器件充分考虑可达性，应确保驾驶员在其工作位置上能够全程操纵必要的控制器件。

(9) 应使控制器件运动方向与系统动作及驾驶员和飞行机组的预期保持一致。

(10) 应确保控制器件的动作及系统反馈使驾驶员和飞行机组保持情景意识。

(11) 应避免操纵控制器件导致精力过度分散、情景意识降低，失去姿态保持等。

(12) 应使控制器件考虑振动等环境因素带来的状态改变。

(13) 应使不同形式的控制器件有机械、声音、指示灯、触觉等不同形式的反馈,使飞行机组感知控制器件的动作。

（14）不应使控制器件有尖锐突起,避免对飞行机组造成身体伤害。

5.4.3　驾驶舱总体布局布置设计方法

目前,现代飞机驾驶舱设计基本都贯彻了"以人为中心"的设计理念,总目标是为驾驶员提供先进的驾驶舱环境。以驾驶员为中心,充分考虑人为因素是驾驶舱布局、功能设计、显示和控制的基本设计原则。设计驾驶舱时应应用人机工效学理论,确保飞机易于操作,尽量减少机组培训工作量。驾驶舱显示管理、飞行导引、飞行计划、无线电调谐、系统操作等应相对集中。

驾驶舱内系统设备多且杂,下面将描述遮光罩、仪表板、中央操纵台、顶部板、飞控组件、侧操纵台、天花板、驾驶舱座椅、驾驶舱其他区域和驾驶舱机组应急撤离的设计要求。

1）遮光罩

CCAR-25.1321中提到必须使任一驾驶员在其工作位置沿飞行航迹向前观察时,尽可能少偏移正常姿势和视线,即可看清供他使用的每个飞行、导航和动力装置仪表。CCAR-25.1303要求飞行仪表必须在仪表板上构成组列,并尽可能集中在驾驶员向前视线所在的垂直平面附近。因此对诸如飞行控制板以及显示控制板这类关键而又常用的控制部件来说,遮光罩前面板是理想的安装位置。此外还需考虑系统所要求的设备的尺寸及安装维护要求。遮光罩设计如图5-17所示。

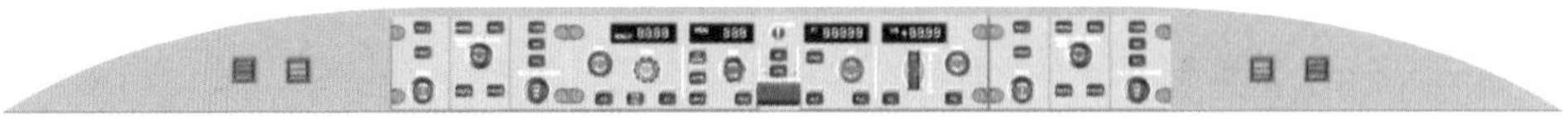

图 5-17　遮光罩设计

（1）在遮光罩上,左右驾驶员前方一般会有主警告灯和主警戒灯。要求主警告灯、主警戒灯布置在容易引起驾驶员注意的区域,在设备布置时需基于设备尺寸考虑集中布置。

（2）在遮光罩上一般会有飞行控制板和显示控制板。布置时考虑在驾驶员方便、易操作的范围内相邻布置，其中显示控制板应左右对称。

2）仪表板

仪表板位于驾驶员正前方的可达和可视位置，当驾驶员端坐在座椅上时，显示器就位于驾驶员的主视野范围之内。仪表板是显示器与控制器件的理想安装位置。这些显示器与控制器件对于安全操纵飞机与完成任务至关重要。

仪表板布置应符合仪表板布置通用准则的规定：可视性、可达性、一致性、按功能分组、控制-显示器组合、防止干扰、防差错设计、标准化等。仪表板布置和安装应符合内视界设计准则。仪表板设计如图 5-18 所示。

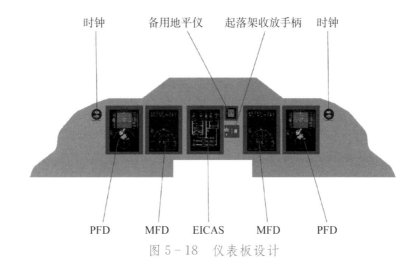

图 5-18　仪表板设计

（1）液晶显示器一般包含主飞行显示器（primary flight display，PFD）、MFD、发动机指示和机组告警系统（engine indication and crew alerting system，EICAS）。液晶显示器采用"一"字形布置，其中 PFD 和 MFD 一般采用左右对称布置。设备应具有快卸性和互换性，在布置设备时应考虑所有显示器都要在左右驾驶员内视界范围之内。

（2）考虑到系统相互间的备份，仪表板上一般会装有一块集成式备用仪表。集成式备用仪表的设计需要考虑两名驾驶员的使用。

（3）在主仪表板上，一般会装有起落架收放手柄，手柄必须布置在左右驾驶员都能方便达到的区域内。

（4）其他设备。例如，控制显示器亮度的调光控制板需布置在驾驶员方便达到的区域，并且避免与其他调光控制板混淆；扬声器一般布置在仪表板两侧区域。

3）中央操纵台

中央操纵台位于左右驾驶员之间最方便可达的区域内。在布置设备时，需把驾驶员在飞行过程中经常使用或者紧急控制的重要设备布置在此区域。中央操纵台一般分为3个部分：前部、中部、后部。中央操纵台上所有开关和操纵器件都应设计成能够避免疏忽操作。

对于机组人员来说，无论是从可达性还是从视觉的角度考虑，中央操纵台位于设计眼位（design eye point，DEP）前面部分的区域都是最佳的位置。该区域用于布置飞行控制器件与油门杆。应将经常被用到的字母数字键盘（如飞行管理系统的CDU）置于DEP的前部。

对于飞行任务来说，虽然重要但又不常被驾驶员所用到的控制设备可以位于DEP后，同时按功能加以分区。布置在DEP后的设备通常会导致驾驶员低头操作，加大机组工作负荷。

中央操纵台后面的区域仅用于安装在飞行过程中不常被驾驶员所用到的控制部件。

中央操纵台上所有控制板的安装都要考虑驾驶员的出入，为减少因驾驶员出入而造成的损坏，需要用旋钮以及带保护盖的开关来代替普通的拨动开关。在湍流的情况下，对中央操纵台上部件操作不应有明显的不便，并且驾驶员即使系上安全带也可以进行这些操作。

在中央操纵台上安装的显示器板应尽可能地减小视差、眩光和反射光。

各个飞机的中央操纵台上的减速板手柄、油门杆和襟缝翼手柄布置之所以不同，除了各自飞机设计公司自身的设计理念外，还因为各种适航规章要求不同。

中央操纵台设计如图 5 - 19 所示。

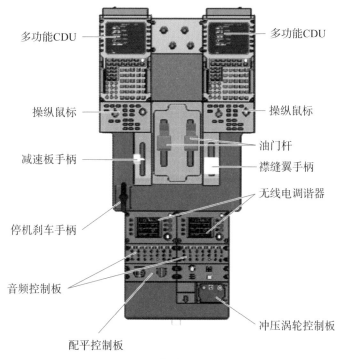

图 5 - 19　中央操纵台设计

4）顶部板

顶部板位于两名驾驶员头部区域之间,顶部板前部被认为是最佳的可达区域。布置顶部板上的各个控制板时应当考虑驾驶员操作的顺序以及控制板功能的划分。无论是可达性还是视觉的考虑,顶部板后部都不是最佳的位置,尤其是当驾驶员系上安全带的时候,可达性会更差。只有那些在飞行过程中不会用到的、只在地面使用的控制板会被安装在后顶部板上。

此外,驾驶舱顶部板在设计时需要考虑控制器件的可达性以及防撞问题。驾驶员需要在就座系紧安全带的前提下满足顶部板的可达性。需要考虑驾驶员在进出驾驶舱时顶部板的控制器件不会影响驾驶员头部。顶部板上的所有控制开关和操纵器件都应设计成能够避免疏忽操作。顶部板设计如图 5 - 20 所示。

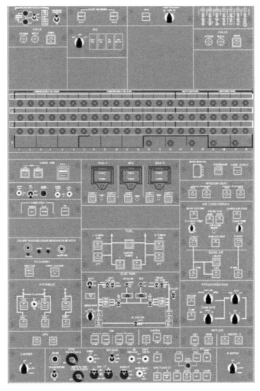

图 5 - 20　顶部板设计

5）飞控组件

在驾驶舱地板以上常会安装常规的驾驶侧杆（波音飞机为驾驶盘和驾驶杆）和方向舵脚蹬；在中央操纵台上安装襟缝翼手柄，减速板手柄及方向舵、副翼配平控制，平尾配平备用控制及切除控制。在驾驶舱地板以下有驾驶舱方向舵、副翼和升降舵模块；在顶部板有主飞控系统的模态等开关。

正常操作、非正常操作和应急操作所需的仪表和操纵器件的定位和布置应该满足飞行机组成员在身体不做很大移动的情况下就能在他们预定的操作位置上使用。起飞和着陆操作所需的仪表和操纵器件的定位和布置应该满足飞行机组成员坐在其正常座椅位置上并系紧肩带时可以看到并可达。

在所有配平机翼水平飞行状态下，俯仰和滚转主操纵器件的设计和位置不应妨碍前方仪表板上基本飞行仪表的视线。驾驶员在设计眼位处应能全程操纵而不受腿或身体的干扰。

每个驾驶员的主要操纵器件(驾驶杆、方向舵和脚蹬)及其各自的座椅应排列在同一条纵向轴线上。

根据驾驶舱环境要求,布置时要考虑其运动间隙、安装以及维护要求,满足驾驶舱的人机工效。

飞控组件设计如图 5-21 所示。

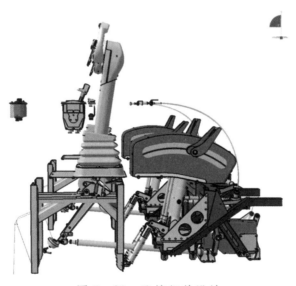

图 5-21　飞控组件设计

6) 侧操纵台

侧操纵台为驾驶员提供了安放设备以及与驾驶员有关的物品的位置。这些设备与物品包括应急氧气面罩、杯托、航图和手册,以及机组人员的行李箱。侧操纵台可以为驾驶员的书写提供必要的区域,该区域不仅为驾驶员提供了搁置手的位置,而且提供了放笔的设施。

根据驾驶舱环境要求,布置时要考虑其运动间隙、安装以及维护要求,满足驾驶舱的人机工效。侧操纵台设计如图 5-22 所示。

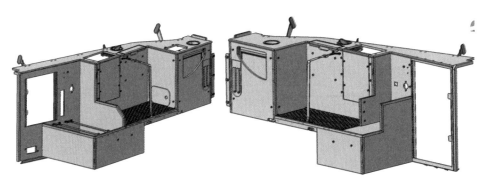

图 5 - 22　驾驶舱侧操纵台设计

7）天花板

天花板区域布置有驾驶员使用的空调出风口、驾驶员应急撤离绳和遮阳板等设备。

（1）空调出风口。驾驶员空调出风口应可调节方向,满足驾驶员的不同使用需求。

（2）驾驶员应急撤离绳。驾驶员应急撤离绳放置在驾驶员方便达到的区域内(如通风窗或顶部出口附近)。

（3）遮阳板。在布置遮阳板时,遮阳板应力求尽量靠上,不能侵占驾驶员头部空间,否则驾驶员在使用时会和其头部发生碰撞,影响使用舒适性。天花板设计如图 5 - 23 所示。

8）驾驶舱座椅

民用飞机驾驶舱一般采用双人制的最小飞行机组,并设有一名或两名观察员,所以驾驶舱会设有左右驾驶员座椅和观察员座椅。

驾驶员的座椅应在水平方向和垂直方向都能调节,椅背可向后倾斜。当驾驶员座椅调至后限位置时,应能在人体和驾驶杆之间放置一个食品盘或离驾驶杆后极限位置至少 5 in。机组成员座椅最低应能提供 CCAR - 25.777(c)规定的人体尺寸范围所需的调节量。机组人员(包括观察员)的座椅及其支撑结构(安全带和肩带及其锚固接头)必须按 77 kg 的人的体重设计。按各种有关的飞行和地

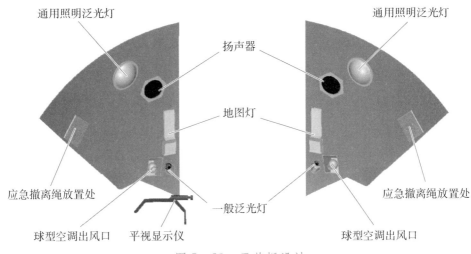

通用照明泛光灯

通用照明泛光灯

扬声器

地图灯

应急撤离绳放置处

应急撤离绳放置处

球型空调出风口　平视显示仪

一般泛光灯

球型空调出风口

图 5 - 23　天花板设计

面载荷(包括 CCAR - 25.561 和 CCAR - 25.562 规定的应急着陆)情况考虑最大载荷系数、惯性力以及乘员、座椅、安全带和肩带之间的反作用力。向需要的飞行机组成员提供座椅扶手,扶手应是可调的并应不影响飞行控制器的使用或机组人员进出。观察员座椅位置应设置为当保证其头部和身体正常活动时,对每一个主飞行仪表的视线都无遮挡。驾驶员座椅和周围设备如图 5 - 24 所示。

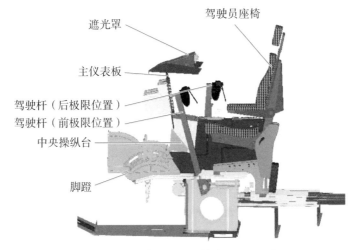

遮光罩

驾驶员座椅

主仪表板

驾驶杆（后极限位置）

驾驶杆（前极限位置）

中央操纵台

脚蹬

图 5 - 24　驾驶员座椅和周围设备

9）驾驶舱其他区域

除按照上述区域来划分驾驶舱所包括的设备之外，还有一些设备布置在驾驶舱范围之内，具体如下所示。

（1）起落架应急放手柄及其钢索滑轮组件：设计系统时要考虑其收放行程、角度范围以及操纵所需要的力。

（2）风挡雨刷：马达、转换器、风挡雨刷摇臂和刷刃要考虑对驾驶员外视界的影响，尤其是在飞行阶段工作时对飞行机组的影响。此外还需考虑两侧风挡雨刷工作的一致性。

（3）眼位校准设备：采用合适的眼位校准设备以方便驾驶员调整座椅，使其眼睛位于 DEP。

（4）驾驶员搁脚板：考虑到驾驶员在飞机上可能操作时间较长，因此设有驾驶员搁脚板。要求搁脚板设计简单，力求不影响驾驶员操纵飞控系统。

（5）应急斧：驾驶舱应配备应急斧，在应急状态下供驾驶员使用。

（6）观察员氧气面罩和氧气管路：根据 CCAR - 25.121 要求，驾驶舱内需要为观察员配备氧气设备。

（7）防护呼吸设备（protective breathing equipment，PBE）：在应急状态下供驾驶员使用。

（8）手电筒：在应急状态下供驾驶员使用。

（9）阅读夹：方便驾驶员固定舱内纸质文件。

（10）驾驶舱灭火瓶：根据条款要求，驾驶舱内需要布置灭火瓶。

10）驾驶舱机组应急撤离

民机驾驶舱设计需要考虑机组应急撤离的需求。民机飞行机组应急撤离通道为左右通风窗或顶部通道，通道的设计尺寸和位置应足以使机组能迅速撤离。每个出口都必须包含一个至少为 483 mm×510 mm（19 in×20 in）的无障碍矩形出口，能通过一名机组成员演示出口的实用性。

5.4.4 驾驶舱总体布局布置设计验证

驾驶舱总体布局布置设计验证主要通过 MC1 和 MC5 进行。MC1 需要提交有关驾驶舱设备布置布局相对驾驶员关系的设计文件和图纸表明其设计符合性;通过 MC5 检查驾驶舱设备布局布置的可达性、可视性,表明其满足设计要求。

5.4.5 驾驶舱总体布局布置实践案例

传统的驾驶舱布局特点是使用"表"和"操作开关"向飞行机组传达和交互信息,其特点是有系统(表)提供原始数据给飞行机组,然后由飞行机组整合数据变成机组可用的关于飞机、环境和任务等有关的信息,该信息的获取方式是机组基于手头的工作或任务,由机组通过眼睛、耳朵或触觉等扫描仪表读取数据或感知飞机态势,在设计时主要反映人机工效水平,即空间、灯光、外部环境(振动、噪声)、可达性、易达性等。传统驾驶舱布局如图 5-25 所示。

波音B-29飞机驾驶舱

波音727飞机驾驶舱

图 5-25 传统驾驶舱布局

玻璃驾驶舱的布局在传统驾驶舱布局的基础上,使用了 MFD、CDU、更多的自动化功能,使机组可以获得比传统飞机容量更大的海量信息,并且是深加工后的数据信息,客观上可以大大降低飞行机组的工作负荷。玻璃驾驶舱布局如图 5-26 所示。

波音737-800飞机驾驶舱

波音747飞机驾驶舱

波音787飞机驾驶舱

A320飞机驾驶舱

A380飞机驾驶舱

A350飞机驾驶舱

图 5-26 玻璃驾驶舱布局(源自空客和波音公司)

当今民航的主流飞机制造商是空客公司和波音公司,占用比例最高的为 A320 飞机和波音 737 系列机型,下面将以 A320 和波音 737-800 两种典型机型为例,对比分析驾驶舱内总体布置。

1) 驾驶舱总体布置对比

如图 5-27 所示,A320 飞机和波音 737-800 飞机驾驶舱的总体布局基本相同,都采用常规的"T"形布局,大致区域可分为遮光罩、仪表板、侧操纵台、顶部板、中央操纵台等;均采用双人制机组;有 6 块风挡,每侧中间通风窗可以打开;配备两名观察员座椅,可供两名观察员使用,可选装两台平视显示器(head-up display, HUD)。

相对波音 737 飞机驾驶舱,A320 飞机驾驶舱整体感觉比较平整,集成度相

A320飞机驾驶舱　　　　　　　　波音737-800飞机驾驶舱

图 5 - 27　A320 飞机和波音 737 - 800 飞机驾驶舱总体布局(源自空客和波音公司)

对较高,更加注重人为因素方面的设计考虑。

A320 采用侧杆飞机,波音 737 飞机采用驾驶盘,侧杆和驾驶盘分别代表了空客公司与波音公司在操纵方式上的设计风格,各有优缺点。

采用侧杆的优势:有利于采用最佳眼位,扩大舱外视野;有利于操纵前方控制;改善前方显示器的可视性;扩大仪表板上的可用空间;方便驾驶员进出;提高飞机的防撞性;可增大座舱有用空间或减小座舱尺寸设计;减轻控制系统重量;降低驾驶杆对座舱空间的要求;降低维护成本;改善飞机的操纵品质;降低飞行工作负荷;结合后倾座椅,提高驾驶员抗过载能力;结合臂托,减少驾驶员的惯性振动;增加飞行的舒适性。

侧杆的缺点:无法换手操纵飞机;自动驾驶模态的反驱动设计比较困难;由于操纵行程小,因此驾驶员难以精确操纵;人感系统设计困难;存在交叉耦合问题。

采用驾驶盘的优势:符合人的操纵习惯;对称操纵;操纵行程大。

采用驾驶盘的缺点:使驾驶员看仪表板的视野受到影响;空间小。

在型号研制过程中,建议采用侧杆操纵方式,此为现代驾驶舱的发展趋势。如庞巴迪公司研制的 C 系列飞机采用侧杆操纵系统。尽管受到项目咨询方波音公司的反对,苏霍伊公司在 SSJ 项目上仍做出了追随空客公司的设计和取消常规驾驶杆的大胆决定。他们认为侧杆减轻了重量,节约了空间,从人体工程学的角度来看更好。苏霍伊公司通过广泛的国际合作手段推出的 RRJ 项目也采用了侧杆控制器布局。

2）详细区域设备布置对比

A320 飞机和波音 737 - 800 飞机遮光罩对比如图 5 - 28 所示。

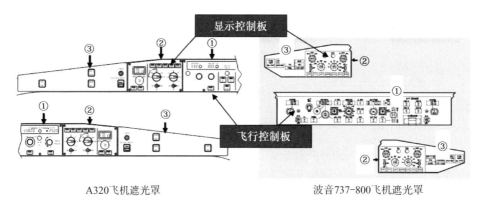

A320飞机遮光罩 　　　　　　　　　　波音737-800飞机遮光罩

图 5 - 28　A320 飞机和波音 737 - 800 飞机遮光罩对比（源自空客和波音公司）

（1）遮光罩区域设备布置比较。相同点：整体布局基本相同，区域①布置飞行控制板，区域②布置显示控制板，区域③布置告警指示灯以及一些状态指示灯。不同点：区域①②③内部布局有所差异。

（2）A320 飞机和波音 737 - 800 飞机仪表板对比如图 5 - 29 所示。相同点：区域①主要显示主飞行姿态信息和导航信息，区域②显示器主要显示发动机相关信息，除了显示器之外，主要布置起落架控制开关、备用仪表等设备；除此之外布置一些显示器相关控制开关（如源选择开关等）。不同点：A320 飞机的区域②布置两块显示器，波音 737 飞机布置一块，另一块布置在中央操纵台上；显示器内部信息的显示方式也有差别。

3）中央操纵台区域设备布置对比

A320 飞机和波音 737 - 800 飞机中央操纵台对比如图 5 - 30 所示。

（1）波音 737 飞机中央操纵台设计。波音 737 飞机的中央操纵台中部位

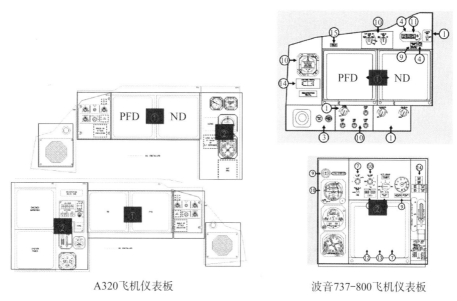

A320飞机仪表板　　　　波音737-800飞机仪表板

图 5-29　A320 飞机和波音 737-800 飞机仪表板对比(源自空客和波音公司)

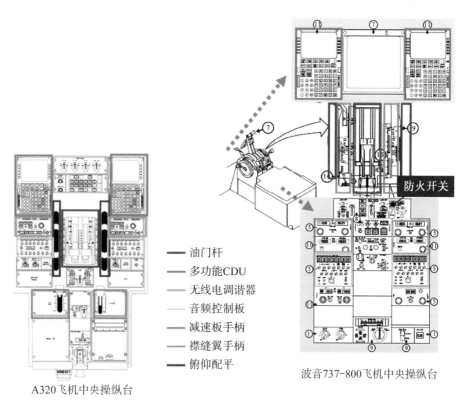

—— 油门杆

—— 多功能CDU

—— 无线电调谐器

—— 音频控制板

—— 减速板手柄

—— 襟缝翼手柄

—— 俯仰配平

A320飞机中央操纵台　　　　波音737-800飞机中央操纵台

图 5-30　A320 飞机和波音 737-800 飞机中央操纵台对比(源自空客和波音公司)

置向内进行了收缩,以增大驾驶员腿部空间。中央操纵台中部布置有减速板手柄、油门杆和襟缝翼手柄,最外侧是两个配平手轮,这些设备在一条轴线上并列布置。

(2) A320飞机中央操纵台设计。A320飞机中央操纵台中部与波音飞机设计明显不一样。空客飞机并没有将减速板手柄和襟缝翼手柄布置在油门杆两侧,而是将它们布置在了油门杆的后方。

(3) ERJ-190飞机中央操纵台设计。ERJ-190飞机中央操纵台中部区域与波音公司和空客公司又有区别。ERJ-190飞机将减速板手柄和油门杆布置在一条轴线上,将襟缝翼手柄单独布置在油门杆的后端。

(4) CRJ-200飞机中央操纵台设计。CRJ-200飞机中央操纵台中部设备布置与波音飞机非常相似,将减速板手柄、油门杆和襟缝翼手柄并列布置在一条轴线上;但两者之间又有明显的区别,CRJ-200飞机襟缝翼手柄和油门杆之间有较大的距离。CRJ-200飞机的襟缝翼手柄形式也与其他飞机的长手柄形式不同,采用了短手柄的形式。

通过上述中央操纵台中部设备的布置分析可知,中央操纵台中部位置都安装了减速板手柄、油门杆和襟缝翼手柄,但每个型号飞机都有自己的特色。

相同点:布置设备的功能大部分相同(油门杆、减速板手柄、襟缝翼手柄、音频控制板和无线电调谐器等主要功能设备)。不同点:A320飞机的减速板手柄、襟缝翼手柄位于油门杆之后,符合25.777(e)款要求,而波音737飞机位于油门杆两旁;A320飞机的防火开关位于顶部板,而波音737飞机的防火开关位于中央操纵台上;具体设备的人机界面差别较大。

4) 顶部板区域设备布置对比

A320飞机和波音737-800飞机顶部板对比如图5-31所示。相同点:顶部板主要布置气、电、油这三路与发动机有关的系统;在前端布置有内外部照明起飞、着陆比较常用的系统;后端布置一些正常飞行中使用不太频繁的控制器件。不同点:从整体上感觉认为A320飞机顶部板比较整洁、有条理、集成度

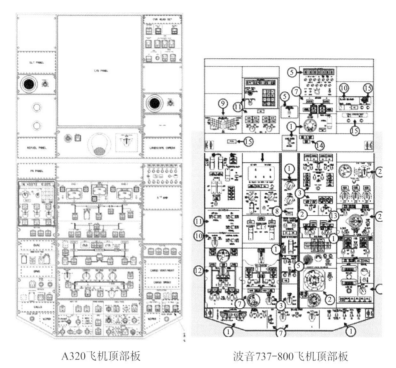

A320飞机顶部板　　　　　　波音737-800飞机顶部板

图 5-31　A320 飞机和波音 737-800 飞机顶部板对比(源自空
客和波音公司)

高;波音 737 飞机顶部板开关比较多,感觉比较零乱;A320 飞机较多采用按压开关,而波音 737 飞机顶部板较多采用拨动开关,这样容易碰到头引起误操作;控制面板的布局形式相差较大。

5) 侧操纵台区域设备布置对比

A320 飞机和波音 737-800 飞机侧操纵台对比如图 5-32 所示。相同点:前轮转弯手轮、手持话筒、氧气面罩箱以及资料箱均位于侧操纵台。不同点:A320 飞机的侧杆位于侧操纵台,波音 737 飞机采用驾驶杆形式,位于驾驶员正前方;A320 飞机左右驾驶员均有前轮转弯手轮,而波音 737 只有正驾驶员有前轮转弯手轮;前轮转弯手轮形式相差较大。

A320飞机侧操纵台 　　　　　　　波音737-800飞机侧操纵台

图 5-32　A320 飞机和波音 737-800 飞机侧操纵台对比（源自空客和波音公司）

6）驾驶员座椅对比

不同点：A320 飞机座椅采用以电动为主，机械式为辅的操纵方式；波音 737 飞机座椅只有机械式操作方式；A320 飞机座椅和地板采用底座安装方式，而波音 737 飞机座椅和地板采用滑轨安装方式；A320 飞机采用侧杆形式，侧杆一侧扶手设置臂托，方便侧杆操作设计。

从总体布局上对比分析 A320 飞机和波音 737-800 飞机，除了侧杆和驾驶盘操纵方式存在比较明显的差别，其他设备布局形式差异较小。

从控制面板开关布置和显示器显示方式分析 A320 飞机和波音 737-800 飞机，由于设计理念和飞机系统定义存在的差异比较明显，这些差异各有利弊，不在此一一说明。

5.4.6　驾驶舱总体布局布置技术展望

随着科学技术的发展，驾驶舱总体布局布置越来越趋于整体集成设计。外视界由 6 块风挡变为 4 块风挡。仪表板上的显示器由 6 块变为 4 块，甚至 2 块。中央操纵台上的设备也大幅集成，数量减少。驾驶舱总体布局会更加简洁明快，驾驶舱设备功能的高度集成会让设备数量大幅减少，从而给予驾驶员更多的操作空间，工作环境也会大幅提升。未来民机驾驶舱如图 5-33 所示。

图 5-33　未来民机驾驶舱

5.5　驾驶舱布置布局中的人机工效学设计

从人类进入动力航空时代以来,飞机驾驶舱设计一直是航空工程的设计重点。随着驾驶舱进入封闭时代,驾驶舱更是驾驶员与飞机交互的唯一界面,是驾驶员感知飞行姿态、飞行高度、飞行速度和操控飞机等唯一的途径,因此驾驶舱设计在飞机设计过程中的重要性愈加突出。目前,飞机系统的集成度和复杂度越来越高,驾驶舱则是飞机复杂度和集成度的集中体现。近年来,大量的航空事故调查统计表明,人为因素已经占到飞行事故致因的 75% 左右,多数事故与机组人员的不安全行为直接相关,因而民机驾驶舱的人机工效设计日益受到重视。

国外,对于航空安全中人为因素作用的研究起步较早。从 20 世纪 60 年代开始,波音公司便聘请人为因素专家从认知心理学、行为学、生理学、视觉观察力和人体工程学等角度对操纵程序,通信、导航和监视/空中交通管理界面;差错管理等进行设计,以期提高驾驶员操纵效率和飞行安全水平。欧洲成立由合格审定专家、人为因素专家、飞行测试专家和运行专家组成的工作组,对民机驾驶舱的设计进行可用性评估,发现界面设计存在的问题,并提出人机工效改善方案。

目前,我国在航空人为因素方面取得了一定的进展,但总体仍处于起步阶段。开展驾驶舱人机工效研究对我国民机驾驶舱设计应用基础技术的进步和大型民机的研制具有重要的现实意义。

下面将从驾驶舱人机工效设计的人体测量学基础、驾驶舱显示器件及显示界面工效学设计、驾驶舱控制器件工效学设计和驾驶舱光环境工效学设计等方面,讲述民机驾驶舱人机工效设计涉及的原理和要求,并列举若干实际工程中的人机工效设计应用实例。

5.5.1 概述

民机驾驶舱人机工效设计是以"驾驶员—驾驶舱—环境"整体作为研究对象,结合人机工效设计的一般理论,致力于提高飞行安全为目的的设计方法。人机工效学是 20 世纪 40 年代后期,跨越不同学科领域,应用多种学科的原理、方法和数据发展起来的一门新兴的交叉学科。将驾驶舱设计与人机工效设计相结合,综合考虑人的特性、自动化系统和驾驶舱人机界面(显示、控制、告警)等因素,使飞行机组能够安全、舒适、高效地操纵飞机是先进民机驾驶舱设计的发展方向。

5.5.2 民机驾驶舱人机工效学设计

现代民机驾驶舱集成系统主要包括航空电子系统、电源系统、起落架系统、飞行控制系统、燃油系统、环控系统、氧气系统、内设系统、防火系统等,而现代典型民机驾驶舱布局分为主仪表板、遮光罩、中央操纵台、顶部板和侧操纵台,所有飞机飞行状态、操纵部件和通信部件均在上述区域中安装,如图 5 - 34 所示。因此,驾驶舱设计的合理性是飞行安全的首要因素,而驾驶舱合理性设计

平视显示器　顶部板

风挡　遮光罩

下视显示器　主仪表板

侧杆　侧操纵台

座椅　中央操纵台

油门杆

图 5-34　现代典型民机驾驶舱布局(源自空客公司)

的表现形式则称为驾驶舱人机工效设计。

1) 民机驾驶舱人机工效设计的人体测量学基础

在"驾驶员—驾驶舱—环境"系统中,处于核心地位的是驾驶员。人在飞行安全或者应急事件处置中占据不可替代的地位。现代民机驾驶舱均设计为有人驾驶,因此民机驾驶舱人机工效设计以对驾驶员的研究作为核心。

民机驾驶舱设计以设计眼位为基准展开,以第 5 和第 95 百分位人体的静态构造尺寸、动态人体功能尺寸和人体视域等生理参数为依据,对驾驶舱内的显示界面、操控界面等进行信息显示和布局设计。民机驾驶舱设计需满足以下要求:

(1) 设计净空间尺寸必须提供基于第 95 百分位男性数据分布。

(2) 极限设计尺寸,如可达距离、控制运动、显示和控制位置、测试点位置和扶手位置等受身体尺寸限制的设计尺寸,应基于女性人体尺寸的第 5 百分位设计。

除了人体构造生理参数外,人体可视域也是民机驾驶舱设计的重要基础之一。人体可视域指当人处于某一位置时,人眼所能观察到的空间范围。通常称之为视野,可分为静视野和动视野。静视野指在头部和眼部固定不动的情况下,眼睛观看正前方所能看见的空间范围;动视野则指在头部固定不动而眼球可以转动的情况下所能看见的空间范围。人体水平视域与垂直视域如图 5-35 所示。

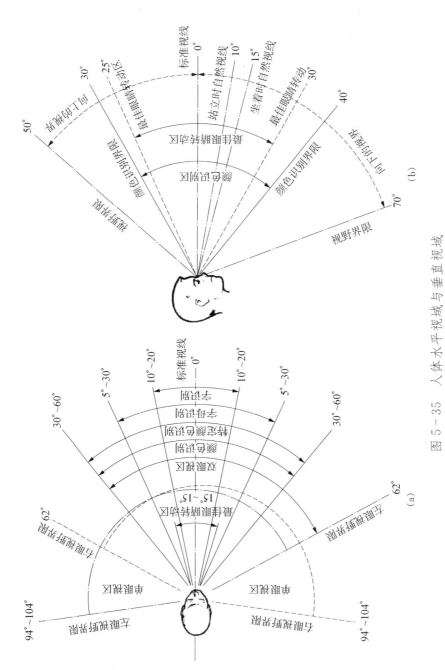

图 5-35 人体水平视域与垂直视域

(a) 水平视域 (b) 垂直视域

在通常情况下,人体在水平面上的视野是双眼区域大约左右 60°以内;最敏感的视力是在标准视线每侧 1°的范围内;单眼视野在标准视线每侧 94°~104°。人体在垂直面上的视野是以最大视野界限为标准视线以上 50°和标准视线以下 70°,颜色辨别界限在标准视线以上 30°和标准视线以下 40°之间。

充分了解驾驶员人体生理构造是民机驾驶舱人机工效设计的基础,我国的人体测量学参数主要依据为 GB/T 10000—1988《中国成年人人体尺寸》、GJB 2873—1997《军事装备和设施的人机工效设计准则》和 GJB 4856—2003《中国男性驾驶员人体尺寸》,详细的人体生理参数见相关文献和标准。

2) 民机驾驶舱显示器件及显示界面工效学设计

现代民机驾驶舱的主要显示界面包括主飞行显示、导航显示、发动机指示和机组告警、飞行管理显示界面和系统状态显示等,各类显示界面为驾驶员提供安全飞行所必需的飞机状态信息。

现代民机驾驶舱由机械仪表驾驶舱向玻璃驾驶舱演变,集成度和复杂度越来越高,因此显示器件的总体布局设计既要充分考虑自动化水平、人机功能分配以及人眼生理参数、眼球运动规律的特性和注意力分配等,又要充分理解和分析飞行操纵任务,并综合运用系统工程、人机工效学以及心理学等多学科知识,实现最优的显示器件布局设计。经过工程设计人员的长期研究和努力,先进民机驾驶舱显示器件的布局设计愈发表现出趋同性。某民机在充分考虑设计工效后的驾驶舱显示器件布局设计方案如图 5-36 所示。

与显示器件布局设计相同,显示界面的设计也需考虑人眼生理参数、眼球运动规律的特性和注意力分配等。人体工程学表明,驾驶员的视觉能力在视线向下 0°~30°范围内最强,在此范围内驾驶员出现差错的概率最小,若超过此区域,则驾驶员读取显示器上信息出错的概率将大幅增加,因此与飞行安全关系最为密切的飞行姿态显示必须布置在该视域范围内。根据人的视觉信息加工过程和视觉行为特点,信息的信道设计应该尽可能少,以减轻脑力负荷,因而显示界面图标的颜色不能过于绚丽。对于重要的信息显示,尽可能使用能引起驾

图 5-36　某民机驾驶舱显示器件布局设计方案
（源自空客公司）

驶员注意的颜色、图标等。图标形状的优劣次序为三角形、圆形、梯形、正方形、长方形、椭圆形、十字形等，较好的 PFD 和 HUD 显示界面的工效学设计如图 5-37 所示。

3）民机驾驶舱控制器件工效学设计

驾驶舱内的控制器件可分为飞行控制器件和系统控制器件，其中飞行控制器件主要包括驾驶盘（杆）、油门杆、襟缝翼手柄、减速板手柄、脚蹬、停机刹车手柄、前轮转弯手柄等，主要分布于侧操纵台和中央操纵台；系统控制器件主要包括防火、液压、燃油管理、电气、空调、风挡加热、防冰、除雨、照明、压力调节、氧气等，主要分布于顶部板。驾驶舱内控制器件的数量相当可观，必须通过合理的控制器件排列组合设计以提高驾驶员的工作效率，保证飞行安全。尽管与飞行安全相关的飞行控制器件和系统控制器件的排布、动作方向和外形已有适航条款（CCAR-25.777、CCAR-25.779 和 CCAR-25.781 等）做了详细的规定，例如 CCAR-25.777（e）规定襟翼和其他辅助升力装置的控制器件必须设

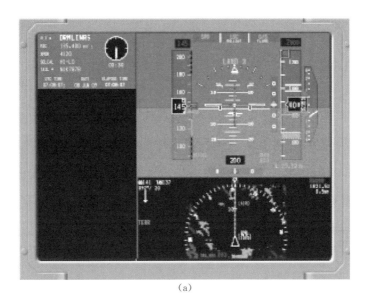

(a)

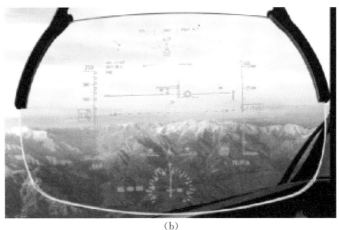

(b)

图 5 - 37　PFD 和 HUD 显示界面的工效学设计

(a) PFD　(b) HUD

置在中央操纵台上部,油门杆之后,对准或右偏于中央操纵台中心线并在起落架控制器件之后至少 254 mm(10 in);但随着民机驾驶舱不断引入新技术,飞机设计人员必须掌握在上述规定基础上优化设计的能力。

　　控制器件的排布设计需充分考虑人的运动操纵规律。Fitts 和 Peterson 等

人的研究表明,运动操纵规律通常满足 Fitts 定律:

$$MT = a + b \lg 22DW \qquad\qquad (5-6)$$

式中,MT 为作动时间;D 为运动幅度(运动起点到目标点的距离);W 为操纵目标(如一个按钮)的宽度;a 和 b 为与运动操纵类型有关的经验系数。

基于 Fitts 定律,研究人员先后提出了 Welford 模型、MacKenzie 模型、Crossman 反复修正模型、Connelly 控制模型、Gan 模型、目标截止模型以及 Liu-Yuan 修正模型。由式(5-6)可知,运动幅度越小、操纵目标物越大,作动时间越小。因此,为了保证操纵效率,控制器件应尽量大,并布置得离人体尽量远。例如,引擎防火和辅助动力装置(auxiliary power unit,APU)防火按钮布置于驾驶舱顶部板后部,即驾驶员正常驾驶位置后方,距离人体较远,为了保证在应急情况下的操纵效率,按钮的设计尺寸需大于一般控制器件,如图 5-38 所示。

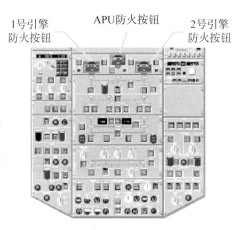

图 5-38 引擎防火和 APU 防火按钮
布置(源自空客公司)

通过研究人的运动操纵规律,通常可采用如下方法布置驾驶舱控制器件,以提高驾驶员的操纵效率。

(1) 对于使用频率高、重要性等级高的控制器件,应布置在驾驶员易达的位置,重要度等级和使用频率越高,其安装位置的可达性和抓握特性应越好,即对于最重要和使用最频繁的控制器件,其安装的位置应是最易达和易抓握的地方。

(2) 控制器件的大小、外观以及标识功能字符的颜色、大小等需根据与座椅参考点或者驾驶舱设计眼位的距离进行合理调整;控制器件必须对驾驶员的操纵具有信息反馈的能力。

(3) 驾驶舱控制器件的安装和设计在不影响驾驶员正常使用的前提下,应采取操纵器的保护措施以防止错误操作。采取的防差错保护方法通常包括物理保护、滑脱阻力、手部稳定、逻辑保护、复杂运动、触觉提示和器件锁定机构等。

基于人的认知特点,与特定显示信息密切关联的控制器件应当与对应的显示器件组合在一起;功能相似或相同的主要控制器件的排列方式在各个系统、设备的控制面板之间应保持一致。

4) 民机驾驶舱光环境工效学设计

民机飞行时间长、航程远,驾驶员需要进行长时间视觉作业,因此民机驾驶舱的光环境与飞行安全密切相关。一个优秀的驾驶舱光环境工效学设计既要使得安全运行所必需的每个仪表、操纵控制器件或者其他设备易于判读,又要采取措施遮蔽直射驾驶员眼睛的光线,并且不能存在对驾驶员有害的反光,否则不舒适的光环境会引起驾驶员的视觉疲劳,影响驾驶员的心理或生理活动,进而影响飞行安全。因此,每个工程技术人员都必须考虑设计具有光环境舒适性高的驾驶舱照明系统。

民机驾驶舱的光环境通常可分为外部光环境和内部光环境。外部光环境主要有机场外部灯光、太阳光等;内部光环境主要有驾驶舱灯光照明、导光板光、机载显示设备光、内饰材质的反光等。对于外部光环境,可采用设计合适的遮光罩、遮阳帘等方法减弱其影响;对于内部光环境,通常需要通过驾驶舱照明灯具的布置设计和光色选择减弱其影响。

设计内部照明系统的总原则是在保证驾驶员看清各操纵面板的前提下,尽可能使光线柔和,避免眩光,提供舒适的光环境。心理学家发现光色舒适性与照度水平具有一定的关系：在很低的照度下,舒适的照明光色是接近火焰的低色温光;在偏低或中等照度下,舒适的光色是日出后、日落前色温较高的光;在更高照度下,舒适的光色是接近中午的日光;蓝白光照明辨认色标比白炽灯光有利;蓝白光照明判读工效比白炽灯光好。因此,仪表板、侧操纵台、中央操纵台和顶部板采用导光板显示,并且使光色和亮度可调,某大型客机驾驶舱灯具的初步布置方案效果如图 5‐39 所示。

图 5‐39　某大型客机驾驶舱灯具的初步布置方案效果

随着航空技术的不断发展,基于人机工效学的民机驾驶舱设计概念日益受到重视。本书从民机驾驶舱的显示界面、控制器件和光环境等工效学设计角度出发,论述了基于人机工效学的民机驾驶舱设计概念和方法。人机工效学设计属于多学科设计,涉及驾驶员的心理、生理、文化背景等主、客观影响因素,因此在民机驾驶舱的设计过程中采用虚拟仿真评估、工程样机评估等方法对驾驶舱的工效学设计进行评估,尤其需要航线驾驶员参与设计过程,以保证工效学设计的有效性和成本控制。

目前,民机驾驶舱设计工效的水平已成为飞机先进性的直接体现。只有将"驾驶员—驾驶舱—环境"作为有机结合的整体考虑,综合运用人体工程学、心理学、统计学、统筹学和系统工程学等交叉学科知识,充分优化设计显示界面、控制器件布置等,才能设计出安全、舒适、高效的民机驾驶舱。

6

驾驶舱控制器件设计

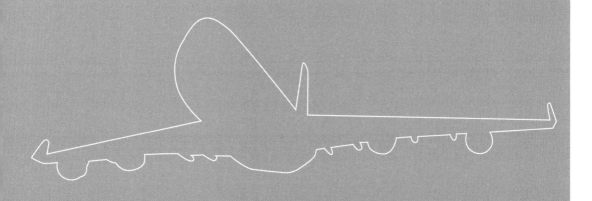

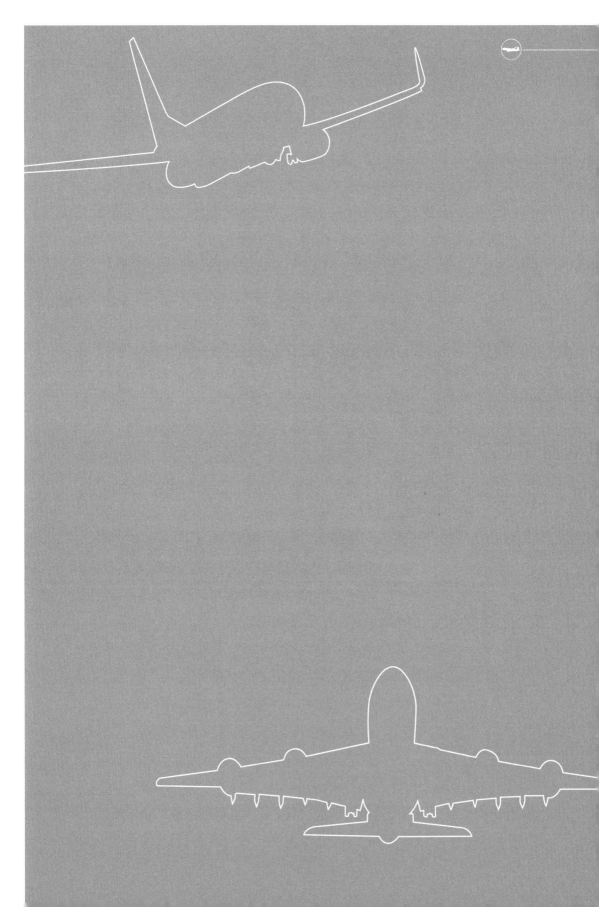

　　驾驶舱控制器件是驾驶员操纵飞机、管理系统的主要装置。FAA 将驾驶舱内控制器件定义为飞行机组操作、配置、管理航空器及飞行操纵面、操纵系统以及其他设备而使用的装置[20]。本章所述的控制器件涵盖了与输入设备相关的硬件和软件。常规的飞机控制器件包括操纵杆、脚蹬、按钮、旋钮、按键和开关等；随着技术发展，新型控制器件如光标控制器、触屏控制和轨迹球等在驾驶舱中得到了越来越广泛的应用。每一类控制器件均有其固有属性，这类属性对驾驶员的操纵和系统的控制具有显著、直接的影响。

　　民航规章 CCAR/CS/FAR － 25 部《运输类飞机适航标准》中的 25.671(a)、25.685(a)、25.777(a)(c)、25.1302(b) 和 25.1555(a) 条款分别对飞机操纵器件的易操作性、操纵系统的细节设计、操纵器件布置的防混淆和误操作、操纵器件可达性等做出了规定。咨询通告 AC 20 － 175、AC 25.1302 － 1 对控制器件的可识别性和响应可预知性设计要求给出了指导，咨询通告 AC 20 － 175、AC 120 － 76C 对控制器件设计理念给出了指导，咨询通告 AC 20 － 175 列举了控制器件在设计过程中需要考虑的使用环境，咨询通告 AC 20 － 175、TSO － C165a、RTCA/DO － 257A 和 AC 25 － 11B 对控制器件的照明和可见度设计进行了指导。咨询通告 AC 20 － 175、AC 25 － 11B 和工业标准 RTCA/DO － 283B、RTCA/DO － 256 对控制器件的标识设计要求进行了指导。

　　本章介绍了民用飞机驾驶舱控制器件的总体设计要求，主要包括适航条款、咨询通告和工业标准；从控制器件选用、分组、布置、可达性设计和防差错设计等方面探讨了控制器件的设计原则，专门介绍了动力装置控制器件、平视显示器控制器件和数据输入控制器件等部件的设计注意事项；对驾驶舱典型控制器件包括扳动开关、旋转开关、按压开关、电位计和飞行操纵器件等设计方法进行了探讨；结合控制器件的适用适航规章介绍了符合性验证方法和符合性验证活动；最后简要介绍了驾驶舱主动侧杆技术的发展趋势。

6.1 设计要求

本节梳理了驾驶舱控制操纵设计相关的适航条款,并对相关的咨询通告和工业标准进行了介绍。

6.1.1 适航条款

有关运输类飞机驾驶舱控制操纵的适航条款包括 CCAR‐25.143(d)、25.671(a)(b)、25.685(a)、25.771(a)(c)(e)、25.777、25.779、25.1141、25.1301(a)(1)(4)、FAR/CS‐25.1302(a)(b)、FAR/CS‐25.1322、25.1329(i)、25.1523(b)和25.1555 等,各项条款原文如下。

1) CCAR‐25.143(d)总则

条款原文:

在本条(a)到(c)所需的试验中,对于常规盘式操纵,下表规定所允许的最大操纵力:

施加在驾驶盘或方向舵脚蹬上的力, 以牛(公斤; 磅)计	俯仰	滚转	偏航
短时作用(双手)	333(34; 75)	222(23; 50)	
短时作用(单手)	222(23; 50)	111(11; 25)	
短时作用			667(68; 150)
持久作用	44(5; 10)	22(2; 5)	89(9; 20)

条款解析:CCAR‐25.143(d)对驾驶盘或方向舵脚蹬上的最大操纵力提出了要求,考虑到驾驶员体力的限制,对任何稳定飞行和机动飞行,条款都规定了最大的短时、持久作用(包括单手和双手)在俯仰、滚转和偏航方向上的杆力、盘力和脚蹬力。其目的是确保在飞机使用包线内的任何飞行阶段的操纵力都

214

适中,既不过大以致驾驶员不能安全地完成机动,也不过轻以致需要特殊的驾驶技巧完成机动。本条中"短时操纵力"是指飞机形态变化后为保持飞机预期的飞行轨迹以及从一种飞行状态过渡到另一种飞行状态,或在故障后恢复操纵所产生的稳定的初始操纵力;"持久操纵力"是指在正常或故障情况下产生的,不易配平或消除的操纵力[21]。

条款要求的单手最大操纵力适用于驾驶员需用一只手操纵其他操纵装置的机动的情况,如着陆拉平、复飞,或者在形态或发动机工作状态改变导致必须配平操纵力变化时。双手最大操纵力则适用于起飞抬前轮或者在航线飞行期间的机动等情况。

2) CCAR - 25.671(a)(b)总则

条款原文:

(a) 每个操纵器件和操纵系统对应其功能必须操作简便、平稳和确切。

(b) 飞行操纵系统的每一元件必须在设计上采取措施,或在元件上制出明显可辨的永久性标记,使由于装配不当而导致系统功能不正常的概率减至最小。

条款解析:CCAR - 25.671(a)款是对飞行操纵系统的定性要求,即要求操纵系统操作简便、平稳、确切。简便一般是指操纵系统的操纵器件应满足CCAR - 25.779(a)款要求,保证驾驶员手、脚的操作动作与人的运动本能反应一致;平稳是指系统无突变、无卡阻、无自振,杆力梯度合适;确切是指飞机能正确执行驾驶员指令,并且能从一种飞行状态按指令平稳地过渡到任何其他飞行状态。CCAR - 25.671(b)款是确保正确装配,防止误安装的要求。操纵系统的每一元件或组件都必须在设计上采取措施,特别是对称元件、相似元件、有相同臂值或臂值相近的那些摇臂,必要时采用明显可辨的永久性标记,以防止在生产或维修过程中误装配[22]。

3) CCAR - 25.685(a)操纵系统的细节设计

条款原文:

（a）操纵系统的每个细节必须设计和安装成能防止因货物、旅客、松散物或水气凝冻引起的卡阻、摩擦和干扰。

条款解析：

CCAR－25.685(a)条要求操纵系统的细节设计和安装要避免卡阻。在验证是否符合本条款要求时，除货物、旅客和松散物引起的卡阻外，应特别考虑零件内部或外部因积水、冰冻而造成的操纵线路卡阻。应特别关注以下部位[23]：

（1）操纵系统从增压舱引出的部位。

（2）在正常或故障的情况下有可能被飞机水系统污染的组件；如有必要，则应当遮蔽这些组件。

（3）雨水和(或)冷凝水能够滴入或聚积的组件。

（4）其内部水蒸气能够凝冷及水能够积聚的组件。

（5）对于暴露在外部的操纵组件(如作动器、扭力管等)，若元件之间有相对运动，则要考虑该组件上积聚的霜或冰可能引起的卡阻[22]。

4）CCAR－25.771(a)(c)(e)驾驶舱

条款原文：

（a）驾驶舱及其设备必须能使（按第25.1523条规定的）最小飞行机组在执行职责时不致过份专注或疲劳。

（c）如果备有供第二驾驶员使用的设施，则必须能从任一驾驶座上以同等的安全性操纵飞机。

（e）驾驶舱①设备的振动和噪声特性不得影响飞机的安全运行。

条款解析：

CCAR－25.25.771(a)中"过份专注"指飞机的仪表或设备的设计分布使得驾驶员对于某些仪表设备分配了过多的注意力，因此减弱了对于飞机的情景意识，在某些情况下对飞机的安全运行造成潜在威胁。对于CCAR－25.771

---

① CCAR－25部R4版25.771(e)款原文为"驾驶舱设备的振动和噪声特性不得影响飞机的安全运行"，经核查应为原文笔误，此处进行更正。

(a),需要根据 25 部运输类飞机要求做机组工作负荷分析,对飞行手册使用限制规定的最小机组进行工作负荷评定。

CCAR‑25.771(c)对有供第二驾驶员使用的设施的驾驶舱操纵系统布置提出要求,要求必须能从任一驾驶座上以同等的安全性操纵飞机,即当任一驾驶员不能按要求操作飞机时,另一驾驶员能够从任一驾驶座上安全地操纵飞机。这实际要求双驾驶员操纵的飞机应设置两套与安全操纵飞机相关的驾驶舱设施,如操纵器件。此外,对于与安全相关的关键设施如起落架应急放按钮,其布置应满足正副驾驶员都是可达的,且操作安全。

5) CCAR‑25.777 驾驶舱操纵器件

条款原文:

(a) 驾驶舱每个操纵器件的位置必须保证操作方便并防止混淆和误动。

(b) 驾驶舱操纵器件的运动方向必须符合第 25.779 条的规定。凡可行处,其它操纵器件操作动作的直感必须与此种操作对飞机或对被操作部分的效果直感一致。用旋转运动调节大小的操纵器件,必须从断开位置顺时针转起,经过逐渐增大的行程达到全开位置。

(c) 操纵器件相对于驾驶员座椅的位置和布局,必须使任何身高 158 厘米(5 英尺 2 英寸)至 190 厘米(6 英尺 3 英寸)的(按第 25.1523 条规定的)最小飞行机组成员就座并系紧安全带和肩带(如果装有)时,每个操纵器件可无阻挡地作全行程运动,而不受驾驶舱结构或最小飞行机组成员衣着的干扰。

(d) 各台发动机使用同样的动力装置操纵器件时,操纵器件的位置安排必须能防止混淆各自控制的发动机。

(e) 襟翼和其它辅助升力装置的操纵器件必须设在操纵台的上部,油门杆之后,对准或右偏于操纵台中心线并在起落架操纵器件之后至少 254 毫米(10 英寸)。

(f) 起落架操纵器件必须设在油门杆之前,并且必须使每个驾驶员在就座并系紧安全带和肩带(如果装有)后可以操作。

(g)操纵手柄必须设计成第25.781条规定的形状。此外,这些手柄必须是同色的,而且颜色与其它用途的操纵手柄和周围驾驶舱的颜色有鲜明的对比。

(h)如要求有飞行工程师作为(按第25.1523条规定的)最小飞行机组成员,则飞机上必须设有飞行工程师工作位置,其部位和安排能使飞行机组成员有效地各行其职而互不干扰。

条款解析:

CCAR-25.777(a)款提出了驾驶舱操纵器件布局的总要求,应保证操作方便,防止混淆和误操作。发动机操纵器件、襟翼和其他辅助升力装置的操纵器件及起落架操纵器件应满足本条(d)、(e)、(f)的布置要求;操纵手柄的设计应满足本条(g)的要求。

如果在起飞、加速、停止、中断着陆和着陆期间由一个驾驶员操作操纵器件,而这些操纵动作的顺序安排又要求驾驶员在上述机动飞行期间改换握持操纵杆的手,则这些顺序不应要求过快换手,以免使飞机的操纵性受到不利的影响[24]。

CCAR-25.777(b)款说明了驾驶舱操纵器件的运动方向。操纵器件的运动方向必须符合CCAR-25.779条要求。凡可行之处,其他操纵器件也应具有运动的直感,如配平操纵器件等。用旋转手柄调节运动大小的操纵器件必须从断开位置顺时针逐渐加大到全开位置[22]。

CCAR-25.777(c)款指出发动机操纵器件、襟翼和其他辅助升力装置的操纵器件及起落架操纵器件可以无阻挡地全行程运动。无阻挡全行程运动是指在从滑行起飞到落地的各种姿态下,能够正常开关各按键或调整各手柄到设定位置。

CCAR-25.777(d)款说明了动力装置操纵器件的布置要求。

CCAR-25.777(e)款说明了襟翼和其他辅助升力装置的操纵器件的布置要求。除非证明更小的距离是合适的,否则控制器件与起落架操纵器件之后的间距不应小于10英寸(254毫米)[25]。

CCAR-25.777(f)款说明了起落架操纵器件的布置要求。

CCAR - 25.777(g)款说明了操纵手柄的设计要求。驾驶舱操纵手柄应当符合 CCAR - 25.781 规定的形状(但无须按其精确大小和特定比例设计)[26]。

CCAR - 25.777(h)款说明如要求有飞行工程师作为最小飞行机组成员,则飞机上必须设有飞行工程师的工作位置。

6) CCAR - 25.779 驾驶舱操纵器件的动作和效果

条款原文:

驾驶舱操纵器件必须设计成使它们按下列运动和作用来进行操纵:

(a) **空气动力操纵器件:**

(1) 主操纵

操纵器件	动作和效果
副翼 升降舵 方向舵	右偏(顺时针)使右翼下沉 向后使机头抬起 右脚前蹬使机头右偏

(2) 次操纵

操纵器件	动作和效果
襟翼(或辅助升力装置) 配平调整片(或等效装置)	向前使襟翼收起;向后使襟翼放下 转动使飞机绕平行于操纵器件轴线的轴线作相似转动

(b) **动力装置操纵器件和辅助操纵器件:**

(1) 动力装置操纵器件

操纵器件	动作和效果
功率或推力杆 螺旋桨 混合比 汽化器空气加热 增压器	油门杆向前使正推力增大,向后使反推力增大 向前使转速增加 向前或向上使富油 向前或向上使冷却 对于低压头增压器,向前或向上使压力增大 对于涡轮增压器,向前、向上或顺时针转动使压力增大

（2）辅助操纵器件

操 纵 器 件	动 作 和 效 果
起落架	向下使起落架放下

条款解析：CCAR-25.779(a)款对空气动力操纵器件的动作和效果提出要求；(b)款对动力装置操纵器件和辅助操纵器件的动作和效果提出要求，其中"混合比""汽化器空气加热"和"增压器"操纵器件主要在活塞式发动机上使用。

7）CCAR-25.1141 动力装置的操纵器件：总则

条款原文：

动力装置操纵器件的位置、排列和设计，必须符合第25.777至25.781条的规定，并按第25.1555条的要求作标记。此外，还必须满足下列要求：

（a）操纵器件的位置必须保证不会由于人员进出驾驶舱或在驾驶舱内正常活动而使其误动；

（b）柔性操纵器件必须经过批准，或必须表明适合于特定用途；

（c）操纵器件必须具有足够的强度和刚度，能承受工作载荷而不失效和没有过度的变形；

（d）操纵器件必须能保持在任何给定的位置而不需飞行机组成员经常注意，并且不会由于操纵载荷或振动而滑移；

（e）位于指定火区内要求在着火情况下能够工作的每个动力装置操纵器件，必须至少是耐火的。

（f）位于驾驶舱内的动力装置阀门操纵器件必须具有下列措施：

（1）飞行机组可以选择阀门的每个预定位置或者功能；和

（2）向飞行机组指示下列情况：

（i）阀门的所选位置或功能；和

（ii）阀门没有处于预定选择的位置或功能。

条款解析：

动力装置的操纵器件包括发动机操纵器件、辅助动力装置的操纵器件、螺旋桨操纵器件、反推力和低于飞行状态的桨距调定操纵器件、应急放油操纵器件，以及操纵所必需的零组件等。

CCAR‐25.1141(a)款要求动力装置操纵器件的设计和布置应能防止其位置被意外移动，其防护措施一般设有卡锁、挡块，还有限动槽等结构形式，保证操纵器件的位置不会因人员进出驾驶舱或在驾驶舱内正常活动而误动。

CCAR‐25.1141(b)款要求动力装置操纵用的柔性操纵器件如钢索、钢索接头、松紧螺套和滑轮等必须符合经适航部门批准的技术要求或必须表明适合特殊用途。滑轮的结构形式和尺寸必须与配套的钢索适应。

CCAR‐25.1141(c)款要求动力装置操纵器件应设计成在最大工作载荷下仍有足够的强度和刚度，以防因操纵力过大在工作中受损或变形等。

CCAR‐25.1141(d)款要求操纵器件的任一给定位置都要有操纵系统的制动装置保证，以避免操纵载荷或振动发生滑移。同时，也减轻了驾驶员的操作负担。

CCAR‐25.1141(f)款要求燃油阀门和动力作动的阀门如进气风门、反推力转换套筒等，无论其位置是否与预定位置一致，由于其直接影响到飞机安全，因此都应提供适当的信号指示其位置。

8) CCAR‐25.1301(a)(1)(4)功能和安装

条款原文：

(a) 所安装的每项设备必须符合下列要求：

(1) 其种类和设计与预定功能相适应；

(4) 在安装后功能正常。

条款解析：本条款对飞机上系统和设备的功能及安装设计提出了总体要求。CCAR‐25.1301(a)(1)项所述"种类和设计与预定功能相适应"实际上是要求机上所有安装的设备都必须经过批准，并且这类批准的依据必须是设备的功能、设计和相应的类别。CCAR‐25.1301(a)(4)项要求系统在机上安装后功能正常,这不仅涉及系统本身的设计和安装,而且隐含了实施系统研制保证过程的要求。

9) FAR/CS‑25.1302(a)(b)为飞行机组使用而安装的系统和设备

条款内容:

本条适用于为飞行机组成员在驾驶舱内正常坐姿下操纵飞机而安装的设备。这些安装的设备必须设计成通过满足以下要求来表明其单独并与其他此类设备一起可使合格的飞行机组成员经使用培训后能安全执行与其预定功能有关的任务:

(1) 必须安装驾驶舱操纵器件以便完成这些任务,并提供完成这些任务所必需的信息。

(2) 供飞行机组使用的驾驶舱操纵器件和信息必须:

a. 以清楚明确的方式提供,其分辨率和精度必须与任务相适应。

b. 能以与其任务的紧迫性、频度和持续时间相一致的方式使飞行机组可达和可用。

c. 如果飞行机组的情景感知对于安全运行是必要的,则让飞行机组感知其操作对飞机或系统产生的影响。

条款解析:

条款 FAR/CS‑25.1302(a)要求驾驶舱操纵器件的设计与安装应能实现预期的系统功能,并提供必要的信息为驾驶员提供指示,如控制器件的名称、控制器件的状态及系统状态(OFF/ON)等。

条款 FAR/CS‑25.1302(b)要求驾驶舱操纵器件的布置应满足可达性要求,在考虑可达性要求开展设计时需综合评估与该控制功能相关的任务的频度、时间等。对于涉及飞机、系统参数调整的控制器件,指示参数的分辨率与精度等应与所有任务场景相匹配,如速度带的指示。此外,操纵控制器件时如需驾驶员感知飞机态势和系统响应,则应从触觉、听觉和视觉等方面综合考虑控制器件的操纵反馈。

10）FAR/CS－25.1322 机组告警

条款内容：

（1）视觉告警指示必须：

a. 符合下列颜色规定：红色用于警告的告警指示；琥珀色或黄色用于警戒的告警指示；除红色或绿色以外的任何颜色用于提示的告警指示。

（2）必须对驾驶舱内除飞行机组告警功能以外的红色、琥珀色和黄色的使用加以限制，且这些颜色的使用不能对飞行机组告警造成不利影响。

条款解析：

FAR/CS－25.1322（1）a. 对视觉告警指示的颜色提出了要求，对于驾驶舱控制器件的设计，需确保控制板上 PBA、燃油切断开关和防火控制器件的指示灯颜色与对应的告警信息级别保持一致。通常燃油切断开关、防火控制器件与发动机火警信息关联，燃油切断开关与防火控制器件上的指示灯通常为红色。

FAR/CS－25.1322（2）明确了驾驶舱内红色、琥珀色或黄色除了告警系统专用，其余系统应限制使用。

11）CCAR－25.1329（i）飞行导引系统

条款原文：

（i）飞行导引系统的功能、操纵器件、指示和警告必须被设计成使飞行机组对于飞行导引系统的工作和特性产生的错误和混淆最小。必须提供措施指示当前的工作模式，包括任何预位模式、转换和复原。选择器电门的位置不能作为一种可接受的指示方式。操纵器件和指示必须合理和统一地进行分类组合和排列。在任何预期的照明条件下，指示都必须能够被每个驾驶员看见。

条款解析：

CCAR－25.1329（i）款提出了飞行导引系统的控制器件和指示告警信号的要求。工作状态指示装置应确保不会造成错误选择和指示不明确，及时向驾驶员正确指示其飞行的即时工作状态（如"航向保持""VOR""下滑"等），以提高飞行安全性能。

对于飞行导引系统的选择器转换开关,由于转换开关可能会发生错位、接触不良等不正常工作情况,因此本条要求选择器转换开关的位置不可以作为飞行导引系统工作状态的显示手段,必须另外设置"工作状态显示器"装置。

12) CCAR-25.1523(b)最小飞行机组

条款原文:

必须考虑下列因素来规定最小飞行机组,使其足以保证安全运行:

(b)有关机组成员对必需的操纵器件的可达性和操作简易性;

条款解析:该条款的目的是在已定的设备配置条件下,驾驶员编制人数能使规定的最小飞行机组在没有过度的注意力集中或疲劳情况下执行任务。确定最小机组时所采用的准则参照 CCAR-25 部附录 D 所阐述的内容。与控制器件相关的工作量评估需考虑对所有必需的飞行、动力装置和设备操纵器件(包括燃油应急切断阀、电气控制器件、电子控制器件、增压系统操纵器件和发动机操纵器件)进行操作的可达性和简便程度。

13) CCAR-25.1555 操纵器件标记

条款原文:

(a)除飞行主操纵器件和功能显而易见的操纵器件外,必须清晰地标明驾驶舱内每一操纵器件的功能和操作方法。

(b)每一气动力操纵器件必须按第 25.677 条和第 25.699 条的要求来标示。

(c)对动力装置燃油操纵器件有下列要求:

(1)必须对燃油箱转换开关的操纵器件作出标记,指明相应于每个油箱的位置和相应于每种实际存在的交叉供油状态的位置;

(2)为了安全运行,如果要求按特定顺序使用某些油箱,则在此组油箱的转换开关上或其近旁必须标明该顺序;

(3)每台发动机的每个阀门操纵器件必须作出标记,指明相应于所操纵的发动机的位置。

(d)对附件、辅助设备和应急装置的操纵器件有下列要求:

（1）每个应急操纵器件（包括应急放油操纵器件和液流切断操纵器件）必须为红色；

（2）如果采用可收放起落架，则必须对第 25.729(e) 条所要求的每个目视指示器作出标记，以便在任何时候当机轮锁住在收起或放下的极限位置时驾驶员能够判明。

条款解析：

CCAR‐25.1555(a) 款要求"除飞行主操纵器件和功能显而易见的操纵器件外，必须清晰地标明驾驶舱内每一操纵器件的功能和操作方法"。其中，"显而易见的操纵器件"包括 CCAR‐25.781 条规定操纵手柄形状的操纵器件，如襟翼、起落架操纵器件等。气动力操纵器件按 CCAR‐25.677 条（配平系统）的要求，在配平操纵器件近旁，必须设置指示装置以指示与飞机运动有关的配平操纵器件的运动方向以及配平装置在其可调范围内所处的位置；按 CCAR‐25.699 条（升力和阻力装置指示器）的要求对升力和阻力操纵器件进行标示。

对动力装置燃油操纵器件按本条(c)款进行标示。对附件、辅助设备和应急装置的操纵器件按本条(d)款进行标示；特别地，如果采用可收放起落架，则对起落架的收放操纵器件应按 CCAR‐25.729(e) 款（收放机构位置指示和警告装置）的相关规定进行标示。

6.1.2　咨询通告

针对前述控制器件相关的适航条款，各审查方（如 CAAC、FAA 和 EASA）通过制定咨询通告明确各条款建议的符合性方法、设计过程中的注意事项及验证活动。与民用飞机驾驶舱控制器件相关的咨询通告如表 6‐1 所示。

表 6‐1　与民用飞机驾驶舱控制器件相关的咨询通告

适航当局	咨询通告编号	名　　称
FAA	AC 20‐175	Controls for Flight Deck Systems
EASA	AMC 25.143(d)	Controllability and Manoeuvrability

适航当局	咨询通告编号	名　　称
EASA	AMC 25.671(a)(b)	Control Systems—General
EASA	AMC 25.685(a)	Control System Details
EASA	AMC 25.1141(f)	Powerplant Controls, General
FAA	AC 20-88A	Guidelines on the Marking of Aircraft Powerplant Instruments(Displays)
EASA	AMC 25.1302	Installed Systems and Equipment for Use by the Flight Crew
FAA	AC 25.1302-1	Installed Systems and Equipment for Use by the Flight Crew
EASA	AMC 25.1322	Flight Crew Alerting
FAA	AC 25.1322-1	Flight Crew Alerting
FAA	AC 25-11B	Electronic Flight Deck Displays
FAA	AC 25.1329-1B	Approval of Flight Guidance Systems
EASA	AMC CS 25.1329	Flight Guidance System
EASA	AMC 25.1523	Minimum Flight Crew
FAA	AC 25.1523-1	Minimum Flight Crew

咨询通告 AC 20-175 由 FAA 的 AIR-120 审查小组于 2011 年制定。驾驶舱控制器件在设计与适航审定过程中机遇与挑战并存，特别是对于表明最新的驾驶舱控制器件对适用适航规章符合性时，FAA 及各申请人之间存在不同的理解。例如，传统的控制器件是旋钮、扳动开关，而新的控制器件则使用了软件，并与显示器和其他系统集成。在整个驾驶舱控制器件设计环节，对适航规章解释、遵循的一致性对各方都是一项重大挑战。该咨询通告从人为因素的角度为驾驶舱系统控制器件的安装和适航批准提供了指导。文件中所述控制器件未涵盖飞机的主操纵器件和次操纵器件，也不包括那些安装在飞机其他区域（如客舱、货舱区域）的控制器件。本文件对传统的专用操纵器件（如旋钮、按压

开关等)以及多功能控制器件(如触摸屏、光标控制器等)均有涉猎。

咨询通告 AC 20-88 由 FAA 的 ANM-110 审查小组于 1973 年制定。随着显示技术的发展,ANM-110 审查小组于 1985 年对 AC 20-88 进行了更改,发布了 AC 20-88A。该咨询通告对动力装置的仪表和显示器的字符标记设计与验证提供了指南,具体包括传统带指针的仪表标记、显示器颜色选用及其他特殊应用场景。

EASA 在 CS-25 部的第 3 次修订过程中,制定了 25.143(d)款的可接受符合性方法,即 AMC 25.143(d)。该 AMC 对飞机机动给出了明确的界定(即条款适用场景),并对条款中的短时作用力和持久作用力做了进一步解释。

6.1.3　工业标准

与驾驶舱控制器件相关的工业标准主要包括 SAE ARP 4102、MIL-HDBK-759 和 MIL-STD-1472G。SAE ARP 4102 对驾驶舱控制器件的操作需求和布置提出了要求,并明确了特定的控制器件如起落架控制器件、襟翼控制器件、刹车控制器件和方向舵控制器件的设计关注项。MIL-HDBK-759 建立了机载系统、设备在人为因素工程应用方面的通用设计准则,即详细的设计检查判据。MIL-STD-1472G 对控制器件的分组、布置、标识、操作反馈和运动方向等方面规定了设计要求。

6.2　设计准则

6.2.1　控制操纵总体设计准则

驾驶舱控制器件是驾驶员与飞机交互的主要界面,为了确保安全和有效操纵,控制器件设计应遵循简单、合理且用户界面友好的准则。

适航条款 FAR-25.1302 明确要求驾驶舱必须安装能使驾驶员完成预定飞行任务的操纵器件,且必须提供完成这些任务所需的信息。对于供飞行机组使用的驾驶舱操纵器件和信息还需满足以下几个方面。

(1) 以清楚、明确的方式提供,其分辨率和精度必须与任务相适应。

(2) 能以与其任务的紧迫性、频度和持续时间相一致的方式使飞行机组可达、可用。

(3) 如果飞行机组的情景感知对安全运行是必要的,则使飞行机组能够感知其操作对飞机或系统产生的影响。

CCAR-25.685(a)款规定操纵系统的每个细节都必须设计和安装成能防止因货物、旅客、松散物或水汽凝冻引起的卡阻、摩擦和干扰。

为了满足上述要求,按照咨询通告 AC 25.1302-1 中建议的符合性方法,应考虑控制器件的以下特性:

(1) 控制器件的物理位置。

(2) 控制器件的物理特性(如形状、尺寸、表面材质、控制行程、颜色等)。

(3) 受控制器件直接影响的设备或系统。

(4) 控制器件的标识方法。

(5) 控制器件的设置。

(6) 每一个可能的触发或设置模式下的影响,如初始设置(或其他状态)对功能的影响。

(7) 是否有其他控制器件能产生相同的影响(或影响相同的目标参数)。

(8) 控制器件触发反馈的位置及特性。

技术标准规定 CTSO-C146 和工业标准 RTCA/DO-229 规定可以通过使用专用控制器件和快速菜单(配合导航功能快速选择)降低操作数量。

咨询通告 AC 20-138D 要求驾驶舱定位和导航系统的控制器件、显示和指示不应给驾驶员传递误导信息、使驾驶员困惑或产生不可接受的工作负荷。

标准 MIL‐HDBK‐759C 要求控制器件的设计应使可用性最大化、使驾驶员工作量最小化并减少驾驶员错误。

咨询通告 AC 23.1311‐1C 明确要求显示器控制对驾驶员(最小可行的位置偏离和正常的视线)应清晰可见、标识清楚且可用。

CCAR‐25.777(d)款规定当各台发动机使用同样的动力装置操纵器件时,操纵器件的位置安排必须能防止混淆各自控制的发动机。

咨询通告 AC 25‐11B 要求为了表明对条款 CCAR‐25.777 的符合性,驾驶员在正常坐姿应能看见、识别并触碰到平视显示器的控制界面(包括其构型配置和显示模式)。同时,为了满足条款 CCAR‐25.777 和 CCAR‐25.1301,要求平视显示器控制器件的正常位置和行程不应导致误操作。

此外,驾驶舱控制器件的设计应避免以下情况:

(1) 总距控制干扰驾驶员大腿的横向运动,进一步限制了控制器件的往复运动。

(2) 座椅或坐垫阻碍控制器件的后往复运动。

(3) 空间不足导致驾驶员腿或脚放置不便。

(4) 座椅和控制器件的布置导致驾驶员过度扭转身体才能操纵器件。

(5) 刹车脚蹬外形设计导致在控制方向时无意中触发刹车。

(6) 控制器件需要两只手才能操作。

(7) 在驾驶员肩带系紧状态下遇到紧急状态无法操纵重要控制器件。

(8) 油门操纵杆设计可从空位向关断位切换,导致无意触发。

(9) 开关、按钮或其他控制器件在正常的驾驶舱操纵活动中误触发。

6.2.2　控制器件的选用原则

驾驶舱选用的控制器件类型应与其控制的功能相匹配,按 MIL‐STD‐1472G 中推荐的判据选择,表 6‐2 提供了各类常用控制器件的选用原则。

表 6-2 各类常用控制器件的选用原则

控制功能	控制器件类型									
	选择开关	旋钮	离散指轮	连续指轮	旋转曲柄	按压开关	拨动开关	摇臂开关	杆	操纵杆、球、光标
选择电源状态(开-关)	3					1	2	2	1a	
选择三个状态位(OFF-STBY-ON)	1	2					2	3		
在"关断、主、次"模式间选择	1					2	3	3	1a	
在 N 个相关功能间选择 1 个或多个						1	2	2		
在 N 个互斥功能间以任意顺序选择 1 个或多个						1				
在 3~24 个离散选项间按序选择	1									
数字选择——离散	2b		2b			1c				
设定 ON 值——连续刻度		1		2	3				3	
选择值——分步离散	1		1			1				
选择操作条件	2					1	1	1	1	2
确认数据						1c				
开始测试功能(瞬间)	3					1	1	2		
开启方向功能	3			3		2d	1	1d	1	2
产生分级脉冲(瞬态保持)						1	1	2		
回转计数器或其他读数器		1e			1f	1	1			
手动复位机械计数器		1	3	1						
中断顺序,保持						1	2	2		

（续表）

控制功能	控制器件类型									
	选择开关	旋钮	离散指轮	连续指轮	旋转曲柄	按压开关	拨动开关	摇臂开关	杆	操纵杆、球、光标
激发——脱离机械功能									1	
连续调节亮度水平		1	3	1				2	3	
连续调节声音水平		1	3	1				2	3	
粗调节		1g		2h	2i				3j	2
微调节		1k		2l	2m				3n	2
调到零位		1		2	3				3	2
单系统追踪		3			2				1	
双系统追踪					3					1

注：（1）1 为首选；2 为次选；3 为末选。
　　（2）a 为用于重要负载的电源电路的杆；b 为仅当可以接受顺序选择时；c 为键盘；d 为多重控制；e 为比例控制；f 为仅手动控制；g 为小尺寸；h 为小行程；i 为转动少；j 为投掷短；k 为大尺寸；l 为大行程；m 为转动多；n 为投掷多。

6.2.3　控制器件操作方向设计准则

控制器件通过转换运动和作用力实现控制功能。咨询通告 AC 20 - 175 要求应确保控制器件及与之相关的部件（如飞机系统、显示器、指示灯等）的交互显著、易懂、合乎逻辑且与适用的文化传统一致，与类似的驾驶舱一致。咨询通告 AMC 25.1302 提出控制器件的位置和运动方向应按有利于驾驶员的角度设计，控制与显示的兼容性也应考虑这一点。

CCAR - 25.777(b)款要求凡可行处，其他操纵器件操作动作的直感必须与此种操作对飞机或对被操作部分的效果直感一致。用旋转运动调节大小的操纵器必须从断开位置顺时针转起，经过逐渐增大的行程达到全开位置。表 6 - 3 中罗列了控制器件功能与运动方向之间的典型关系。

表 6 - 3　控制器件功能与运动方向之间的典型关系

控制器件功能	运动方向
增加	向上、向右、顺时针、向前、按入、按压
减少	向下、向左、逆时针、向后、拉出、释放
打开	向上、向右、顺时针、向前、按入
关闭	向下、向左、逆时针、向后、释放
升高	向上、向后、拉出
降低	向下、向前、按入
左	向左、逆时针
右	向右、顺时针

6.2.4　控制器件分组、布置与可达性设计准则

CCAR - 25.777(c)款要求"操纵器件相对于驾驶员座椅的位置和布局,必须使任何身高 158 厘米(5 英尺 2 英寸)至 190 厘米(6 英尺 3 英寸)的(按第 25.1523 条规定的)最小飞行机组成员就座并系紧安全带和肩带(如果装有)时,每个操纵器件可无阻挡地作全行程运动,而不受驾驶舱结构或最小飞行机组成员衣着的干扰"。

对于飞机在运行过程中由任务驱动的一系列操纵过程需要使用的控制器件应组合在一起,并与相关的显示器一起布置。

如果一系列连贯的操作步骤由一个控制器实现,则每一个操作步骤都应按照操作时序进行布置以减少操纵器件运动并避免不必要的运动循环。应特别避免控制器件运动反复经过 ON/OFF 位。

当控制器件的操作时序遵循固定的模式(如从左到右的操作模式或者从上到下的操作模式)时,控制器件的布置应有利于驾驶员操作。

咨询通告 AC 20 - 175 要求控制器件的分组与布置符合一定的逻辑,如按功能分组或按使用时序分组。技术标准规定 CTSO - C165 和工业标准

RTCA/DO‐257A 提出对于同时频繁使用的控制器件应布置在一起。咨询通告 AC 20‐138D 中明确规定驾驶员最常使用的控制器件的可达性应最高。

咨询通告 AC 20‐175 提出控制器件的安装布置应确保驾驶员清晰观察到与控制器件相关的部件(显示器、指示灯和标识)。通常将显示器的控制器件布置在显示器下方或一侧以消除操作过程中对驾驶员视线的遮挡。

咨询通告 AC 25‐11B 要求当同一个控制或指示器件出现在多处时(如"返回"按钮在多个飞管功能页面上出现),该控制或指示器件位置在所有状态下都应保持一致。

适航条款 CCAR 25.777(a)和咨询通告 AC 25.1302‐1 要求应在设计过程中考虑控制器件及其显示器的间距,通常不应使控制器件及其显示器相隔较远布置。

咨询通告 AC 20‐175 和 AC 20‐138D 提出手动控制器件应设计成驾驶员可单手操作,以便驾驶员同时操作主飞行操纵器件。

咨询通告 AC 20‐175 要求如果控制器件的位置是指示其功能状态的主要方式(如开关位在上面表示打开状态),则控制器件的位置应对左右驾驶员均可见。

总之控制器件的布置应避免对驾驶员视线的遮挡。如果控制器件的运动暂时遮挡了驾驶员视线,则应确保被遮挡的信息不是操作时所需的重要信息或者该信息在其他区域可以观察到。

咨询通告 AC 20‐175 要求对于驾驶员频繁使用的功能,其控制器件应易达。

咨询通告 AC 20‐175 要求控制器件的布置对于左驾驶员和右驾驶员均能正常使用。对于操纵速度和精度要求较高的控制器件(如光标控制器)应特别考虑。

技术标准规定 CTSO‐C115d 和工业标准 RTCA/DO‐283B 规定对于仅用于地面使用的设备,其控制器件在正常飞行过程中对驾驶员应不可达。

咨询通告 AC 25.1302-1 要求控制器件的可达性应在系统故障、驾驶员失能和最低设备清单签派等状态下进行评估。

根据工业标准 MIL-STD-1472G、SAE ARP 4102 推荐的原则,结合工业实践,控制器件的布置与可达性设计应考虑以下六项原则:

(1) 控制器件布置不应遮挡其他控制器件或显示器。

(2) 控制器件应与其显示器邻近布置,并确保控制器件或者驾驶员操纵时手臂不会遮挡显示器。

(3) 彼此功能相关的控制器件应邻近布置。

(4) 控制器件的布置应确保对应的操作人员(左驾驶员或右驾驶员)可达。

(5) 两个驾驶员需同时操作的控制器件的布置应将物理干涉的风险降至最低。

(6) 控制器件设计应确保驾驶员操作无须辅助支撑。

特别对于控制板上的控制器件,应满足如表 6-4 所示的最小间距要求(MIL-HDBK-1472)。

表 6-4 控制板上控制器件最小间距要求

	拨动开关/in	按压开关/in	电位计/in	旋转开关/in	离散指轮/in
拨动开关/in	0.75	0.5	0.75	0.75	0.5
按压开关/in	0.5	0.5	0.5	0.5	0.5
电位计/in	0.75	0.5	1	1	0.75
旋转开关/in	0.75	0.5	1	1	0.75
离散指轮/in	0.5	0.5	0.75	0.75	0.39

6.2.5 控制器件防差错设计准则

CCAR-25.777(a)款对驾驶舱操纵器件要求"驾驶舱每个操纵器件的位置必须保证操作方便并防止混淆和误动"。技术标准规定 TSO-C165a 和工业标准 RTCA/DO-257A、MIL-STD-1472G 对操纵器件的防错设计提出了类似要求。

CCAR - 25.1555(a)款对操纵器件的标记要求"除飞行主操纵器件和功能显而易见的操纵器件外,必须清晰地标明驾驶舱内每一操纵器件的功能和操作方法"。

应从控制器件的大小、形状、颜色及操纵方法等角度考虑识别、区分不同的控制器件。在评估控制器件的可识别性、易用性时还需考虑控制器的位置。

控制器件的防差错设计通常从两个方面考虑,一个方面是对控制器件的误动采取一定的保护措施,这类误动发生的原因较多,如驾驶员无意间碰撞到(如飞机遇到湍流)或者驾驶员在操作另一个控制器件时误碰到邻近的部件。另一个方面是对于误动采取适当的减缓措施,主要在控制器件安装时考虑以下情况:

(1)驾驶员不知晓已误触发某一个控制器件是否会产生严重的安全性影响。

(2)驾驶员应采取何种措施以纠正控制器件的误触发。

(3)控制器件的设计是否使得驾驶员无须观察即可操作。

(4)控制器件的设计是否有利于降低误触发的可能性。

(5)控制器件的设计是否有利于驾驶员察觉误触发。

6.2.6　控制器件标识设计准则

CCAR - 25.1555(a)款规定"除飞行主操纵器件和功能显而易见的操纵器件外,必须清晰地标明驾驶舱内每一操纵器件的功能和操作方法"。

CCAR - 25.1555(b)款规定"每一气动力操纵器件必须按第 25.677 条和第 25.699 条的要求来标示"。

技术标准规定 CTSO - C165 和工业标准 RTCA/DO - 257A 要求,对于飞机位置信息电子地图显示设备用来操控显示器上信息和运行特性的控制器件功能,应使用标记区分。

6.2.7 控制器件对环境和使用状态的设计考虑

咨询通告 AC 25 - 175 要求控制器件的设计应考虑一系列的环境、使用状态及其他在飞机运行过程中可能影响机组交互的因素,包括但不限于明暗照明环境、戴手套操纵、湍流或其他振动状态、会对控制器件运动造成物理干扰的物体、过大的环境噪声。

6.2.8 操纵器件的可识别与可预测要求

咨询通告 AC 25 - 175 要求操纵器件的功能必须是显而易见的,每一个机组都能识别和选择操纵器件的正确功能。需要评估操纵器件触发的后果,以表明其结果可预测,并对每个机组都是明显的,包括用单个器件对多个显示屏进行操纵的评估,用各自的操纵器件对共享显示区域的控制评估等。操纵器件可以通过以下方式区分及预测其行为结果:形状、颜色、位置、运动、影响、标签。

6.2.9 动力装置操纵器件设计准则

应在控制板上标识动力装置控制器件的名称;动力装置控制器件应采取防差错设计,如采用旋转开关设置一定的操纵力矩防止在飞行阶段中驾驶员误操作。

动力装置控制器件的选用应尽量避免使用柔性操纵器件,通常采用刚性操纵器件;如果针对特定的操纵场景需用柔性操纵器件,则应在飞行手册中明确操纵注意事项或使用限制。

为了满足适用的刚度和强度要求,动力装置的操纵器件在设计过程中需要开展强度分析以确认设计满足要求,在验证过程中需要开展振动等鉴定试验表明控制器件能承受工作载荷且没有过度变形。

动力装置控制器件的安装应有固定的位置,且操纵器件不应由于驾驶员操作而发生异常振动或者显著位置偏移。

特别对于燃油箱转换开关,需在驾驶舱控制板上标识控制器件名称,且应基于燃油系统控制逻辑（如驾驶舱简图页）在控制板上使用流线标记出控制器件之间的关联关系（如交叉供油状态）。

6.2.10　平视显示器控制器件设计准则

咨询通告 AC 25-11B 要求在最切实可行的情况下，平视显示器的控制器件应与其他相关的驾驶舱控制器件集成在一起以降低驾驶员的工作量和出错概率，并加强驾驶员对平视显示器的模式感知。

咨询通告 AC 25-11B 要求平视显示器的控制器件（包括平视显示器的模式选择和切换控制器件）的设计应使驾驶员在数据选择、输入时的工作量最小化，且驾驶员在正常坐姿状态下应能容易地观察、执行模式控制选择。

6.2.11　数据输入控制器件设计准则

咨询通告 AC 20-175 要求数据输入控制器件的设计应允许驾驶员将典型的输入错误（如简单的键盘输入错误或者错误的自动填充等）恢复。此外，按照咨询通告 AC 20-175 的要求，应对数据输入的速度、精度、错误率及工作量进行评估，可接受表面数据输入控制器件设计。如果数据输入包括多个步骤，则应确保每个步骤都可辨别。

6.2.12　控制器件与显示集成准则

控制器件与显示集成在驾驶舱集成设计中也是可取的，但应确保在驾驶舱集成设计的初期充分定义合理的驾驶舱操作理念（如驾驶舱静暗理念），并严格遵循。

控制器件与显示集成只有在符合以下要求时才能应用：改进控制器件的可达性；降低驾驶员工作量；增加操作的灵活性；与驾驶舱其他控制器件和显示相匹配。驾驶舱控制器件与显示集成应符合以下要求：操作不会受异常环境影响（如闪电、湍流等）；在极端条件下可保持飞行安全。

6.2.13 飞行操纵器件设计准则

飞行操纵器件可以分为主操纵器件和次操纵器件,主操纵器件主要包括用于飞机副翼、升降舵和方向舵控制的驾驶盘(标侧杆)和方向舵脚蹬;次操纵器件主要包括减速板手柄、襟缝翼手柄、地面减速板脱开开关、襟缝翼操控开关、俯仰配平控制板、横/航向配平控制板等,次操纵器件起到辅助飞行控制系统的作用。

CCAR-25.21(e)款要求如果依靠增稳系统或其他自动系统或带动力的操纵系统才能满足飞行特性要求,则必须表明其符合条款 CCAR-25.671 和 CCAR-25.672。

CCAR-25.143(c)款要求对于常规驾驶盘或方向舵脚蹬操纵器件,其允许的最大操纵力应满足条款要求。对于侧杆操纵形式,CCAR-25 部没有明确要求,一般通过专用条件的形式给出要求,如 A380-800 飞机侧杆专用条件 FAA No.25-316-SC,达索 FX 飞机侧杆专用条件 FAA No.25-349-SC 等。

CCAR-25.671 条要求"每个操纵器件和操纵系统对应其功能必须操作简便、平稳和确切"。

CCAR-25.672 条要求对于增稳系统及自动和带动力的操纵系统,如果增稳系统或其他自动或带动力的操纵系统的功能对于表明满足本部的飞行特性要求是必要的,则这些系统必须符合 CCAR-25.671 条和下列规定:

(1) 在增稳系统或任何其他自动或带动力的操纵系统中,对于如驾驶员未察觉会导致不安全结果的所有故障都必须设置警告系统,该系统应在预期的飞行条件下无须驾驶员注意即可向驾驶员发出清晰可辨的警告。警告系统不得直接驱动操纵系统。

(2) 增稳系统或任何其他自动或带动力的操纵系统的设计必须使驾驶员对 CCAR-25.671(c)款规定的各种故障可以采取初步对策而无须特殊的驾驶技巧或体力,采取的对策可以是切断该系统或出故障的一部分系统,也可以是以正常方式移动飞行操纵器件,克服故障。

CCAR-25.697 条对升力和阻力装置及其操纵器件要求"每个升力装置操纵器件的设计,必须使驾驶员能将该升力装置置于 CCAR25.101(d)款规定的起飞、航路、进场或着陆的任一位置。除由自动定位装置或载荷限制装置所产生的运动外,升力和阻力装置必须保持在这些选定的位置上而无须驾驶员进一步注意"。

每个升力和阻力装置操纵器件的设计和布置都必须使无意的操作不大可能发生。对于仅供地面使用的升力和阻力装置,如果在飞行中工作可能会造成危险,则必须有措施防止在飞行中误操作其操纵器件。

驾驶舱主操纵器件必须具有人工感觉系统、系统回中功能、位移控制功能和阻尼功能。具体如下所示。

(1) 人工感觉系统:驾驶员控制飞机主要靠操纵感觉,不同类型的飞机具有不同的气动特性,但驾驶员的生理机能是相近的,为了使不同类型的飞机易于被驾驶员接受,就必须使飞机的操纵性符合人工感觉系统。

(2) 系统回中功能:驾驶杆、驾驶盘和脚蹬必须具有系统回中功能。驾驶杆、驾驶盘和脚蹬设置有启动力,也是维持其在中立位置的力。

(3) 位移控制功能:主飞行操纵器件的位移控制是线性连续的,并要求在最大操纵行程时有止动装置。

(4) 阻尼功能:为了避免输入轴处产生摆动,需要连接阻尼器。阻尼功能也避免了驾驶员操纵过猛而导致飞机出现诱发震荡,出现灾难性的故障。

6.3　设计方法

6.3.1　控制器件防差错设计方法

参照 MIL-STD-1472、咨询通告 AC 20-175 和工业实践,控制器件的防误操作设计应从以下方面考虑[20,27]。

（1）控制器件的布置与朝向：考虑控制器件的布置和朝向，确保驾驶员在正常程序下的操纵行程不会无意间触碰。

（2）物理防护：考虑控制器件的凹陷（如 PBA 凹陷与控制板表面）、保护盖（如按压开关保护盖等）等物理防护措施确保开关不会误动。同时应确保物理防护不会干扰驾驶员的视线或对驾驶员操作邻近的部件产生影响。为了支持持续适航，物理防护措施应具有耐久性。

（3）防滑设计：控制器件的设计及材料应能防滑（特别是在振动状态下）。例如按钮表面可以设计成凹陷、带纹理的形式防止手指滑动。

（4）逻辑保护：基于软件的控制和与软件相关的控制可设计成允许中断（如驾驶员判断触发该控制不合适），如果设置成允许中断则应确保其与正常触发状态可区分。

（5）复杂行程：控制器件的防差错设计也可以考虑复杂的开关行程（非单一的行程），如旋转开关可设计成仅拔出状态才能旋转。

（6）锁止机制：控制器件锁止和互锁机制可以防止开关误动，如将开、关功能能设计为两个独立的控制器件实现。

（7）触发阻力：控制器件可设计成需较大作用力（如弹簧、惯量）才能触发，采用该方法触发作用力不应超过驾驶员样本的最低力量水平。

此外，上述任何防误操作设计都不应增加驾驶员的任务时间或干扰正常的系统操作。控制器件采用防差错设计之后不能影响系统的正常使用。如果误操作控制器件，则应有多个感知反馈（视觉、触觉或听觉）有利于驾驶员察觉该非操作错误。总之，误动的影响越严重，控制器件采用的防误操作措施应该越充分，对应的感知反馈也应该越显著。

6.3.2 驾驶舱典型控制器件设计方法

6.3.2.1 PBA

驾驶舱按压开关统一执行"按入运行""按出不运行"的原则，即开关按入时，该开关所控制的设备、器件或系统（具体视 PBA 上安装的导光板上篆刻的字符而定）开始运行，按出时则相反。

当需要通过指示灯反馈系统故障状态信息或者通过指示灯反馈的状态信息须由系统逻辑信号驱动时，应采用 PBA，否则应权衡考虑采用 PBA 或扳动开关，如操作习惯、区域一致性、重量等因素。PBA 应提供开关行程的触觉反馈。开关起始压力低，然后迅速增加到最大值，再突然降低，提供开关行程的触觉指示，最后压力降到最低。

控制板上 PBA 的背光源、外形尺寸、作用力和安装等应符合以下要求：

（1）控制板上 PBA 和信号器的背光源应为 LED。

（2）控制板上 PBA 和信号器的显示界面应为边长为（0.64±0.005）in 的正方形。

（3）用于触发 PBA 的力应介于 2.78～11.12 N 之间。

（4）当控制板上 PBA 未触发时，PBA 上显示界面应与控制板表面齐平；开关按入后，PBA 凹陷于控制板表面不小于 0.1 in。

（5）控制板上 PBA 和信号器应符合 MIL‐PRF‐22885 规定的环境要求。

（6）安装在中央操纵台区域的控制板 PBA 和信号器应选用密封形式，以满足流体敏感性试验要求。

（7）PBA 和信号器上的显示信息均应为隐形颜色字符显示，即当开关和信号器不通电时呈现黑色背景，无字符显示；在通电状态下，按系统工作状态和控制逻辑在黑色背景上呈现相关颜色的透光字符。

（8）PBA 和信号器上字符、标记应呈居中对齐布置，对于分屏显示的 PBA 其字符应上下布置；对于仅有一块字符指示的 PBA，其字符应在器件表面居中布置。

（9）PBA 和信号器的字符、标记缩写应符合 SAE ARP 4105 的规定。

（10）PBA 和信号器的字符、标记字体应为 Futura Medium Condensed，字高为 0.125 in，笔画宽度为 0.013 in。

（11）在任何预期的驾驶舱光环境下，在最小观察角为 70°的范围内，PBA 和信号器上所有字符和标记都应清晰可读，且无闪烁或不稳定现象。

6.3.2.2 扳动开关

控制板上扳动开关的选用、离散位设计、作用力和夹角等应符合以下要求：

（1）扳动开关应仅用于两位或者三位离散位的选择。

（2）扳动开关不应停在两个离散位之间。

（3）用于触发扳动开关的力应介于 2.78～11.2 N 之间。

（4）对于两位的扳动开关，其相邻开关位的夹角应为 33°±10°。

（5）对于三位的扳动开关，其相邻开关位的夹角应为 15.5°±5°。

（6）控制板上的扳动开关统一执行"V"原则，即对于顶部板区域的扳动开关，定义顺航向操作为"开"；对于仪表板区域的扳动开关，定义向下为"开"；对于中央操纵台区域的扳动开关，定义顺航向操作为"开"。对于三位扳动开关，定义中间位为"AUTO""NORM"位。

6.3.2.3 旋转开关

旋转开关按照功能可分为连续旋转开关和多级旋转开关。其中连续旋转开关又称旋钮，其分为单层旋钮和双层旋钮，通常情况下所述的"旋钮"仅指单层旋钮。同一区域内的开关样式选择应保持一致。操作旋转开关时定义顺时针方向为"开启""增加""调亮"。

控制板上旋转开关的选用、离散位设计、夹角和布置等应符合以下要求：

（1）旋转开关应仅用于多个离散位（不少于三个）的选择。

（2）旋转开关顺时针方向操作对应系统开启、控制量（如温度、压力）增加。

（3）除非另有规定，否则旋转开关相邻离散位的夹角应为 45°，且旋转到每一位时都应有锁止触感。

（4）旋转开关不应停在相邻开关位之间。

（5）旋转开关的正常位置应为 12 点钟方向。

6.3.2.4　电位计

控制板上电位计的选用和作用力应符合以下要求：

（1）电位计应仅用于通过旋转旋钮控制系统功能变量的连续变化的场景。

（2）电位计顺时针旋转对应系统功能变量增加。

（3）如果电位计旋转时有锁止触感，则相邻离散位的角度应小于 $10°$。

6.3.2.5　控制旋钮设计

控制板上旋钮的安装接口、终饰颜色、标示线颜色和亮度等应符合以下要求：

（1）根据标准 NASM－25049 规定，电位计和旋转开关由透射照明旋钮控制。

（2）除了专用旋钮外，位置型旋转开关的旋钮凸缘直径为 0.75 in，轴直径为 0.25 in，并有透射照明标示线。

（3）单层调光控制旋钮凸缘直径为 0.75 in，轴直径为 0.125 或 0.25 in，并有透射照明标示线。

（4）双层调光控制旋钮应选用双层叠式同轴旋钮，其内层旋钮凸缘直径为 0.5 in，外层旋钮凸缘直径为 0.75 in；内外轴的直径分别为 0.125 in 和 0.25 in，并有透射照明标示线。

（5）控制旋钮应选用灰色带有透射照明白色标示线条的类型。旋钮的白色标示线周围应有黑色边框，以增加其对比度。控制旋钮的终饰颜色为灰色，对应 FED－STD－595 色号为 36231；控制旋钮标示线颜色为白色，对应 FED－STD－595 色号为 37875；边框线颜色为黑色，对应 FED－STD－595 色号为 37038。

6.3.2.6　控制器件保护盖设计

驾驶舱控制面板上的开关保护盖主要用于防误操作，避免机组操作人员无意中触发开关后导致飞机出现异常现象或处于危险状态。典型的开关保护盖按功能可分为 PBA 保护盖和扳动开关保护盖,分别用于 PBA 和扳动开关的防误操作。

1)使用场景

(1)当控制器件的操作导致系统的不可逆响应或引发严重安全隐患时(如旅客氧气面罩控制开关),应采用红色的保护盖。

(2)因疏忽操作导致该开关出现危险状态时(如安定面切断开关),应采用黑色的保护盖。

当处于以下情况时,驾驶舱内采用带保护盖的开关和控制器件:

(1)当控制器件的操作导致系统的不可逆响应时,如旅客氧气面罩、冲压空气涡扇放下。

(2)因疏忽操作导致该开关出现危险状态时,如地形超控开关、安定面切断开关。

(3)当有适航条例规定时,如发动机灭火瓶。

2)安装和拆卸

开关保护盖安装和拆卸应满足以下要求:

(1)开关保护盖和控制器件不应是一个整体。

(2)开关保护盖应安装在底座上。

(3)开关保护盖的安装不应遮挡控制板上的字符。

(4)保护盖在装置边缘和面板的安装面之间应被保护以免保护盖无意中脱离开关。

(5)安装在面板开关上的保护盖是可更换的,不需要开关线路。

(6)开关保护盖拆卸或更换时不需要拆除导光板或控制器件。

3)材料要求

开关保护盖使用的材料应满足以下要求:

(1)开关保护盖应采用非磁性材料制作。

(2)开关保护盖应采用防霉菌材料制作。

（3）不允许使用纯锡材料制作底座或终饰，材料的锡含量不应超过 97％。

4）终饰要求

开关保护盖的终饰应满足以下要求：

（1）保护盖终饰应无光泽。

（2）保护盖颜色应采用 FED‑STD‑595C 中规定的黑色（色号 37038）或红色（色号 31302）。

5）按压开关保护盖

典型的按压开关保护盖有黑色和红色两种，如图 6‑1 所示。

图 6‑1　典型的按压开关保护盖

按压开关保护盖应满足以下要求：

（1）保护盖应为十字镂空，且不掩盖开关字符。

（2）保护盖外表面应耐磨。

（3）保护盖的拐角和边缘应是圆的。

（4）保护盖应是弹簧式的。

（5）为便于单手操作，保护盖的前表面前缘应有部分延长作为特征。

（6）保护盖应向上开启（面向驾驶员方向）。

（7）保护盖应至少旋转 150°才能使操作者接触开关。

（8）按压保护盖不应触发按压开关。

（9）保护盖应无须断开按压开关即可更换。

（10）用在保护盖上的力应介于 2.21～3.33 N 之间。

6) 扳动开关保护盖

典型的扳动开关保护盖如图 6 - 2 所示。

图 6 - 2　典型的扳动开关保护盖

扳动开关保护盖应满足以下要求：

（1）保护盖闭合时，扳动开关应处于防护位置。

（2）保护盖闭合时，扳动开关应无法操作。

（3）保护盖应至少旋转 150°才能操纵扳动开关。

（4）保护盖的开启方向应与扳动开关操作方向一致，执行"V"原则，即对于顶部板区域的保护盖，定义顺航向为开启方向；对于仪表板区域的保护盖，定义向下为开启方向；对于中央操纵台区域的保护盖，定义顺航向为开启方向。

（5）用在保护盖上的力应介于 4.42～11.05 N 之间。

6.3.2.7　飞行操纵器件

1) 驾驶杆与驾驶盘

CCAR - 25 部要求驾驶杆、驾驶盘和脚蹬要满足身高 158～190 cm 的驾驶员就座并系紧安全带和肩带（如果装有）时，每个操纵器件都可无阻挡地做全行程运动。驾驶杆与驾驶盘的设计需考虑其行程与操纵面的运动关系。以驾驶杆前后运动场景为例，驾驶杆前后运动操纵升降舵应使得驾驶杆前极限位与后极限位的比例、升降舵下偏度数与上偏度数的比例相等。

　　驾驶盘用于控制副翼和升降舵,通过驾驶员握盘转弯和推拉动作控制飞机舵面运动。此外,通常驾驶盘上还配有俯仰配平开关、按压通话开关、自动飞行断开开关等控制开关,以便驾驶员随时控制飞机的状态,如图 6‑3 所示。驾驶盘是驾驶员最常接触的操纵器件。驾驶盘的外形和开关的布置直接影响驾驶员的操纵感受和飞行安全。

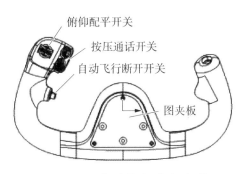

俯仰配平开关
按压通话开关
自动飞行断开开关
图夹板

图 6‑3　典型的驾驶盘外形

　　驾驶盘外形的设计需要经过驾驶员的评估,根据评估结果进行修改,这一过程要经过多次反复最终得到确定。由于驾驶员在飞行过程中常常会用靠座舱内侧的手臂操纵油门等设备,因此这些开关一般选择布置在靠座舱外侧的方向,以便驾驶员操纵。

　　驾驶盘防滑设计:由于驾驶员双手操纵驾驶盘时要施加较大的载荷,还需考虑单手操纵情况,因此驾驶盘防滑设计特别重要。通常在驾驶盘手指抓握处设计卡槽,卡槽宽度需要保证手指中间指节和上下指节 1/3 部分包裹在卡槽中。驾驶盘上所有转角、相贯线部分都做圆滑设计,避免尖锐部位引起手部不适。

　　俯仰配平开关:该开关控制水平安定面运动,通过机身外侧手臂的拇指上下拨动操纵,需频繁操纵。因此将其设置在拇指可达区间,拇指关节上部 40～50 mm,左右 0°～20°的范围内。

　　按压通话开关:该开关控制机组舱内和空管通话,通过机身外侧手臂的拇指上下拨动操纵,需频繁操纵。因此设计时应避开俯仰配平开关的活动半径,保证操纵无干涉,布置在拇指 30°～50°位置间。

自动飞行断开开关:该开关用于断开自动驾驶仪,在一个飞行架次使用约 1～2 次。为避免误操作,开关位置应确保手指可达但又不常触碰。通常将其布置在拇指摆动半径的下部 70°～80°范围内的拇指虎口卡槽的凸缘上,与前述开关距离较远,避免产生干涉。

前轮转弯切断开关:该开关使用频率不高,为瞬通开关,通常将其布置在靠座舱内侧手掌拇指位置触及处。

2) 方向舵脚蹬

方向舵脚蹬组件是偏航控制系统和飞机刹车系统的一部分。方向舵脚蹬的设计除了作用力需符合 CCAR-25.143(d)款要求,其布置与安装直接影响驾驶员操纵的舒适性,因此方向舵脚蹬设计还需满足人为因素工程需求。其设计主要考虑以下三个方面。

(1) 作用力:为了给驾驶员提供操纵反馈,脚蹬需设计一定的操纵阻力。为防止在操作过程中驾驶员对脚踏板的无意操作,脚蹬应设置最小阻力,该最小阻力应大于驾驶员腿休息时脚踏板所承受的力,建议的阻力范围为 50～264 N。

(2) 运动行程:为了保证操纵的可靠性和驾驶员操纵舒适性,脚踏板的运动行程应适量。考虑到人体力学下肢操作舒适度的影响,为使驾驶员处于最舒适的驾驶姿势,建议的脚踏板运动行程为 100～180 mm。

(3) 脚蹬布置:脚蹬的运动轨迹应在驾驶员下肢可达区域,通常脚踏板中立位置参考点与座椅水平距离为 655～875 mm,脚踏板踵点与座椅参考点垂直距离为 165～385 mm[28]。

6.4 验证方法

为了表明驾驶舱控制器件的设计与安装对适航条款的符合性,需针对适用的适航条款确定相应的符合性方法，规划、实施验证活动。本节对控制器件适用的适航条款进行解读，给出了建议的符合性方法和验证活动。

6.4.1　CCAR‑25.143(d)款符合性验证方法与验证活动

CCAR‑25.143(d)款的适用范围是驾驶盘和方向舵脚蹬，随着技术发展，侧杆控制在驾驶舱获得了应用，替代了驾驶盘。对于使用侧杆的运输类民用飞机，在型号合格审定过程中局方会制定专用条件以替代 CCAR‑25.143(d)款中的俯仰和滚转操纵力要求。如在 A350‑900 系列飞机和 A380 飞机的适航审查中，FAA 分别制定了专用条件 25‑529‑SC 和 25‑316‑SC。本条款符合性方法为 MC6，需开展审定试飞表明设计对该条款的符合性，试飞科目通常结合其他飞行试验表明飞机的脚蹬、驾驶盘（或侧杆）操纵力满足要求，采用 AC 25‑7C 中的方法对方向舵脚蹬操纵力进行符合性验证。

6.4.2　CCAR‑25.671(a)(b)款符合性验证方法与验证活动

CCAR‑25.671(a)款的符合性一般通过 MC1、MC2、MC4、MC5 和 MC6 表明。通过计算控制率，保证操纵平稳和确切；通过飞行试验，由试飞员给出整体的评估意见。

CCAR‑25.671(b)款的符合性一般通过 MC1 和 MC7 表明。考虑到标记标牌受光线照射、长时间老化等环境影响，以及需要维护人员刻意注意等限制，一般应尽可能采用设计措施以防止误装配，不提倡仅采用标记标牌的方法防止误装配。此外，维修手册应详细列出防止误装配、误连接的操作程序[EASA CS‑25 AMC 25.671(a)/EASA CS‑25 AMC 25.671(b)]。

6.4.3　CCAR‑25.685(a)款符合性验证方法与验证活动

CCAR‑25.685(a)款的符合性一般可采用 MC1 和 MC7 的方法进行，也可以通过设备鉴定试验表明符合性。

6.4.4　CCAR‑25.771(a)(c)(e)款符合性验证方法与验证活动

工作负荷对任务和情景意识均有影响。若超出负荷范围,则工作人员无法处理接受;但过低的工作负荷会造成工作人员无聊厌倦、注意力不集中,典型的如自动设备引起的巡航阶段低工作负荷。先前的研究表明,人在工作负荷中等时工作最可靠,而持续稳定的工作负荷也很重要。可以在高仿真模拟器或真实飞机上,根据所需的运行环境,选择情景条件模拟包括系统失效可能造成的高工作负荷。一般用主观的比较方法评定工作负荷以表明符合性。应事先定好问卷调查和打分标准。主观评判的技巧是要先进行基本任务假设,通过完成指定的任务以及确定的评判准则观察并记录任务完成情况,包括可达性和易操作性,对驾驶员的能力展示做一个评价;采集部分操控飞行数据,并采集驾驶员部分生理数据如心跳、眨眼次数、流汗和动态心电图等。然后用口头评语或者数字等级评估将表现进程与评价一起进行评判。之后局方要组织飞后讲评和问卷调查。

对于CCAR‑25.771(c)款,可通过驾驶舱 MC1、MC6 和 MC7 进行评估,以表明对该条款的符合性。驾驶舱 MC1 应至少说明供第二驾驶员使用的设施物理特征、功能以及与供第一驾驶员使用的设施之间的关系和差异;MC7 应至少包括对双套操纵系统的检查,以及与安全相关的单个关键设施的布置、正副驾驶员对操纵器件的可达性;MC6 应验证装有供第二驾驶员使用的设施的情况以及是否驾驶员从任一驾驶座上都可同等安全地操纵飞机。

对于CCAR‑25.771(e)款可通过 MC6,由驾驶员评估飞行过程中飞机振动和噪声对控制器件操纵的影响,以表明对该条款的符合性。

6.4.5　CCAR‑25.777 条符合性验证方法与验证活动

CCAR 25.777 条一般可通过 MC1,说明驾驶舱操纵器件的布局、运动方向等对条款的符合性;由适航当局进行 MC7 并认可;并且通过 MC6 和试飞员对驾驶舱操纵器件的使用,给出驾驶舱操纵器件是否操作方便、是否容易混淆和误操作的评定。通过 MC5 和 MC6,评估飞机操控中的人为因素和操纵系统之间的交互影响。

6.4.6　CCAR‐25.779 条符合性验证方法与验证活动

一般可通过 MC1、MC6 以及 MC7 表明操纵器件的动作和效果符合该条款要求。

6.4.7　CCAR‐25.1141 条符合性验证方法与验证活动

CCAR‐25.1411 条的符合性验证方法包括以下几个。

（1）MC1:通过动力装置操纵器件的原理和技术说明,说明其设计能实现正常的功能并且符合条款要求。

（2）MC2:通过提供有关动力装置操纵器件的分析和计算,表明其设计符合条款要求。

（3）MC4:通过实验室试验验证动力装置操纵器件设计符合条款的要求。

（4）MC6:通过飞行试验验证动力装置操纵器件设计符合条款的要求。

（5）MC7:通过航空器检查,验证动力装置操纵器件设计符合条款的要求。

（6）MC9:通过设备合格鉴定,验证动力装置操纵器件设计符合条款的要求。

6.4.8　CCAR‐25.1301(a)(1)(4)项符合性验证方法与验证活动

可以通过驾驶舱控制器件的设计描述结合 MC5 和 MC7 等验证活动表明对 CCAR‐25.1301(a)(1)(4)项的符合性。

6.4.9　FAR/CS‐25.1302(a)(b)款符合性验证方法与验证活动

FAR/CS‐25.1302(a)(b)款对驾驶舱控制器件的安装、标识和使用反馈等提出了要求。可以通过 MC1、MC7 和 MC8 验证控制器件的设计符合条款要求。咨询通告 AC 25.1302-1 对条款解析、符合性方法的选择和设计考虑进行了深入讨论。

6.4.10　FAR/CS-25.1322(e)(1)(f)款符合性验证方法与验证活动

为了表明对 FAR/CS-25.1322(e)(1)(f)款的符合性,需开展以下验证活动。

(1) MC1:结合驾驶舱系统设计对各系统 PBA 的指示灯颜色进行描述,说明其颜色选用与对应的告警信息级别一致。在设计初期,需定义各告警指示灯的颜色坐标范围,确保机上实施的一致性。

(2) MC7:检查各系统 PBA 的指示灯颜色与系统设计需求的一致性。

6.4.11　CCAR-25.1329(i)款符合性验证方法与验证活动

为了表明对 CCAR-25.1329(i)款的符合性,需开展以下验证活动。

(1) MC1:结合系统设计对操作器件方向标识和指示告警信号的设计特征进行说明。

(2) MC7:检查控制器件、指示告警信号的符合性。

(3) MC8:进行模拟器试验,并考虑故障和环境条件的评估、论证和测试场景。使用模拟时可能需要包括以下功能:

a. 所有飞行机组位置的驾驶舱控制、显示、指示和通告的物理实现都与评估的目标相关。

b. 在模拟时应纳入相关设备(硬件和软件功能,包括引入故障的能力)的适当仿真。

c. 天气模拟(包括阵风、湍流、风切变和可见度)。

d. 运行环境的表示形式,包括与航空交通服务、日夜运行等的交互,同时评估相关的功能和飞行任务。

e. 数据收集能力。

6.4.12　CCAR‑25.1523(b)款符合性验证方法与验证活动

为了表明对 CCAR‑25.1523(b)款的符合性,需进行 MC8,对所有必需的飞行、动力装置和设备操纵器件(包括燃油应急切断阀、电气控制器件、电子控制器件、增压系统操纵器件和发动机操纵器件)进行操作的可达性和简便程度进行评估。

6.4.13　CCAR‑25.1555 条符合性验证方法与验证活动

一般可通过提供图纸说明等设计资料,进行 MC6 和 MC7 表明操纵器件的标记符合本条款要求。

6.5　实践案例

波音和空客公司的民用飞机驾驶舱设计均遵循"以人为中心"的核心理念,但其人机界面设计理念并不完全相同,这些不同体现在具体的驾驶舱操纵器件上。以下分别对波音 787 和 A380 两个机型的驾驶舱操纵器件进行分析,剖析各自的设计特点。

6.5.1　波音飞机驾驶舱控制器件

波音 787 飞机驾驶舱布置如图 6‑4 所示,驾驶舱采用典型的双人制机组,同时提供了两个观察员座椅[29]。驾驶舱内控制器件布置在顶部板区域、遮光罩区域、仪表板区域、中央操纵台区域和侧操纵台区域。

图 6-4　波音 787 飞机驾驶舱布置

1）飞行操纵器件

依循波音系列飞机的设计惯例，波音 787 飞机驾驶舱继续使用驾驶盘，如图 6-5 所示为左驾驶员驾驶盘[30]。其采用电传操纵，人为设计的操作阻力增加了驾驶员的操纵感。驾驶盘位于驾驶员的两腿之间，通过双手操作前后左右运动，实现飞机的俯仰和左右旋转，控制飞机的滚转。

图 6-5　波音 787 飞机左驾驶员驾驶盘

2）控制板上的控制器件

波音 787 飞机的控制板主要安装在顶部板区域、中央操纵台区域和仪表板区域，控制器件主要有 PBA、旋转开关、电位计和扳动开关四类。图 6-6 所示为波音 787 飞机的顶部板区域控制板。

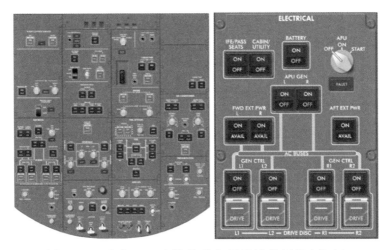

图 6-6　波音 787 飞机的顶部板区域控制板(部分)

波音 787 飞机的控制板按压开关采用上、下分屏显示,按压开关上层显示开关状态(如 ON 指示灯);下层显示系统状态(OFF、FAULT 等),与 EICAS 的告警信息相关联,与对应的 CAS 信息同步触发。对于无须反馈系统状态的按压开关(如标志灯、机翼探冰灯开关),其下层显示器用白色短横线标记。每个按压开关周围均有白色流线标记,电源控制板、燃油控制板按"V"原则布置控制器件也体现了系统的架构与控制逻辑,与系统简图页保持一致。

波音 787 飞机驾驶舱扳动开关的布置遵循了"V"原则,即顶部板区域和中央操纵台区域扳动开关向前表示打开、启动,仪表板区域扳动开关向上表示系统打开。驾驶舱开关保护盖主要采用塑料透明保护盖和红色保护盖。塑料透明保护盖主要用于 PBA,个别扳动开关如应急撤离控制板上的开关采用红色保护盖。

6.5.2　空客飞机驾驶舱控制器件

A380 飞机驾驶舱布置如图 6-7 所示,驾驶舱内控制器件的布置与波音 787 飞机类似,主要分布在顶部板区域、遮光罩区域、仪表板区域、中央操纵台区域和侧操纵台区域[31]。

图 6 - 7 A380 飞机驾驶舱布置

（1）飞行操纵器件

与空客其他机型飞机类似，A380 飞机驾驶舱继续采用侧杆控制技术，两个侧杆分别安装在正副驾驶员座位外侧的操纵台上，如图 6 - 8 所示[32]。侧杆与驾驶盘相比，具有系统结构简单、便于安装维护的优点。

图 6 - 8 A380 飞机副驾驶员侧杆

（2）控制板上的控制器件

A380 飞机的控制板安装在驾驶舱顶部板区域、中央操纵台区域和仪表板区域，控制器件类型与波音 787 飞机类似，有 PBA、旋转开关、电位计和扳动开关四类。图 6 - 9 所示为 A380 飞机顶部板区域控制板。

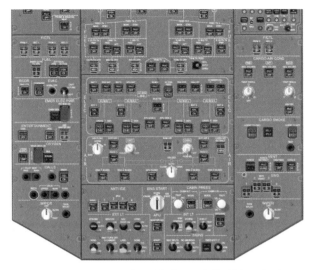

图 6-9　A380 飞机顶部板区域控制板(部分)

与波音 787 飞机类似,A380 飞机的控制板按压开关同样采用上、下分屏显示。差别在于 A380 飞机控制板按压开关上层显示系统状态(如 FAULT 等),下层显示器指示开关状态(如 OFF 指示灯)。对于无须反馈系统状态的按压开关,显示器用两个黑点标识。

A380 飞机驾驶舱扳动开关的布置遵循了"C"原则,即顶部板区域扳动开关向后表示打开、启动,中央操纵台区域扳动开关向前表示打开、启动,仪表板区域扳动开关向上表示系统打开。驾驶舱开关保护盖主要采用红色或黑色十字镂空保护盖。

6.6　驾驶舱控制器件发展趋势

对于电传操纵的飞机,侧杆替代中央杆成了主流趋势。电传操纵配置侧杆与中央杆的机械操纵相比有诸多优点,但也有缺点。主要是由于驾驶杆和飞机受控面之间不存在机械连接,驾驶员操纵时无法直接感受到飞机受控运动后的反作用力,使驾驶员感觉匮乏,因此导致操纵过快、过量或难以及时做出修正。为了弥补操作反馈匮乏的不足,国外提出了主动侧杆技术。

主动侧杆将飞机的状态信息反馈到驾驶员触觉系统,以操纵杆力的形式传递给驾驶员。作为操纵手柄的触觉反馈信息,为驾驶员提供触觉感知,增强了驾驶员的情境感知能力,从而提高飞行品质,预防驾驶员诱导振荡的发生;并实现诸多安全性保护功能,包括包线保护功能、正副驾驶双杆电气联动及触觉告警功能等。目前,主动侧杆的研究需要突破众多关键技术,包括多变量、多回路伺服控制技术,包线保护主动控制与告警设计技术等[33]。

目前国外机型如伊尔库特 MC－21 和湾流 G500 飞机均采用了主动侧杆技术,图 6－10 所示为湾流 G500 飞机所使用的主动侧杆[34]。

图 6－10 湾流 G500 飞机使用的主动侧杆

主动侧杆系统与飞行控制系统构成了闭环回路,通过飞控计算机与侧杆实时通信。驾驶员通过侧杆手柄上的力准确判断飞机的飞行状态,提高了飞机的操纵特性和飞行品质。

7

驾驶舱显示设计

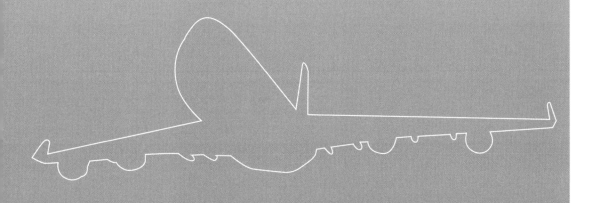

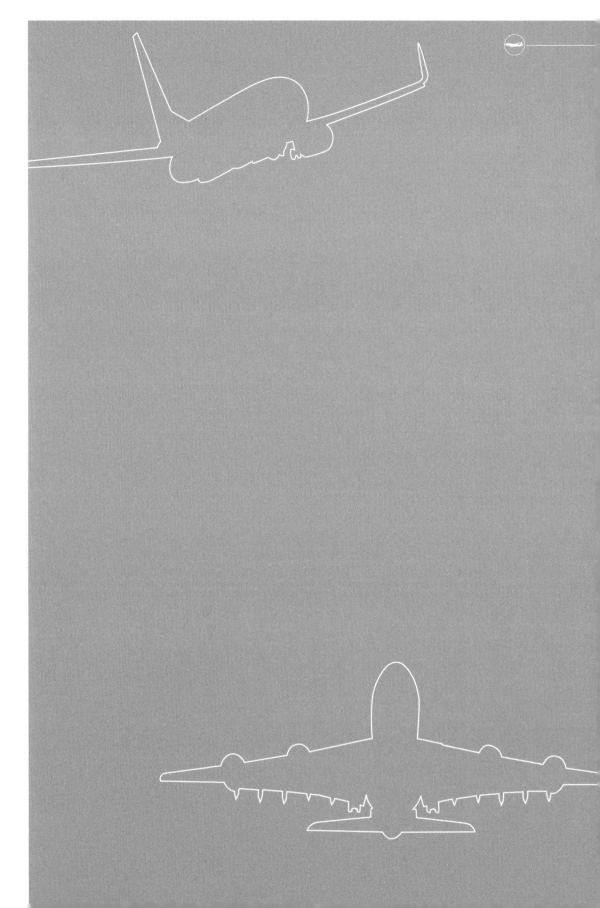

驾驶舱显示系统是飞机与驾驶员最主要的人机交互接口,可以为驾驶员提供起飞/复飞、爬升、巡航、下降、进近、着陆等各个飞行阶段所需要的飞行参数和指引信号的显示,帮助驾驶员与飞机进行人机交互。

驾驶舱显示系统设计过程应符合适航规章条款和工业界标准,需满足驾驶舱设计准则。与民机驾驶舱显示系统设计相关的要求和指南主要包括中国民用航空规章第 25 部(CCAR‑25)、咨询通告(AC)、技术标准指令(TSO)、工业标准(RTCA、SAE、ARINC)等。

本章从民机适航符合性和人机交互角度出发,重点介绍系统适航规章要求、显示布局要求、显示硬件特性、显示信息元素、显示信息管理、显示控制管理、显示信息功能方面的设计要求。本章将说明民机适航规章和驾驶舱设计准则,并给出工业设计实例指导。

7.1　显示设计要求

7.1.1　适航规章

CCAR‑25‑R4 是驾驶舱显示系统设计过程中须遵循的强制性要求,与驾驶舱显示系统直接相关的适航条款包括 CCAR‑25.1303、CCAR‑25.1321、CCAR‑25.1331(a)、CCAR‑25.1333、CCAR‑25.1355(c)、CCAR‑25.1543(b)[35]。

1) CCAR‑25.1303 飞行和导航仪表

条款原文:

(a) 下列飞行和导航仪表的安装必须使每一驾驶员从其工作位置都能看到该仪表:

(1) 大气静温表,或可将其指示换算为大气静温的大气温度表;

(2) 带秒针的或数字式的显示时、分、秒的时钟;

（3）航向指示器（无陀螺稳定的磁罗盘）。

（b）每一驾驶员工作位置处必须安装下列飞行和导航仪表：

（1）空速表。如果空速限制随高度变化,则该表必须指示随高度变化的最大允许空速 V_{MO}；

（2）高度表（灵敏型）；

（3）升降速度表（垂直速度）；

（4）带有侧滑指示器（转弯倾斜仪）的陀螺转弯仪,但按有关营运条例装有在 360 度俯仰和滚转姿态中均可工作的第三套姿态仪表系统的大型飞机,只需有侧滑指示器；

（5）倾斜俯仰指示器（陀螺稳定的）；

（6）航向指示器（陀螺稳定的磁罗盘或非磁罗盘）。

（c）飞机应根据下列规定的情况安装相应的飞行和导航仪表：

（1）涡轮发动机飞机和 V_{MO}/M_{MO} 大于 $0.8V_{DF}/M_{DF}$ 或 $0.8V_D/M_D$ 的飞机,需有速度警告装置。当速度超过 $V_{MO}+6$ 节或 $M_{MO}+0.01$ 时,速度警告装置必须向驾驶员发出有效的音响警告（要与其它用途的音响警告有明显区别）。该警告装置的制造允差的上限不得超过规定的警告速度；

（2）有压缩性限制而本条（b）（1）要求的空速指示系统未向驾驶员指示 M_{MO} 的飞机,在每一驾驶员工作位置处需有马赫数表。

条款解析：该条款是仪表相关系统或设备的针对性条款,显示系统的设计需满足本条款中（a）（1）、（b）、（c）的要求。

2）CCAR - 25.1321 布局和可见度

条款原文：

（a）必须使任一驾驶员在其工作位置沿飞行航迹向前观察时,尽可能少偏移正常姿势和视线,即可看清供他使用的每个飞行、导航和动力装置仪表。

（b）第 25.1303 条所要求的飞行仪表必须在仪表板上构成组列,并尽可能集中在驾驶员向前视线所在的垂直平面附近。此外,必须符合下列规定：

（1）最有效地指示姿态的仪表必须装在仪表板上部中心位置；

（2）最有效地指示空速的仪表必须直接装在本条(b)(1)所述仪表的左边；

（3）最有效地指示高度的仪表必须直接装在本条(b)(1)所述仪表的右边；

（4）最有效地指示航向的仪表必须直接装在本条(b)(1)所述仪表的下边。

（c）所要求的动力装置仪表，必须在仪表板上紧凑地构成组列。此外，必须符合下列规定：

（1）各发动机使用同样的动力装置仪表时，其位置的安排必须避免混淆每个仪表所对应的发动机；

（2）对飞机安全运行极端重要的动力装置仪表，必须能被有关机组成员看清。

（d）仪表板的振动不得破坏或降低任何仪表的精度。

（e）如果装有指出仪表失灵的目视指示器，则该指示器必须在驾驶舱所有可能的照明条件下都有效。

条款解析：

该条款是仪表系统或设备布局的相关条款，显示系统的设计需满足本条款中(a)、(b)、(d)、(e)的要求。

3）CCAR－25.1331(a)使用能源的仪表

条款原文：

（a）对于第25.1303(b)条要求的使用能源的每个仪表，采用下列规定：

（1）每个仪表都必须具有与仪表构成一体的目视指示装置，在供能不足以维持仪表正常性能时发出指示。能源必须在进入仪表处或其附近测量。对电气仪表，当电压在批准的范围内时，即认为电源满足要求；

（2）每个仪表在一个能源一旦失效时，必须由另一能源供能，此转换可以自动或手动完成；

（3）如果提供导航数据的仪表是从该仪表外部的来源接受信息的，并且丧失这些信息就会使所提供的数据不可靠，则该仪表必须具有目视指示装置，当信息丧失时向机组发出警告,不应再信赖所提供的数据。

条款解析:

显示系统应通过飞机的地面试验表明符合此条款,同时提交地面试验报告作为符合性证据。

4) CCAR - 25.1333 仪表系统

条款原文:

第 25.1303(b)条要求的,各驾驶员工作位置处的仪表,其工作系统应符合下列规定:

(a) 必须有措施,能使正驾驶员工作位置处的仪表与独立的工作系统相连接(独立于其它飞行机组工作位置处的工作系统或其它设备);

(b) 设备、系统和安装必须设计成,当发生任何单个故障或故障组合后(如未表明其概率极不可能),无需增加机组成员的动作,仍能保留一组可供驾驶员使用的、由仪表提供的、对飞行安全必不可少的信息显示(包括姿态、航向、空速和高度);

(c) 附加的仪表、系统和设备不得连接到所要求的仪表工作的系统上,除非有措施保证,附加的仪表、系统或设备发生任一失灵后(如未表明其概率极不可能),所要求的仪表仍能继续正常工作。

条款解析:

该条款是仪表系统或设备相关的条款,显示系统的设计应满足本条款的所有要求。

5) CCAR - 25.1355(c)配电系统

条款原文:

(c) 如果中国民用航空规章要求由两个独立的电源向某些特定的设备或系统供电,则这些设备或系统的一个电源一旦失效后,另一电源(包括其单独的馈电线)必须能自动或手动接通,以维持设备或系统的工作。

条款解析:

通过评审和批准的安装图来验证对此条款的符合性。通过飞行试验完成验证，飞行试验报告和电源系统符合性报告作为符合性证据。

6) CCAR‐25.1543(b)仪表标记：总则

条款原文：

(b) 每一仪表标记必须使相应机组人员清晰可见。

条款解析：

该条款应通过飞行试验完成验证，飞行试验报告和电源系统符合性报告作为符合性证据。

7.1.2　咨询通告

AC 25‐11B 是关于运输类飞机电子飞行仪表系统相关适航条款的最新版符合性说明材料，主要从显示系统的硬件性能、安装、供电、安全性、显示元素的组织和特性、控制机制、表明符合性、持续适航和维护性等方面给出相应指导。该通告提供的符合性方法不是唯一的方法，但是这些方法是根据 FAA 和行业的丰富经验而提出的、用于表明相关适航条款符合性的方法。当相关 TSO 中未提供充分的指示时，申请者可考虑遵从本咨询通告中的指南。

AC 25‐11 首次于 1987 年 7 月 16 日发布，为阴极射线管电子显示系统的批准建立了指导方针，该显示系统为民用飞机的机组提供指示、控制或决策。

为了适应不断更新的显示技术，最初用于 CRT 设计指南的 AC 25‐11 需要增加新的指导说明，在此背景下 AC 25‐11A 于 2007 年 6 月 21 日应运而生，增加了相应的液晶显示器(liquid crystal display，LCD)设计指导说明。考虑到航空运输安全，FAA 和 EASA 通过制定一系列监管条例，要求驾驶舱设计具有一定的能力和性能。驾驶舱显示器和显示系统的批准通常通过很多特定系统的规则或具有普遍适用性的规则处理，例如 25.1301(a)、25.771(a)和 25.1523 条款。因此，AC 25‐11A 提供了与这些规则和其他适用规则相关的指导。

2014 年 10 月 7 日 AC 25-11B 正式发布,相对于 AC 25-11A,最主要的变化是在附录 F 中增加了 HUD 的相关指导要求,在附录 G 中增加了气象显示的指导要求,以及修改了部分参考规章和相关说明[36]。例如针对显示器的安装,在操作环境举例中增加了鸟撞、硬着陆和紧急着陆的说明。

AC 25-11B 的章节架构如下:第 1~7 章提供了符合性目标和设计指导;第 2~9 章以及附录 A 和附录 B 中的材料构成了驾驶舱显示系统获得符合性审批的整个方法;第 8 章就如何表明符合性,使驾驶舱显示系统获得审批提供指导。

7.1.3　TSO 要求

TSO 是飞机适航取证过程中非常重要的组成部分,是一种在设计和制造层面的批准,属于法规性要求。TSO 明确了设备必须满足的最低性能标准(电子设备在预定工作环境条件下,必须达到的性能门限),当机载设备满足了 TSO 要求后,经过 TSO 审批程序即可达到适航要求。根据 FAA 要求,可指定相应工业标准(RTCA、SAE 等)作为支持标准。TSO 主要内容包括目标、适用性、要求(作用、失效条件、功能分类、环境、软件、硬件、偏离)等。TSO-C113b 是 FAA 要求驾驶舱显示系统必须满足的最新标准[37],CAAC 要求的 CTSO 为 CTSO-C113a[38]。

FAA 于 1986 年 10 月 27 日首次发布了 TSO-C113,该 TSO 中规定了机载多功能电子显示器应满足 SAE AS 8034(1982 年 12 月)所规定的设备性能要求。随着 LCD 显示技术的不断成熟,TSO-C113a 于 2012 年 4 月 30 日发布,要求机载多功能电子显示器应满足 SAE AS 8034B(2011 年 6 月)。为了适应更先进的驾驶舱显示触控技术,2018 年 9 月 11 日 TSO-C113b 正式发布,引用 SAE AS 8034C(2018 年 7 月)作为机载显示器的最低性能标准;同时,该 TSO 指出在 2020 年 3 月 17 日前,TSO-C113a 仍然适用。

驾驶舱显示系统提供空速、高度、姿态、导航等显示信息，为了保证上述功能的适航性，须满足相应的 TSO 和 CTSO 标准，可参见 7.3.6 节。

7.1.4　工业界要求

航空无线电技术委员会（Radio Technical Commission for Aeronautics，RTCA）和 SAE 为机载仪表和电子设备制定的最低性能标准是 TSO 的主要支持标准。RTCA 主要制定机载无线电通信设备、无线电导航设备、自动着陆系统机载设备和告警系统等方面的最低性能标准。SAE 主要制定以飞行仪表为主的标准，包括航空航天标准（aerospace standard，AS）、航空航天推荐实践（aerospace recommended practice，ARP）和航空航天信息报告（aerospace information report，AIR）。ARINC 规范是以机载电子设备为主的设计规范，在性能、功能和互换性方面提出要求，使设备在飞机系统中的配置更为灵活。ARINC 所规定的性能应满足适航管理机构制定的条例和文件，或 TSO 规定的最低性能要求。

TSO 和工业支持标准为从属关系，RTCA 和 SAE 制定的最低性能标准只有通过 TSO 正式颁布后才具有适航权威性。在一般情况下，最低性能标准制定在前，TSO 颁布在后。若适航管理局认为工业标准不合适，则可自行为 TSO 制定最低性能标准。

涉及驾驶舱显示系统设计的工业界标准主要包括如下几种：

(1) SAE AS 8034 规定了机载多功能电子显示器的最低性能标准，是 TSO‒C113 的支持性标准[39]。随着 CRT、LCD、触控技术的不断更新，该标准历经 4 次修订，最新版本为 SAE AS 8034C。

(2) SAE ARP 4256 给出了民机 LCD 的设计目标，作为 AS 8034 的补充性材料，本文件最新版本为 SAE ARP 4256A[40]。该文件作为 7.3.2 节的设计指导。

(3) SAE ARP 4032B 从人为因素角度出发，针对驾驶舱显示系统（CRT、

LCD 等)色彩的使用问题给出指导[41]。相对于前版,SAE ARP 4032B 不仅更新了引用文件,而且针对现代驾驶舱色彩设计引入了新的考虑。该文件作为 7.3.7 节的设计指导。

(4) SAE ARP 4102 是关于驾驶舱控制面板、控制器件和显示器的安装、操作、设计等方面的工业标准[42]。该文件作为 7.3.1 节和 7.3.5 节的设计指导。

(5) SAE ARP 4102/7 给出了电子显示器,包括主飞行显示、告警显示、飞机系统状态显示和控制设备的设计标准[43]。该文件的附录 A 对主飞行显示的符号给出建议,附录 B 对导航显示的符号给出建议,附录 C 对发动机显示的符号给出建议。该文件作为 7.3.6 节的设计指导。

(6) SAE ARP 5364 从人为因素角度出发,针对驾驶舱多功能显示系统给出设计指导[44]。该文件作为 7.3.6 节的设计指导。

7.2　显示设计原则

在系统设计过程中,理念和要求的建立对后续设计、验证工作尤为重要,直接决定了系统实现的准确性、合理性、可用性和高效性。依据 AC 25 - 11B,显示系统设计理念和要求主要包括信息显示的总原则、显示色彩原则、信息管理原则、人机交互原则和冗余管理原则。

7.2.1　信息显示的总原则

驾驶舱显示系统设计应满足驾驶舱设计理念,设计过程应考虑以下条件:正常系统状态(无异常或失效)、白天、可视气象条件、无结冰情况、巡航飞行。

显示信息(符号、位置、尺寸、形状、色彩、控制、动态等)的设计应与驾驶舱设计理念一致。

显示信息的设计应满足可视性、分辨性、一致性、可读性、准确性、直观性的要求。

7.2.2　显示色彩原则

驾驶舱显示系统应建立色彩标准,并满足驾驶舱颜色一致性原则,具体要求如下:

(1) 显示系统应采用标准化色彩,这一点对于告警色彩尤为重要,在可预见的环境下,色彩不应发生变化,保证信息传递的准确性。

(2) 色彩编码应保证与信息指示的一致性和匹配性,保证每种色彩只代表一类显示数据。

(3) 色彩编码的颜色应最大限度地分隔色度,避免在亮度范围内颜色组合相似。

(4) 在所有可预见的照明和工作条件下,色彩编码应保证信息、图像的可读性和对比度。

7.2.3　信息管理原则

(1) 显示信息(包括主飞行信息、动力信息、其他信息等)的位置应符合基本 T 形布局要求。

(2) 信息的显示应保证有序性和合理性。

(3) 彼此相邻的不同信息元素可通过目视隔离的方式保证信息的可读性和分辨度。

(4) 在保证可用性和功能性的前提下,根据飞机飞行阶段、飞行参数或指示可通过分时共享和全时的方式显示。

(5) 分时共享信息可以通过自动弹出的方式实现,该信息不应遮挡飞行所需的状态信息。

7.2.4　人机交互原则

（1）人机交互方式应包括软控制（图形界面）和硬控制（控制输入设备）两种。

（2）交互方式应保证驾驶员准确、迅速、便捷且一致地确认和选择功能。

（3）飞行状态信息和告警信息应保证通告和指示的及时性、紧迫性和逻辑性。

（4）故障信息应通过听觉、视觉、触觉的方式传递，有必要时需与驾驶员进行系统反馈。

7.2.5　冗余管理原则

（1）显示系统应提供两种或两种以上的方法（用户菜单、控制器件）完成某一给定功能的控制。

（2）当数据源或数据总线故障或失效时，显示系统传感器数据应具备自动切换功能。

（3）当一个或多个显示失效时，系统应具备人工和自动重构功能，重构功能应保证及时性、可用性和完整性。

7.3　显示设计方法

7.3.1　显示布局

依据 CCAR-25.1321（b）款要求，在显示基本 T 形布局方面要求如下：

（1）基本 T 形信息应持续显示，在正常条件下（即没有显示系统故障）正对每个飞行机组成员。CCAR-25.1321（b）款要求飞行仪表必须在仪表板上构成组列，且尽可能集中在驾驶员向前视线所在的垂直平面附近。

（2）基本 T 形布局适用于主显示器上的姿态、空速、高度、航向，且驾驶舱包含一个以上的基本 T 形指示。

（3）姿态指示应位于飞行机组成员前方的中心位置,并参考驾驶员的设计眼位。如果位于主仪表板上,则姿态指示必须在顶部板的中心位置［CCAR-25.1321(b)］。在所有飞行条件下,姿态指示都应避免被遮挡。

（4）空速、高度及航向的飞行指示应位于姿态指示附近。信息元素位于上述指示的内部、重叠部分或中间都是可以接受的。例如当空速、高度和航向指示用于完成基本飞行任务时,不应扰乱正常的核查或降低人工飞行性能横向和纵向的偏航。

（5）最有效的空速指示仪表必须位于姿态左侧且与其相邻［CCAR-25.1321(b)］,空速指示的中心应与姿态指示的中心并列。相对于飞机水平线参考符号的直接水平位置,空速指示向下 15°到向上 10°的垂直偏差是可接受的。对于带状空速指示,指示的中心定义为当前空速状态参考值的中心。

（6）与空速指示相关的参数,如参考速度或马赫数应显示在姿态指示的左侧。

（7）最有效的高度指示仪表必须位于姿态右侧且与其相邻［CCAR-25.1321(b)］,高度指示的中心应与姿态指示的中心并列。相对于飞机水平线参考符号的直接水平位置,高度指示向下 15°到向上 10°的垂直偏差是可接受的。对于带状高度指示,指示的中心定义为当前高度状态参考值的中心。

（8）与高度指示相关的参数,如大气压力设置或主要垂直速度指示应显示在姿态指示的右侧。

（9）最有效的航向指示仪表必须位于姿态下侧且与其相邻［CCAR-25.1321(b)］,航向指示的中心应与姿态指示的中心并列,航向指示的中心定义为当前飞行状态参考航向的中心。

（10）与飞行航向指示相关的参数,如磁向或实际航向或定位器偏差应位于姿态指示的下侧。

7.3.2 显示硬件特性

7.3.2.1 视觉特性

在显示视觉特性方面,SAE AS 8034B、SAE ARP 4032B、SAE ARP 4256A 对显示器的尺寸、分辨率、线宽、亮度、对比度、色度、灰度、响应时间、显示刷新率、显示更新率、显示缺陷、反射、驾驶舱观察范围给出了详细的设计建议。

1)显示器的尺寸

相对于操作和光线环境并根据其预定功能及在所有可以预测的情况下,对位于机组工作位置的机组成员来说,显示器应该足够大,以达到信息显示的可用形式(如可阅读的或可辨别的)。

2)分辨率和线宽

相对于操作和光线环境,在所有可以预测的情况下,对位于机组工作位置来讲,分辨率和最小线宽都应该充分支持所有显示图像,使得显示信息是可见的和可理解的,且不会造成误解。

3)亮度

显示符号应该在所有外界亮度等级的条件下都保证可读性或可被观察,亮度等级从 1.1 lx(0.1 fc)到 86 100 lx(8 000 fc),同时提供从前视场亮度等级到 34 300 cd/m² (10 000 fL)的快速眼部适应。

显示器应有足够的亮度保证在最高外界光亮度下仍可提供可用的显示。当显示的最大亮度和最小亮度不同时,所有显示信息的亮度应保持一致。当设置最小亮度时,在其他符号或特征可视的情况下,关键的符号或特征不应出现不可视的情况。同时显示器也应保证充分的亮度一致性以防止注意力分散或错误理解信息。

相对于在操作环境中,在周围亮度条件变动的较大范围内,信息应该是可读的,包括并不限于阳光直射在显示器上;阳光穿过前窗直射在白衬衫上(反射);太阳在前方水平面上方并且在顶部板上方直射机组成员的眼睛;夜晚及黑暗的环境下。

对于周围可视度低的情况,显示器应该可以变暗使驾驶员适应黑暗,这样外部的视景和可接受的显示都可以保留。

系统可通过自动亮度调整系统降低驾驶员工作负荷并增加显示器寿命。手动调节功能应当保留,以提供正常或异常的操作区分。

整个驾驶舱内部的显示亮度差异应该最小化,保证在相同亮度下显示的符号、线条或字符在任何可预测的操作状态下都保持统一。

显示器应保证足够的亮度对比度和色差,以保证符号和背景之间,不同符号、特征和线之间,生成背景和环境背景之间,生成背景和不同颜色之间的可分辨性。

4）对比度

显示器的对比度应该足够,以保证从驾驶员工作位置看去,在整个亮度范围内以及任何可预见的操作环境状况下,都能够清晰分辨信息。

所有符号、字符、线条以及相关联的背景的对比度都应该足够,以保证排除所有困扰或必需的信息模糊不清的情况出现。

5）色度

在有关照明环境的一切可预见状况中,从机组成员位置看去,显示色差与亮度差异都应该保证图像符号能够彼此分辨清楚,无论是背景还是背景阴影区域。光栅或视频区域(如非矢量图像-气象雷达)应该允许图像能从覆盖符号中分辨出来,并且应该可以使想要显示的图像符号得到显示。参见 SAE AS 8034B 的 4.3.3 和 4.3.4 部分的额外指导。

在一切可预见的操作温度、视景范围、图像动态及降低暗度等情况的范围内,显示器都要提供一定的色度稳定性,如此一来,符号便于理解,驾驶员不会被误导、混淆或迷惑。

6）灰度

显示器应提供合适的灰度以满足所有的图像内容及其使用,并且满足所有的视景情况。

在可预见的操作温度、视景范围和暗度范围内,显示器应该提供足够的灰度稳定性以保证符号便于理解,驾驶员不会被误导、混淆或迷惑。

7) 响应时间

在标准的外界条件下,显示器在收到有效数据后,应该在 1 min 内显示准确的、无歧义的信息。所有动态和其他性能要求应该保证在 1 min 内得到响应。显示器对机组的操作响应不应超过 1 s,对关键飞行数据的操作响应不应超过 0.25 s。

显示器的动态响应可以提供足够的显示信息分辨性和可读性,不能导致显示误导、混淆或迷惑的信息出现。反应时间必须充分以保证颜色、线宽、灰度和符号的相对位置的稳定性。不合适的显示结果和特性,如移动图像的拖尾效应(smearing)和亮度丧失等情况,都应该最小化。这样一来,在一切可预见的情况下,信息都仍然是可读的、可分辨的,而不会出现混淆或引起误解的数据。

8) 显示刷新率

显示器应该提供足够的刷新率以防止闪变(flicker)效应及其导致的信息误读或信息阅读与理解困难。显示器的刷新率应该足够大以排除不可接受的闪变出现。

9) 显示更新率

显示器应该提供足够的更新率以排除令人不舒服的移动显示结果及其可能导致的误读或混淆。

显示数据的更新应有足够的频率以保证对符号移动的要求,尤其是对于俯仰和滚转的数据更新频率不应低于 15 Hz。

10) 显示缺陷

由硬件或图像处理引起的缺陷,如信息缺陷或拖尾效应等,不应影响显示的可读性或引起错误的理解。

在视觉包线内进行观察时,不应出现可辨识的显示抖动现象。在所有情况下,显示抖动都是不允许的。在指定眼位的视觉包线内,显示抖动的间隔不应超过 0.6 毫弧;在视觉包线内的任意点观察,显示抖动的间隔都不应超过 0.3 毫弧(在某些情况下该值不能被接受)。

显示呈现的维度和位置应足够稳定以满足视觉包线、符号组合和位置精度的要求。图像漂移不应造成机组对信息的误解。

非预期的图像残留不应在昼夜情况下被观测,不应分散注意力,不应造成对飞行信息的误解。

显示不应出现错误的"开启"行、列。在任何情况下都不应由错误的"关闭"行、列导致预期信息的丢失或错误理解。可接受缺陷元素的数量是一个感知缺失问题而不是飞行安全问题,可接受缺陷的数量取决于格式。

11)反射

应保证每个驾驶员的视界都不会受到可能干扰最小机组成员正常任务的闪光和反射的影响。必须在不降水的情况下进行白天和夜晚的飞行试验以表明显示不受影响。对于最小机组成员的准则、基本工作负荷和要素在 CCAR - 25 部中的第 1523 条的附录 D 中有描述。

12)驾驶舱观察范围

驾驶舱观察范围的尺寸在前方通常的范围内,应该为机组成员提供足够的可视性。必要的话还应该可以支持交叉位置的观察,例如有时可能有正驾驶员使用副驾驶员的主显示器观察信息的情况。

7.3.2.2　安装和集成

在显示安装和集成方面,应与整个驾驶舱的设计特性(如驾驶舱尺寸、形状、机组成员位置、窗户位置、外部照明等),以及飞机的环境(如温度、高度、电磁干扰和振动等)相符合,相关适航规章包括 CCAR - 25.251、CCAR - 25.771、CCAR - 25.773、CCAR - 25.1301、CCAR - 25.1321、CCAR - 25.1431 和 SAE ARP 1874。

(1)RTCA/DO - 160E《机载设备的环境条件与测试流程》及欧洲民航电

子组织 ED-14E《机载设备的环境条件与测试流程》均提供了一些关于可用于机载环境中的显示设备的可接受方法的信息。

（2）显示器必须安装在驾驶舱中的固定位置，使得任何驾驶员都能够在其位置上方便地观察到一些信息（如飞行、导航和发电等），而且驾驶员在顺航线向前看时从其原本位置只需要进行最小的可行偏离[CCAR-25.1321(a)]。主显示器上的主要飞行信息不应该存在视觉阻碍，且必须突出显示。

（3）在所有可预见的操作和照明相关的环境下，显示设备的安装都不可以严重影响其可读性和外部景象的能见性[CCAR-25.773(a)(1)]。

（4）在所有可预见的情况下，不论是在显示器上还是在驾驶舱玻璃上，显示设备的安装都不能导致影响最小机组工作量[CCAR-25.773(a)(2)]的眩光或反射。

（5）如果显示系统的设计与交叉飞行仪表相关，那么安装还应该考虑显示器的有限视角、显示信息的尺寸和每个机组成员相对显示器的距离。

（6）如果某个显示器用来显示与现实外部数据相互结合或重叠的符号（如 HUD 符号），那么显示器的安装应在所有的飞行阶段都能保证这些符号位置的精确性。SAE ARP 5288 给出了关于 HUD 上投射符号的位置精确性的细节。

（7）在有关操作环境（如湍流或紧急出口）可预见的情况下，显示系统组件不能对机组成员造成物理伤害。

（8）已安装的显示器不能在视线上阻碍其他的控制、仪表或妨碍这些控制和仪表完成其预定功能（CCAR-25.1301）。

（9）在所有可预见的情况下，显示系统都不可以受到其他飞机系统的严重电磁敏感性干扰（CCAR-25.1431）。

（10）在有关飞行环境可预见的情况下，必须安装显示组件并保持其机械整体性（位置安全）。

（11）液体溅出或显示系统组件破裂不可以导致风险。

7.3.3 显示信息元素

信息元素包括标签;符号;标注、刻度带和读数;动态信息;图形描述和图片;地图数据;其他单独及组合方式,每一类信息元素都应在一个给定的显示区域内直观、准确地向驾驶员展示飞机状态信息。

在设计过程中,需考虑各类信息元素的属性(如尺寸、形状、色彩、字体、线宽、间距)、组织布局、照明环境、分辨率、可读性、一致性等因素。

7.3.3.1 标签

标签是驾驶舱最常用的识别和描述控制器件和其他设备的方式,可分为控制标签、数据段标签、功能标签、其他标签等。

1) 控制标签

如果一个控制标签具有一个以上的功能,则其应包括所有预定的功能,除非控制功能是非常直观的。在多功能显示上,标签应用于指示激活的功能,当功能未激活时,标签应移除,除非有其他方式指示该功能正在使用。针对同样的功能存在多种控制方式,应清晰地标记所有控制器件。当控制状态发生改变或不处于默认状态时,应有明确的指示。通过光标控制方式访问图形控件的标签应包括图形显示。

2) 数据段标签

可编辑、可选择、可操作输入的数据段应有明确的指示。设备应清楚、唯一地标识强制性数据输入、选择性数据输入和仅用于显示的数据。当设备包含可切换、可选择的输入数据段时,这些字段应采用如高亮等方式指示当前选择的状态。

3) 功能标签

如果一个功能的实现采用独立的动作,那么设备应使用表格中的标签或信息;如果一个独立的动作可实现一系列功能,那么须使用表格中(RTCA/DO - 229D)可用的标签。

4) 其他标签

其他标签包括航路点、固定点、机场识别、方位等。

在标签设计过程中,应考虑标签的位置,驾驶舱正常环境光下标签的可读性,标签的一致性,标签的字体、大小写、尺寸、间隔、术语等。当使用图标代替文字标签时,只需要简单操作图标使机组成员确定功能和控制的方法。使用的图标不应该造成机组成员混淆。

7.3.3.2 符号

符号的外观和动态设计应能加强机组成员的理解与记忆,并根据其预定功能,尽量减少飞行机组的工作量,降低错误率。符号的变化用来传达信息的不同层次,应遵循明确的绘制规则;符号的变化是在基线符号上做出的容易识别的更改(如颜色、填充或边框)。

1) 可辨别性

每一个符号都应具有与其他相关符号的可分辨性和区分性,符号的使用应尽量减少机组对符号的误解。

若使用新符号、新设计或曾经与另一个符号功能相关的新符号,则应在理解能力、记忆力以及与其他符号的区分能力方面对机组人员进行测试。

2) 目的性

在驾驶舱内应避免使用相同的符号达到不同的目的,除非可表明其没有任何引起误解或增加机组训练时间的可能性。

在同一驾驶舱内的多个显示器上,建议使用标准化符号,并且表示相同功能的形状、动态符号与其他符号的特征应保持一致。

3) 位置准确性

符号显示的位置应足够精确,避免机组错误理解或增加理解的时间。用于表达物理对象(如导航辅助和交通)的符号不应因对象的物理特性(如位置、大小、包线、方向)而引起机组的误解。

4) 叠加性

符号的设计应考虑符号的优先级,在绘制次级优先级的符号时,应确保较高优先级符号的可见性。

7.3.3.3　标注、刻度带和读数

（1）当在设备的玻璃保护盖上进行标注时，应保证玻璃保护盖与刻度盘表面对齐。

（2）显示量程范围应足以完成预定功能。如果全部的操作范围不是常显示，则不同范围区间的过渡不应分散机组注意力或对信息表达具有迷惑性。

（3）刻度精度的设计应足以完成预定任务。如果刻度带可单独为预定功能提供足够的精度，则刻度带可不搭配数值读数一起使用。当数值读数与刻度带一起使用时，数值读数应位于足够接近刻度带的区域内，以确保两者的关联性，但不应影响对读数和图形的理解。

（4）数值读数包括数字滚动显示和数字固定显示。带有固定和移动指针的读数、刻度盘或带状符号应能有效改善机组对数值数据的理解。

7.3.3.4　动态信息

（1）显示信息元素的运动不应产生模糊、闪烁或产生预期之外的动态效果，避免产生图像变形或难以理解的结果。

（2）图形对象的变化不应分散机组注意力或有令机组感觉不适的抖动、跳动或棘轮效应。

（3）当一个符号达到其允许运动的范围限制时，符号应从视图中滑出、改变视觉特性或证明进一步的偏转是不可能的。

（4）移动时的动态信息不应明显改变其形状或颜色。

7.3.3.5　图像描述和图片

（1）图像应有足够的特征，包括足够的细节，以满足预定功能。

（2）图像失真不应影响机组对图像的理解。

（3）整个系统的实时动态图像的滞后时间不应造成机组的误解或潜在的危险状态。

（4）当图像覆盖编码信息要素时，在所有可预见的底层图像和移动范围的条件下，信息要素都应易于识别和区分。当需要融合或覆盖多个图像时，不论

图像因此产生何种质量差异、投影、数据刷新率、对阳光的敏感度、数据延迟或传感器对齐算法,由此产生的图像都应符合其预期功能。

7.3.3.6 地图数据

地图数据的要求包括信息要求、数据时效性和准确性、符号位置准确性。

1) 信息要求

TSO‐C151c 附录1的6.1节要求在预期运营区域、机场和飞行路线中,至少须提供地形和机场信息。

TSO‐C151c 附录1的6.4节要求系统须具备接受更新地形和机场信息的能力,地形、障碍物和机场数据库的更新无须更改 TSO 授权。

2) 数据时效性和准确性

TSO‐C165 和 RTCA/DO‐257A 的2.2.5节要求显示器须提供一种识别数据库版本和有效操作期的方法,须表明是否有数据尚未生效或已过期。

TSO‐C151c 附录1的6.2节要求制造商必须提供用于验证地形和机场信息的开发方法。以航空数据处理标准 RTCA/DO‐200A 和 ED‐76 为指导。

3) 符号位置准确性

TSO‐C146c 和 RTCA/DO‐229D 的2.2.1.1.4.6节要求如果将地图作为主要的导航手段,则应考虑制图误差的影响。

TSO‐C165 和 RTCA/DO‐257A 的2.3.1节要求如果显示器所显示的精度高于系统总精度所支持的水平,则显示器应提供一个指示。

7.3.4 显示信息管理

1) 信息元素管理

AC 25‐11B 要求当信息元素不需要连续显示时,机组人员可以选择性地显示上述信息元素,但当驾驶员需要时,信息应易于恢复显示。

信息元素的管理方式包括窗口、菜单、弹出信息、多功能应用。

（1）窗口是驾驶员识别信息的一种方式，用于指示特定的功能应用。合理的窗口位置、大小、数量、窗口关联性的设计可大幅提高机组操作效率，减轻工作负荷。窗口内和窗口间的信息元素的分离度应足够充分，以便于机组区分不同的功能和功能组，以及避免注意力分散或非预期的交互。

（2）菜单为机组提供了飞机可选择的功能选项，菜单的层次性尤为重要，其广度（每层菜单选项的数量）和深度（菜单的层级数量）直接影响驾驶舱人机工效，与防差错设计密切相关。在所有特定菜单上提供的选项都应在逻辑上相互保持一致。选择预期选项所需的操作步骤应与机组任务的频率、重要性和紧迫性保持一致。

（3）弹出信息用于向机组提供需及时知晓的信息，如机组告警信息、告警旗、警戒旗、风切变、空中防撞系统（traffic collision avoidance system，TCAS）、地形提示和警告系统（terrain awareness and warning system，TAWS）等。

（4）当系统打开多个文件或应用时，系统应提供持续的指示用于说明，并且机组应能够发现正在运行的应用，且便于切换至其他应用。

2）显示失效管理

咨询通告 AC 25-11B 第 6 章给出了以下信息：当系统失效时，飞机显示系统具有手动或自动转换能力（首选为自动转换能力）是可以接受的。然而，航空立法咨询委员会（Aviation Rulemaking Advisory Committee，ARAC）建议将 CCAR-25.1333(b)款修改成系统、设备和安装必须设计成当发生任何单个故障或组合故障后（如未表明其失效概率为极小），无须增加机组成员的动作，必须保证有足够的飞行信息，以保证由一名驾驶员控制飞机的空速、高度、航向和姿态。在某些飞行阶段，手动重新配置可能无法满足驾驶员立即恢复主飞行信息以控制飞机的需要。自动重新配置是必要的，以确保供机组成员行动的信息及时可用。

上述适航规定要求民机的电子飞行仪表系统具备显示重构功能，即在可预期的单个或多个显示器失效的情况下（显示器内部故障或电源失效），主飞行信息、导航信息和机组告警信息能够转换显示，以保证供驾驶员使用的主飞行信息和发动机主要信息显示的持续性和连贯性,尽量使每个驾驶员都能同时获得主飞行信息、导航信息和发动机主要信息。

在显示重构设计过程中,应综合考虑系统配电、逻辑合理性、飞行操作、维护操作等因素,具体要求可参考如下设计原则:

(1)显示系统应提供显示器在失效情况下资源重构的能力。

(2)在显示单元转换过程中,显示系统应持续显示飞机安全运行所需的飞行信息。

(3)失效显示单元上的信息应位于与转换显示单元相同的位置。

(4)当显示单元自动或手动重构时,不应对机组成员造成不利影响,也不应引发任何轨迹偏差。

(5)手动方式优先级高于自动方式,驾驶员可采取手动方式决定失效的信息在何处显示(或在当前构型下是否需要显示该格式)。

(6)在显示单元自动重构的情况下,飞行信息优先级为主飞行显示>机组告警显示>多功能显示。

(7)当手动方式和自动方式同时干预失效显示单元时,应全面分析失效模式,合理配置飞行信息。

(8)驾驶舱一侧驾驶员对同侧显示单元(左/右主、备用显示单元)的操作不应影响另一侧驾驶员所控制的显示单元(右/左主、备用显示单元)的信息重构。

(9)当仅发动机指示主显示单元失效时,副驾驶员侧备用显示单元承载发动机指示主显示单元全部信息的重构。

7.3.5 显示控制管理

驾驶舱显示与控制设备数量庞大,种类繁多,且设计约束错综复杂,既要保证各个显示控制设备能够正常操作,又要保证操作的舒适性与合理性,同时还要保证操作过程的条理性和逻辑性,因此合理的控制系统设计对飞机的人机工效起着决定性作用。

1）多通道冗余控制的设计理念

多通道冗余控制提供两种或两种以上的方法完成某一给定功能,反映于设计架构,即系统包括两个或两个以上的单元并行工作的并联模型,其目的是通过复制元素、并行运作提高系统的可靠性。

多通道冗余控制的关键设计要素涉及触觉、听觉、视觉,如触控手势、反馈方式(振动反馈、声音反馈及其组合)、布局、按键尺寸、形状、字符大小、色彩等,需要从可达性、防错性、稳定性、操作时间等方面对多通道控制的关键设计要素进行人机工效评估研究。多通道冗余控制设计理念如图 7-1 所示。

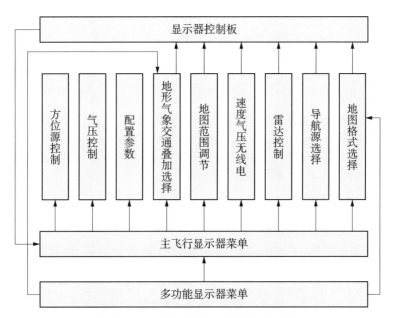

图 7-1　多通道冗余控制设计理念

在通常情况下,多通道控制采用硬件和软件两种方式实现,硬件通道是指相关显示控制板,软件通道则表示显示器虚拟菜单控制,虚拟菜单控制方式可使用开关控制或触控;冗余控制涉及两余度、三余度和四余度操作。根据图 7-1,三余度操作包括导航源选择、雷达控制、地图范围调节、速度气压无线电、配置参数、气压控制和方位源控制;四余度操作包括地图格式选择和地形气象交通叠加选择。当多功能显示器菜单通过主飞行显示器菜单调用相应功能时,如果主飞行显示器失效,那么多功能显示器菜单无法调用对应菜单,因此相应余度等级降低。

2)显示控制

显示控制为机组提供飞行模式、飞机构型、飞行参数的控制,分别包括主飞行显示器的控制、多功能显示器的控制和其他功能控制。

(1)主飞行显示器的控制。主飞行显示器的控制应该但不限于提供以下参数的控制:气压基准的设置,地图格式的设置,导航源切换的控制,菜单选择和退出,数据选择的控制,地形、气象、交通的控制,雷达显示范围和天线角度的控制,基准设置的控制(参考速度、决断高度、最小下降高度等),基本配置的控制(公/英制、磁/真航向等)。

(2)多功能显示器的控制。多功能显示器的控制应该但不限于提供以下参数的控制:系统状态简图的控制,控制菜单按钮、气象、地形、交通的控制。

(3)其他功能控制。其他功能控制应该但不限于提供以下参数的控制:数据源选择的控制、显示重构选择的控制。

3)显示器虚拟菜单

显示器虚拟菜单为机组提供相关飞行参数的设置,其设计应但不限于显示以下参数:菜单标题、子菜单标题、地图格式控制、聚焦指示、导航源选择、范围设置、方位源子菜单(FMS、VOR、ADF)、配置子菜单(气压、公制等)、叠加子菜单(地形、气象、交通)、雷达子菜单(模式、增益等)、基准子菜单(参考速度、决断高度、最小下降高度等)、气压设置子菜单(inHg[①]、hPa、标准大气压)。

7.3.6 显示信息指示

7.3.6.1 姿态指示

CCAR-25.1303(b)(5)项规定了飞机主飞行显示器必须具备倾斜俯仰指

---

① inHg: 英寸汞柱,压强单位,1 inHg=3 386 Pa。

示器(陀螺稳定的),CCAR-25.1321(b)(1)项规定了最有效地指示姿态的仪表必须装在仪表板上部中心位置。姿态指示如图7-2所示。

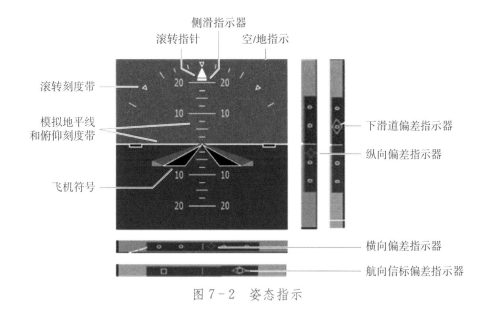

图 7 - 2   姿态指示

1)滚转

滚转功能对应的机载设备技术标准须满足 TSO-C4c,最小性能标准须满足 AS 396B。

(1)滚转刻度带。滚转刻度带的设计样式参考 ARP 4102/7 附录 A7。滚转刻度带在 0°和 45°处分别有一个白色内空倒三角标记;在 10°和 20°处分别有白色短线标记;在 30°和 60°处分别有白色长线标记,如图 7 - 2 所示。

(2)滚转指针。滚转指针的设计样式参考 ARP 4102/7 附录 A8。滚转指针设计为白色实心三角,用于指示飞机当前滚转角度,如图 7 - 2 所示。

2)俯仰

俯仰功能对应的机载设备技术标准须满足 TSO-C4c,最小性能标准须满足 AS 396B。

(1)模拟地平线。模拟地平线表示相对飞机符号的地平线位置,设计样式参考 ARP 4102/7 附录 A1。模拟地平线设计为一条白色横实线,如图 7-2 所示。

(2)俯仰刻度带。俯仰刻度带的设计样式参考 ARP 4102/7 附录 A6。飞机抬头俯仰角为正,此时俯仰刻度带下移;飞机低头俯仰角为负,此时俯仰刻度带上移,如图 7-2 所示。

3)侧滑

侧滑功能对应的机载设备技术标准须满足 TSO - C3e,最小性能标准须满足 AS 8004。

CCAR - 25.1303(b)(4)项规定了飞机主飞行显示器必须具备侧滑指示器,设计样式参考 ARP 4102/7 附录 A10。

侧滑指示器位于滚转指针下方,是一个白色矩形,相对于滚转指针做横向移动,移动量正比于飞机横向加速度。当飞机产生向右的加速度时,侧滑指示器相对滚转指针左移。当飞机产生向左的加速度时,侧滑指示器相对滚转指针右移,如图 7-2 所示。

4)飞机符号

飞机符号指示飞机相对于地平线的姿态,设计样式参考 ARP 4102/7 附录 A2、A4。飞机符号既可以是具有两个机翼的倒八字杆型,也可以显示成分裂的 T 形,如图 7-2 所示。

5)迎角余量指示

迎角余量指示器指示失速保护系统的振杆器即将被激活的位置,设计样式参考 ARP 4102/7 附录 A16。

某型飞机迎角余量指示设计如图 7-3 所示。

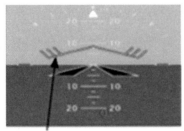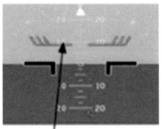

图 7-3　某型飞机迎角余量指示设计

6）横向偏差及偏差源

横向偏差指示器提供飞机的航向导引,指引机组对准跑道。横向偏差源包括航向信标(localizer，LOC)、VOR、FMS。LOC 功能对应的机载设备技术标准须满足 TSO－C36e,最小性能标准须满足 DO－195。VOR 功能对应的机载设备技术标准须满足 TSO－C40c,最小性能标准须满足 DO－196。FMS 功能对应的机载设备技术标准须满足 TSO－C115c,最小性能标准须满足 DO－187。

CCAR－121.349 条规定了仪表飞行规则运行或非地标领航的航路上目视飞行规则运行的无线设备要求,横向偏差指示器设计样式参考 ARP 4102/7 附录 A70、A71。

横向偏差指示器指示当前横向航径,星形表示导航源为 FMS;菱形表示导航源为其他导航源,如图 7－2 所示。

7）纵向偏差及偏差源

纵向偏差指示器提供飞机仪表进近的下降剖面导引,指引飞机建立正确的下滑航迹。纵向偏差源包括地速(ground speed，GS)、FMS。GS 功能对应的机载设备技术标准须满足 TSO－C34e,最小性能标准须满足 DO－192。FMS 功能对应的机载设备技术标准须满足 TSO－C115c,最小性能标准须满足 DO－187。

CCAR－121.349 条规定了仪表飞行规则运行或非地标领航的航路上目视飞行规则运行的无线设备要求,纵向偏差指示器设计样式参考 ARP 4102/7 附录 A68、A69。

纵向偏差指示器指示当前纵向航径,绿色菱形指示当前下滑道位置,洋红色星形表示纵向偏差来自本侧 FMS;琥珀色星形表示纵向偏差来自对侧 FMS,如图 7－2 所示。

7.3.6.2 空速指示

CCAR－25.1303(b)(1)项规定了飞机主飞行显示器必须具备空速表,CCAR－25.1303(c)(2)项规定了飞机必须具备马赫数表。CCAR－25.1321 (b)(2)项规定了指示空速最有效的仪表必须直接装在姿态仪表的左边。指示空速功能对应的机载设备技术标准须满足 TSO-C2d,最小性能标准须满足 AS 8019。马赫数功能对应的机载设备技术标准须满足 TSO-C95a,最小性能标准须满足 AS 8018。空速指示设计如图 7-4 所示。

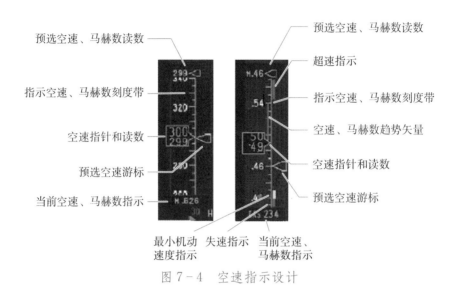

图 7-4 空速指示设计

1) 指示空速、马赫数刻度带

指示空速、马赫数刻度带设计样式参考 ARP 4102/7 附录 A18。刻度带与相应的显示模式(指示空速或马赫数模式)对应,需规定指示空速(indicated airspeed,IAS)、马赫数的显示范围和最大显示值。

2) 当前空速、马赫数

当前空速设计样式参考 ARP 4102/7 附录 A21,马赫数设计样式参考 ARP 4102/7 附录 A37。当前空速、马赫数正常值显示绿色,如图 7-4 所示,当马赫数和高度满足一定条件时,马赫数和空速之间可进行自动和手动切换。

3) 预选空速、马赫数

预选空速和马赫数设计样式参考 ARP 4102/7 附录 A20、A22。预选空速和马赫数指示飞机的目标速度,如图 7-4 所示。当数据由人工或飞行导引系统输入时,显示为青色;当数据由 FMS 输入时,显示为洋红色。

4) 空速、马赫数趋势矢量

空速、马赫数趋势矢量设计样式参考 ARP 4102/7 附录 A23。空速、马赫数趋势矢量指示飞机保持当前增速或减速速率 10 s 后将达到的速度。趋势矢量以洋红色温度计显示,加速向上,减速向下,如图 7-4 所示。

5) 超速指示

CCAR-25.1303(c)(1)项规定了飞机应装有速度警告装置,超速指示功能(V_{max})对应的机载设备技术标准须满足 TSO-C101 和 TSO-C46a,最小性能标准须满足 AS 8007。超速指示设计样式参考 ARP 4102/7 附录 A28、A35。

当空速趋势矢量超过($V_{mo}+\Delta$)或($M_{mo}+\Delta$)达到数秒时,IAS 读数(或马赫数读数)变为琥珀色,最大速度显示由红色竖线变为更宽的红黑相间棋盘形。

当空速和空速趋势矢量小于等于 V_{max} 时,超速预告警结束。

超速告警:当前空速达到($V_{mo}+\Delta$)时,IAS 读数(或马赫数读数)将变红,如图 7-4 所示。

当空速达到($V_{mo}+\Delta$)时,发出超速音响告警;当空速小于 V_{max} 时,超速告警结束。

V_{max} 为 V_{mo}(最大空速)、M_{mo}(最大空速)、V_{le}(最大起落架伸态速度)和 V_{fe}(最大襟翼展态速度)中的最小值。超速指示如图 7-5 所示。

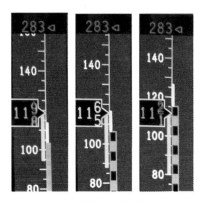

图 7-5　超速指示

6）失速指示

CCAR－25.207 条规定了飞机必须具备失速指示功能，失速指示功能（V_{min}）对应的机载设备技术标准须满足 TSO－C54，最小性能标准须满足 AS 403A。失速指示设计样式参考 ARP 4102/7 附录 A30。

当空速趋势矢量低于（$V_{min}-\Delta$）达到 5 s 时，此阶段为失速预告警，IAS 读数变为琥珀色，失速告警速度由红色竖线变为更宽的红黑相间棋盘形。

当空速达到（$V_{min}-\Delta$）时，此阶段为失速告警，IAS 读数变为红色，出现失速告警旗、发出失速音响告警、触发振杆器，如图 7－4 所示。当空速大于 V_{min}（该值由显示器计算得出）时，告警结束。失速指示如图 7－6 所示。

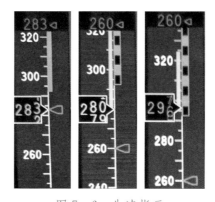

图 7－6　失速指示

7）最小机动速度指示

最小机动速度功能（V_{man}）设计样式参考 ARP 4102/7 附录 A30。

最小机动速度为失速告警速度提供一定的余量，显示为 V_{min} 上面的琥珀色线条，如图 7－4 所示。

8）参考速度

参考速度设计样式参考 ARP 4102/7 附录 A24。参考速度（V_{speed}）是飞机起飞和进近的参考速度，包括起飞决断速度、抬前轮速度、起飞安全速度、进近基准速度，上述速度显示颜色依据数据源选择而定。当数据由人工输入时，显示为青色;当数据由 FMS 输入时,显示为洋红色。参考速度指示如图 7-7 所示。

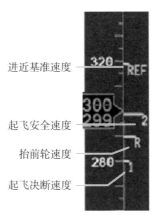

进近基准速度

起飞安全速度

抬前轮速度

起飞决断速度

图 7-7　参考速度指示

7.3.6.3　高度指示

CCAR-25.1303(b)(2)项规定了飞机主飞行显示器必须具备高度表(灵敏型)。CCAR-25.1321(b)(3)项规定了指示高度最有效的仪表必须直接装在姿态仪表的右边。高度功能对应的机载设备技术标准须满足 TSO-C10b,最小性能标准须满足 AS 392C。高度指示设计如图 7-8 所示。

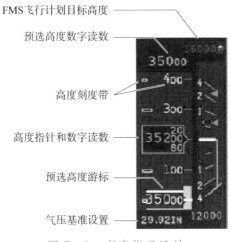

FMS飞行计划目标高度

预选高度数字读数

高度刻度带

高度指针和数字读数

预选高度游标

气压基准设置

图 7-8　高度指示设计

1) 高度刻度带

高度刻度带随飞机的当前高度上下滑动,设计样式参考 ARP 4102/7 附录 A39。高度刻度带包括精细高度刻度带和粗高度刻度带,如图 7-8 所示。

2) 高度指针和数字读数

高度指针和数字读数指示飞机当前实际高度,设计样式参考 ARP 4102/7 附录 A40、A43。

气压高度的显示单位可使用英尺或米,当气压高度为负值时,数字读数前可使用白色负号,如图 7-8 所示。

3) 预选高度游标

预选高度为飞机的目标高度,其单位可在英尺和米之间切换。预选高度游标设计样式参考 ARP 4102/7 附录 A45。

预选高度读数及游标分别位于高度带顶部和右部,如图 7-8 所示。青色表示正常显示,琥珀色闪烁表示预选高度告警。

4) 气压基准设置

飞机根据不同的气压基准设置进行相应的高度显示,气压基准包括场面气压(query:field elevation, QFE)、修正海平面气压(query:nautical height, QNH)、标准大气压(query:newlyn harbour, QNE),设计样式参考 ARP 4102/7 附录 A46。

选择 QNH 为基准,气压基准显示单位为 inHg 或 hPa;选择 QNE 为基准,气压基准显示为标准大气压,如图 7-8 所示。QNH 和 QNE 之间的切换依据当地转换高度层而定。

5) 无线电高度

无线电高度功能对应的机载设备技术标准须满足 TSO-C87a。无线电高度(radio altimeter, RA)指示用于判断飞机实际离地高度,设计样式参考 ARP 4102/7 附录 A47。

当飞机高度低于特定数值时,RA 数值显示于姿态指示器下部,RA 正常显示为绿色；当飞机高度高于该特定数值时，RA 数值消失。模拟 RA 指示为棕色宽带，用于指示地面。无线电高度指示如图 7-9 所示。

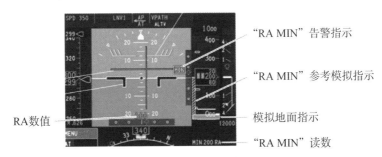

图 7-9　无线电高度指示

"RA MIN"指示飞机下降到预选 RA 决断高度，相关参数以离地高度（above ground level，AGL）为基准。"RA MIN"读数位于姿态显示区域下部，正常为青色，如图 7-9 所示。当"RA MIN"告警时读数显示为琥珀色，同时姿态指示器出现琥珀色告警旗，如图 7-9 所示。"RA MIN"参考模拟指示为高度带左侧的青色螺旋条纹柱，如图 7-9 所示。

7.3.6.4　垂直速度指示

CCAR-25.1303(b)(3)项规定了飞机主飞行显示器必须具备升降速度表（垂直速度）。垂直速度功能对应的机载设备技术标准须满足 TSO-C8e，最小性能标准须满足 AS 8016。垂直速度指示如图 7-10 所示。

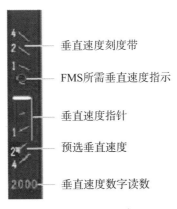

图 7-10　垂直速度指示

1) 垂直速度刻度带

垂直速度刻度带设计样式参考 ARP 4102/7 附录 A56。

垂直速度指针指示当前飞机的垂直速度,显示为一个偏离垂直速度中心的竖线。在正常情况下垂直速度指针显示绿色;当垂直速度指针进入 TCAS RA 红色区域时,垂直速度指针变为红色。

当爬升率大于特定数值时,垂直速度数字读数显示在刻度带顶部;当下降率大于特定数值时,垂直速度数字读数显示在刻度带底部;当爬升率和下降率小于一定数值时,垂直速度数字读数不显示。

2) 预选垂直速度

预选垂直速度设计样式参考 ARP 4102/7 附录 A57。在自动飞行选为垂直速度工作模式时,可设置预选的垂直速度,蓝绿色数值显示在飞行模式通告垂直速度之后,蓝绿色箭头在垂直速度带上。

3) FMS 所需垂直速度指示

FMS 所需垂直速度(FMS VSR)指示飞机从当前位置爬升(或下降)到下一爬升(或下降)高度限制所需的最小平均垂直速度。仅当 FMS 被选择为激活的导航源时才显示 FMS VSR。当本侧 FMS 为激活导航源时,FMS VSR 指针为洋红色空心圈;当对侧 FMS 为激活导航源时,FMS VSR 指针为琥珀色空心圈。

4) 垂直速度决断咨询指示

TCAS 垂直速度咨询指示在垂直速度带上,绿带表示推荐的垂直速度区域,红带表示禁止的垂直速度区域。

7.3.6.5　飞行模式通告

CCAR - 25.1329(i)(3)项规定了飞机必须提供措施指示当前的工作模式,包括所有预位模式、转换和复原。CCAR - 25.1329(j)款规定在自动驾驶仪断开后,必须及时地给每一位驾驶员提供与驾驶舱其他警告截然不同的警告(视觉和听觉的)。CCAR - 25.1329(k)款规定在自动推力功能断开后,必须给每一位驾驶员提供警戒指示。

飞行模式应位于姿态指示上部,通告模式主要包括自动油门模式通告、滚转模式通告、AP/AT/YD通告、俯仰模式通告。

自动油门模式通告的设计样式参考 ARP 4102/7 附录 A81、A82;滚转模式通告的设计样式参考 ARP 4102/7 附录 A81、A82;AP/AT/YD 通告的设计样式参考 ARP 4102/7 附录 A83;俯仰模式通告的设计样式参考 ARP 4102/7 附录 A81、A82。

7.3.6.6　导航指示

水平状态指示器用于显示导航格式,导航格式可包括当前位置(present position, PPOS)格式、磁罗盘格式、飞行计划格式和 TCAS 格式,如图 7 - 11 所示。

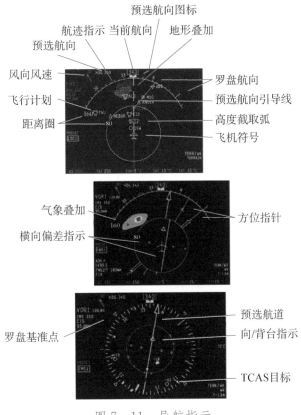

图 7 - 11　导航指示

1）距离圈

距离圈设计样式参考 ARP 4102/7 附录 B49。距离圈数字读数显示为白色,内圈范围始终为外圈的一半。当叠加地形或气象时,外圈范围有所不同。当触发地形障碍物的警告(或警戒)时,外圈范围会自动跳变。

2）风向风速

风向风速设计样式参考 ARP 4102/7 附录 B26。风向风速由 FMS 自动计算,箭头代表相对于飞机的风向,数字指示风速。洋红色表示本侧 FMS 为计算源,琥珀色表示对侧 FMS 为计算源。

3）当前航向和预选航向

CCAR‐25.1303(b)(6)项规定了飞机必须具备航向指示器。功能对应的机载设备技术标准须满足 TSO‐C5f 和 TSO‐C6e,最小性能标准须满足 AS 8021 和 AS 8013。预选航向设计样式参考 ARP 4102/7 附录 A64。

航向正常显示为绿色,预选的航向读数为蓝绿色。当显示航向比较旗时,主飞行显示上的预选航向读数将被移除。预选航向引导线以蓝绿色虚线表示,当正在更改所选航向或当罗盘刻度盘上没有预选航向游标时显示。

4）航迹指示

指示飞机当前地面航迹,相对于航向(即顶部刻度)的偏置为偏流角。航迹指示用空心圆表示,洋红色表示本侧 FMS 为当前导航源,琥珀色表示对侧 FMS 为当前导航源。

5）预选航道

预选航道设计样式参考 ARP 4102/7 附录 B16。预选航道指示与当前导航源颜色一致:绿色表示当前导航源为本侧导航源 VOR/LOC;洋红色表示当前导航源为本侧导航源 FMS;琥珀色表示当前导航源为对侧导航源。

6）横向偏差指示

横向偏差指示设计样式参考 7.3.6.1 第 6)项。水平状态指示器中横向偏差指示包括横向偏差杆和横向偏差标尺。横向偏差杆位于航道/所需航迹指示器中部,线宽和颜色与航道/所需航迹指示器一样。偏差杆偏离飞机符号的距离用于指示航道/所需航迹相对飞机的位置,偏离量与偏差大小成正比。

横向偏差标尺以白色小圆圈表示,位于航道/所需航迹指示器罗盘中线左右两侧,垂直于航道/所需航迹指示器。

7）方位指针

方位指针对应的机载设备技术标准须满足 TSO‐C40c 和 TSO‐C41d,最小性能标准须满足 DO‐196 和 DO‐179。

水平状态指示器最多显示两个方位指针,蓝绿色（单线箭头）指示 FMS1、VOR1 和 ADF1 方位,白色（双线箭头）指示 FMS2、VOR2 和 ADF2 方位。当前方位源信息显示在水平状态指示器的左下角。

8）向/背台指示

向/背台设计样式参考 ARP 4102/7 附录 B18。向/背台指示颜色与航道/所需航迹指示器颜色一致;向台(to)三角形指向与航道指示器前端一致;背台(from)三角形指向与航道指示器前端相反。

9）高度截取弧

高度截取弧设计样式参考 ARP 4102/7 附录 B51。高度截取弧指示到达 FMS 目标高度的位置。

10）飞行计划

飞行计划包含的信息主要有导航台、航路点、导航源指示,如图 7‐12 所示。

（1）导航台。导航台设计样式参考 ARP 4102/7 附录 B32、B33、B34、B35。导航台包括 VOR、测距仪(distance measuring equipment,DME)、VOR/DME、无方向性信标(non-directional beacon,NDB),导航台用青色指示。

（2）航路点。航路点设计样式参考 ARP 4102/7 附录 B31。未激活的航路点用白色指示,激活的航路点用洋红色指示。

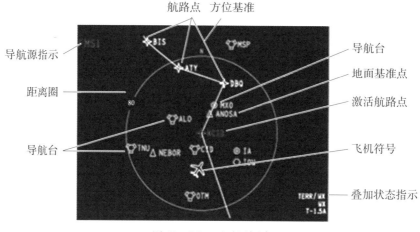

图 7-12　飞行计划

（3）导航源指示。导航源包括 VOR、LOC、FMS。当前导航源指示区自上而下依次为当前导航源标识、航道/所需航迹读数、导航台/航路点标识和距离指示。绿色表示当前导航源为本侧导航源 VOR/LOC；洋红色表示当前导航源为本侧导航源 FMS；琥珀色表示当前导航源为对侧导航源。航道/所需航迹读数、名称的颜色与当前导航源一致。航道导航源为 VOR 或 LOC；B/C 导航源为 LOC 背航道；期望航迹（desired track，DTK）导航源为 FMS 所需航迹。导航台/航路点标识指示下一个导航台/航路点标识，颜色与当前导航源一致。距离指示表示到达下一个相应导航台/航路点的距离（n mile），颜色与当前导航源一致。

7.3.6.7　叠加状态指示

叠加状态信息包括气象雷达叠加、地形提示和告警、交通告警和防撞。

1）气象雷达叠加

CCAR-121.357（a）款规定了飞机应当配备符合要求的机载气象雷达设备。气象雷达功能对应的机载设备技术标准须满足 TSO-C63d。

气象雷达信息应提供雷达回波、雷达状态（雷达控制、雷达工作模式、雷达增益、俯仰/自动俯仰）信息。

2）地形提示和告警

CCAR - 121.354(a)款规定了飞机应当配备符合要求的地形提示和告警系统。地形提示和告警功能对应的机载设备技术标准须满足 TSO - C92 和 TSO - C151c。

TAWS 显示包括以下类别(优先级由高到低)：风切变警告(红色)、近地告警系统(ground proximity warning system，GPWS)警告(红色)、地形提示警告(红色)、GPWS 警戒(琥珀色)、地形提示警戒(琥珀色)、风切变警戒(琥珀色)。

地形图中应采用不同的显示颜色表示不同高度范围的地形，包括红色带 X 避让区(飞机无法爬升越过的地形)、红色警告区(飞机完全低于这个区域的高度)、琥珀色警戒区(飞机和这个区域的高度相近)、绿色安全区(飞机完全高于这个区域的高度)和黑色忽略区(无重要的障碍物区域)。

3）交通告警和防撞

CCAR - 121.356(a)款规定了飞机应当配备符合要求的交通防撞系统。交通告警和防撞功能对应的机载设备技术标准须满足 TSO - C119c，最小性能标准须满足 DO - 185B。

TCAS 指示应包含但不限于决断咨询指示、交通咨询指示、接近的交通指示、交通高度、决断咨询交通高度趋势指示、无方位交通指示、TCAS 模式或状态指示等。

7.3.6.8　其他速度和温度指示

其他速度和温度指示包括但不限于 GS、真空速(true airspeed，TAS)、国际标准大气(international standard atmosphere，ISA)温度、静温(static air temperature，SAT)、总温(total air temperature，TAT)等。

1）地速

地速设计样式参考 ARP 4102/7 附录 A34。地速单位为节，洋红色表示数据源来自本侧 FMS，琥珀色表示数据源来自对侧 FMS。

2）真空速

真空速设计样式参考 ARP 4102/7 附录 A33。真空速数值显示为绿色。

3）国际标准大气温度

国际标准大气温度读数显示为绿色。当温度小于 0℃ 时，读数前加负号
"－"；当温度为 0℃ 时，读数前不加符号；当温度大于 0℃ 时，读数前加正号
"＋"。

4）静温和总温

CCAR－25.1303(a)(1)项规定了飞机应当配备大气静温表。温度指示设
备对应的机载设备技术标准须满足 TSO－C43c，最小性能标准须满足 AS
8005。温度设计样式参考 ARP 4102/7 附录 B28。

静温和总温读数显示为绿色。当温度小于 0℃ 时，读数前加负号"－"；当
温度大于等于 0℃ 时，读数前不加符号。

7.3.6.9　故障旗指示

AC 25.1322－1 要求飞机应提供视觉告警信息，其中包括故障旗指示，主
要分为失效旗(红色)和警戒旗(琥珀色)。

失效旗包括但不限于导航源失效旗、航向失效旗、无线电高度失效旗、失速
告警指示旗、迎角失效旗、指示空速/马赫数失效旗、飞行指引失效旗、自动驾驶
仪(autopilot，AP)断开警告、姿态失效旗、纵向偏差失效旗、气压高度失效旗、
垂直速度失效旗、下滑道失效旗和横向偏差失效旗。

警戒旗包括但不限于航向比较旗、无线电高度比较旗、指点信标指示器、姿
态航向校准通告、大气数据源指示、姿态航向源指示、空速比较旗、飞行指引转
换指示、飞行指引比较旗、迎角余量指示器、AP/AT 通告指示、俯仰模式抑制
指示、飞行指引同步指示、姿态、俯仰或滚转比较旗、预选高度读数警戒旗、气压
高度比较旗、"RA MIN"指示旗、风切变告警或地形提示告警、下滑道信标比较
旗、气压基准黄下划线；航向信标比较旗、目标和湍流警告指示、TCAS 失效指
示、雷达故障指示、地图失效指示、地形/气象雷达失效指示、叠加故障指示区、

FMS通告指示、预选导航源失效旗等。

7.3.6.10　发动机状态指示

发动机状态指示应包括发动机低压转速、发动机涡轮间温度、发动机高压转速、推力模式通告、反推力、发动机振动、发动机着火警告、发动机滑油温度、发动机滑油压力、燃油流量、点火状态、发动机起动等。系统还应提供APU转速、APU排气温度等APU发动机参数在部分时间的显示。某型飞机的发动机状态和机组告警指示如图7-13所示。

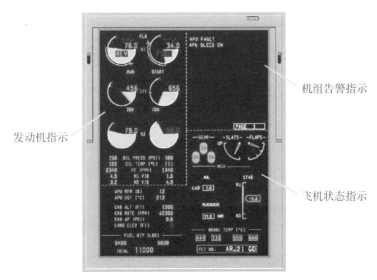

图7-13　某型飞机的发动机状态和机组告警指示

发动机低压转速、发动机涡轮间温度、发动机高压转速的模拟刻度盘的设计样式参考ARP 4102/7附录C1,数字读数的设计样式参考ARP 4102/7附录C2。发动机低压和高压转速限制的设计样式参考ARP 4102/7附录C5、C6。

推力模式通告的设计样式参考ARP 4102/7附录C8,推力基准限制的设计样式参考ARP 4102/7附录C9,最大起飞推力基准的设计样式参考ARP 4102/7附录C10,反推力通告的设计样式参考ARP 4102/7附录C14。

7.3.6.11　飞机状态指示

飞机状态指示应包含飞机构型状态和系统简图页信息的显示,如图 7 – 13 所示。

飞机构型状态信息应包括起落架、襟缝翼位置、配平位置、刹车压力、座舱高度、座舱高度变化率、座舱压差、着陆标高、刹车温度、刹车压力、燃油量、蓄压器压力。

飞机应包括以下简图页信息：飞控系统、燃油系统、液压系统、电源系统、防冰系统、环控系统、舱门系统、系统概要页。

7.3.6.12　机组告警指示

根据系统状态的紧急程度,机组告警指示区按照警告、警戒、提示、状态四个等级从上至下显示,如图 7 – 13 所示。最新的警告信息显示在警告信息区的最前面,最新的警戒信息显示在警告信息后面,在警戒信息区的最前面;最新的提示信息显示在警戒信息后面,在提示信息区的最前面;最新的状态信息显示在提示信息后面,在状态信息区的最前面。对于同一等级的信息,根据收到信息的先后进行显示。

在特定的飞行阶段,CAS 可根据调解完成某些 CAS 信息和音响警告的抑制,该功能可减轻机组在高工作负荷条件下的工作负荷。

7.3.7　显示色彩管理

AC 25.1302 – 1 指出驾驶舱应执行统一的色彩理念,在评估允许的情况下色彩统一性可稍有偏差。依据 SAE ARP 4032B,在所有驾驶舱应用中采用统一的色彩理念尤为重要,其原因在于色彩具有分散注意力的特性,但是过度使用色彩则会造成视觉和阅读阻碍,因此合理使用色彩可以帮助驾驶员识别信息、获取注意力。

AC 25 – 11B 建议在所有可预见的照明和工作条件下,与其他颜色搭配使用时每个编码的颜色都应有足够的分离色度,以便识别以及与其他颜色区分;同时应避免类似亮度的颜色组合。AC 25 - 11B 强调色彩的分辨度容易受到某些因素的影响,诸如人眼分辨色彩的能力、光线条件、显示器性能和观测角度等。

亮度对比度是影响文字和图形的辨认度的最重要因素,但合理应用颜色也会提高辨认度(符号和背景颜色在 CIE 色度图中的空间距离)。若亮度对比已经提供了足够的辨认度,那么再增加色度对比效果可能不会很明显。

影响辨认度的因素包括显示器本身技术、人眼构造、颜色亮度的潜在顺序。人类正常视觉的视敏度是 $1'$($1°$等于 $60'$),当视角小于 $30'$ 时,蓝色和黄色的分辨度会降低;若继续降低至 $15'$,则红色和绿色也会难以分清。

显示系统应该避免使用高饱和度的颜色(即满量程灰度),原因是高亮的颜色应用于符号或文字的叠加。选择大范围的颜色相当于间接调节环境灯光,例如在夜晚可以提高整体亮度,帮助人们注意到原本眼睛不敏感的颜色(如深蓝)。选择大范围的颜色时,需考虑其能否获得较好的背景和数据之间的对比度。

大范围的颜色可用于设置重要数据和背景采用较高对比度的情况,非重要数据和背景采用较低的对比度。大范围的颜色用来模拟现实色彩,如天空用蓝色,地面用棕色。大范围的颜色还可以提高性能,例如若系统采用淡蓝和黄色两种背景,那么其交叉处会产生绿色背景。如果在黄色或琥珀色区域上出现黄色告警信息,那么需要避免相似颜色的冲突。可采取改变两者的优先级、突显背景下的告警信息、晕化告警信息等调整方式。为了降低背景和前景间不必要的 α 混合带来的影响,应使用合适的透明度以消除产生其他颜色的可能性。为区别大区域内同等重要、不同意义的信息,应使用非相似颜色。

针对色差问题,主要通过亮度差和色度差的方法分析。最可信的色差系统是 CIELUV(没有考虑符号的尺寸)。在测定色差方面,该系统从感知角度权衡了亮度和色度。在同一驾驶舱目视多个 LCD 时,要防止驾驶员对颜色产生混淆,因此需要对颜色差异进行评判。虽然至今没有最小可接受颜色差异的基准,但通常采用色差容差的方法来评判。最新发布的 CIEDE2000 体系能够最大限度反映颜色之间的差异，有可能取代 CIELUV，但仍存在很多问题。在涉及符合辨识度方面，由于 CIEDE2000 没有足够的标准，因此无法预知在辨识度方面的效果。在涉及绝对辨识颜色的情况下，没有方法能够准确测试出性能，这就要求在选择少量颜色的同时，还需满足较广色度空间的要求。任何与色差相关的情况，最终颜色的定义都必须基于真实环境下的仪器测试。颜色的使用要以提升性能为目的，而不是单单考虑美学。

根据 ARP 4256A 要求，色差评估方法依据 CIE1976 体系实现。根据测试方式的不同，色差的评估方式有所不同，主要分为以下几个方面：

（1）总色差计算任意固定观测点观测到的显示器表面两种颜色的差异，该值不应超过 12。

（2）色度差公式用于计算在固定观测点（如 DEP）观测到的显示器上两个相同颜色（感知认为）的差异，该值不应超过 24。

（3）眼位色彩容差用于计算在设计眼位（DEP）观测的指定颜色与显示器中心测试颜色的差异，该值不应超过 24。

（4）观测包线色彩容差公式用于计算在观测包线内的任意观测点观测的任意一种颜色与在 DEP 观测的该种颜色的差异，该值不应超过 26。

7.4　系统基本组成

显示系统通常包括 PFD、MFD/导航显示器（navigation display，ND）、EICAS 显示器、DCP、光标控制板（cursor control panel，CCP）、转换选择控制板、远距离传感器。

PFD 以 T 形布局提供主飞行信息，包括姿态、空速、高度、航向、垂直速度等，对于关键飞行数据，系统应监控对侧比较器，向机组提供故障旗和比较旗等形式的告警。对于时间关键的飞机状态，以显著的方式（如大号红色字符）显示在机组的主视野区。在特定状态下,如俯仰或滚转超限,PFD 应提供简洁画面显示。具体功能设计可参考 7.3.6.1～7.3.6.5 节、7.3.6.8 节、7.3.6.9 节。

MFD 用于显示导航信息以及提供多种叠加数据(如气象、地形、TCAS 等),同时,MFD 还可用于 PFD 或 EICAS 失效时的备份。具体功能设计可参考 7.3.6.6 节、7.3.6.7 节。

EICAS 显示器用于向机组提供发动机状态、飞机状态和机组告警指示等,具体功能设计可参考 7.3.6.10～7.3.6.12 节。

机组可通过 DCP、CCP、转换选择控制板对显示画面及内容进行操作控制,DCP 用于 PFD 页面的控制,CCP 用于 MFD/ND 页面的控制,转换选择控制板可帮助完成显示重构功能的实施,远距离传感器与显示器亮度传感器、人工亮度调节控制共同完成显示器的自动和手动亮度控制功能。显示控制功能的设计可参考 7.3.5 节。

7.5　显示系统验证方法

为了表明显示系统的适航符合性,需采用合理的符合性方法验证,与适航条款直接相关的符合性方法包括 MC1、MC5、MC6、MC7 和 MC8。

7.5.1　CCAR‑25.1301 条符合性说明

关于 CCAR‑25.1301(a)款的符合性验证说明:通过鉴定设备,表明设备满足相应的 TSO 和环境要求,并满足条款的要求。通过软、硬件完成综述表明系统软、硬件设计与构型满足系统需求。按预定功能设计选择显示系统,设计能满足飞机在规定条件下运营时应该具有的功能和性能要求。表明符合性的方法包括 MC1 和 MC9。

关于 CCAR‑25.1301(b)款的符合性验证说明:通过航空器检查,表明显示系统所含设备均有标牌,设备上标明了该设备的名称、型号、件号、制造商、系列号等。表明符合性的方法包括 MC1 和 MC7。

关于 CCAR‑25.1301(c)款的符合性验证说明:通过航空器检查,显示系统的环境条件符合环境要求,所含设备安装在仪表板、遮光罩和中央操纵台上,安装位置的环境条件符合设备的环境条件要求。表明符合性的方法包括 MC1 和 MC7。

关于 CCAR‑25.1301(d)款的符合性验证说明:通过地面试验和飞行试验,表明在设备安装后,系统在可预期的运行条件下能完成预定功能。表明符合性的方法包括 MC1、MC5 和 MC6。

7.5.2 CCAR‑25.1303 条符合性说明

关于 CCAR‑25.1303(a)(1)项的符合性验证说明:通过飞行试验及分析报告表明安装后功能正常,显示器安装在驾驶舱内仪表板上。PFD 位于驾驶员的正前方,大气静温在 PFD 下方显示,在每一位驾驶员的工作位置处均可视。表明符合性的方法包括 MC1 和 MC6。

关于 CCAR‑25.1303(b)款的符合性验证说明:通过飞行试验及分析报告表明安装后功能正常。PFD 位于仪表板左右两侧,处于驾驶员的正前方。表明符合性的方法包括 MC1、MC6 和 MC8。

关于 CCAR‑25.1303(c)款的符合性验证说明:通过地面试验和飞行试验表明安装后功能正常。PFD 在空速指示带上提供过速的指示,包括空速和马赫数。表明符合性的方法包括 MC1、MC5 和 MC6。

7.5.3 CCAR‑25.1309 条符合性说明

关于 CCAR‑25.1309(a)款的符合性验证说明:通过地面试验和飞行试验表明安装后功能正常。设备安装后,系统能在可预期的运行条件下完成预定功能。表明符合性的方法包括 MC1、MC5 和 MC6。

关于 CCAR - 25.1309(b)款的符合性验证说明：通过系统安全性分析说明符合性，包括故障树分析（fault tree analysis，FTA）、失效模式及影响分析（failure modes and effects analysis，FMEA）、功能危害性评估（function hazard assessment，FHA）。表明符合性的方法包括 MC1、MC3 和 MC7。

关于 CCAR - 25.1309(c)款的符合性验证说明：通过系统安全性分析说明符合性。通过飞行试验及分析报告表明安装后功能正常。系统中需使用传感器比较器和显示器比较器对内部数据进行监控，以故障旗的形式向驾驶员提供警告信息，以减少可能增加危险的机组失误。表明符合性的方法包括 MC1、MC3 和 MC6。

关于 CCAR - 25.1309(d)款的符合性验证说明：通过系统安全性分析说明符合性。在 25.1309(b)款中已考虑上述情况，若系统失效概率较小，且在系统设计上存在冗余度，则系统失效不会显著降低飞机能力或使机组处于不利的运行条件，更不会影响飞机继续安全飞行和着陆。表明符合性的方法包括 MC1 和 MC3。

关于 CCAR - 25.1309(e)款的符合性验证说明：通过鉴定设备，表明设备满足相应的环境要求。显示系统工作的环境条件符合飞机的临界环境条件；显示器采用显示重构设计，当一侧的 PFD 失效或由于屏幕问题导致无法判读时，通过重构功能保证一定的系统冗余度。表明符合性的方法包括 MC1 和 MC9。

7.5.4　CCAR - 25.1321 条符合性说明

关于 CCAR - 25.1321(a)款的符合性验证说明：通过航空器检查，表明机上设备的安装满足条款的要求。PFD 安装于驾驶员正前方，驾驶员无须调整正常姿势和视线即可看清。MFD 位于 PFD 内侧，驾驶员稍稍偏移即可看清。表明符合性的方法包括 MC1 和 MC7。

关于 CCAR - 25.1321(b)款的符合性验证说明：通过航空器检查，表明机上设备的安装满足条款的要求。PFD 处于驾驶员正前方的垂直方向，姿势、空速、高度和航向仪表满足 T 形布局。表明符合性的方法包括 MC1 和 MC7。

关于 CCAR - 25.1321(d)款的符合性验证说明：通过地面试验和飞行试验观察飞机在地面滑行或空中飞行时，仪表板的振动是否损坏相关设备或降低其精度。表明符合性的方法包括 MC1、MC5 和 MC6。

关于 CCAR - 25.1321(e)款的符合性验证说明：通过地面试验和飞行试验观察飞机在地面滑行或空中飞行时，指示仪表失效的故障旗是否在所有可能的照明条件下都有效。表明符合性的方法包括 MC1、MC5 和 MC6。

7.5.5　CCAR‑25.1331(a)款符合性说明

关于 CCAR - 25.1331(a)款的符合性验证说明：通过地面试验报告表明符合性。当机上安装的显示器供电不足以维持其正常工作时，显示器无法显示，对于这一情况驾驶员应易于判断。当 PFD 能源失效时，系统应能自动或手动切换其显示内容至同侧 MFD。表明符合性的方法包括 MC1 和 MC5。

7.5.6　CCAR‑25.1333 条符合性说明

关于 CCAR - 25.1333(a)款的符合性验证说明：通过系统设计符合性报告说明符合性情况。

关于 CCAR - 25.1333(b)、(c)款的符合性验证说明：表明符合性的方法包括 MC1 和 MC3。MC1 主要用于说明"一组可供驾驶员使用的、由仪表提供的、对飞机安全必不可少的信息显示（包括姿态、航向、空速和高度）"，其可由 PFD 提供，也可由备用仪表和备用磁罗盘提供。MC3 用于安全性评估，保证单个故障不会导致灾难性的故障条件，以及导致不满足 CCAR - 25.1333(b)款的故障组合发生的概率极小的要求。

7.5.7　CCAR‑25.1355(c)款符合性说明

关于 CCAR - 25.1355(c)款的符合性验证说明：当 PFD 能源失效时，能够自动或手动切换其显示内容至同侧 MFD 上,通过飞行试验及分析报告表明安装后功能正常。表明符合性的方法包括 MC1 和 MC6。

7.5.8　CCAR‐25.1543(b)款符合性说明

关于 CCAR‐25.1543(b)款的符合性验证说明:通过飞行试验及分析报告表明系统安装后的功能特性。表明符合性的方法包括 MC1 和 MC6。

7.6　实践案例

7.6.1　波音飞机显示系统

波音 787 飞机采用平视交互的全新设计理念,大幅提高了驾驶舱显示系统的功能集成度和交互的灵活性。驾驶舱显示系统采用大屏幕液晶显示,配置双 HUD,大大增强了信息感知能力和飞行安全水平。

在显示管理方面,波音公司仍以自动管理为主,辅以手动管理的策略,左右座机组独立管理各自的显示格式。波音 787 飞机驾驶舱显示系统不仅可实现单显示器故障签派,而且在任意两个显示器故障时还能保持 PFD 和 EICAS 的显示位置与正常显示构型近似,如图 7‐14 所示。

图 7‐14　波音 787 飞机驾驶舱显示系统

7.6.2　空客飞机显示系统

A320 飞机将电子仪表系统(electronic instrument system，EIS)作为整个驾驶舱飞行、导航、系统管理相关信息的显示平台,分为飞行操作区和系统操作区。在驾驶舱显示管理方面,A320 飞机采用左右座独立管理显示格式的方式,并按照显示信息的重要程度制订了失效自动重构策略。同时,在主仪表板的左右两侧分别为左右驾驶员提供手动重构控制,实现了自动和手动操作双冗余。在 EIS 构架下,A320 飞机及空客后续机型均能实现单显示器故障签派。

A380 飞机首次实现了图形用户界面(graphical user interface，GUI)在商用飞机驾驶舱的大范围应用。A380 飞机的驾驶舱显示系统作为整个驾驶舱的人机交互平台,采用 ARINC 661 作为驾驶舱显示系统的构架和实现技术标准,使驾驶舱显示系统朝着通用化、模块化、可裁剪、易扩展的方向发展。空客公司通过制订驾驶舱内统一的 GUI 交互规范及其相应的集成式控制器——键盘光标控制单元(keyboard cursor control unit，KCCU),将这类系统的人机交互虚拟化、集成化,并利用 GUI 的控件类型和状态引导驾驶员操作。A320 飞机的驾驶舱显示系统如图 7 - 15 所示。

图 7 - 15　A320 飞机的驾驶舱显示系统

7.6.3　安博威飞机显示系统

E - Jets E2 飞机是 E - Jets 系列飞机的技术改进版本,包括 E175 - E2、

E190 - E2、E195 - E2。在航空电子系统方面,该型号对操作系统和航空电子设备进行了更新。E190 - E2 飞机座位数为 97,航程为 5 186 km。

E2 系列飞机配备霍尼韦尔提供的 Primus Epic 综合航空电子系统,系统包括大尺寸地形显示器以及下一代 FMS(next generation flight management system,NGFMS),提供了先进的图形化能力,支持第 4 代全电传飞控,同时系统能够向机组提供态势感知和灵活的通告方式。E2 系列飞机驾驶舱显示布局如图 7 - 16 所示。

图 7 - 16   E2 系列飞机驾驶舱显示布局

7.7   驾驶舱显示系统架构

目前,民机驾驶舱的显示系统架构主要分为 Smart 和 Dumb 架构,两种架构对飞机所需功能的驻留各不相同,对飞机整体架构的影响各有优劣。飞机主制造商对两种架构均有应用,以下针对两种架构的特点进行分析。

Smart 架构的特点在于显示器中驻留图像处理、数据处理、显示管理等功能,其架构如图 7 - 17 所示,驻留功能关系如表 7 - 1 所示。

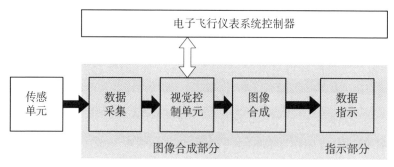

图 7 - 17　Smart 架构

表 7 - 1　Smart 架构驻留功能关系

驻留在显示器的功能	驻留在综合模块化航空电子系统的功能
ARINC 661 服务器	显示管理
主飞行信息	告警系统
导航信息	增强视景系统
发动机信息	简图页
电子图表	HUD 格式
合成视景系统	电子检查包
……	……

Dumb 架构的特点在于显示器中不驻留任何图像处理、数据处理、显示管理等功能，只负责图像和数据的显示，其架构如图 7 - 18 所示。

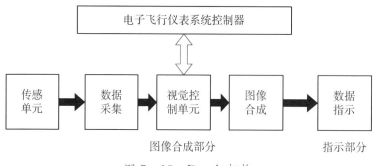

图 7 - 18　Dumb 架构

7.8　驾驶舱先进显示技术

根据未来民用飞机的发展要求,ICAO、美国和欧洲分别发布了航空系统组块升级(aviation system block upgrade,ASBU)、下一代航空运输系统(next generation air transportation system,NextGen)和欧洲单一天空空中交通管理研究(single European sky ATM research,SESAR),对航空电子系统发展规划了路线图和 ARINC 660B 等技术标准和指南。

为满足新一代民机发展需求,为支持广播式自动回报监视、数据通信、广域信息管理、网络天气、国家空域系统(National Airspace System,NAS)、空域交通协同管理技术等功能,驾驶舱显示系统涉及下视显示系统和平视显示系统,下视显示系统主要负责主飞行信息、导航信息、动力装置信息、告警信息等信息的显示,平视显示系统主要为驾驶员提供下视显示系统的映射信息、增强视景、合成视景等功能。针对飞机各个飞行阶段,驾驶舱显示系统需要满足的显示功能如图 7-19 所示。

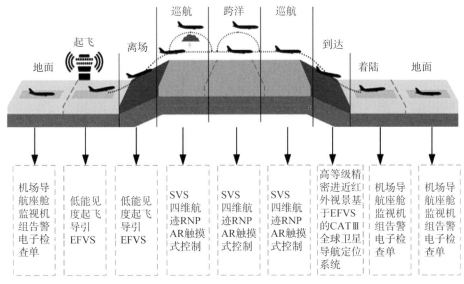

图 7-19　针对飞机各个飞行阶段驾驶舱显示系统需要满足的显示功能

7.8.1 综合视景系统

综合视景系统包括 HUD、EVS、SVS 以及平视飞行导引功能和场面导引功能综合而成的先进机载系统,其发展过程如图 7-20 所示。

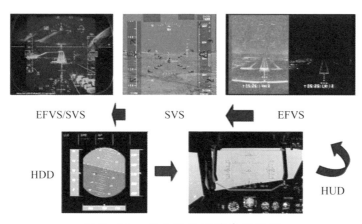

图 7-20 综合视景系统发展过程

CAAC 于 2012 年 8 月发布《平视显示器应用发展路线图》(民航发[2012]87 号),提出了从 2013—2025 年间的 HUD/EVS 实施政策和总体规划。2016 年 9 月,民航局下发了《关于机载平视显示器(HUD)设备加改装项目有关事宜的通知》(局发明电[2016]2459 号),对后续 HUD 机载设备加改装项目资金补助政策予以了明确。

1) 平视显示器(HUD)

HUD 利用光学反射的原理,将重要的飞行信息投影在特殊光学玻璃组合仪上。HUD 不仅可以增强驾驶员的情景意识、提高飞行品质、增加安全裕度,而且可以降低运行标准、提高全天候运行能力和航班正点率。

HUD 是综合显示系统的重要组成部分,提供机载关键飞行参数显示,包括航向、姿态、空速、高度、无线电高度、垂直速度等;提供必要的飞行指引计算和显示,包括飞机飞行航迹和能量状态、精确的速度和加速度控制等。HUD

应用显示如图 7-21 所示。

图 7-21　HUD 应用显示

2) 增强视景系统(EVS)

　　EVS 是实现安全飞行的先进机载系统,通过红外成像技术,在低能见度条件下有效增强驾驶员的观察和识别能力,提升驾驶员的态势感知能力;通过叠加飞行信息字符和环境融合图像,改善驾驶员的情景意识,增加手动操纵飞行的安全性。EVS 应用显示如图 7-22 所示。

图 7-22　EVS 应用显示

3) 增强飞行视景系统(EFVS)

　　增强飞行视景系统(enhanced flight vision system,EFVS)有效整合了

HUD 和 EVS 这两项新技术,利用前视红外线或毫米波雷达探测外部实时环境,将真实外部场景的视频图像信息投射到 HUD 上,与 HUD 提供的飞行操纵指引和显示信息相叠加,并提供诸如航路偏差指示、飞行航径矢量指示等其他信息,使整个飞行视野更为清晰可见,为驾驶员实施精确飞行提供有力保障。EFVS 也可在滑跑和低能见度起飞时使用,以帮助飞行机组看清障碍物,并监控跑道灯光。EFVS 应用显示如图 7-23 所示。

图 7-23　EFVS 应用显示

4) 合成视景系统(SVS)

SVS 是一种符合人的信息采集习惯、形象化思考、用图像与飞行机组互动的栩栩如生的系统,主要特征为三维色彩地形图像背景叠加传统的 PFD 仪表式读数,由此形成大面积的逼真地形背景,再结合 TAWS 地形数据,可以精确地描绘当前地形、障碍物和跑道等信息。主要应用于飞机在下降时的进近和着陆阶段。SVS 应用显示如图 7-24 所示。

5) 组合视景系统(CVS)

组合视景系统(combined vision system,CVS)是综合视景系统的新一代发展方向,CVS 通过融合算法将 EVS 数据与 SVS 数据进行融合显示。图像融合允许驾驶员能在视野内看到完整的图像,且能将 EVS 和 SVS 区分开。

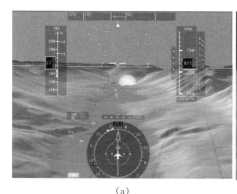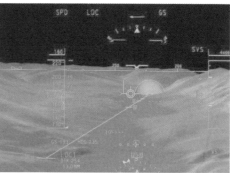

(a)　　　　　　　　　　　　　　　　　(b)

图 7-24　SVS 应用显示(科林斯)

(a) 基于 HDD 集成的 SVS　(b) 基于 HUD 集成的 SVS

相对于独立的 HUD、EVS、SVS,CVS 有如下优势:

(1) HUD 图像上包含多个数据源关键信息,融合图像优于各单独源的总和。

(2) 图像易于理解,及时的状态感知能够降低驾驶员的工作负荷。

(3) 信息内容极其适应起飞、爬升及巡航等阶段的操作。

(4) 传感的图像和合成图像来自独立非相似的数据源,通过数据源之间的比较获得更高的设计保证等级,最终提升运行能力、系统完整性和可用性。

7.8.2　触控技术

通过触控技术,驾驶员可在界面上通过手指的触点和手势实现直接操纵式的人机交互,改变了通过多种控制设备与飞机交互的传统方式,增强了驾驶员的操作体验和工作效率。

触控技术能够带来以下优势:

(1) 提升飞行效率(减轻驾驶员体力和脑力工作负荷,大大提升驾驶员操作效率)。

(2) 简化驾驶员培训(提供更自然的人机接口,使新驾驶员易于上手)。

(3) 提升安全性(减少人为差错)。

（4）优化航空电子人机界面设计（人机界面更优、客户可定制、设备更少）。

（5）为客户创造更多价值（降低成本、减少物理设备从而降低重量、减少备件和库存、降低更改管理成本、显示器配置更灵活）。

触控技术主要分为五种：五线电阻式、表面电容式、投射电容式、表面声波式以及红外式。

1）五线电阻式

当触摸五线电阻式触摸屏时，传导层与玻璃面表层进行电子接触，产生的电压就是所触位置的模拟表示，如图 7-25 所示。

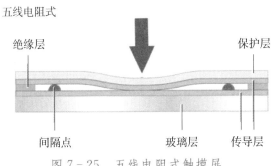

图 7-25　五线电阻式触摸屏

五线电阻式触摸技术的优点如下：多种物体均可激活触摸功能；具有触觉反馈功能；成本低；功耗低；防尘、防液体、防异物。

五线电阻式触摸技术的缺点如下：图像清晰度低；外层聚酯薄膜易受损伤；单点操作。

2）表面电容式

表面电容式触摸屏是通过电场感应方式感测屏幕表面的触摸行为，当接地的物体触摸到显示屏的表面时，物体作为耦合电容的一极，电流从屏幕的四角汇集形成耦合电容的另一极，通过控制器计算电流传到触碰位置的相对距离得到触摸位置的坐标值，如图 7-26 所示。

表面电容式触摸技术的优点如下：图像清晰度较高；使用寿命较长；可有效防止灰尘、液体等异物的影响；防刮性较好。

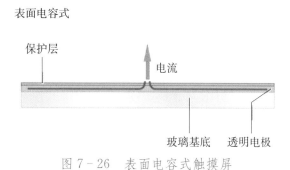

图 7 - 26　表面电容式触摸屏

表面电容式触摸技术的缺点如下：必须采用裸手或电容手写笔触摸，对电磁干扰（electromagnetic interferenc，EMI）和射频干扰（radio frequency interference，RFI)敏感。

3）投射电容式

投射电容式触摸屏与表面电容式触摸屏类似，分为自电容与互电容。自电容指当手指接触时检测每个感应单元的电容变化以取得坐标；互电容指手指仅靠近屏表面而不接触，即可造成原有的电容产生变化，故称为投射电容式，如图 7 - 27 所示。

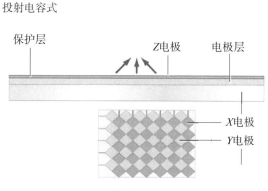

图 7 - 27　投射电容式触摸屏

投射电容式触摸技术的优点如下：图像清晰度良好；防刮性更好；可有效防止灰尘、液体等异物的影响；多点触控。

投射电容式触摸技术的缺点如下：必须采用裸手或薄手套触摸、对 EMI 和 RFI 敏感。

4）表面声波式

表面声波（suface acoustic wave，SAW）式触摸屏利用一种沿介质表面传播的机械波，当手指触及屏幕时，触点上的声波即被阻止，由此确定坐标位置，如图 7-28 所示。

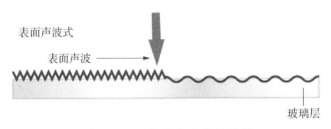

图 7-28　表面声波式触摸屏

表面声波式触摸技术的优点如下：图像清晰度良好；防刮性更好；使用寿命较长。

表面声波式触摸技术的缺点如下：坚硬物体无法激活触摸功能；水滴等异物可能会造成误操作。

5）红外式

红外式触摸屏的工作原理是在触摸屏的四周形成一张由红外线布成的光网，当有物体（手指、戴手套或以任何方式触摸物体）进入红外光网阻挡住某处的红外线发射接收时，此点横竖两个方向的接收管接收到的红外线的强弱即发生变化，设备通过红外线接收情况的变化可知触摸了何处，如图 7-29 所示。

红外式触摸技术的优点如下：图像清晰度优异；防刮性极好；使用寿命极长；灵敏度高、稳定性好。

红外式触摸技术的缺点如下：成本高；易受环境光线影响；异物可能造成误操作。

红外式
红外传感器

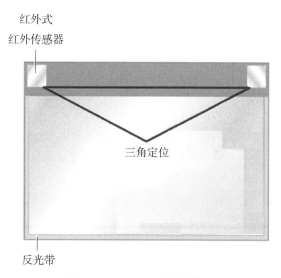

三角定位

反光带

图 7 - 29   红外式触摸屏

8

机组告警设计

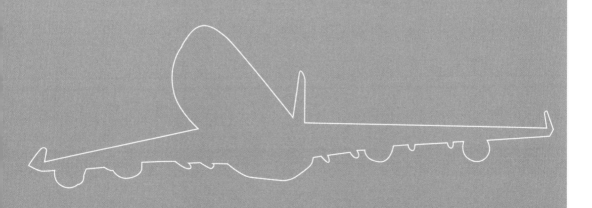

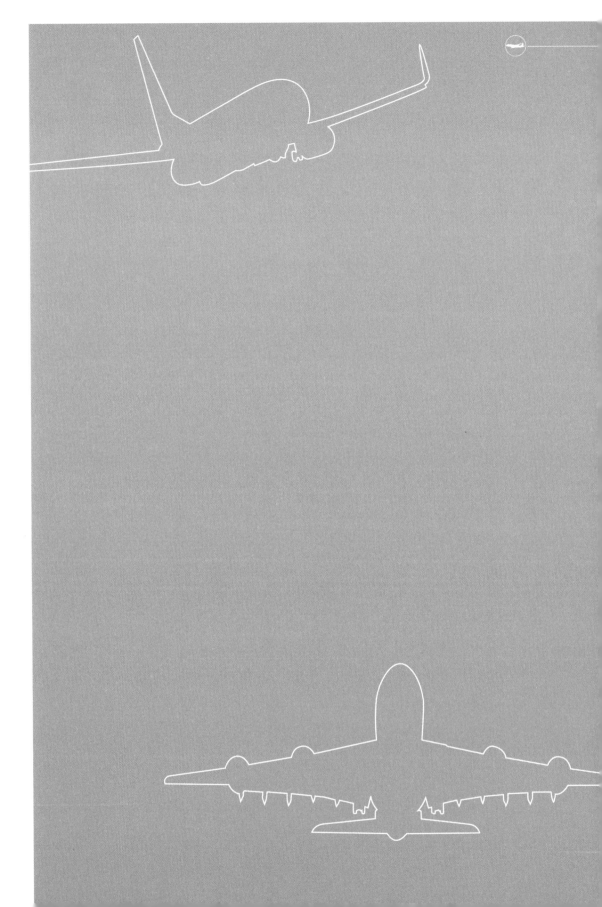

　　机组告警是驾驶舱人机界面不可缺少的一部分,其功能是在飞机处于非正常系统状态或非正常飞行状态时为机组提供警示和提示,有效吸引飞行机组注意力,使飞行机组对飞机系统状态和飞机所处的境况有准确的判断,并引导机组采取最佳应对措施,确保安全地完成飞行任务。同时还提供正常飞行中机组需要知晓的正常状态信息,在保证安全性的基础上提高机组情景意识和运行效率。

　　机组告警的核心是以机组告警消息、告警指示灯、告警音调、语音告警、PFD 告警消息等多种形式,连同与之相关的信息显示和操作界面形成了完整、一致的人机交互界面,作为机组情景意识的主要通道,保证机组操作的准确性和效率。

　　机组告警消息及其附属的告警灯、音响告警负责在告警状况发生时引起机组注意,并以文本消息的形式协助其对事态建立最初的认识。具体故障显示页面负责向机组反映系统的实际状态,利于机组了解详细的故障原因、状态、影响,从而做出判断和决策。检查单(纸质或电子化)为机组提供正常操作程序及与告警消息对应的非正常操作程序。控制面板上的操纵器件和指示灯为机组提供了系统控制界面和冗余的系统状态指示通道,并帮助机组快速定位需要操作的器件,减少误操作的可能性。

　　设计先进、完善的机组告警系统对于提高飞机安全性,取得型号初始适航和持续适航审定许可,保证飞机安全、顺畅地运行具有十分重要的意义。本章将从飞行机组使用需要和适航符合性的角度,介绍民用飞机机组告警的设计要求,介绍相关的适航规章、咨询通告、TSO 要求、工业标准等,在此基础上说明机组告警的设计原则、设计方法、符合性验证方法,并给出具体的设计参考案例。

8.1 机组告警设计要求

8.1.1 适航规章

机组告警系统作为飞机应急状态的信息传达与交互界面,对民用航空安全有重大影响,各国适航法规都对机组告警系统设计提出了明确、严格的要求。在驾驶舱机组告警设计过程中须遵循 CCAR/CS/FAR‐25 的强制性要求。考虑 CCAR‐25,机组告警设计须表明符合性的适航条款包括 CCAR‐25.207(a)、CCAR‐25.253(a)(2)、CCAR‐25.672(a)、CCAR‐25.703、CCAR‐25.729(e)(2)(3)(4)(5)(6)、CCAR‐25.783(e)(3)(4)、CCAR‐25.812(f)(2)、CCAR‐25.819(c)、CCAR‐25.841(b)(5)(6)(7)、CCAR‐25.854(a)、CCAR‐25.857(b)(3)(c)(1)(e)(2)、CCAR‐25.859(e)(3)、CCAR‐25.863(c)、CCAR‐25.1019(a)(5)、CCAR‐25.1165(g)、CCAR‐25.1203(b)(2)(3)、CCAR‐25.1303(c)(1)、CCAR‐25.1305(a)(1)(5)(7)(c)(7)、CCAR‐25.1309(c)(d)(4)、FAR‐1322、CCAR‐25.1326(a)、CCAR‐25.1329(i)(j)(k)、CCAR‐25.1331(a)(3)、CCAR‐25.1353(b)(6)(ii)(iii)、CCAR‐25.1383(c)、CCAR‐25.1419(c)、CCAR‐25.1449、CCAR‐25.1549,CCAR‐25 附录 I25.6。

1) CCAR‐25.207(a)失速警告

条款原文:

(a) 在直线和转弯飞行中,为防止襟翼和起落架在任一正常位置时无意中造成失速,必须给驾驶员以有效的清晰可辨的具有足够余量的失速警告。

条款解析:CCAR‐25.207(a)款要求机组告警系统必须设计有足够余量的失速警告。机组告警中的失速警告需满足本条款的要求。

2) CCAR‐25.253(a)(2)高速特性

条款原文:

（a）**增速特性和速度恢复特性**　必须满足下列对增速特性和速度恢复特性的要求：

（2）积极有效的固有或人为速度警告发出后驾驶员作出反应的时间，必须表明在下述条件下能够恢复到正常的姿态，并且速度降低到 V_{MO}/M_{MO}：

（i）不需要特别大的驾驶杆力或特殊的技巧；

（ii）不超过 V_D/M_D，V_{DF}/M_{DF} 及各种结构限制；

（iii）不出现会削弱驾驶员判读仪表或操纵飞机恢复正常的能力的抖振。

条款解析：CCAR-25.253(a)(2)项要求机组告警系统必须设计速度警告，速度警告需满足本条款的要求。

3）CCAR-25.672(a)增稳系统及自动和带动力的操纵系统

条款原文：

如果增稳系统或其它自动或带动力的操纵系统的功能对于表明满足本部的飞行特性要求是必要的，则这些系统必须符合第25.671条和下列规定：

（a）在增稳系统或任何其它自动或带动力的操纵系统中，对于如驾驶员未察觉会导致不安全结果的任何故障，必须设置警告系统，该系统应在预期的飞行条件下无需驾驶员注意即可向驾驶员发出清晰可辨的警告。警告系统不得直接驱动操纵系统；

条款解析：CCAR-25.672(a)款要求如果增稳系统或其他自动或带动力的操纵系统的功能对于表明满足本部的飞行特性要求是必要的，那么操纵系统中未察觉会导致不安全结果的任何故障都必须在机组告警系统中设计警告。增稳系统和操纵系统警告需满足本条款的要求。

4）CCAR-25.703 起飞警告系统

条款原文：

飞机必须安装起飞警告系统并满足下列要求：

（a）在起飞滑跑的开始阶段，如果飞机处于任何一种不允许安全起飞的形态，则警告系统必须自动向驾驶员发出音响警告，这些形态包括：

（1）襟翼或前缘升力装置不在经批准的起飞位置范围以内；

（2）机翼扰流板（符合第 25.671 条要求的横向操纵扰流板除外），减速板或纵向配平装置处于不允许安全起飞的位置。

（b）本条（a）中要求的警告必须持续到下列任一时刻为止：

（1）飞机的形态改变为允许安全起飞；

（2）驾驶员采取行动停止起飞滑跑；

（3）飞机抬头起飞；

（4）驾驶员人为地切断警告。

（c）在申请合格审定的整个起飞重量、高度和温度范围内，用于接通警告系统的装置必须能正常工作。

条款解析：CCAR-25.703 条要求机组告警系统必须设计起飞警告，起飞警告需满足本条款的要求。

5）CCAR-25.729(e)(2)(3)(4)(5)(6)收放机构

条款原文：

（e）**位置指示器和警告装置** 如果采用可收放起落架，必须有起落架位置指示器（以及驱动指示器工作所需的开关）或其它手段来通知驾驶员，起落架已锁定在放下（或收上）位置，该指示和警告手段的设计必须满足下列要求：

（2）当准备着陆时如果起落架未在下位锁锁住，必须向飞行机组发出持续的或定期重复的音响警告。

（3）发出警告的时间必须足以来得及将起落架在下位锁锁住或进行复飞。

（4）本条（e）(2)所要求的警告不得有容易被飞行机组操作的手动关断装置，以免其可能因本能、无意或习惯性反应动作而关断。

（5）用于发生音响警告的系统设计必须避免虚假警告或不当警告。

（6）用于抑制起落架音响警告的系统，其阻止警告系统工作的失效概率必须是不可能的。

条款解析：CCAR-25.729(e)(2)(3)(4)(5)(6)项要求机组告警系统必须设

计起落架位置警告,起落架位置警告及抑制音响告警功能需满足本条款的要求。

6) CCAR - 25.783(e)(3)(4)机身舱门

条款原文:

(e) 警告、戒备①和提示指示　必须给门提供下列指示:

(3) 在驾驶舱内必须有目视措施,如果门没有完全关闭、锁闩和锁定则给驾驶员发出信号。对于以下情况,该措施必须被设计成,任何失效或者失效组合导致错误的关闭、锁闩和锁定指示是不可能的:

(i) 每一承压和打开时首先作非内向运动的门;或

(ii) 每一未锁闩可能有危险的门。

(4) 在起飞滑跑最初阶段之前或者在起飞滑跑最初阶段中,如果任何门没有完全关闭、锁闩和锁定并且其打开可能妨碍安全起飞或返航着陆,则必须给驾驶员声学警告。

条款解析:CCAR - 25.783(e)(3)项要求机组告警系统必须设计舱门告警,分别指示舱门没有完全关闭、锁闩和锁定;(e)(4)项要求必须在起飞滑跑之前或在最初阶段向机组提供声学警告。舱门告警需满足本条款的要求。

7) CCAR - 25.812(f)(2)应急照明

条款原文:

(f) 除了按本条(h)设置的仅供给一个辅助设施使用、并独立于飞机主应急照明系统的分系统(该分系统在辅助设施竖立时能自动接通)之外,应急照明系统必须按照下列要求设计:

(2) 必须有飞行机组警告灯,当飞机电源接通而应急照明控制装置未处于准备状态时,该灯发亮;

条款解析:CCAR - 25.812(f)(2)项要求通过机组告警系统的机组警告灯提醒机组应急照明控制状态。机组警告灯需满足本条款的要求。

---

① 戒备:同警戒。CCAR 条款将"caution"译为"戒备",而业内一般多译为"警戒"。

8) CCAR - 25.819(c)下层服务舱(包括厨房)

条款原文:

对于在主舱下面设置服务舱(该舱在滑行和飞行期间可以有人、但在起飞与着陆期间不得有人)的飞机,采用下列规定:

(c) 必须有在正常与应急情况下都能听见的应急音响警报系统,使得驾驶舱内的机组成员,和在每个与地板齐平的应急出口处的机组成员,均能对下层服务舱中的乘员发出应急警报。

条款解析:CCAR - 25.819(c)款要求如果有下层服务舱,则应在机组告警系统中设计应急音响警报功能。应急音响警报功能需满足本条款的要求。

9) CCAR - 25.841(b)(5)(6)(7)增压座舱

条款原文:

(b) 增压座舱必须至少有下列控制座舱压力的活门、控制器和指示器:

(5) 驾驶员和飞行工程师工作位置处的仪表,用来指示压差、座舱压力高度和压力高度变化率;

(6) 驾驶员和飞行工程师工作位置处的警告指示器,当超过压差的安全值或预先调定值时,以及超过座舱压力高度限制时能发出指示。座舱压差指示器上相应的警告标记,要满足对压差限制的报警要求;音响或目视信号(座舱高度指示装置除外)要满足对座舱压力高度限制的要求,当座舱压力高度超过3,048米(10,000英尺)时向飞行机组发出警告;

(7) 如果结构不是按压差(直到释压活门的最大调定值)和着陆载荷的组合来设计的,驾驶员或飞行工程师工作位置处应设置警告标牌;

条款解析:CCAR - 25.841(b)(5)(6)(7)项要求在机组告警系统中设计压差警告和超过座舱高度限制警告。压差警告和超过座舱高度限制警告需满足本条款的要求。

10) CCAR - 25.854(a)厕所防火

条款原文:

客座量等于或大于 20 座的飞机,必须满足下列厕所防火要求:

(a) 每个厕所必须安装烟雾探测系统或等效装置,在驾驶舱内设置警告灯,或者在旅客舱设置空中服务员容易察觉的警告灯或音响警告;

条款解析:CCAR - 25.854(a)款要求如果在驾驶舱内向机组提供条款要求的功能,那么在机组告警系统中应设计厕所烟雾警告。厕所烟雾警告需满足本条款的要求。

11) CCAR - 25.857(b)(3)(c)(1)(e)(2)货舱等级

条款原文:

(b) **B 级** B 级货舱或行李舱是指具备下列条件的舱:

(3) 有经批准的、独立的烟雾探测或火警探测器系统,可在驾驶员或飞行工程师工作位置处给出警告。

(c) **C 级** C 级货舱或行李舱是指不符合 A 级和 B 级要求的舱,但是这类舱应具备下列条件:

(1) 有经批准的、独立的烟雾探测或火警探测器系统,可在驾驶员或飞行工程师工作位置处给出警告。

(e) **E 级** E 级货舱指仅用于装货的飞机上的货舱:

(2) 有经批准的、独立的烟雾探测或火警探测器系统,可在驾驶员或飞行工程师工作位置处给出警告。

条款解析:CCAR - 25.857(b)(3)、(c)(1)、(e)(2)项要求在机组告警系统中设计货舱烟雾或火警警告。货舱烟雾或火警警告需满足本条款的要求。

12) CCAR - 25.859(e)(3)燃烧加温器的防火

条款原文:

(e) **加温器安全控制装置** 对于每个燃烧加温器,必须备有下列安全控制装置:

(3) 必须有措施,能在任何加温器(其供热对安全运行是至关重要的)被本条(e)(1)规定的自动装置切断后向机组发出警告。

条款解析：CCAR-25.859(e)(3)项要求如果装有燃烧加温器,则在机组告警系统中设计加温器切断警告。加温器切断警告需满足本条款的要求。

13) CCAR-25.863(c)可燃液体的防火

条款原文：

(c) 如果要求飞行机组采取行动来预防或处置液体着火(例如关断设备或起动灭火瓶),则必须备有迅速动作的向机组报警的装置。

条款解析：CCAR-25.863(c)款要求如果需要机组采取行动来预防或处置液体着火,则在机组告警系统中设计可燃液体火警警告。可燃液体火警警告需满足本条款的要求。

14) CCAR-25.1019(a)(5)滑油滤网或滑油滤

条款原文：

(a) 每台涡轮发动机安装,必须包括能过滤发动机全部滑油并满足下列要求的滑油滤网或滑油滤：

(5) 不具备旁路的滑油滤网或滑油滤(装在滑油箱出口处除外),必须具有将滑油滤网或滑油滤与第25.1305(c)(7)条中要求的警告系统相连的措施。

条款解析：CCAR-25.1019(a)(5)项要求不具备旁路的滑油滤网或滑油滤在机组告警系统中设计有告警。该告警需满足本条款的要求。

15) CCAR-25.1165(g)发动机点火系统

条款原文：

(g) 如果电气系统任一部分发生故障引起发动机点火所需的蓄电池连续放电,则必须有警告有关飞行机组成员的措施。

条款解析：CCAR-25.1165(g)款要求在机组告警系统中设计引起发动机点火所需的蓄电池连续放电故障警告。该故障警告需满足本条款的要求。

16) CCAR-25.1203(b)(2)(3)火警探测系统

条款原文：

(b) 火警探测系统的构造和安装必须符合下列规定：

（2）装有警告装置，一旦指定火区的传感器或有关导线在某一处断开时，能向机组报警，如果该系统在断开后仍能作为满足要求的探测系统继续工作则除外；

（3）装有警告装置，一旦指定火区内的传感器或有关导线短路时，能向机组报警，如果该系统在短路后仍能作为满足要求的探测系统继续工作则除外。

条款解析：CCAR-25.1203(b)(2)(3)项要求在机组告警系统中设计火警探测系统传感器或导线相关警告。火警探测警告需满足本条款的要求。

17）CCAR-25.1303(c)(1)飞行和导航仪表

条款原文：

（c）飞机应根据下列规定的情况安装相应的飞行和导航仪表：

（1）涡轮发动机飞机和 V_{MO}/M_{MO} 大于 $0.8V_{DF}/M_{DF}$ 或 $0.8V_D/M_D$ 的飞机，需有速度警告装置。当速度超过 $V_{MO}+6$ 节或 $M_{MO}+0.01$ 时，速度警告装置必须向驾驶员发出有效的音响警告（要与其它用途的音响警告有明显区别）。该警告装置的制造允差的上限不得超过规定的警告速度；

条款解析：CCAR-25.1303(c)(1)项要求在机组告警系统中设计速度警告。速度警告需满足本条款的要求。

18）CCAR-25.1305(a)(1)(5)(7)(c)(7)动力装置仪表

条款原文：

所需的动力装置仪表规定如下：

（a）**各种飞机**

（1）每台发动机一个燃油压力警告装置，或所有发动机一个总警告装置，并有分离各单独警告的措施；

（5）每台发动机一个滑油压力警告装置，或所有发动机一个总警告装置，并有分离各单独警告的措施；

（7）提供可视和音响警告的火警设备。

（c）**涡轮发动机飞机**　除本条(a)要求的动力装置仪表外，还需装有下列动力装置仪表：

（7）第 25.1019 条要求的滑油滤网或滑油滤，如果没有旁路，则应有一个警告装置，在滤网或油滤的脏污程度影响第 25.1019(a)(2)条规定的滤通能力之前向驾驶员警告出现脏污；

条款解析：CCAR - 25.1305(a)(1)(5)(7)、(c)(7)项要求在机组告警系统中设计燃油压力警告、滑油压力警告、火警警告、滑油滤网或滑油滤警告。燃油压力警告、滑油压力警告、火警警告、滑油滤网或滑油滤警告需满足本条款的要求。

19）CCAR - 25.1309(c)(d)(4)设备、系统及安装

条款原文：

（c）必须提供警告信息，向机组指出系统的不安全工作情况并能使机组采取适当的纠正动作。系统、控制器件和有关的监控与警告装置的设计必须尽量减少可能增加危险的机组失误。

（d）必须通过分析，必要时通过适当的地面、飞行或模拟器试验，来表明符合本条(b)的规定。这种分析必须考虑下列情况：

（4）对机组的警告信号，所需的纠正动作，以及对故障的检测能力。

条款解析：CCAR - 25.1309(c)款、(d)(4)项要求在机组告警系统中设计警告信息，告警系统的设计和所需的纠正措施需满足本条款的要求。

20）FAR - 25.1322 飞行机组告警

条款内容：

（1）飞行机组告警必须：

a. 向飞行机组提供必要的信息，用于识别非正常工作或飞机系统状态；必要时，确定采取适当的动作。

b. 在所有可预期的运行条件下，包括同时提供多个告警的条件下，都可被飞行机组快速、容易地察觉并理解。

c. 当告警条件不存在时解除告警。

（2）根据告警是否需要飞行机组感知和响应的紧迫性，告警必须符合以下优先等级。

a. 警告：需要飞行机组立即感知和响应的情况。

b. 警戒：需要飞行机组立即感知并随后响应的情况。

c. 提示：需要飞行机组感知并可能要求随后响应的情况。

（3）警告和警戒告警必须满足以下条件。

a. 必要时，在每一个级别内区分优先级。

b. 至少通过听觉、视觉和触觉中两种不同感官形式的组合提供及时的、能够吸引飞行机组注意的提示。

c. 除非要求是连续的，否则允许本条（3）b. 中的吸引注意的指示可在每次触发后被确认和抑制。

（4）告警功能的设备必须能最大限度地减小错误告警和扰人告警的影响。特别是设计必须满足以下条件。

a. 防止出现不恰当或不必要的告警。

b. 当告警功能失效所导致的告警会影响飞行机组安全操作飞机的能力时，应提供抑制告警中吸引注意力分量的手段。该手段不得被飞行机组方便操作，以防止无意操作或由于习惯性反应动作引起的操作。当告警被抑制时，必须向飞行机组提供清晰无误的通告表明告警已被抑制。

（5）视觉告警指示必须满足以下条件。

a. 符合下列颜色规定：红色用于警告的告警指示；琥珀色或黄色用于警戒的告警指示；除红色或绿色以外的任何颜色用于提示的告警指示。

b. 如果在单色显示器上显示的告警指示不能符合本条（5）a. 项的颜色规定，则视觉编码技术应与驾驶舱内其他告警方式共同使用，以区分警告、警戒和提示的告警指示。

（6）必须对驾驶舱内除飞行机组告警功能以外的红色、琥珀色和黄色的使用加以限制，且这些颜色的使用不能对飞行机组告警造成不利影响。

条款解析：FAR－25.1322条是机组告警系统的专用条款,所有机组告警的设计都需满足本条款的要求。

21) CCAR－25.1326(a)空速管加温指示系统

条款原文：

如果装有飞行仪表的空速管加温系统,则必须设置指示系统,当空速管加温系统不工作时向飞行机组发出指示,指示系统必须满足下列要求：

(a) 在飞行机组成员清晰可见的视野内有一琥珀色灯；

条款解析：CCAR－25.1326(a)款要求在机组告警系统中设计空速管加温指示告警,空速管加温指示告警需满足本条款的要求。

22) CCAR－25.1329(i)(j)(k)飞行导引系统

条款原文：

(i) 飞行导引系统的功能、操纵器件、指示和警告必须被设计成使飞行机组对于飞行导引系统的工作和特性产生的错误和混淆最小。必须提供措施指示当前的工作模式,包括任何预位模式、转换和复原。选择器电门的位置不能作为一种可接受的指示方式。操纵器件和指示必须合理和统一地进行分类组合和排列。在任何预期的照明条件下,指示都必须能够被每个驾驶员看见。

(j) 自动驾驶仪断开后,必须及时的给每一驾驶员提供与驾驶舱其它警告截然不同的警告(视觉和听觉的)。

(k) 自动推力功能断开后,必须给每一驾驶员提供戒备指示。

条款解析：CCAR－25.1329(i)(j)(k)款要求在机组告警系统中设计飞行引导系统工作模式指示、自动驾驶仪断开警告和自动推力功能断开指示。飞行引导系统工作模式指示、自动驾驶仪断开警告和自动推力功能断开指示需满足本条款的要求。

23) CCAR－25.1331(a)(3)使用能源的仪表

条款原文：

(a) 对于第25.1303(b)条要求的使用能源的每个仪表,采用下列规定：

（3）如果提供导航数据的仪表是从该仪表外部的来源接受信息的，并且丧失这些信息就会使所提供的数据不可靠，则该仪表必须具有目视指示装置，当信息丧失时向机组发出警告，不应再信赖所提供的数据。

条款解析：CCAR – 25.1331(a)(3)项要求在机组告警系统中设计导航数据的数据源丧失警告。该警告需满足本条款的要求。

24）CCAR – 25.1353(b)(6)(ii)(iii)电气设备及安装

条款原文：

（b）蓄电池必须按下列要求设计和安装：

（6）镉镍蓄电池必须具有下列系统之一：

（ii）蓄电池温度敏感和超温警告系统，该系统具有一旦出现超温情况即可将蓄电池与其充电电源断开的措施；

（iii）蓄电池失效敏感和警告系统，该系统具有一旦发生蓄电池失效即可将蓄电池与其充电电源断开的措施。

条款解析：CCAR – 25.1353(b)(6)(ii)(iii)要求在机组告警系统中设计蓄电池温度超温警告和失效警告。蓄电池超温警告和失效警告需满足本条款的要求。

25）CCAR – 25.1383(c)着陆灯

条款原文：

（c）必须有手段，当着陆灯在放出位置时，向驾驶员发出指示。

条款解析：CCAR – 25.1383(c)款要求在机组告警系统中设计着陆灯放出提示。该提示需满足本条款的要求。

26）CCAR – 25.1419(c)防冰

条款原文：

如果申请结冰条件下的飞行验证，飞机必须能在附录 C 确定的连续和间断的最大结冰状态下安全运行。为确认这一点，采用下列验证方法：

（c）当防冰或除冰系统的功能不正常时，必须有琥珀色戒备灯或等效的戒备信息向机组报警。

条款解析：CCAR - 25.1419(c)款要求在机组告警系统中设计防冰或除冰系统功能不正常告警。防冰或除冰系统功能不正常告警需满足本条款的要求。

27) CCAR - 25.1449 判断供氧的措施

条款原文：

必须设置使机组能够判定是否正在向分氧装置供氧的措施。

条款解析：CCAR - 25.1449 条要求如果将机组告警系统作为措施，则应向机组提供是否正在向分氧装置供氧的指示。该指示需满足本条款的要求。

28) CCAR - 25.1549 动力装置和辅助动力装置仪表

条款原文：

每个需用的动力装置和辅助动力装置仪表，必须根据仪表相应的型别，符合下列要求：

(a) 最大安全使用限制和(如有)最小安全使用限制用红色径向射线或红色直线标示；

(b) 正常使用范围用绿色弧线或绿色直线标示，但不得超过最大和最小安全使用限制；

(c) 起飞和预警范围用黄色弧线或黄色直线标示；

(d) 发动机、辅助动力装置或螺旋桨因振动应力过大而需加以限制的转速范围用红色弧线或红色直线标示。

条款解析：CCAR - 25.1549 条要求动力装置和辅助动力装置标志的设计需满足本条款的要求，也需满足机组告警系统的设计要求。

29) CCAR - 25 附录 I25.6 动力装置仪表

条款原文：

除第 25.1305 条的要求外，还应满足下列要求：

(a) 必须备有一种指示 ATTCS 处于接通或准备状态的装置；

(b) 如果飞机固有的飞行特性不能提供一台发动机已经失效的充分警告，

则必须备有一个独立于 ATTCS 的警告系统,以便在起飞中在任一台发动机失效时向驾驶员发出清晰警告。

条款解析:CCAR-25 附录 I25.6 条要求设计一种自动起飞推力控制系统(automatic takeoff thrust control system,ATTCS)接通或准备状态指示和独立于 ATTCS 的一台发动机失效警告。如果通过机组告警系统实现功能,则该指示和失效警告需满足本条款的要求。

8.1.2　咨询通告

机组告警系统作为飞机应急状态信息传达与交互的界面,对民用航空安全有重大影响,各国适航法规都对民用飞机机组告警系统设计提出了明确、严格的要求。1977 年 2 月 1 日,FAA 颁布了 FAR-25.1322 条款,用于指导利用指示灯、告警板、音响等技术的传统机组告警系统的设计与验证。

随着航空电子技术的发展,驾驶舱内向机组提供告警的方式已从传统的告警灯、仪表盘提示转换为告警信息显示、音响告警、告警灯提示等多种方式综合提示。为了适应机组告警技术的发展现状,FAA、EASA 等组织根据当前应用的最新机组告警技术,对适航条款进行更新,对机组告警设计提出了更高要求。FAA 于 2010 年 11 月 2 号发布了 FAR-25.131 修正案,重新定义了对 25 部飞机飞行机组告警系统的适航要求,该修正案于 2011 年 1 月 3 日正式生效。2010 年和 2012 年,FAA 和 EASA 分别发布了机组告警的咨询通告 AC 25.1322-1 和 AMC 25.1322,用于指导机组告警的设计和批准工作。

8.1.3　TSO 要求

TSO 明确了设备必须满足的最低性能标准,主要内容包括适用性、标记、资料要求等。

涉及机组告警的 TSO 主要包括 C54、C63d、C92c、C101、C117a、C119c、

C146c、C151c、C165。与民用飞机驾驶舱机组告警相关的 TSO 标准如表 8-1
所示。

表 8-1　与民用飞机驾驶舱机组告警相关的 TSO 标准

序号	TSO 编号	英文名称	相关告警
1	TSO-C54	Stall Warning Instruments	失速告警仪表
2	TSO-C63d	Airborne Weather and Ground Mapping Pulsed Radars	预测性风切变告警
3	TSO-C92c	Airborne Ground Proximity Warning Equipment	近地告警
4	TSO-C101	Over Speed Warning Instruments	超速告警
5	TSO-C117a	Airborne Windshear Warning and Escape Guidance Systems for Transport Ariplanes	反应型风切变告警
6	TSO-C119c	Traffic Alert and Collision Avoidance System（TCAS）Airborne Equipment，TCAS Ⅱ with Optional Hybrid Surveillance	TCAS Ⅱ 告警
7	TSO-C146c	Stand-Alone Airborne Navigation Equipment Using the Global Positioning System Augmented by the Satellite Based Augmentation System	卫星导航通告和提示
8	TSO-C151c	Terrain Awareness and Warning System	地形提示和告警
9	TSO-C165	Electronic Map Display Equipment for Graphical Depiction of Aircraft Position	地图提示

8.1.4　工业标准

涉及机组告警设计的工业界标准主要包括 SAE ARP 4102/4、ARINC
562、ARINC 577、ARINC 594、ARINC 723、ARINC 725、ARINC 726、
ARINC 742、ARINC 762。与民用飞机驾驶舱机组告警相关的工业标准如
表 8-2 所示。

表 8 - 2　与民用飞机驾驶舱机组告警相关的工业标准

序号	编号	名　称	内容概要
1	SAE ARP 4102/4	Flight Deck Alerting System(FAS)	驾驶舱告警系统
2	ARINC 723	Ground Proximity Warning System (GPWS)	近地告警系统
3	ARINC 725	Electronic Flight Instruments(EFI)	告警的显示元素
4	ARINC 726	Flight Warning Computer System	飞行告警计算机系统
5	ARINC 762	Terrain Awareness and Warning System (TAWS)	地形提示和告警系统

8.2　机组告警设计原则

驾驶舱中有大量不同的告警、通告和指示需要飞行机组进行必要的监控和理解。使用统一的设计原则可以减少向驾驶员提供的告警、通告和指示的数量,同时可以保证驾驶员不会接受相互冲突的信息。

在驾驶舱设计理念的约束下,驾驶舱机组告警的设计应遵循以下原则:

(1) 应满足飞行机组的信息需求。机组告警应将影响飞行安全的非正常系统状态或飞行状态信息及时、准确地传达给飞行机组,并满足其他可能的信息需求,包括飞机签派的判断。

(2) 应有合适的抽象层次。在空中出现非正常情况时,机组需要尽快了解失效对于飞行任务的短期和长期影响,而不是关心设备的失效细节。因此,机组告警消息应尽可能反映功能或组件失效。

(3) 应减少干扰机组的误告警或不必要告警。应合理抑制系统可能出现的误告警或不必要告警,减少对机组的干扰,方便机组辨认失效状态。

(4) 应符合机组的认知习惯。告警消息的定义应准确反映告警状态,并符合机组语言习惯及行业惯例,音响告警应简明清晰,并符合行业惯例,能让机组快速辨认并操作。

（5）在满足机组告警需求的同时,以合理的方式提供签派相关的故障信息,兼顾飞机运行过程中的签派考虑,以主动查询的方式为机组提供辅助的情景意识。

（6）在满足情景意识需求的前提下,机组告警信息数量应尽量精简,提高机组告警系统的可用性,并使机组在复杂场景下能快速获取有效信息。

8.3　机组告警设计方法

8.3.1　机组告警的需求捕获

什么样的信息需要通过机组告警的形式提供给机组是机组告警设计首先需要考虑的。机组告警的需求通常包括如下来源:

（1）适航规章。很多适航条款、咨询通告和工业标准中都明确提出了需要设置或定义某些特定告警的要求。这些要求是机组告警设计的基本来源。

（2）飞机系统的安全性要求。在飞机的安全性文件中,有很多失效状态影响机组,或需要机组采取措施降低失效状态的安全性影响等级。这些失效状态是机组告警设计的另一个来源。

（3）飞行机组情景意识需求。飞行机组处于一个密闭的驾驶舱空间内,通过自身的感知获取飞机和系统工作状态。当飞机和系统处于某种特定状态,且该状态影响飞行机组继续安全执行本次飞行任务时,应考虑设置机组告警。

8.3.2　机组告警的优先级设计

为向飞行机组提供层次合理的机组告警信息,并辅助飞行机组采取合适的响应,应进行优先级排序设计。

机组告警应按是否需要机组感知和响应的紧迫度分为警告、警戒和提示三个优先等级。同时,还应向飞行机组提供需要机组知晓、可能影响随后的机组操作或执行飞行任务的信息或状态。这些信息或状态可以通过故障旗、通告类或消息类告警信息向飞行机组提供,并具有相对低的优先级。

1)警告级告警

需要飞行机组立即感知和响应的告警应定义为警告级告警。

有一些警告级告警信息在时间维度上对于飞机的安全操作是至关重要的,具有更高的紧迫性要求,我们称之为时间关键告警,与其他警告级告警相区别。

2)警戒级告警

需要飞行机组立即感知并随后响应的告警应定义为警戒级告警。

3)提示级告警

需要飞行机组感知并可能要求随后响应的告警应定义为提示级告警。

4)故障旗、消息和通告

除以上三个等级的机组告警信息外,机组告警系统还应提供故障旗指示、消息类信息和通告类信息。

(1)故障旗指示。故障旗指示应作为机组告警系统的一部分,用于显示参数或其数据源的失效,且显示于主飞行显示区域,通常为 PFD。故障旗通常只与单个仪表显示相关。在驾驶舱环境中,作为告警功能的一部分,故障旗的颜色设定应与告警系统保持一致。

(2)消息类信息。

消息类信息指不需要告警条件的状态和消息,如维护信息、签派类信息,可以通过听觉或视觉途径提示给机组,但该信息的提示不应干扰告警功能的使用。

可读性高、内容充分的消息有助于驾驶员理解并且以适当的方式响应。如果消息不明确,那么驾驶员需要参考手册以确定消息的含义。在预先规定的情况下,驾驶员需要记住消息的含义。

显示的可用区域是固定的,其他重要信息显示所需的空间限制了显示消息的数量以及每条消息的大小。因此,在给定的显示页面上查看所有的消息是不可行的,尤其是在警告消息不能显示或者驾驶员不能恢复视觉外消息时。不能期望飞行机组正确地记住每一条消息,提供消息的视觉指示存储以及恢复消息的功能可以减少飞行机组的记忆负荷。

对于任意给定的消息,整个文本应该在单一页面可用的空间里显示,推荐使用简洁和准确的消息,也可使用额外的信息行提供告警消息。除了当前显示的消息之外,如果还有其他的消息在队列中没有显示,则应该有指示告知还存在其他的消息。

可以提供语音消息直接传递信息,而不需要驾驶员通过理解声音来确定信号的来源或者观察视觉显示。提供的语音消息应该包含合适的信息。但是语音消息与听觉告警有相同的缺点,例如很多不同的声音和语音会令人厌恶,可能会引起注意力分散并且增加工作负荷。此外,理解语音消息比直接从视觉显示上阅读消息需要花费的时间更多,消息不容易恢复,且驾驶员只能记住有限数量的语音消息。

应该对消息的优先级进行区分,并且对消息的优先级方案进行评价和记录。应该提供指示以识别新的消息,当有消息时设备也应该指示。

(3) 通告类消息。

当为系统的状态或模式提供通告时,推荐通告指示真实的系统状态而不仅仅是位置或开关选择。例如,CCAR‐25.1329 条要求飞行导引系统的功能、控制、指示和告警必须经过合适的设计,使得与飞行导引系统的行为和操作相关的飞行机组产生的错误和混淆最少。必须指示运行的当前模式包括预位模式、转换和复原。选择开关的位置不是一种可接受的指示方式。控制和指示必须以符合逻辑且一致的方式组合和呈现。在所有预期的灯光条件下,指示必须让每名驾驶员都可见。

与操作相关的模式变化,特别是模式恢复以及持续的速度保护,应该明确和主动地进行通告以确保飞行机组的意识。

从预位模式转换到使用的模式应该提供额外提示以获取注意力,例如在电子显示中使用合适的、短时间内的(如 10 s)框形和闪烁支持飞行机组意识。模式变化的听觉指示应该限制在特定条件下使用。

单独的模式通告不足以告知飞行机组模式的变化,特别是在较高工作负荷的情况下。因此,应该考虑飞行机组没有意识到模式变化所产生的安全性后果,按需使用合适的告警。

8.3.3 机组告警的感知途径设计

飞行机组在驾驶舱内获知机组告警的感知途径分为视觉、听觉和触觉三类。通常将通过视觉途径向飞行机组提供的告警称为视觉告警,通过听觉途径向飞行机组提供的告警称为听觉告警,通过触觉(如失速告警通常也通过抖杆的触觉途径向机组提供告警)途径向飞行机组提供的告警称为触觉告警。

对于警告级告警,需使用两种感知途径提供给飞行机组。典型的警告级告警感知途径组合(不包括时间关键告警)如下所示:

(1)主视觉告警、视觉告警信息和主听觉告警。

(2)主视觉告警、视觉告警信息和语音告警信息或独特的告警谐音。

语音告警信息前可带有一个主听觉告警,触觉告警可与视觉或听觉告警结合使用以满足两种感知途径的要求。

对于时间关键告警,应提供专用于特定告警条件的告警元素,以便在驾驶舱内没有进一步指示的情况下,引起机组立即意识,如反应型风切变和近地告警。

典型的时间关键告警应包括以下几个方面。

(1)每一个告警条件的独特语音信息或独特谐音,或两者结合。

(2)在每一个驾驶员的主视界为每一个告警条件提供独特的视觉告警信息。

为每一位驾驶员发出的特定触觉告警也能满足两种感知途径之一的要求。

时间关键告警的独特语音应该重复指示并且直到告警状态不存在后才消失，除非此声音会干扰飞行机组响应告警状态。

时间关键告警的视觉和听觉告警信息应该一致。

对于警戒级告警，也需使用多个告警功能元素的组合以满足 FAR - 25.1322(c)(2)项要求的两种感知途径要求。

典型的警戒级告警组合与警告级告警组合相同。

通常，用于警戒的告警元素与用于警告的告警元素应区别，因为这两个都需要飞行机组立即感知。

为了确保飞行机组理解系统状态，警戒级告警的通告方式应该保持一致。

对于警戒级告警，如果飞行机组不需要持续的听觉指示且告警条件仍然存在，那么主听觉告警和独特音调应该重复一次，然后自动停止。

如果某些警戒级告警与潜在的时间关键告警状态相关，则与这些告警相关的元素需要与相关的时间关键告警保持一致。例如，反应型风切变告警、近地告警以及可以发展为时间关键告警的警戒级告警。

提示级告警通常通过单一的感知途径提供，不需要使用两种感知相结合的告警方式；此外，也不使用主视觉或主听觉告警。提示级告警应包括视觉信息且信息应位于飞行机组定期巡视的区域内。

8.3.3.1 视觉告警设计

视觉告警的显示必须满足鲜明醒目、清晰可辨和明确易懂三项基本要求。在设计视觉告警时应注意以下七点原则[45]：

（1）根据使用要求选择最适宜的视觉刺激维度作为信息代码，并将代码数目限制在人的绝对辨认能力允许的范围以内。

（2）应使显示的细节或显示精度与人的视觉辨别能力相适应，若显示精度超出人的视觉能力限度，则会导致信息接收速度降低和错误增多。

（3）尽量采用形象、直观的显示方式。显示格式越复杂，人们认读与译码的时间越长,也越容易发生差错。

(4) 应尽量采用与所显示信息在含义上有联系的显示方式,避免使用与人们的习惯相冲突的显示方式。

(5) 对同时显示的、有关联的信息应尽可能实现综合显示。

(6) 应使显示的目标与其背景有适当的对比,包括亮度对比、颜色对比等。

(7) 尽可能使同一系统中使用的视觉信号在信息编码方式上保持统一。

视觉告警的设计应从显示位置;开始、持续和取消;视觉特性三个方面考虑。

1) 视觉告警的显示位置设计

视觉告警分为主视觉告警和显示在特定区域的其他视觉告警。

对于警告和警戒级告警的主视觉告警应位于每一位驾驶员的主视界内。如果不能在驾驶员主视界内显示所需的警告或警戒,则应该提供主警告和警戒通告(听觉和视觉),在驾驶员视界 15°以内显示是可以接受的。如果该通告具有独特的听觉声音,那么在驾驶员视界 35°以内显示是可以接受的。

所有与主视觉告警相关联的警告和警戒的视觉信息应该组合显示在一个单独区域,对每名驾驶员来说也可能是单独的区域。例如,通常在每个驾驶员的主视界范围内分别提供一个主警告灯和一个主警戒灯作为主视觉告警通告,在两个驾驶员中间位置的显示器或显示区域显示主视觉告警相关联的警告和警戒视觉信息。

提示告警应该显示在与警告和警戒信息相同的区域。故障旗、通告和消息也应显示在显示器的特定区域。

PFD 可以显示时间关键告警。是否将时间关键告警的信息显示综合到 PFD 中取决于告警的性质。如果 PFD 上有专用的位置用来引起飞行机组注意,则可以显示告警信息作为视觉信息显示。

时间关键告警的视觉信息可以用文本信息呈现(如"WINDSHEAR""SINK RATE""PULL UP""TERRAIN AHEAD"以及"CLIMB, CLIMB")。特定的时间关键告警信息,如导航,可以用图形信息呈现。

如果时间关键告警与其他告警共享一个专用的显示区域,那么时间关键告警必须有最高的告警优先级以满足预期的功能。

时间关键告警的文本信息和图形信息必须是红色的。当在单色显示器上指示时间关键告警时,必须使用特定的图形编码方式。

为了立即引起飞行机组注意,推荐对时间紧迫度高的警告使用至少2平方度的视角。

2) 视觉告警的开始、持续和取消设计

视觉告警的开始、持续和取消应满足如下要求。

(1) 视觉告警应在下列时候发生:

a. 在满足告警条件和期望响应的时间内。

b. 主听觉告警或独特的音调及其相关的视觉告警信息应同时开始。主视觉告警和它的相关主听觉告警或独特音调及其他视觉告警信息之间的任何延迟都不应分散飞行机组的注意力或对其造成干扰。

c. 同时出现在每一驾驶员处(警告、警戒)。

(2) 视觉告警应持续到被飞行机组人工取消或告警条件不再存在时自动取消。

(3) 当视觉告警被取消后,告警系统应能自动复位以通告任何后续的故障状态。

3) 视觉告警的视觉特性设计

除了颜色外,也可使用稳定状态或闪烁状态的视觉告警的方式主动引起飞行机组的注意。如果使用了闪烁状态,则为避免不必要的干扰,所有的主视觉告警都应保持同样的方式。AC 25 - 11B提供了使用闪烁方式告警的额外指导。

(1) 亮度。视觉告警的亮度应满足如下要求:

a. 在所有环境照明条件下,视觉告警的亮度都应足以吸引飞行机组的注意。

b. 在所有环境照明条件下,手动设置的最小亮度都应能充分引起飞行机组的注意,否则不得提供手动调节亮度的方式。

(2) 显示器和指示器尺寸及字符大小。

a. 所有字符类型、尺寸、字体和显示背景的设计都应使得在每一驾驶员位置处都可看到且能理解告警,并恰当地引起注意。

b. 建议告警应延伸至少 1°的视角。

(3) 颜色。视觉告警的颜色应满足以下条件。

a. 视觉告警必须遵守 FAR－25.1322(d)的要求。

b. 视觉告警用于警告或警戒之外的其他情况(如 ATC 数据链告警)必须满足 FAR－25.1322(f)的要求,并遵守 AC 25.1322－1 中的指导。建议使用除红色、琥珀色或黄色之外的颜色。

(4) 文本自身的改变不应该作为吸引注意力的提示(如通告模式变化)。

4) 视觉告警的信息编码设计

视觉告警有多种信息编码方式,如通过颜色、亮度、闪烁、大小、位置或形状等特征进行编码。无论采用何种编码方式,同一系统中的所有代码都应保持统一,并与预期要实现的功能相一致。

通过边框、亮度、形状、颜色或者其他的编码方式将操作人员的注意力吸引到表示紧急状况的信息上,了解系统状态出现的异常变化。应使用连贯的、意义明确的视觉编码。只有在需要立即吸引注意时才使用闪烁编码。不要使文本或者文本的背景发生闪烁,可以使图标或者边框闪烁,或者在一个与需要注意的目标相邻的区域闪烁。不要使用两种以上的闪频。在只使用一种闪频时,应确保闪频在 3～5 Hz 范围内;在使用两种闪频时,第二个不超过 2 Hz。确保飞行机组能够理解闪烁表示的含义,并能够主动终止闪烁信号。

8.3.3.2　听觉告警设计

听觉告警主要有两个作用,一是作为吸引机组注意的手段,告知机组当前飞机存在需要其知晓的异常系统状态;二是用于告知机组当前的故障属性或为机组应采取的纠正动作提供指引。听觉告警主要包含两种类型:音调和语音告警。

听觉告警应具有足够的音量以确保在最严酷的驾驶舱噪声环境下易于被机组感知,但也不能过大以致干扰机组采取所需的动作。

如果音量设计为可人工或自动调节,那么应确保人工或自动调节功能所能调到的最小音量在所有的驾驶舱噪声环境下都能被机组感知。

一般使用自动音量调节,确保音调保持合适的信噪比。

1) 音调告警设计

听觉告警的音调采用的频率应为 $200 \sim 500$ Hz,且应区别于驾驶舱内的噪声频率,如振杆器的噪声等。音调应至少包含两种频率或在只有一种频率的情况下,采用其他特征进行区分(如音调间间隔)。例如,为时间关键告警之外的警告级告警定义三声谐音,为警戒级告警定义单声谐音,为其他特定的信息定义特定的音调,以帮助机组形成告警的意识。

2) 语音告警设计

语音告警是指以口语单词的形式告知机组特定的告警状态。语音告警应便于机组理解和区分,且应包含与告警级别相关的信息。采用语音告警的原因如下:

(1) 针对时间关键告警,机组无须参考其他视觉指示即可知晓当前的故障状态。

(2) 减少语音告警设计对音调的使用。

(3) 增加对系统异常状态的辨识力,提高视觉告警的告警特性。

(4) 不管机组将视线集中在何处,语音告警都能为机组提供警觉。

设计语音告警内容时应考虑机组对英文单词的理解力。如果可行,则语音告警内容应与视觉告警相同;如果不可行,则应至少确保语音告警所表达的信息与视觉告警相同,以免引起机组误解。用于时间紧迫警告的语音告警应包含需机组立即采取的动作,如"PULL UP"。用于时间关键告警以外的警告、警戒的语音告警应提供告警的具体原因,如"LEFT ENGINE FIRE",且语音告警应简洁明了。语音告警所采用的字符数应大于等于1,以确保机组未听到一个或多个告警字时,不会导致对语言告警的误解(如尽可能不在语音告警的开头使用"don't")。

设计语音告警时,应确保每个语音告警都是清晰可辨的。为了保证语音告警的有效性,应该限制语音信息作为告警元素使用。语音信息应该可识别,使机组成员在第一次听见消息时就能够正确理解。每条语音消息都应该具有与众不同的特征,如音高、语调、声响等。语音消息应该以单音变化呈现,避免影响紧迫的声音消息的效果。语音消息应该比外界噪声等级高 15 dB。

如果语音信息用于多种功能,那么告警音应该能够将警告信息与通常的听觉消息进行区分。消息应该只使用驾驶员熟悉的词语,避免使用术语。当与其他词语押韵的词语用在同样的环境中时,应该避免引起误解。

应该使用音标字母呈现字母信息以区分相似发音的字母,如"B"和"D"或者"M"和"N"。

语音消息的语速应大约为一分钟 156 个词,语速不应高于一分钟 178 个词,也不应少于一分钟 123 个词。

3) 听觉告警的开始、持续、取消

听觉告警音调的触发和持续时间与告警状态及所需的机组响应相关。

音调与其对应的视觉告警之间的触发延迟不能造成机组误解或分散机组注意力。

推荐为听觉告警或者独特声音增加开始和关闭时的缓冲,以避免对飞行机组造成意外的干扰。

(1) 开始和关闭持续 20~30 ms 是可接受的。

(2) 开始的音量等级高于外界噪声 20~30 dB 是可接受的。

用于时间关键告警的音调应一直持续直到告警状态消失且机组无法手动取消,但当持续的音调会干扰机组操作时,可以设置一种取消手段。该手段不得被飞行机组方便操作,以防止无意的操作或由于习惯性反应动作引起的操作。当告警被抑制时，必须向飞行机组提供清晰无误的通告表明告警已被抑制。

对于时间关键告警以外的警告、警戒所采用的音调，如果告警状态需要机组持续关注，那么音调应重复并一直持续到告警消失为止，且机组不能手动取消。若告警不需要机组持续关注，那么音调应设计为可手动取消。应限制用于警告、警戒以外的音调的持续时间，如选呼、高度告警。

针对警告的听觉告警应该重复直到机组确认或告警状态消失为止，但针对特定的告警，因适航条款的要求，其主音响告警应一直持续且不能取消，直到告警状态消失为止（如 CCAR‑25.729 所要求的起落架告警）。

某些音响告警在起飞、着陆等机组操作任务重的飞行阶段会被抑制，以避免机组分散注意力。需要通过系统设计和人为工效评估确定音响告警是否需要被抑制。

如果具体的声音与提示告警相对应，那么应该重复一次，然后自动取消。应该提供取消听觉告警的方式。

8.3.3.3 触觉告警设计

触觉作为一种机组告警感知途径，通常仅用于失速告警设计。当飞机处于或接近失速状态时，通过抖动驾驶杆的方式提供失速告警。触觉告警的设计不能引起飞行机组额外的工作负荷，导致飞行机组操纵困难或导致不安全的后果。当告警条件消失时，触觉告警应停止。

8.3.4 机组告警信息管理设计

所有的机组告警信息都应进行统一的管理设计。例如，机组告警的优先级设计有助于保持告警显示的一致性，并且可以帮助飞行机组理解不同告警的重要性和紧迫度。当对告警进行优先级区分时，应该考虑所需响应的速度、响应的紧迫度、其他线索的数量以及潜在的失效结果。虽然可能需要中断驾驶员和飞行机组正在进行的任务以提供更紧迫的信息，但可通过告警抑制降低驾驶员发生分神情况的可能性。例如,一些信息可以先被存储,并在合适的时间呈现,从而不会干扰飞行机组完成其他重要的任务。

1) 设计考虑

机组告警信息的管理设计应从以下五个方面进行考虑:

(1) 所有驾驶舱机组告警都必须排序。

(2) 为满足预期功能,告警必须按引起机组意识的紧迫程度和需要机组响应的紧迫程度排序。

(3) 根据飞行阶段,某些告警可能需要从较低的紧迫性级别重新分类到较高的紧迫性级别。此外,可考虑同一类告警内的优先级排序。例如,当接近危险地形时,时间关键听觉警告必须在警告类中优先于其他警告。

(4) 每个告警类别内的优先级排序方案以及理论基础都应进行记录和评估,以表明符合规章要求。

(5) 应通过分析和测试的方式表明告警的延迟或抑制不会对安全造成不利影响。

2) 多个听觉告警管理设计

当多个听觉告警同时触发时,应考虑听觉告警优先级排序,使得驾驶员一次只听到一个听觉告警。如果一次需要发出多个听觉告警,则每个告警都必须清晰且可被机组识别和理解。

当提供听觉告警时,当前激活的听觉告警应在下一个听觉告警开始前完成。但是,如果更高优先级告警延迟指示会影响机组响应的及时性,则当前激活的听觉告警必须被更高优先级的告警中断。如果被中断告警的触发条件仍处于激活状态,则一旦更高优先级的告警完成,该告警可重复。如果不止一种听觉告警需要机组立即意识,且中断的告警影响飞机安全运行,则必须向机组提供一种有效的替代方法提示告警以满足 FAR‑25.1322(a)(1)和(2)项的要求。

3) 多个视觉告警管理设计

由于两个或多个视觉告警可以同时发生,因此必须表明每个告警及其相关优先级都易于被机组发现和理解。

当存在特定类别中的多个告警时(如多个警告告警或多个警戒告警),必须向机组提供一种方法确定最新或最紧迫的告警。例如,最近的或最高优先级告警可以列在其类别的顶部。如果告警是时间关键且享有专用显示区域的,则必须具有最高告警优先级,以实现其预期功能。

显示器必须遵循告警颜色约定。在单色显示器不能遵循颜色约定时,应使用其他视觉编码技术。这样在所有可预期的运行条件下,即使在多个告警的情况下,机组也可以很容易地分辨告警的紧迫性。

对于消息类信息,新的消息不应该自动覆盖当前显示的消息。如果所有待处理的消息都未显示,则应该发出提示告知驾驶员消息队列中存在待处理消息。

4) 机组告警的抑制设计

由于飞机系统高度复杂,因此当某个故障发生时,往往会满足多个告警的触发条件,导致多个告警同时触发,或在特定运行阶段中触发的某个告警会影响飞行机组执行当前的飞行任务。因此,必须考虑设计机组告警抑制,以防止在特定的运行阶段或特定故障条件下出现不适当或不必要的告警。

以下情况应考虑使用告警抑制:

(1) 当机组被告警分散注意力或响应告警导致危险发生时。

(2) 当告警提供不必要的信息或飞机状态意识时。

(3) 当多个响应发生的告警可以组合成一个单独的、更高级别的告警时。

对于特定运行阶段相关的告警,可考虑采取定义飞行阶段抑制的方式,实现机组告警的抑制设计。例如,将从飞机上电推出至飞机推入下电的整个飞行场景进行划分,在起飞滑跑阶段,抑制不需要中断起飞的告警;在进近着陆阶段,抑制对仪表进近或复飞安全性不重要的警告、通告和信息,避免机组在起飞关键阶段和进近着陆阶段分散注意力。

应该为驾驶员提供一种抑制告警的方式,可用于抑制产生干扰的听觉告警,且不会影响视觉信息。只要抑制存在,就应当有一个清晰明确的指示表明机组手动抑制了该告警。

5) 视觉告警信息的隐藏和调回设计

机组告警系统应设计视觉告警信息的隐藏和调回功能,从当前告警显示区域隐藏视觉告警信息,移除潜在的、分散机组注意的来源,使机组更容易发现后续告警。

如果信息可以隐藏并且条件仍然存在,则机组告警系统应提供调回任何被隐藏的已知视觉告警消息的功能。

可以通过显示器上的特定指示或正常机组程序提供一种方法识别是否隐藏了告警消息。当条件不再存在时,告警信息必须移除。

8.3.5　机组告警的集成设计

随着航空技术的发展,驾驶舱中需要告警的系统的数量在持续增加,而之前设计的告警缺乏集成性。这些系统可能是由不同的航空电子制造商开发的独立单元,每个单元都可能使用不同的告警或者显示理念向飞行机组提供信息。作为主制造商,必须在统一的理念指导下向飞行机组提供统一的告警指示。

例如,EICAS 显示在相同的位置集成警告、警戒、提示和状态消息。EICAS 提供更加具体的信息告知飞行机组问题和差错的特性,而不仅是视觉或听觉信号;同时,EICAS 使用与警告、警戒和提示灯颜色相同的显示消息。EICAS 也为不同的飞机系统(如发动机系统、电子系统、燃油系统等)提供状态信息。不同系统的状态信息在显示区域的左侧呈现,而右侧则用于飞行机组告警。

为向飞行机组提供统一的告警指示,所有视觉告警提示和指示的颜色都必须遵循 FAR - 25.1322(e)的约定。对于所有告警提示和指示应使用一致的措辞、位置、颜色和其他共享属性(如图形编码)。

在驾驶舱内显示的、与告警条件相关的信息必须利于机组识别告警并确定适当的响应。

机组告警系统包含的信息应指引机组选择正确的检查单程序,以利于采取适当的机组响应。一些机组告警系统在告警出现时自动显示正确的检查单程序或简图页。一些告警系统不显示关联的检查单程序,因为正确的机组响应涵盖在训练或基本空勤技术中(如自动驾驶仪断开以及时间关键警告)。在所有情况下,飞机或系统审定程序都应验证告警是否提供或指引机组执行正确的程序。

如果可以显示多个检查单(如与多个告警相关联的多个检查单),则应设计为机组能够便捷地为每个告警选择合适的检查单和响应,并区分哪个检查单需要机组优先执行以确定适当的响应。

8.3.6　机组告警的其他设计

1)可靠性和完整性

告警会使机组注意力分散。同样地,其他会导致注意力分散的显示特征也会将机组的注意力从正在进行的任务中吸引过来。特别是听觉告警,有可能会干扰驾驶舱通信,并且妨碍驾驶员处理其他的任务或者妨碍其他的视觉、听觉信号。错误的或令人厌恶的告警特别容易引起注意力分散。干扰告警(当不需要时出现的告警)或者告警提供不正确指示会导致驾驶员不相信系统,从而导致他们对高紧迫性的告警响应较慢。在极端情况下,驾驶员可能在确定是否存在危险的条件之前就抑制了告警。

告警系统的可靠性和完整性应与提供告警的系统功能或飞机功能的安全目标相一致。因此,告警系统作为一个单独系统与其他系统关联考虑时,应满足相关系统安全标准的安全性目标,如 CCAR - 25.901(b)(2)、CCAR - 25.901(c)和 CCAR - 25.1309(b)。

当使用 CCAR - 25.1309(b)款评估与告警功能相关的特定系统或功能时,

应评估系统或功能失效以及相关告警失效,包括评估可能导致系统功能失效以及任何相关告警功能失效的单点失效(共模或级联模式)。因此,在安全性分析中应考虑功能丧失和功能故障的情况。

由于机组告警功能通常与其他系统集成在一起,因此必须按 CCAR-25.1309(b)款要求分别单独、与关联系统一起评估失效或错误对告警系统的影响。应分析失效或错误对告警功能和接口系统的级联效应。某些告警可能会被误解而增加危险的机组失误,应予以特殊考虑以避免误解。例如,不应该采取预测方式指示发动机的火警,因为有可能误认为是另一台发动机起火。

如果告警系统失效,则应通过评估安全裕度降低的方式评估告警系统的可靠性。评估应涉及失去整个告警功能、单个故障、与系统状态匹配的一个必要告警的丢失或故障等方面。

因为告警会影响机组的信任和响应,所以在评估时还应检查告警系统的完整性。个体的不同会导致对给定系统的虚警评判不同,进而可能引发不同的后果。频繁的虚警增加了机组工作量,也降低了机组对告警系统的信心,并在真正的告警情况下影响他们的反应。如果出现虚警,则当真正的告警出现时,机组有可能会忽略。

2) 机组告警系统设计的改进

随着技术的发展,一款飞机推向市场后有可能会应用一些新技术或新功能,而不会更改飞机的其他系统。这些升级引起的告警更改应该与原飞机的飞行机组告警理念相一致。系统输入的限制、飞机与所增加系统或新技术间的不兼容或者经济考虑使得现有的告警系统可能不便与其进行集成。

不推荐将新的、额外的主视觉功能加入飞行机组告警系统中。但如果在现有的主视觉功能中不能包含额外的系统和相应的告警,那么就需要安装额外的主视觉功能,并且需要确保不会造成飞行机组感知和响应告警的时间延迟。

新的告警应该尽可能集成到现有的机组告警系统中。如果这些告警不能集成,那么需要增加单独的指示器或者额外的告警显示系统。

不是所有与故障旗相对应的告警都需要集成到中央告警系统中,但是对于需要引起机组立即意识的告警,需要满足 FAR - 25.1322(c)(2)项中对引起机组意识的要求以及 FAR - 25.1322 中的其他要求。因此,主视觉或主听觉告警可能不会触发,但是注意力获取听觉或者触觉指示必须与注意力获取视觉故障旗一起出现,以满足 FAR - 25.1322(a)(1)中注意力获取的要求。

新的听觉告警应该集成到现有的听觉告警系统和功能中。如果不能集成,那么可以安装一个独立的听觉告警系统,在现有的听觉告警与新的听觉告警之间提供优先权方案,使得每个告警都能被认识,并根据告警意识在合适的时间增加告警。

如果可行,则将新的触觉告警加入现有的触觉告警系统中;如果不可行,则安装独立的触觉告警系统,提供以下的内容。

(1) 应在现有的触觉告警与新的触觉告警之间建立优先权方案,使得每个告警都能被认识,并且依据告警意识在合适的时间增加告警。在新的和现有的告警集成之后,遵循咨询通告 AC 25.1322 中的指南确定区分告警优先权的方式。

(2) 提供一种方式保证单独的告警可以理解和使用,这可能需要验证任意可能同时出现的告警组合。建议遵循咨询通告 AC 25.1322 - 1 第 5 段和第 6 段的指南,确定增加的系统特征是否需要激活主视觉告警、听觉告警、触觉告警。

3) 减少假告警和干扰告警

尽可能多地提醒与机组告警功能相关的功能或系统,设置告警合适的门限或条件,以避免错误告警和干扰告警,同时在必要时应向飞行机组发出可靠告警。干扰和假告警分散了飞行机组注意力,增加了他们出错的可能性,增加了他们的工作量。FAR - 25.1322(d)要求设计一个告警功能,以最小化错误告警和干扰告警的影响。具体来说,机组告警系统必须设计为满足如下要求:

(1) 防止出现不适当或不必要的告警。

（2）提供一种方法来抑制干扰飞行机组安全操作的告警系统故障。这种方法不能随时使用和便于操作，避免不经意的或习惯性的、自反的行为。

（3）允许每次出现听觉告警和警告告警，确认，然后抑制，除非告警要求持续。前移和按下开关灯是抑制听觉告警、主警告或警示灯的方式之一。

（4）当条件不再存在时，告警的信息显示消失。

需要注意的是，断路器处置不是飞行机组可接受的主要抑制手段。

4）HUD 告警设计

大多数 HUD 都是单色显示器，不能使用不同的颜色，如使用红色、琥珀色或黄色表示告警信息。此外，HUD 位于驾驶员的前视场，与仪表板分离，聚焦于光学无穷远处，驾驶员看不到仪表板上的许多视觉指示。在查看 HUD 时，驾驶员无法及时检测仪表上显示的视觉告警面板。因此，需要在 HUD 上显示某些告警，如时间关键告警。

HUD 中的告警功能不应对飞行机组使用 HUD 后的外部视野产生不利影响。

PFD 上显示的时间关键告警也需要显示在 HUD 上，以确保引起驾驶员意识和响应（如 TCAS II、风切变和近地告警信号）。否则，HUD 和俯视视野注视点（即焦距）的物理分离会妨碍驾驶员及时了解下视显示器的视觉告警。

当驾驶员使用 HUD 时，如果主告警指示不可见或没有引起注意，则 HUD 需要显示告警指示，以便驾驶员及时获知警告和警戒状态。

FAR‒25.1322(e)要求单色显示器上的视觉告警指示使用编码技术，使飞行机组能够清楚地区分警告、警戒和提示告警。因此 HUD 需要使用区分警告、警戒和提示信息以及其他可视显示的颜色特征（编码技术），如形状、位置、纹理，以及适当使用易引起注意的属性，如闪烁、轮廓框、亮度和尺寸。这些视觉显示特性应在驾驶舱内保持一致，将意图清楚无误地表达出来。例如，时间关键告警可能会在 HUD 上的特定中央位置显示，而非关键告警将以不同的方式显示。对于多色 HUD，警告和警戒告警的显示应与下视显示器保持一致。

由于视野因素,主飞驾驶员和监控驾驶员对 HUD 的使用具有不同职责,以确保及时意识到某些告警。

对于单个 HUD,当主飞驾驶员使用 HUD 时,另一个驾驶员应负责监控 HDD 仪表和告警系统未在 HUD 上显示的故障、模式和功能。

对于双 HUD,使用时需要更多地依赖主告警指示,以引起每个驾驶员注意到非 HUD 告警。如果在使用时,主告警指示不能为每个驾驶员提供足够的注意力,则 HUD 应提供指示,引导驾驶员注意 HDD。触发 HUD 主警告显示的信息类型应是尚未从 HDD 复制到 HUD 上的任何警戒或警告。

8.4 机组告警符合性验证

为了表明机组告警系统的适航符合性,需采用合理的符合性方法进行验证。与条款直接相关的适航符合性方法包括 MC1、MC2、MC4、MC5、MC6、MC8。

1) CCAR - 25.207 条款符合性验证

关于 CCAR - 25.207(a)款的符合性验证说明:通过 MC1,表明机组告警系统中设计了失速警告。通过 MC5 和 MC6,表明机组告警中的失速警告满足条款的要求。

2) CCAR - 25.253 条款符合性验证

关于 CCAR - 25.253(a)(2)项的符合性验证说明:通过 MC1,表明机组告警系统中设计了速度警告。通过 MC6,表明机组告警中的速度警告满足条款的要求。

3) CCAR - 25.672 条款符合性验证

关于 CCAR - 25.672(a)项的符合性验证说明:通过 MC1,表明机组告警系统中设计了增稳系统或操纵系统警告。通过 MC5,表明机组告警中的增稳系统或操纵系统警告满足条款的要求。

4) CCAR－25.703 条款符合性验证

关于 CCAR－25.703 条的符合性验证说明：通过 MC1，表明机组告警系统中设计了起飞警告。通过 MC5，表明机组告警中的起飞警告满足条款的要求。

5) CCAR－25.729 条款符合性验证

关于 CCAR－25.729(e)(2)(3)(4)(5)(6)项的符合性验证说明：通过 MC1，表明机组告警系统中设计了起落架位置警告。通过 MC5 和 MC6，表明机组告警中的起落架位置警告满足条款的要求。

6) CCAR－25.783 条款符合性验证

关于 CCAR－25.783(e)(3)(4)项的符合性验证说明：通过 MC1，表明机组告警系统中设计了舱门提示和声学警告。通过 MC5，表明机组告警中的舱门提示和声学警告满足条款的要求。

7) CCAR－25.812 条款符合性验证

关于 CCAR－25.812(f)(2)项的符合性验证说明：通过 MC1，表明机组告警系统中的飞行机组警告灯会在飞机电源接通而应急照明控制装置未处于准备状态时发亮。通过 MC5，表明机组告警中的飞行机组警告灯满足条款的要求。

8) CCAR－25.819 条款符合性验证

关于 CCAR－25.819(c)款的符合性验证说明：如果有下层服务舱，则通过 MC1 表明机组告警系统中设计了应急音响警报。通过 MC5，表明机组告警中的应急音响警报满足条款的要求。

9) CCAR－25.841 条款符合性验证

关于 CCAR－25.841(b)款的符合性验证说明：通过 MC1，表明机组告警系统中设计了压差警告和超过座舱高度限制警告。通过 MC5，表明机组告警中的压差警告和超过座舱高度限制警告满足条款的要求。

10）CCAR - 25.854 条款符合性验证

关于 CCAR - 25.854(a)款的符合性验证说明：通过 MC1,表明机组告警系统中设计了厕所烟雾警告。通过 MC5,表明机组告警中的厕所烟雾警告满足条款的要求。

11）CCAR - 25.857 条款符合性验证

关于 CCAR - 25.857(b)(3)、(c)(1)、(e)(2)项的符合性验证说明：通过 MC1,表明机组告警系统中设计了货舱烟雾或火警警告。通过 MC5,表明机组告警中的货舱烟雾或火警警告满足条款的要求。

12）CCAR - 25.859 条款符合性验证

关于 CCAR - 25.859(e)(3)项的符合性验证说明：通过 MC1,表明机组告警系统中设计了加温器切断警告。通过 MC5,表明机组告警中的加温器切断警告满足条款的要求。

13）CCAR - 25.863 条款符合性验证

关于 CCAR - 25.863(c)款的符合性验证说明：通过 MC1,表明机组告警系统中设计了可燃液体火警警告。通过 MC5,表明机组告警中的可燃液体火警警告满足条款的要求。

14）CCAR - 25.1019 条款符合性验证

关于 CCAR - 25.1019(a)(5)款的符合性验证说明：通过 MC1,表明不具备旁路的滑油滤网或滑油滤在机组告警系统中设计了相关告警。通过 MC5,表明机组告警中的滑油滤网或滑油滤告警满足条款的要求。

15）CCAR - 25.1165 条款符合性验证

关于 CCAR - 25.1165(g)款的符合性验证说明：通过 MC1,表明机组告警系统中设计了引起发动机点火所需的蓄电池连续放电故障警告。通过 MC5,表明机组告警中的蓄电池连续放电故障警告满足条款的要求。

16）CCAR - 25.1203 条款符合性验证

关于 CCAR - 25.1203(b)(2)(3)项的符合性验证说明：通过 MC1,表明机组告警系统中设计了火警探测系统传感器或导线相关警告。通过 MC5,表明机组告警中的火警探测系统传感器或导线相关警告满足条款的要求。

17) CCAR – 25.1303 条款符合性验证

关于 CCAR – 25.1303(c)(1)项的符合性验证说明:通过 MC1,表明机组告警系统中设计了速度警告。通过 MC5,表明机组告警中的速度警告满足条款的要求。

18) CCAR – 25.1305 条款符合性验证

关于 CCAR – 25.1305(a)(1)(5)(7)、(c)(7)项的符合性验证说明:通过 MC1,表明机组告警系统中设计了燃油压力警告、滑油压力警告、火警警告、滑油滤网或滑油滤警告。通过 MC5,表明机组告警中的燃油压力警告、滑油压力警告、火警警告、滑油滤网或滑油滤警告满足条款的要求。

19) CCAR – 25.1309 条款符合性验证

关于 CCAR – 25.1309(c)款、(d)(4)项的符合性验证说明:通过 MC1,表明机组告警系统中设计了警告信息及警告规定的纠正动作。通过 MC2、MC5、MC6 和 MC8,表明机组告警中的警告信息及规定的纠正动作满足条款的要求。

20) FAR – 25.1322 条款符合性验证

FAR – 25.1322 条款是在驾驶舱机组告警系统设计过程中重要的适航条款。关于 FAR – 25.1322(a)款的符合性验证说明:通过 MC1,表明设计了机组告警的非正常工作或飞机系统状态,并向飞行机组提供必要的信息,规定需要采取纠正措施的告警。通过 MC2、MC3、MC5、MC6 和 MC8,表明机组告警的设计满足条款的要求。

关于 FAR – 25.1322(b)款的符合性验证说明:通过 MC1,表明所有的机组告警已按需要机组感知的紧迫性进行了优先级定义。通过 MC2、MC3、MC5、MC6 和 MC8,表明机组告警的设计满足条款的要求。

关于 FAR – 25.1322(c)款的符合性验证说明:通过 MC1,表明所有警告和警戒级的机组告警都在其级别内进行了优先级定义,每个警告和警戒级告警都有两种或两种以上感知途径,提供了一种确认和抑制告警的方式。通过MC2、MC3、MC5和MC8,表明机组告警的设计满足条款的要求。

关于FAR‒25.1322(d)款的符合性验证说明:通过MC1,表明机组告警功能的设计已考虑了最大限度地减小错误告警和扰人告警的影响,并提供了一种方式,当告警功能失效所导致的告警会干扰飞行机组安全操作飞机的能力时,应予以抑制。通过MC2、MC3、MC5和MC8,表明机组告警的设计满足条款的要求。

关于FAR‒25.1322(e)款的符合性验证说明:通过MC1,表明所有的视觉告警都按预先规定的颜色使用要求进行定义,使用在单色显示器上的视觉告警也使用了特定的编码技术以区分不同级别的告警。通过MC2、MC5、MC6和MC8,表明机组告警的设计满足条款的要求。

关于FAR‒25.1322(f)款的符合性验证说明:通过MC1,表明驾驶舱内按预先规定的颜色使用要求进行定义,且这些颜色的使用不会对飞行机组告警造成不利影响。通过MC2、MC5,表明驾驶舱内颜色的使用满足条款的要求。

21) CCAR‒25.1329条款符合性验证

关于CCAR‒25.1329(i)款的符合性验证说明:通过MC1,表明机组告警系统提供了飞行导引系统工作模式指示。通过MC2、MC5和MC6,表明机组告警系统的飞行导引系统工作模式指示满足条款的要求。

关于CCAR‒25.1329(j)款的符合性验证说明:通过MC1,表明机组告警系统提供了自动驾驶仪断开警告。通过MC5和MC6,表明机组告警系统的自动驾驶仪断开警告满足条款的要求。

关于CCAR‒25.1329(k)款的符合性验证说明:通过MC1,表明机组告警系统提供了自动推力功能断开警戒指示。通过MC5,表明机组告警系统的自动推力功能警戒提示满足条款的要求。

22) CCAR - 25.1331 条款符合性验证

关于 CCAR - 25.1331(a)(3)项的符合性验证说明：通过 MC1，表明机组告警系统提供了导航数据的数据源丧失警告。通过 MC5，表明机组告警系统的导航数据的数据源丧失警告满足条款的要求。

23) CCAR - 25.1353 条款符合性验证

关于 CCAR - 25.1353(b)(6)(ii)(iii)目的符合性验证说明：通过 MC1，表明机组告警系统提供了蓄电池温度超温警告和失效警告。通过 MC5，表明机组告警系统的蓄电池温度超温警告和失效警告满足条款的要求。

24) CCAR - 25.1383 条款符合性验证

关于 CCAR - 25.1383(c)款的符合性验证说明：如果使用机组告警系统提供着陆灯放出提示，则通过 MC1，表明机组告警系统提供了着陆灯放出提示。通过 MC5，表明机组告警系统的着陆灯放出提示满足条款的要求。

25) CCAR - 25.1419 条款符合性验证

关于 CCAR - 25.1419(c)款的符合性验证说明：通过 MC1，表明机组告警系统提供了防冰或除冰系统功能不正常告警。通过 MC5，表明机组告警系统的防冰或除冰系统功能不正常告警满足条款的要求。

26) CCAR - 25.1449 条款符合性验证

关于 CCAR - 25.1449 条的符合性验证说明：如果通过机组告警系统向机组提供是否正在向分氧装置供氧的指示，则通过 MC1，表明机组告警系统提供了供氧的指示。通过 MC5，表明机组告警系统的供氧指示满足条款的要求。

27) CCAR - 25.1549 条款符合性验证

关于 CCAR - 25.1549 条的符合性验证说明：通过 MC1，表明动力装置和辅助动力装置仪表的标示符合机组告警系统的要求。通过 MC5，表明动力装置和辅助动力装置仪表的标示满足条款的要求。

28) CCAR - 25 附录 I 25.6 条款符合性验证

关于 CCAR - 25 附录 I 25.6(a)款的符合性验证说明：如果通过机组告警

系统提供 ATTCS 指示,则通过 MC1,表明机组告警系统提供了 ATTCS 指示。通过 MC5,表明机组告警系统的 ATTCS 指示满足条款的要求。

关于 CCAR - 25 附录Ⅰ25.6(b)款的符合性验证说明:如果通过机组告警系统提供独立于 ATTCS 的一发失效警告,则通过 MC1,表明机组告警系统提供了独立于 ATTCS 的一发失效警告。通过 MC5,表明机组告警系统的一发失效警告满足条款的要求。

8.5 机组告警设计案例

1)波音飞机机组告警系统

波音飞机的机组告警系统为 EICAS,告警信息在一块屏幕区域集中显示,且具有全程监控、分级告警和彩色显示等功能。

EICAS 分为三代,第一代由波音公司在波音 757 和波音 767 飞机上推出,随后又在波音 747 - 400 飞机上引入简图页,称为第二代 EICAS。到了 20 世纪 90 年代,波音公司在波音 777 项目中开发了第三代 EICAS,综合了电子检查单、简图页和波音特色的顶部板,形成了延续至今的波音设计风格。因为 EICAS 理念简单、易于实现,因此在其基础上其他次要厂商开发了多种不同的告警系统,在各类 25 部飞机中应用广泛。

以 EICAS 结合周边设备形成一整套协调良好的驾驶舱告警系统,是波音公司驾驶舱自动化理念的完整体现。波音公司相信机组在出现复杂形势时具备比系统更强的决策能力,为了发挥主观能动性,波音公司 EICAS 的各个环节自动化程度都较空客公司的电子集中监视系统(electronic centralized aircraft monitor,ECAM)要低。

波音 787 飞机延续了第三代 EICAS 设计风格,在空中遇到非正常情况时,机组工作流程如下:

（1）从主警告、警戒灯、音响和 EICAS 得到初始信息。

（2）人工调用相关的简图页了解情况。

（3）人工调用电子检查单（electronic check list，ECL），并决定进行哪个操作程序。

（4）在 ECL 的协助下完成操作程序。

（5）人工调用简图页，结合 ECL 和顶部板状态确认对飞行任务的影响。

2）空客飞机机组告警系统

空客公司在 1983 年推出 A300 - 600 飞机以及 A310 飞机之后转变为双人制机组，考虑如何将飞行工程师的职责通过自动化来实现，其成果就是空客特色的 ECAM。ECAM 所代表的空客自动化理念已经成为先进民用飞机自动化水平的一个标杆。

第一代 ECAM 在 A300 - 600 飞机以及 A310 飞机上推出。这一代 ECAM 并没有完全取代机电式的发动机指示，但是已经具备了 ECAM 的几项设计特征：全自动电子检查单、自动显示系统页面、根源/派生/独立故障、飞行阶段触发简图页、空客特色的提示以及高级排序机制。这些机制是在研究双人制机组在处理非正常情况时的操作程序和工作量之后综合集成设计的结果。后来的第二、三代 ECAM 改进不少，但基本都延续了 A310 飞机上 ECAM 的核心特征。

第三代 ECAM 在 A380 飞机上出现，并在 A350 飞机上稍做更改后沿用。这一代 ECAM 相比第二代在界面上有了较大的更改，在大显示屏上更大的区域直接显示告警消息和完整的检查单，取消原来专用的备忘、次要故障区域。备忘和限制项改为在警告显示器（warning display，WD）上显示，如果直接影响飞行则会在 PFD 下部显示。此外，A350 飞机分离了机组告警和签派两个功能，开辟了直接用于签派的消息页面，同时修改了电子化的签派清单配合其使用。

3）C 系列飞机机组告警系统

C 系列飞机应用了 EICAS 的主要元素，但是在几个关键方面有所区别。C 系列的 EICAS 也配合 ECL、简图页和顶部板一起工作，其告警理念贯彻较为彻底,告警、控制面板、显示具备高度的一致性。

在自动化理念上,C系列飞机在系统能够自动处理故障的情况下也要求人工操作确认。例如引气泄露之后空气系统能够自动隔离受影响区域并重构气源,但是即便温度降低之后,引气泄露的警戒也不会消失,而是要在驾驶员操作之后才能消除。这里的级别已经从警告降到了警戒,如果是完全手动隔离的话则必须是警告。

C系列飞机EICAS分为五个等级,分别为警告、警戒、提示、状态、消息。与波音飞机最大的不同就是高级别消息警告,警戒覆盖了所有需要驾驶员操作的程序,而提示以下均没有操作程序。警告和警戒与操作程序一一对应,这种设计简化了驾驶员的思考过程,也摒弃了波音飞机的方框符号。庞巴迪公司的提示考虑了系统降级、下一次故障、监控的需要等情况,覆盖了大量由于系统余度的降低而产生的以实际设备名命名的消息,与强调功能的高级别告警形成对比。在C系列飞机的告警体系里,状态有非常明确、狭窄的定义,即人工选择系统状态的反馈信息,与波音、空客公司的备忘意义相近。在EICAS上的排序与波音公司相同,即没有排序;各种抑制机制则与业界的标准相同。与众不同的是C系列飞机推出了同级别排序的设计,将排序做到了ECL内部,在警告和警戒里又各细分了四个级别,按照这个级别来向机组推荐最先执行的检查单。机组在ECL上看到的检查单列表仍和EICAS对应,但通过箭头标记出推荐的优先检查单。机组根据情况最终决定选择的检查单。C系列飞机明确提出了要有派生故障抑制,同时也要抑制上电虚警。在简图页控制方面基本与波音飞机一致,完全由机组人工选择页面。但其简图页不使用红色符号,不把简图页作为告警的一部分,由EICAS完全承担中央式告警的责任。

C系列飞机明确地提出了顶部板指示灯的职责是提示而不是告警。音响告警仍遵循传统的设计,警告级告警带有三谐音,警戒级告警带有单谐音,状态信息没声音。只有时间关键告警才会有语音告警。采用了导语文本格式,更容易喊话和书写。

8.6　人工智能技术在机组告警设计上的应用趋势

当前飞行机组获取驾驶舱信息的途径仍是听觉、视觉、触觉三种方式。在不改变感知途径的限制下，研究新的人机交互技术改善机组告警信息感知效果、研究人工智能辅助飞行机组采取适当的处置措施是当前机组告警研究的热点和趋势。新的人机交互技术可为飞行机组提供更好的情景感知，人工智能技术的应用可帮助机组在故障条件下采取更合理的处置措施，减轻机组工作负荷。例如，波音 787 飞机和 A350 飞机的系统自动化设计结合智能告警辅助决策技术，减少了故障条件下的飞行机组处置步骤，降低了机组工作负荷。通过听觉、视觉、触觉等信息传递方式新技术的应用，进一步提高了飞行机组感知效率，保持机组注意力，对安全完成飞行任务具有重要意义。

9

驾驶舱系统集成

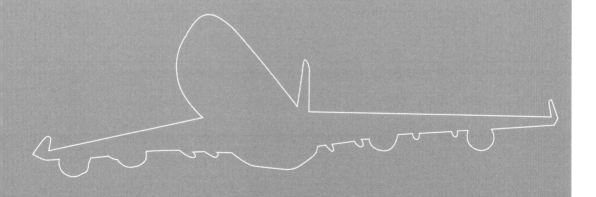

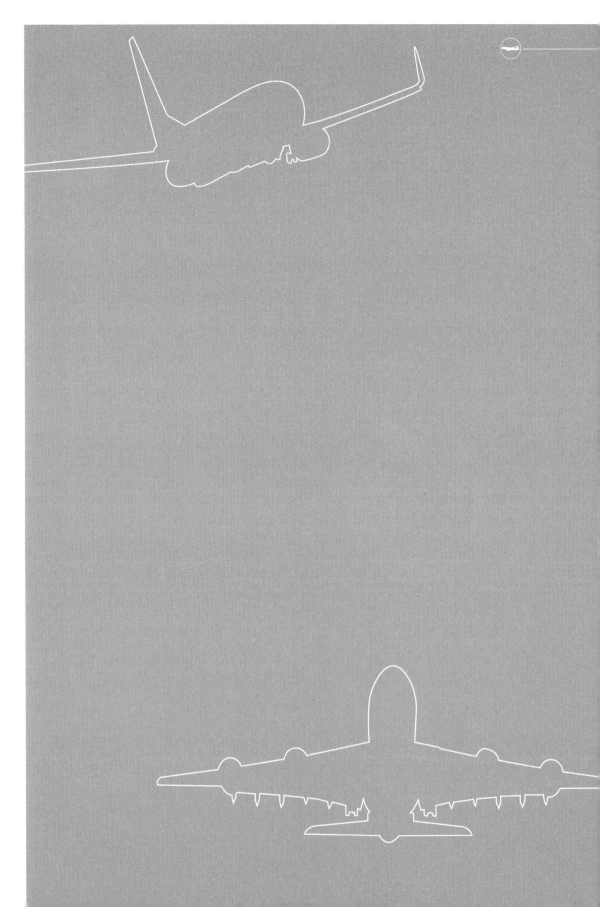

　　驾驶舱是飞机的控制中心,其作用体现在服务于飞机的整体任务,例如在起飞过程中对飞机的推力、姿态、系统状态进行控制和管理,因此飞机整体运行任务是驾驶舱产品的顶层功能来源。在飞机运行过程中,驾驶员与驾驶舱组成了一个有机整体,是飞机及其系统的控制中心,体现了人与飞机系统的人机集成。

　　驾驶舱整体系统的核心功能是完成飞行、导航、通信、系统管理等任务,确保飞机运行的安全、可靠、高效。在传统控制模式下,驾驶舱获取全机成千上万的传感器信息,通过仪表、显示屏、指示灯、触觉反馈等方式将飞机姿态、速度、高度、迎角、航向、航迹、发动机转速、发动机滑油温度、液压压力值等信息传达给驾驶员,驾驶员感知并理解这些信息,判断飞机系统当前状态及其发展趋势,并通过手动操作的方式控制飞机系统。为了减轻机组工作负荷,现代飞机广泛采用自动化手段将驾驶员从战术性活动中解放出来,自动油门、飞行导引、自动飞行等是影响最大、最典型的自动化功能应用,这些自动化功能取代了部分原有的驾驶员功能。

　　以任务实现为目标,驾驶舱包含了机组容纳、生命保障、视界支持、控制器件、显示信息、仪表设备、机组告警、自动化等要素,这些驾驶舱要素紧密围绕飞机运行任务。以动力装置为例,包含了油门杆、燃油切断开关等控制器件;N1、N2、排气温度(exhaust gas temperature,EGT)等显示信息;火警、停车、超限、推力失控等告警信息;以及自动点火、自动推力管理等自动化功能。这些功能与燃油系统、防火系统、电源系统、气源系统、自动飞行系统、显示系统、综合模块化航空电子(integrated modular avionics,IMA)系统等有密切的交联。动力装置系统的驾驶舱要素和关联系统如表 9-1 所示。

表 9-1　动力装置系统的驾驶舱要素和关联系统

	要素类型	要素名称	关联系统
1	控制器件	油门杆、燃油切断开关、发动机点火开关、发动机防火手柄、燃油泵	燃油系统、防火系统、电源系统、气源系统、自动飞行系统、显示系统、IMA 系统
2	显示信息	N1、N2、EGT、燃油流量、滑油压力、滑油温度、N1 振动值、N2 振动值、推力等级、灵活温度、短舱防冰状态	
3	机组告警	发动机火警、发动机停车、发动机超限、全权限数字发动机控制(full authority digital engine control,FADEC)过热、推力控制丧失	
4	自动化	自动推力管理、发动机自动起动	

正因为它的功能高度综合,涉及的系统和设备繁多,所以民机驾驶舱是高度复杂的产品,体现了飞机总体性的和跨系统、跨专业、跨团队的复杂系统集成。在驾驶舱研制过程中需要综合考虑飞机性能、操稳、重量等飞机总体特性,以及动力装置、燃油系统、飞控系统、液压系统、起落架系统等功能和运行特征,结合人的物理与认知特点进行设计。

9.1 驾驶舱研制阶段

驾驶舱研制是飞机研制的重要组成部分,是民机研制系统工程中的一个重要环节。民机研制的阶段性特征非常明显,为了进行工程项目管理,系统工程领域提出了产品生命周期模型的概念。对于用户而言,民机驾驶舱是完整的产品,它的研制、运营、退役也适用民机研制生命周期模型的概念。

《中国商飞系统工程手册》对民机研制生命周期模型进行了定义,将民用飞机系统生命周期划分为 4 个阶段,如图 9-1 所示[46]。

《中国商飞系统工程手册》定义的产品生命周期	需求分析与概念定义			产品与服务定义		制造取证		产业化	
	概念开发	立项论证	可行性论证	初步设计	详细设计	全面试制	试飞取证	产品与服务验收	持续运营和退役

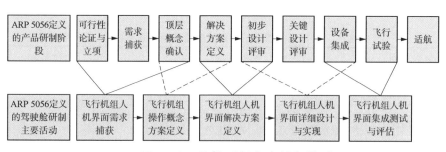

图 9-1 民机研制生命周期模型

(1)需求分析与概念定义阶段:项目初期逐步形成一个可行的产品概念

方案,并启动项目。从市场和商机分析开始,构思酝酿产生飞机方案,对方案进行可行性分析,到最终项目正式形成,在这个过程中形成产品概念和可行性方案。

(2) 产品与服务定义阶段:可行性获批项目立项之后,整个研制阶段为从开始研制飞机到最终形成飞机产品的全过程,是开发满足客户需求的产品系统的过程。这个阶段针对商用飞机这一类高度复杂产品,主要采用"V"原则的研制过程实现自上而下的研制。其中的产品定义阶段位于"V"原则研制过程的左边,主要是基于概念方案的飞机产品需求定义及设计分解的不断细化的活动,最终完成飞机产品的详细设计的过程。

(3) 制造取证阶段:位于"V"原则研制阶段的右边,主要是逐级进行产品的制造、集成、实现验证和产品确认的飞机产品实现过程,最终形成飞机产品并完成首架或者首批飞机的交付。具体可以分为两个子阶段,为全面试制阶段和试飞取证阶段。

(4) 产业化阶段:完成产品研制后,根据运营情况,改进产品和服务,完成产品和服务的确认,最终验收项目。同时,产品转入批生产阶段,根据市场订单进行生产;根据需要改进使用;进行产品支援和客户服务工作;逐步实现规模化和产业化;并随着时间的推移,根据实际情况进行型号的退役工作。具体可以分为产品与服务验收阶段以及持续运营和退役阶段。

工业标准 SAE ARP 5056 中对驾驶舱产品生命周期模型中的需求分析与概念定义、产品与服务定义、制造取证等三个阶段进行了详细阐述[47],并将驾驶舱研制细分为飞行机组人机界面需求捕获、飞行机组操作概念方案定义、飞行机组人机界面解决方案定义、飞行机组人机界面详细设计与实现、飞行机组人机界面集成测试与评估五个细分阶段,如图 9-1 所示。

飞行机组人机界面需求捕获阶段的重点工作在于收集公司外部和公司内部两方面的功能性与非功能性需求,以确保最终的设计满足利益攸关方的期望。过程中需要考虑驾驶舱设计理念、飞机任务和运行需求、民航规章要求、公司市场策略、产品策略、驾驶员特性。最终输出驾驶舱人机界面功能清单。

尽管在 SAE ARP 5056 中将人机界面需求捕获与操作概念定义划分为两个阶段，但在实际工作中，人机界面需求捕获阶段包含了市场分析、利益攸关方需要捕获、功能分析、需求定义等部分的内容。而且，人机界面需求捕获与飞行机组操作概念方案定义两个阶段并不是先后关系，而是相互迭代以逐步完善的两个活动。在 9.2 节中将把驾驶舱研制过程的活动进行分解，并说明每项活动的关键工作过程和交付物。

飞行机组操作概念方案定义阶段的重点工作在于定义飞行机组如何执行需求中描述的功能和任务，包括在各飞行阶段中机组执行任务的方法；飞行机组和自动化系统之间的任务分配；特殊运行考虑（如长航程运行或短途调机）；系统使用规则和使用限制的定义。

飞行机组人机界面解决方案定义阶段的重点工作在于定义驾驶舱人机界面功能描述文件，包括驾驶舱控制设备的位置、外形、手感，显示信息的功能性需求，告警信息的功能性需求，以及系统行为、使用方案等。人机界面功能描述是系统功能描述的一部分，可作为系统需求或系统描述的输入。

飞行机组人机界面详细设计与实现阶段的重点工作包含了从建立人机界面需求到形成具体软件/硬件规范的整个工作过程。为确保具体设备能实现人机界面规范的要求，需要定义非常详细的需求文件。这一阶段开展软件/硬件的制造和集成工作，需要设计人员和实现人员的持续互动，建立最初的需求体系，定义设计方案，开展软件/硬件开发工作，并完成人机界面的初步设计评审和关键设计评审。

飞行机组人机界面集成测试与评估阶段的重点工作在于验证功能需求是否已经被正确实现，并通过评估确认产品是否满足用户需求。尽管在组件、部件或系统的研制过程中，都必须开展基于部分任务的试验与评估，在集成到一起后仍有必要对驾驶舱整体集成进行验证和确认，确保驾驶舱整体能够满足人为因素的需求。

9.2　驾驶舱研制过程

驾驶舱的产品生命周期模型包含概念开发、立项论证、可行性论证、初步设计、详细设计、全面试制、试飞取证、产品与服务验收、持续运营和退役九个阶段，其中概念开发、立项论证、可行性论证、初步设计、详细设计、全面试制、试飞取证七个阶段组成了驾驶舱研制过程，这是一个以人为中心，从市场分析、利益攸关方需要捕获开始，持续开展设计与评估迭代，使设计不断完善成熟，确保最终的驾驶舱产品满足用户使用需要以及适航要求的过程。

驾驶舱研制过程从市场分析出发，包含利益攸关方需要捕获、功能分析、需求分析、设计综合、产品实施、系统集成、产品验证、产品确认等环节，如图 9 - 2 所示。

驾驶舱产品作为飞机整体产品的一部分，其研制活动与飞机级、系统级研制工作紧密相关。驾驶舱设计活动的输入一部分来源于飞机级设计活动的输出，例如飞机级设计综合形成的机头外形是驾驶舱空间设计的约束。此外，驾驶舱设计活动的输入也可以来源于系统设计活动，例如燃油供油顺序在一定程度上决定了驾驶舱显示、机组告警信息的方案和逻辑，以及机组操作程序的编制。驾驶舱设计活动的输出也作为系统级的顶层需求，用于开展驾驶舱相关系统的设计，完成驾驶舱相关系统、设施设备、人机界面的设计、实现、集成、验证。

在本章中，我们将对民机驾驶舱研制过程的各个环节进行详细介绍。考虑到在研制过程中，图 9 - 3 中的需要捕获、功能分析、需求定义、设计综合是驾驶舱研制的核心设计环节，决定了产品方案的技术可行性是否满足客户需要，本章将着重对这几个环节进行详细分析，深入探讨驾驶舱设计活动的输入、输出、过程、方法。

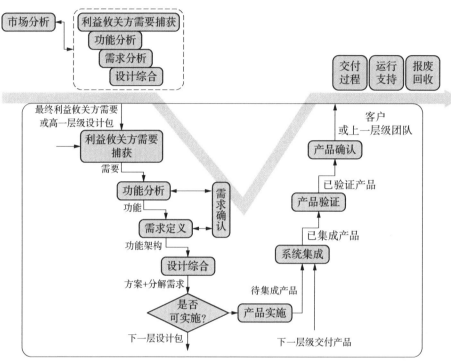

需求分析与概念定义			产品与服务定义		制造取证		产业化	
概念开发	立项论证	可行性论证	初步设计	详细设计	全面试制	试飞取证	产品与服务验收	持续运营和退役

图 9-2　民机驾驶舱全生命周期模型与研制过程

9.2.1　市场分析

市场需求是民用飞机系统工程活动启动的重要依据,在市场分析环节,需要确定航空市场和客户对民机产品的需求。在民机驾驶舱研制过程中,市场分析活动主要开展航空运输环境分析、适航规章分析、产品定位与策略、共通性策略、竞品分析、新技术成熟度分析、新技术应用权衡分析,这些工作有的需要与飞机和系统的市场分析同步开展。在此过程中,应关注航空运输环境引发的新的交互需求以及与驾驶舱相关的适航规章要求,根据产品定位与策略确定驾驶舱基本原型,建立共通性策略条件下的驾驶舱设计约束,收集并建立驾驶舱原

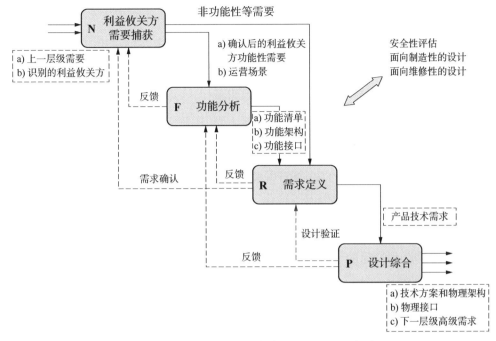

图 9-3　N-F-R-P 系统工程正向设计过程

型人机界面的问题清单；开展竞争机型的驾驶舱人机界面、机组告警、操作程序分析，分析新技术的成熟度和应用可行性，完成新技术应用的权衡分析；调研技术发展带来的新交互技术，明确人机交互新技术的应用需求。

9.2.2　利益攸关方需要捕获

产品的使命在于满足市场需求和客户需要，驾驶舱产品也不例外。驾驶舱产品的利益攸关方需要来自航空市场的研究结果、航空公司的运营需要、用户群体的使用需求等多个渠道。

主机厂在规划新型号驾驶舱产品时，必须确认公司产品的战略和定位，对比标杆产品型号驾驶舱技术水平，当前显示、控制、机载系统、空管系统等方面新技术的技术成熟度以及供应商的技术水平，结合型号产品的市场定位，确定驾驶舱产品的市场策略和定位。

在利益攸关方需要捕获过程中，应充分分析飞机的任务和运营环境，准确识别系统需要运行的环境，定义系统的特殊需求以保证在特定运行环境中安全、高效地运行。运行环境包括航线（极地、海洋、非 ICAO 航线）、飞机限制（巡航高度、航程、速度）、环境条件、跑道类型和条件、沙漠和极地运行以及维护支持。与航空公司、驾驶员、维护人员、签派人员、空管人员等利益攸关方深入沟通，建立驾驶舱操作概念方案，建立驾驶舱内人机协作的运作场景。

此外，应确认新型号的驾驶舱产品是否与原有型号进行共通性设计，因为驾驶舱的共通性程度决定了交付运营后航线驾驶员能否混飞、训练难度、培训时间。对航空公司而言，机组成本占据运营成本的 20%，是不容忽视的客户需求。

为营造公司产品的一致性品牌特征，新型号驾驶舱应当遵循公司系列产品的驾驶舱设计理念，符合公司内部的技术标准与规范的要求。此外，适航要求作为型号取证必须考虑的强制性要求，必须及时纳入审定基础，作为重要的利益攸关方需要。

对于已有飞机型号在航线运营中的主机厂，新的驾驶舱构型需求往往来源于针对原有驾驶舱构型的特定问题的改进，或是新技术带来的机遇。

一种情况是特定运行问题要求定义新的设计方案，可以分析与该运行问题相关的事故或事件的数据，在这种情况下需要与运行人员合作，对于事故或事件数据进行详细、深度分析，分析的主要目的是识别问题的根本原因。

另一种情况是出现了新技术或新创意，带来了更可靠、更高效的设计方案，可以替代现有方案。这些创意可能来自主制造商、设备供应商、航线客户、政府结构、工业界或其他。

在两种情况中需要评估问题和机会以确保成本、重量、周期等资源需求能够匹配利益攸关方需要[48]。

9.2.3 功能分析

驾驶舱功能是对驾驶舱产品作用或使用效果的描述，通常采用"动-名词"

或"输入流-输出流"的方式进行表达,具有高度概括性和抽象性,从顶层功能的角度对驾驶舱产品需要具备的使用价值进行了描述。在利益攸关方需要捕获过程中形成的驾驶舱需要清单是功能分析过程的输入。

在功能分析过程中,针对驾驶舱需要清单中的每一项或多项特定需要,基于产品运营场景分析,将每个场景中的用户需要进行归类、概括和抽象,并采用特定的方式表达出来。例如驾驶员应通过驾驶舱界面管理动力装置系统这一需要,可以通过罗列动力装置系统正常和非正常运营场景进行分析,得出动力装置系统应有的控制或管理功能。

这些控制或管理功能作为高层级的功能,应在驾驶舱设计理念(人的职责与权限、自动化的应用)的指导下分配给操作人员(驾驶员、机务或其他人员)与机器(飞机、驾驶舱、机载系统),这一活动称为人机功能分配。

本活动的输出包括与系统目标、飞行场景各事件相关联的机组系统功能的详细分解以及功能的初步分配。

设计中的重要决策是操作人员和系统之间的功能分配,这类分配常常基于惯例和当前的技术条件。在重新设计系统时,设计人员很容易沿袭原有的方式开展,而忽视了潜在的功能。例如,在现有设计中单个旋转开关可能集成了多个关联的功能,重新设计系统时可能需要将这些功能分开为独立的控制活动。机组决策也需要进行功能分析,以确定驾驶员做出合理决策所需要的信息。

人机功能分配对应了人和机器的职责,为了匹配这一职责,驾驶员和飞机的接口必然需要以驾驶员的任务为导向,满足以驾驶员为中心的用户需求,因此人机接口的功能清单将逐渐清晰。在此基础上,建立父、子功能之间的层级关系,形成功能架构。同时,明确功能架构中同层级功能之间的接口关系,也是功能分析过程的主要结果。

驾驶舱功能清单源于对飞机系统任务场景的分析,这些场景描述了为保证飞机系统运行所要求的功能。利益攸关方需要和驾驶舱运行概念方案是功能分析的起点,在系统概念逐步清晰时应不断确认、改进功能分析的结果。

这一步骤的输出包括驾驶舱功能清单、人机功能分配、人机接口功能清单,以及更加详细的驾驶舱运行概念方案。驾驶舱功能应该基于飞机系统的主要目标和任务场景,这些目标和任务场景应包含不同的飞行阶段、航段中的正常和特殊场景。

驾驶舱功能的主体是支持工作人员使用的功能,使用方包括飞行机组、维护人员和其他可能使用界面的人员。驾驶舱功能也与飞机系统功能和架构密切相关,来源于飞机系统的监控任务需要也会衍生出相应的状态指示、信息显示和机组告警的功能需求,而对于飞机系统故障状态的处置衍生出了相应的故障处置界面(控制器件)的需求。

驾驶舱功能还会因新的飞机系统技术、人机交互技术的发展而改变,新交互技术常常能简化机组任务,改善驾驶舱人机交互的效率。在评估新技术应用可行性时,必须综合考虑安全、舒适、效率等三个方面的收益。

9.2.4 需求定义

驾驶舱需求定义是产生驾驶舱产品特征或过程特征的特定、清晰、独立和一致的描述的过程。形成的需求应能够被验证,并且能够被用户(利益攸关方)所接受。

与需要相比,驾驶舱需求是设计师在理解和把握用户(驾驶员、维护人员等)意图的基础上,结合自身的知识和经验,在其认知架构中将前者解析成一种对驾驶舱产品定性或定量的描述,如定义驾驶舱人机界面的内容需求或延迟指标等。

驾驶舱功能本身也是一种需求,但驾驶舱需求包括的范围更加广泛。此外,功能描述通常是一种定性描述,而需求的表达往往是定性和定量描述相结合。在系统工程正向设计过程中,需求分析是形成需求的主要过程,包括对基于系统的其他利益攸关方的需要、项目目标和约束进行分析,并进行一系列的定义活动,形成产品非功能性需求,最后用标准的语言对需求进行描述,形成一致的、可追溯的、可验证的驾驶舱产品设计需求。

驾驶舱功能清单、人机分配方案、人机接口功能清单是需求定义的基础。在需求定义环节中,应对人机接口功能清单进行详细分析,将功能需求描述得更加准确,并确定功能需求所需的性能需求。

通常采用任务分析的方法分解功能以捕获详细的需求,针对功能需求确定应用场景,分析应用场景下的机组任务,将顶层的任务定义分解为小颗粒度的、可管理的决策或操作行为。通过详细任务分析达到如下目的:

(1) 识别所有人机界面需求,包括控制、显示、告警等。

(2) 通过认识基本任务步骤,发现任务之间的相似性,以在设计中对任务进行综合。

在任务分析活动中通过对顶层任务逐步迭代,将其分解为底层子任务,这个过程持续进行直到分解为单项的操作或决策。由于机载设备可靠性和运算能力有所提升,因此如果任务分解到中间层更有利于简化培训或减少差错,则无须再往下分解。通过分析所有主要的决策或行动特征还能识别风险和相关的人的能力与限制。

这一活动对设计过程的成功开展起到至关重要的作用,因为驾驶舱需求直接来源于详细的任务。通过任务分析能发现大部分的驾驶舱人机界面问题,有助于在设计初期对人为因素问题进行澄清。由于任务与任务支持信息关系密切,因此任务分析工作通常与需求定义反复迭代开展。

基于详细任务分析中对任务的详细分解结果,明确支持每项决策和操作步骤的必要驾驶舱要素,以产生驾驶舱需求清单,从而清晰建立任务-驾驶舱要素的关联关系,使得设计人员能开发具体的驾驶舱要素功能需求,并建立每项界面要素的相对次序和重要性等级;定义驾驶舱要素的驱动逻辑,并为驾驶舱要素的输入、输出关系定义相应的功能接口。

驾驶舱需求必须定量地定义为界面大概形式、范围与精度等,对于动态信息还需要考虑延迟、带宽、刷新率等特性。定性的驾驶舱需求不那么规范化、标准化，常常随着应用场合不同而变化。驾驶舱非功能性需求与功能性需求如图9-4所示。

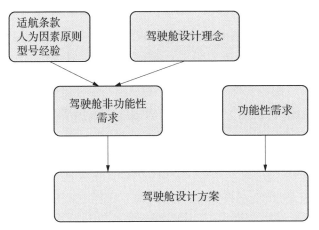

图 9-4 驾驶舱非功能性需求与功能性需求

在建立驾驶舱需求后，设计人员需要确定在原有的驾驶舱原型中是否已经有相应的要素还是需要通过增加其他要素以满足需求。缺乏完全匹配的要素时可以重新开展详细任务分析活动，而且可能需要多轮迭代才能找到行为与决策动作的合理合并，确定所需的驾驶舱要素，建立完整的需求文档。

非功能需求定义也是这一环节中的重要活动之一。作为直接指导驾驶舱方案设计的技术要求，非功能性需求包含了从适航条款、人为因素设计原则、型号经验、共通性考虑、设计理念等方面引出的人为因素设计要求，以及具体的驾驶舱布置布局、控制器件、显示信息、机组告警的设计原则。驾驶舱非功能性需求是对物理工效、情景意识、人为差错、工作负荷等设计考虑的具体体现，与驾驶舱功能性需求一起，直接指导驾驶舱设计方案的定义。

9.2.5 设计综合

设计综合指根据驾驶舱功能和需求进行设计、权衡，形成驾驶舱产品的方案。在不同产品研制阶段，方案的详细程度和表现形式不同。在概念设计阶段，驾驶舱方案主要以布局布置图的形式呈现。经过初步设计后，驾驶舱方案中各要素的设计方案将逐步以更清晰的形式呈现，包括产品规范、接口定义文件等；在详细设计阶段结束后，驾驶舱方案通常以三维数模、图纸的形式呈现出来，能够用于生产制造从而形成产品的物理实体。

驾驶舱通常都不是从零开始设计的，大部分都符合以下情况中的一类：已经存在提供相似能力的系统；新系统需要集成到现有的驾驶舱；出于适航考虑，新系统的性能必须能达到现有系统同等水平。因此，必须建立新系统或改进系统的驾驶舱参考原型。

如果项目包含了一个全新的驾驶舱，则可能需要选择一个现有驾驶舱进行对比，建立驾驶舱参考原型。驾驶舱参考原型是设计的起点，作为理解现有系统的缺陷以及需要改进以满足运营需求的方面的参考。

设计任务需要对比新的驾驶舱需求与现有驾驶舱要素，发现是否有标准化驾驶舱要素可以选择。

（1）标准化驾驶舱要素可以简化培训需求。

（2）标准化驾驶舱要素可以降低错误解读的风险。

应从密切相关的任务出发寻找合适的标准化驾驶舱要素，然后再搜寻其他关联任务，最后考虑其他应用中的相关通用驾驶舱要素。搜寻的范围应包含用户能用到的所有媒介，如顶部板、仪表板、遮光罩、侧操纵台等。

静态的标准化驾驶舱要素很容易找到，因为通常编码简单，总体环境引起的限制很少。如果主任务是动态的，则有必要在整体界面环境中将动态元素与所需完成的动态任务进行匹配。同样地，如果具体行为或决策步骤中包含了对比操作，则设计人员必须确保支持对比操作的所有驾驶舱要素的特征和动态变化是匹配的。目前，动态的特征往往通过显示技术实现。

尽可能采用现有标准或建议的通用驾驶舱要素，以提高标准化水平，方便培训。应尽量避免相同的任务采用不同的符号，因为差异带来的潜在混淆风险很难纠正。

驾驶舱要素不能只与其编码信息相关，其响应关系也非常重要，驾驶舱要素与各种行为（基于知识的、规定的、技能的）的链接是评估标准化驾驶舱要素的重要方面。

对于基于技能的行为任务（如手动飞行），操作员只需投入很少的意识水平就可以处理。例如，在转弯时驾驶员直接操作，而不需要思考将驾驶盘转向哪个方向。基于技能的行为主要通过建立特殊驾驶舱要素与特定操作之间的联系，实现自动响应，达到很高的任务水平。

驾驶舱要素-状态信息之间能否建立直观、高效的链接直接影响到新任务的训练效率。如果新的驾驶舱要素-状态信息链接打破原有的链接，则在经过高强度的培训任务后，操作员仍有可能回到原有驾驶舱要素-状态信息的思维定式中，尤其是在高工作负荷或高压力环境下。

通过改变驾驶舱要素或重构任务可以避免这类人为差错。应避免不同任务、不同响应采用相同的驾驶舱要素。在基于技能的任务中，这类情况的操作差错急剧增加。即使经过合理的培训，高压力场景下操作员仍会回到原有行为。

虽然在基于规则和知识的行为中不存在自动响应，但是仍必须警惕已经习得的驾驶舱要素-状态信息关系不会对状态的判断产生干扰。如果多项任务采用同一个驾驶舱要素，则应确保驾驶舱要素-状态信息关系判断的上下文背景是充分的。

有很多文件列出了标准的或通用驾驶舱要素的用法，包括控制器件、显示符号、告警信息等，这些文件是搜寻标准化驾驶舱要素的首选参考材料。

在设计过程中应当建立标准驾驶舱要素的完整、简洁的说明，避免标准驾驶舱要素的用途发生偏离，导致设计的混乱。设计人员必须充分判断标准驾驶舱要素对于支持特定任务步骤是否是必要的和充分的，否则就需要开发新标准驾驶舱要素。

将标准驾驶舱要素用于正常相关任务以外的使用环境往往会导致任务表现降级,而且驾驶舱要素的使用必须符合用户的感知和使用习惯。

如果详细分析表明没有适合的标准驾驶舱要素,则设计人员必须创建并测试新的要素,包括新的控制器件、显示信息、告警方式等。

在建立新驾驶舱要素时,应做到简单和显著。要素的选取往往取决于交互媒介和相关的技术,因此,候选要素的选择过程需要不断考虑是否能实现的问题。

对于重要的信息,必须采用两项以上的信息特征进行编码(颜色、大小、形状),余度编码的目的是应对用户的个体差异,为用户提供感知差异裕度,并在设备降级时确保认知水平。

必须谨慎使用能吸引强注意力的图形特征(如闪烁、颜色),确保只用于相对其他用户任务具备高优先级的顶层任务,并符合文化多样性,这对于保持驾驶舱整体注意力水平非常必要。

设计人员必须决定现有交互技术是否能支持该驾驶舱方案,并在安全性、可靠性上能满足要求。特定的交互技术有可能与所需方案的特征相冲突,例如特定方案可能与显示技术、触屏技术、音响处理技术相关。

在显示界面设计中,现有技术能达到的颜色、像素大小、分辨率、对比度、混叠效应等有可能制约显示界面元素的选用,因此必须对主要的界面元素特征进行评估,以评价在特定界面交互技术基础上的任务绩效。还需要评估显示技术的失效模式影响,以确定这些失效模式对显示信息的感知和解读造成的影响。

任何负面的发现都可能导致需要重新考虑和选择交互技术,如果候选的驾驶舱要素无法满足可用性、完整性要求,则有必要寻找其他的要素。

必须确保在所有可能的环境和运行条件下,界面元素都能满足可视性、可达性、可用性的要求,适应使用人员的物理特征以及外界环境的多样性。

对于动态的界面元素,必须在合适的动态环境下进行可读性测试。

如果界面元素有独特的失效模式或降级运行特征,则必须进行各类情况下的可读性检查。可读性的通过准则取决于界面元素的重要性,相应误读、未及时操作、误操作的影响,以及特定可读性降级情况下操作的可能性。

对于在评估中发现的不符合可视性、可达性标准的项目,应同时分析如何改进界面元素达到可视性、可达性的要求,如果当前交互技术不能支持这类更改,则必须寻找新的交互元素和方式。

使用是检验界面方案的最终标准,因此在研发过程中必须对界面方案进行评估,通过获取客观的性能数据,确认界面方案对任务绩效需求的落实情况。如果界面方案无法满足任务绩效的需求,则有必要回到任务分析、界面需求定义、方案设计等活动,对任务进行重新认识,或从任务绩效的角度改进设计方案。

评估试验的类型应与被测对象的特征、任务特点等相匹配,基于被测对象和关联任务的新颖性、复杂性、集成性特征,选择评估试验的方法和场景以及相应的评估平台。选择场景时应综合考虑正常、非正常、未定义的使用场景。尤其需要特别关注对人为差错、信息丢失、交互界面降级、交互界面失效的影响。

为保证设计方案对于广泛终端用户群体差异的适应性,需要使用多个试验主体对交互界面进行评估。试验人员的选择需要综合考虑身体差异、生理差异、知识水平、技能水平、语言背景、文化背景等。具体的评估方法可以参考相关的标准规范、设计手册和文献资料。

评估界面方案应支持驾驶舱主任务的完成,通过主观试验确认新的或改进的界面方案能让操作人员保持可接受的全局任务绩效。评估界面方案整体应兼容,确保操作人员在执行所有驾驶舱任务时都能达到可接受的任务绩效水平。

保持简单、直观、一致的任务-界面元素映射关系是使复杂驾驶舱集成简单化的最佳方法,尤其需要注意以下方面:

(1)确保对局部的界面元素产生的所有非预期交互或解读影响都不会导

致全局任务绩效达不到要求。

（2）由于驾驶舱存在很多的界面元素，因此采用不同的媒介、形式，界面元素之间的相互作用能干扰机组执行任务，或导致非预期的、潜在的感知、决策、处置后果。

（3）应确保驾驶舱内的界面元素的特征、逻辑、编码、使用、管理都是兼容的。在现有驾驶舱增加设备，尤其是采用新的技术时，需要全面考察局部界面元素的兼容性。

采用全功能飞行模拟器或在飞行试验中执行的评估为设计人员提供了界面方案集成满意度的最佳保障。

针对评估过程中发现的问题，应准确定位问题，分析问题机理。在航线运营过程中，如果经过充分培训的用户没有达到一致的任务绩效水平，则需要进行深入分析。针对这类任务绩效不满足的情况，有必要检查所有相关的用户任务。

经验表明绩效不达标很有可能是不完整的任务定义或是不准确的任务绩效标准导致的，因为交互界面需求是根据任务绩效标准确定的。

在分析问题过程中，应检查完成任务所需要的界面元素是否都已被识别，并使用了合理的范围、精度、灵敏度、分辨率、限制、动态响应，因为提供给驾驶员的界面元素的类型或性能可能不充分而无法支持机组任务。

在航线运营过程中，用户使用该界面方案可能仍不能达到所需的任务绩效，有以下几个可能原因：

（1）运行环境、操作人员培训可能对界面使用和解读发生偏离。

（2）驾驶员的个体差异可能比预期的要大得多。

（3）运行群体的期望可能与界面设计过程中对使用需求的理解不一致。

（4）任务改进能导致在原有界面方案的基础上产生新的需求。

用户是反馈可能的任务绩效困难的最佳来源，这类反馈对于识别绩效问题非常有帮助，能准确反映问题的影响，并定位问题的范围。这项活动应在航线运营过程中持续开展。

在分析用户反馈问题时应注意,大部分原始意见对于识别低绩效问题的原因并没有帮助。应对任务定义、任务绩效需求、操作员知识、训练与指导、实际设备的性能特征进行结构化检查,以完整捕获并解决在役过程中的绩效问题。而且,实际服役数据能用于设计过程中的任务分析、界面需求定义和界面方案定义。

9.2.6　产品实施

在完成驾驶舱方案后,需要将方案从虚拟的图纸、数模、原型转化为驾驶舱实物产品,根据方案的不同,具体的产品可以是驾驶舱整体产品,也可以是驾驶舱内某些设备、部件,或是驾驶舱内某个显示界面或是界面中的某一个元素,甚至是驾驶舱内某个系统(如自动飞行、自动油门的逻辑改变)。

驾驶舱产品的实现通常交给具体的产品团队去开展,设计团队通过系统需求、人机界面需求、产品规范等形式将方案和相关的需求传递给产品团队,产品团队捕获这些需求后,进行相应的功能分析、需求定义、设计综合后形成具体的设备级、软件级或硬件级需求,并开展或交由其他团队开展具体的软、硬件和设备的开发、测试、验证工作。

对于主机厂而言,驾驶舱产品通常通过采购的形式实现,在采购过程中必须充分考虑设备之间的物理接口、设备的安装位置、设备的终饰要求、驾驶舱内环境约束等,确保供应商提供的产品能匹配驾驶舱整体环境和飞机系统。

由于驾驶舱内设备来源于各家不同的供应商,因此常常会出现接口不匹配、特性不一致的情况。

9.2.7　系统集成

系统集成跨接了产品实施和正式的验证、确认工作,是集多个简单子系统从而实现一个复杂系统的过程,实现了设计集成过程中 V 形右边自底向上形成产品的过程。在需求定义、功能分析和设计综合的递归过程中,复杂度逐级分解,直到把每个单元分解到可实施、可管理的程度,而系统集成则是对单元进行组合,是一个把复杂度逐层聚合的过程。

系统集成环境、驾驶舱产品的集成与飞机系统的集成同步开展,将驾驶舱内的设备以及相关的系统设备进行组装和调试,确保接口调试正常,在物理层面实现驾驶舱整体以及人机界面要素的综合集成。

9.2.8　产品验证

产品验证的目的是表明产品满足相应的需求,包括确定预期功能已经正确实现;确定所有的需求都已得到满足;对于所实现的系统,确保其安全性分析是有效的。

驾驶舱产品的验证主要包括功能性需求以及适航符合性的验证。功能性需求的验证主要通过 MC4 或 MC5 确保最终的产品,如设施和设备、控制器件、显示信息、机组告警等满足原定的功能性需求。功能性需求的验证可以结合飞机全机或各系统的功能验证一起开展,以节省人员和验证平台的资源。

驾驶舱适航符合性验证是针对相关适航条款要求的验证,主要目的是确保驾驶舱内的系统和设备满足条款要求,并向审定方表明符合性。这些条款可以分为两类,第一类为驾驶舱内某个具体要素或界面的适航要求,第二类为驾驶舱整体的适航要求。第一类适航条款在上述章节中都已经有所述及,可以参考前面章节。第二类适航条款是驾驶舱整体的适航要求,主要包括 FAR/CS - 25.1302 以及 FAR/CS - 25.1523。

9.2.9　产品确认

产品确认是指最终的驾驶舱整体产品能够在预期的运行环境中满足客户等利益攸关方最初的期望,客户包括航空公司客户、驾驶员用户、维护人员等使用驾驶舱开展各项工作的群体。在产品研制的初期已经开展了这些利益攸关方的需求捕获,明确了这个群体的需求,但在还未将最终的产品交给用户时,始终无法百分百确认最终的产品能否满足客户的所有需求。为此,必须通过引入验收测试、分析、检查和试运行等方式证明最终的驾驶舱产品能够满足这些期望。

与型号研制过程中各阶段的产品验证不同,驾驶舱产品确认需要追溯到最终用于利益攸关方需要捕获的运营场景,引入典型用户,在运营场景下使用驾驶舱,如 MC5 和 MC6,让用户在既定飞行任务中确认产品可以成功、有效地达到预期性能。

产品验证与产品确认都在最终的驾驶舱物理产品实现之后进行。产品验证的是"系统被正确地实现了",而产品确认证明的是"设计研制出的是一个正确的系统"。换言之,产品确认是从客户的立场出发,证实将最终产品投放入运营环境后能够实现其预期用途;并且在驾驶舱整体产品确认过程中出现的所有必改的问题都必须在飞机交付前得到解决。

9.3　总结与展望

民机驾驶舱是民用航空安全责任的重要承载单元,由于涉及功能多、专业广、接口复杂,因此是民机产品研制中一个很复杂又非常关键的系统。在过去的产品研制过程中,驾驶舱被当作各类控制功能、状态信息、告警信号的集散地,新型号的驾驶舱往往在某个驾驶舱原型的基础上稍做修正便投入市场,这也导致了航空安全事故中人为因素问题的凸显。此外,信息技术和材料技术的高速发展推动了民机气动、结构、机载系统技术的不断提升;但对人,尤其是驾驶员自身的研究目前仍没有突破性的进展。在这种情况下,民机产品中的人的因素问题显得尤为突出,如何在产品研制中做好驾驶舱内的系统集成和人机集成,成了航空业的一个重要课题。

　　本章从驾驶舱研制的特点出发,结合民用飞机产品生命周期模型和系统工程方法,建立了民用飞机驾驶舱研制的初步过程,对过程中的活动进行了阐述,旨在为业界提供一个工程实践的模板。在当前的民机系统研制过程中,基于模型的系统工程方法以其准确性高、可读性强、利于沟通、便于共享等优势,正在稳步推广应用,逐渐发挥出其潜在优势。在民机驾驶舱研制过程中,基于模型的系统工程方法可以建立需要捕获阶段可视化的交互场景,改善功能分析阶段的信息传递和检查,提高需求定义阶段的需求传递效率,并实现设计综合阶段的方案快速验证。相信在不久的将来,基于模型的系统工程方法将在驾驶舱研制过程中充分展现它的潜力。

10

驾驶舱评估

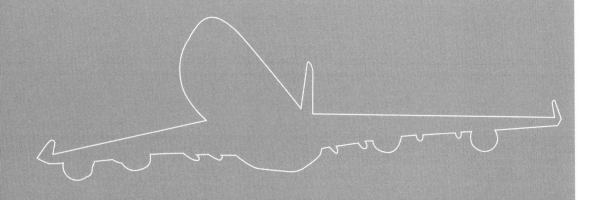

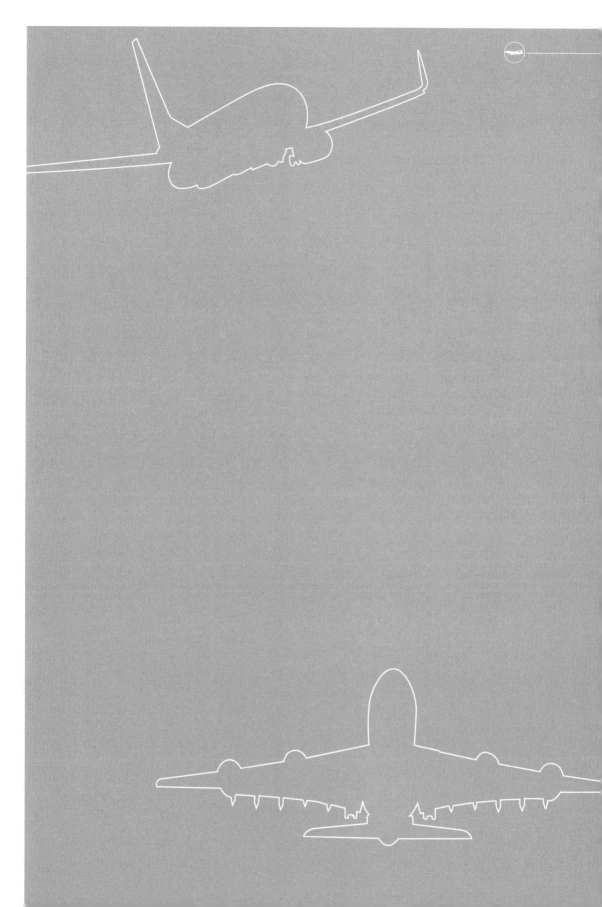

10.1　驾驶舱评估背景

民用飞机驾驶舱的设计是一个极其复杂的过程，没有唯一的标准，并且驾驶舱设计过程也极依赖于参与项目的每个人的知识和经验。大部分系统人机交互设计都会遵照驾驶舱设计理念，但具体设计的实现方式却大相径庭。图 10 - 1 描述了简化的民用飞机驾驶舱集成设计过程。

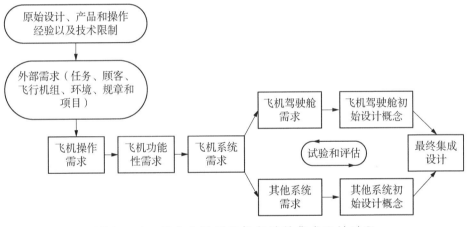

图 10 - 1　简化的民用飞机驾驶舱集成设计过程

民用飞机驾驶舱设计实践表明，如果有缺陷的设计或系统落实或安装在驾驶舱中，则后期设计更改的代价将是很大的。相对于人机界面的设计缺陷，错误的系统功能分配、不合适的自动化程度和其他与系统功能设计相关的缺陷带来的设计更改代价更为巨大。充分理解机组人员操作需求、坚持"以人为中心"的设计原则、尽早开展驾驶员在环评估能够保证驾驶舱初步设计的正确性。从这个意义上讲，"以人为中心"的设计理念的重要组成部分就是开展以人为中心的可用性评估。可用性通常指的是驾驶舱使用的便捷性（如操作易学、易记；使用高效且不容易误操作；用户满意度高等）。通常采取"驾驶员在环"方式，开展驾驶舱可用性和整体性能评估。整个驾驶舱集成设计过程就是一个不断"设计—评估—再设计"的迭代过程。

10.2 驾驶舱评估国内外发展现状

10.2.1 驾驶舱评估国内发展现状

相比于西方发达国家,我国的航空工业与人机工效专业起步都比较晚,因此关于飞机驾驶舱人机工效设计与评估的研究相对滞后,相关的工具也不是很完善。近年来,随着国家航空工业的技术进步以及人机工效在航空领域的介入,飞机驾驶舱的人机工效逐渐成为一个研究热点,众多学者进行了多方面的研究。

其中西北工业大学的薛红军与中国商飞借助国家 973 科研项目[49],对飞机驾驶舱人机工效研究涉及的人(驾驶员)、机(驾驶舱的布局等)、环境(驾驶舱的微环境)等方面进行了深入的阐述与分析,将"以人为中心"的设计理念量化或定性表述成工程人员进行驾驶舱人机工效设计时能够依据的设计准则、设计方法以及评估方法,给出了驾驶舱人机工效从设计到评估的一套有借鉴意义的方法体系。北京航空航天大学的王黎静等人研究了进行飞机驾驶舱人机工效评估所涉及的各项因素的权重计算方法,对飞机驾驶舱进行虚拟人机功效评估的方法和人机界面综合评估理论方法进行了研究。南京航空航天大学的孙有朝等人对驾驶舱人机工效虚拟设计和验证关键技术以及可视化仿真和评估关键技术开展了研究。

10.2.2 驾驶舱评估国外发展现状

在世界范围内,欧美等西方发达国家的航空工业起步较早,因而其技术相对比较先进,也一直处于航空产业的领先地位。飞机驾驶舱的人机工效研究最早由西方发达国家提出,并已经形成了相对比较完善的理论与方法体系。

在西方发达国家,由于资金配备与硬件设施比较完善,因此飞机设计与制造机构是驾驶舱人机工效理论研究的主要力量。一般来讲,这些机构都设有专门的人机工效研究团队,并配备高学历的研究人员。以波音公司为例,它拥有数十名人机工效研究专家,其中数位专家具有该公司最高技术职称——波音院士。波音公司一直非常重视飞机驾驶舱的人机工效,在波音 777 飞机驾驶舱的设计过程中,波音公司充分考虑了驾驶员的需求、操纵能力和身体极限,提出了一系列"以人为中心"的设计原则,主要包括驾驶员拥有飞行最终控制权、自动化应帮助而不是替代驾驶员等,这些原则有效统一了各部门的设计思路,提高了该型号飞机的人机工效水平。在接下来的波音 787 飞机驾驶舱的研发中,波音公司更加强调了面向驾驶员、乘客、维修人员、生产制造人员等所有用户的人机工效要求,优化了控制界面和驾驶舱环境,提升了飞行、维修等所有操纵的人机工效水平。

美国国家航空航天局(National Aeronautics and Space Administration, NASA)早在 1984 年就启动了 A3I 项目,对人机界面进行设计与分析,并将其应用于旋翼飞机驾驶舱的设计之中。英国防务评估研究所(Defense Evaluation and Research Agency, DERA)研究了大型运输机 C-130J 的驾驶舱人机工效,提出了 120 个评估指标用于评估该型号飞机驾驶舱的人机工效相关因素。

众多学者也对飞机驾驶舱的人机工效设计与评估进行了深入的研究。Sanjog 等人对航空航天领域的虚拟人机工效研究进行了综述,描述了人机工效未来的发展方向;Abbasow 等人研究了 Be-200 飞机驾驶舱的计算机建模与人机工效;Karmakar 等人研究了将虚拟人应用于喷气式飞机驾驶员视域分析的方法;Van 等人运用 RAMSIS 软件提供了进行人机工效评估的方法;Chevaldonne 等人研究了虚拟飞机驾驶舱中视域的测试方法;Mehmet 等人提出了飞机驾驶舱显示器人机交互界面的定性和定量评估方法。

10.3　驾驶舱评估内容

10.3.1　评估对象

驾驶舱评估对象包括物理工效评估和认知工效评估两部分。物理工效评估主要对驾驶舱的可视可达、驾驶舱布置布局、舱内环境开展评估；认知工效评估主要对人机界面、机组告警和操作程序进行评估，驾驶舱评估对象如图 10-2 所示。

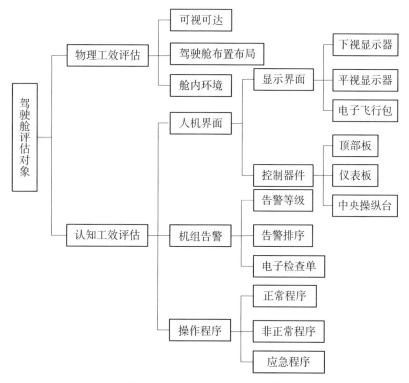

图 10-2　驾驶舱评估对象

10.3.2　评估活动

　　驾驶舱评估应贯穿于驾驶舱全生命周期，通过评估发现设计中的问题和不足，通过修改设计对产品进行优化，驾驶舱评估是落实"以人为中心"的驾驶舱设计理念的重要环节。驾驶舱设计过程中的驾驶舱评估活动如图 10-3 所示。

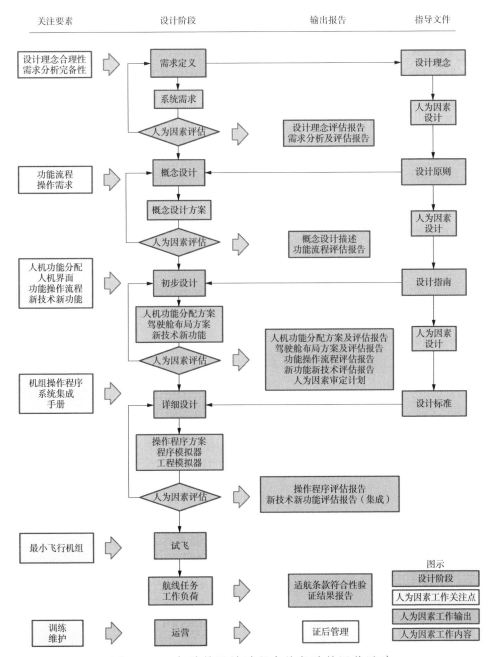

图 10-3　驾驶舱设计过程中的驾驶舱评估活动

10.3.3 评估指标

适用于飞机驾驶舱人机界面的认知过程分析法的评估指标体系主要依托于适航规章和行业规范文件,使用专家评定方法整理得到如图 10 - 4 所示的评估指标体系[50]。

评估指标体系共 7 个一级指标,分别是总体功能、标签、多重控制的交互、可达性、环境影响、控制与显示兼容性和恰当的反馈。这 7 个一级指标均源自适航规章及行业规范文件。重点根据 FAR/CCAR - 25.1302 条,对人为因素的相关指导性文件进行综合提炼,并通过专家评审法得出上述 7 种一级指标。

(1) 总体功能:评估器件的总体功能,包括功能定义、运动一致性、失效和误操作影响等。

(2) 标签:从器件的标签标识上评估器件和功能的一致性。

(3) 多重控制的交互:若存在多重控制功能,则应评估器件是否与多重控制的功能相匹配。

(4) 可达性:在正常和非正常状况下,评估器件的可达性是否满足要求。

(5) 环境影响:评估在正常和非正常使用环境中的操作性,如低能见度、颠簸、浓烟等环境。

(6) 控制与显示兼容性:评估器件操作的便捷性,确保其不干扰机组任务。

(7) 恰当的反馈:评估操作输入是否充分有效地提示。

根据 7 个一级指标的主要评估范畴,细化了各个一级指标对应的二级指标,共 33 个,用于最终对飞机驾驶舱人机界面的系统评估。

10.3.4 评估实践

为了实现设计成功且性价比高的民用飞机驾驶舱,需要遵循几个重要的驾驶舱评估实践:

(1) 尽早开展驾驶舱评估工作。驾驶舱初步设计概念一旦定义,就应该通过多种方法开展驾驶舱评估。越早开展评估(包括驾驶舱局部和整体评估),

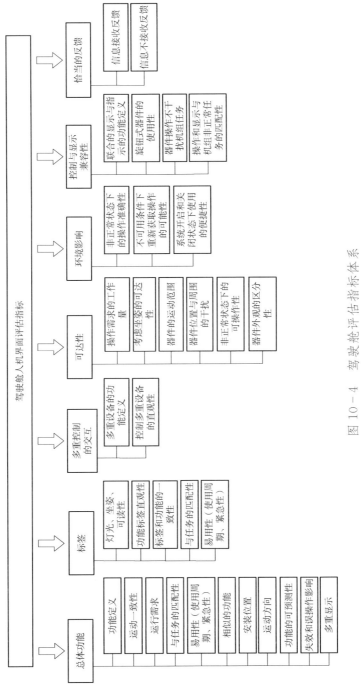

图 10－4　驾驶舱评估指标体系

设计更改就越容易,成本就越低。此外,对驾驶舱初步设计概念进行评估还可以帮助细化和改进驾驶舱集成设计需求,并证明相关设计权衡结果是否正确。同时,设计初期的驾驶舱评估还能使设计人员从机组或驾驶舱整体角度权衡,实现全局最优。

(2) 驾驶舱评估是随着设计活动的深入不断迭代的(设计—评估—设计)。每次完成设计更改后,都需要从以下方面开展驾驶舱评估:

a. 评估设计更改是否达到预期的积极效果。

b. 评估设计更改是否无意中引入了新的负面效果或对其他交联系统、程序或机组任务产生负面影响。

(3)“以人为中心”的设计着眼于驾驶员与驾驶舱以及驾驶员间的相互作用,而不是驾驶舱技术本身。值得一提的是,驾驶舱可用性评估应该由用户,而不是经验丰富的试飞员和飞机制造商的首席驾驶员完成,尽管他们的建议在驾驶舱设计过程的早期是有价值的。每次更改设计时,都应邀请新的测试对象进行新的评估;同时,人为因素专家也可加入其中。

(4)驾驶舱评估应重点关注与机组任务和驾驶舱整体性能相关的评估指标。如图 10-5 所示,一般通过对驾驶员操作的准确性、响应时间、工作负荷、情景意识、主观感受和训练效果等与机组任务和驾驶舱整体性能相关的指标来评估。而且,对于不同设计阶段和不同的评估平台,关注的评估指标可以不同。

(5)驾驶舱评估应该根据驾驶舱设计所处阶段,在多个不同逼真度等级的评估环境中开展。例如,概念评估可以使用快速原型进行,快速原型可以是纸模,也可以是快速原型工具开发的软件。其他的评估可能是基于计算机的交互式原型,或者是显示真实驾驶舱特性的模拟器。这些不同逼真度的仿真模型、模拟器或者试飞机等都应以满足相应的驾驶舱评估目的为原则进行选择。

(6)驾驶舱评估应该基于一系列正常和非正常场景进行评估,用于测试驾驶员绩效和驾驶舱整体绩效。

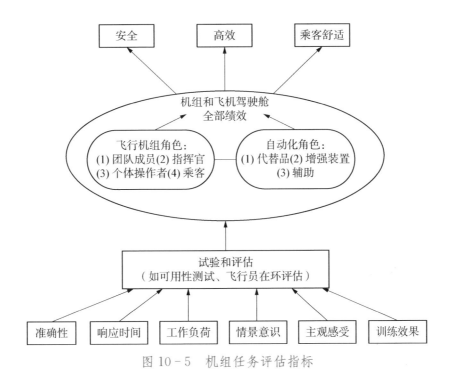

图 10 - 5　机组任务评估指标

10.3.5　评估平台

评估平台是进行评估的测试环境和设备。如今,快速开发的交互式原型可以在设计早期使用,具有相当程度的逼真度和真实性。对于设计中的许多物理问题,如可达性、可视性、布局、显示和控制配置等,物理实体模型仍然非常有用。实体模型可以是泡沫塑料驾驶舱上显示和控制的绘图,也可以是一架飞机的实际驾驶舱硬件。关于实体模型逼真度最重要的方面之一是空间和维度的真实性,即显示和控制的大小和位置等应该是准确的,这可以通过任何类型的模型来实现。

部分任务(part - task)和全任务(full - task)模拟是评估驾驶舱设计概念最常用的方法。全任务模拟对所有运行环境和系统进行模拟,是评估设计概念对整个飞行机组和驾驶舱性能影响的最重要方法。通过全任务模拟,才能观察到系统和设计概念交互的许多潜在问题。

飞行试验是评估设计方案的最终方法。然而，由于成本很高，因此评估应尽量用于很显然必须通过飞行试验来完成的驾驶舱评估问题上。与取证和最终开发相关的广泛飞行测试必须在飞机投入生产线运行之前进行。

本节按照平台仿真逼真程度，对驾驶舱评估过程中主要使用的平台做简要介绍，包括桌面式仿真平台、驾驶舱虚拟评估平台、驾驶舱工程样机、工程模拟器、真机和评估平台使用。

1）桌面式仿真平台

桌面式仿真平台是基于真实飞机设计方案开发的飞行模拟平台，可以通过鼠标和键盘实现控制和交互。可以在飞机概念设计阶段对设计方案进行简单的人机交互评估，其相较于图文评估更加生动形象。

2）驾驶舱虚拟评估平台

驾驶舱虚拟评估平台能够为驾驶舱设计方案提供数字化虚拟评估工具，为驾驶舱视觉工效、人机工效、工作空间模拟和交互式设计评审提供解决方案。还支持驾驶舱布置方案和人机界面方案的快速迭代，可极大地降低研制成本。平台可以虚拟地呈现驾驶舱中的显示控制器件，并且可以结合主要的物理操纵器件和数据手套实现虚拟飞行，对驾驶舱操作程序进行初步确认。

3）驾驶舱工程样机

驾驶舱工程样机是指物理结构和驾驶舱布置布局按照1：1比例制造的驾驶舱评估平台，主要用于驾驶舱布置布局、可视可达、舱内环境评估，在设计方案冻结前完成驾驶舱方案确认，避免设计后期出现重大更改。

同时，驾驶舱工程样机还可以与驾驶舱人机交互仿真结合，实现驾驶舱人机界面和操作逻辑仿真，并结合飞行仿真和飞行场景模拟，实现基于任务的系统级和整机级驾驶员在环评估，提前识别和发现驾驶舱设计中存在的人为因素问题。

4）工程模拟器

工程模拟器不同于工程样机，主要用于开发控制律及模拟器试验。工程模拟器通常具备 6 自由度运动平台,如图 10-6 所示,可以为飞行机组提供更真实的飞机运动响应。工程模拟器可开展驾驶舱整机级全任务评估,如最小机组工作量评估,在工程模拟器取得局方鉴定后(一般要求至少过渡 C 级及以上),可以开展 MC8 适航符合性试验。

图 10-6　C919 飞机工程模拟器外观

5) 真机

真机通常为评估飞行机组接口设计提供最真实和最全面的环境。假设飞机是完全配置的,飞行机组接口特性的集成可以在飞行环境中进行评估,包括通信任务以及与 ATC 环境的交互。然而在通常情况下,这些评估可能会受到关键飞行条件(如天气、故障或异常姿态)定位或生成程度的限制,在飞行中进行安全评估。

6) 评估平台使用

按照每个研制阶段工作内容和不同评估平台的特点,可以选择与本阶段评估任务和目标相适应的评估平台开展驾驶舱评估。在通常情况下,不同驾驶舱研制阶段评估内容、评估方法及评估平台的对应关系如表 10-1 所示。

表 10-1 不同驾驶舱研制阶段评估内容、评估方法及评估平台的对应关系

设计阶段	驾驶舱评估内容	评估方法	评估平台
需求定义	设计理念	访谈法、问卷法、同行评审、启发式评估	图文评估
	系统功能需求的完整性与合理性	访谈法、问卷法、同行评审、启发式评估	图文评估
概念设计	系统功能流程	任务剖面法、桌面仿真	图文评估、桌面仿真
	功能操作需求	功能流程图法、桌面仿真	图文评估、桌面仿真
初步设计	驾驶舱布局人机工效分析	数字人体模型、用户测试法、可用性测试法	驾驶舱虚拟评估平台、驾驶舱工程样机
	人机功能分配	问卷法、访谈法、用户测试法、可用性测试法	图文评估、桌面仿真、驾驶舱工程样机
	任务操作流程	问卷法、访谈法、用户测试法、可用性测试法	桌面仿真、驾驶舱工程样机
	新技术、新功能的评价	问卷法、访谈法、用户测试法、可用性测试法	桌面仿真、驾驶舱工程样机
详细设计	操作程序评估	问卷法、用户测试、认知过程分析法	驾驶舱工程样机、工程模拟器
	操作绩效评估	问卷法、用户测试、认知过程分析法	驾驶舱工程样机、工程模拟器
试飞取证	综合人为因素集成演示验证	选择适航符合性方法	工程模拟器、真机

10.4 驾驶舱评估方法

10.4.1 评估数据收集方法

驾驶舱评估活动是驾驶舱设计过程的组成部分,贯穿整个设计过程。可以执行驾驶舱评估以解决权衡问题(如使用触摸屏还是鼠标输入)、获取设计信息

（如确定一组图标的含义）或尝试一种新方法（如对远程设备进行类似 Web 的监视和控制）。例如，来自用户的信息还支持执行评估，以评估设计是否满足性能要求。

驾驶舱评估提供了从用户那里获取信息和反馈的宝贵手段，常用的评估数据收集方法有访谈法、问卷法、同行评审、启发式评估、认知过程分析法、用户测试法、可用性测试法。

1）访谈法

访谈法是一种最常用的、简单的主试与被试讨论相关事件的过程，该方法的优点是可以在较短的时间内获取有效信息。访谈法需要注意以下问题：

（1）明确访谈的目的。为了使访谈获取有效的信息，在组织访谈之前必须明确目标，所有访谈的主题都应围绕访谈目的展开。

（2）确定访谈的被试对象。根据不同访谈目的选择不同的被试对象，通常应选择不同方向的代表以获取更广泛的数据。

（3）预设访谈主题。为了使访谈能够高效地获取有效信息，在进行访谈之前应根据访谈目标预设一个或几个访谈主题。

（4）资料信息的收集整理。详细记录访谈所获得的各类信息作为系统设计的最初条件。获取的资料一方面可得到已有的各类条件和资源，另一方面提供了最基本的设计约束。

2）问卷法

获得主观评价资料的基本方法是问卷法，它是使用最频繁，但也是最难设计的一种主观评价方法。问卷法预先设计好一系列需要询问的问题，目的是获取被调查者的态度、喜好和意见的可度量的表达方式。在不同的阶段针对不同对象以及不同目的，问卷设计往往大不相同。一般的人为因素调查问卷设计可遵循下列步骤：初始计划；选择问题形式；问卷的措辞；制订调查问卷表单；问卷的预试；实施问卷调查；问卷资料的回收、量化和分析。

3) 同行评审

同行评审是一种完全开放式的访谈形式,同行评审没有固定的形式,主要通过集中相关专业各类人员,针对特定问题进行开放式讨论或者针对某一不确定问题最终达成共识。

4) 启发式评估

启发式评估由 Nielsen 和 Molich 于 1990 年提出,由多位评价人(通常为4～6人)根据可用性原则反复浏览系统各个界面,独立评估系统,允许各位评价人在独立完成评估之后讨论各自的发现,共同找出可用性问题。该方法的优点在于专家决断比较快、使用资源少、能够提供综合评价、评价机动性好。但其也存在不足之处:一是会受到专家的主观影响;二是没有规定任务,会造成专家的评估不一致;三是评估后期阶段由于评估人的原因会造成可信度降低;四是专家评估与用户的期待存在差距,所发现的问题仅能代表专家的意见。

5) 认知过程分析法

认知过程分析法也称为认知预演,是由 Wharton 等人在 1990 年提出的。认知过程分析法是一种基于任务的评估方法,该方法由人为因素专家制订与系统相关的代表性任务以及任务的正确完成方式,然后进行行动预演并按照相应的评估准则不断提出问题,观察用户是否能够顺利完成任务,了解用户在完成任务的过程中遇到的问题和困难,并分析讨论造成困难的原因。

6) 用户测试法

用户测试法即让驾驶员按照既定的操作程序完成飞行任务,由人为因素专家对整个试验过程进行观察、记录,并在试验结束后与驾驶员共同讨论试验过程中遇到的困难、困惑、犯的错误,并分析潜在的原因。

7) 可用性测试法

可用性测试法最早于 1984 年由美国 Intuit 公司针对其公司的管理软件提出。让一群具有代表性的用户对产品进行典型操作,同时观察员和开发人员在一旁观察、聆听、做记录,评估人员通过记录、分析、测试数据,完成人机界面可用性评估。可用性测试法通常适用于产品界面设计中后期,用于评估界面模型。由于其能够对界面进行全面评估,因此被广泛运用。可用性测试法的结果包含定性和定量数据。定性数据包括用户的主观感受和测试员的观察结果等;定量数据包括任务完成时间等。该方法主要应用于互联网和汽车行业。

10.4.2 工程分析方法

工程分析的主要目的是将使用不同驾驶舱评估方法收集到的数据进行处理,形成驾驶舱设计可用的数据输入。工程分析方法包括数据加权平均法、任务分析法、人为差错分析法等。

各种工程评价技术包括如下几个方面:

(1) 程序评估(如复杂性、步骤数)。

(2) 通过计算机建模实现分析。

(3) 用于评估任务需求和工作量的时间线分析。

(4) 操作顺序图。

(5) 可用性测试法或启发式评估。

1) 数据加权平均法

利用评估量表得到的评估数据,即对每项界面设计的评分数据,可以通过数据平均加权法进行处理,根据最后的方案评分,确定最终的设计方案。

例如,某个操作界面需从 m 个方面评估,可根据这 m 个方面对界面影响的重要程度,赋予其不同的权重系数 ξ_1、$\xi_2 \cdots \xi_m$。针对该操作界面有 n 组评估数据,评估数据针对每一方面的评分为 $\{a_{11}, a_{21}, \cdots, a_{m1}\}$、$\{a_{12}, a_{22}, \cdots, a_{m2}\} \cdots$ $\{a_{1n}, a_{2n}, \cdots, a_{mn}\}$,该界面的最终得分为 f,可由加权平均分计算公式得到

$$f = \sum_1^n (\xi_1 a_{1i} + \xi_2 a_{2i} + \cdots + \xi_m a_{mi}) \qquad (10-1)$$

界面得分高的方案,可以认为其设计是较优的。

2) 任务分析法

飞行任务分析常用方法为层次任务分析法(hierarchical task analysis,

HTA),也是应用最广泛的人为因素分析方法之一。其目标是通过分解任务项,得到操作层面的目标动作,作为人为差错分析法的输入。

　　3) 人为差错分析法

　　人为差错分析法利用相关差错模式分类判断机组在执行任务时可能产生的错误模式和影响,从而制订相应的差错减缓措施。常见的机组差错类型和模式如表 10-2 所示,常用的人为差错识别系统工具有 HEIST 等。

表 10-2　常见的机组差错类型和模式

类型	具体差错模式
行为错误	A1 操作时间过长或过短
	A2 操作时宜不当
	A3 操作方向错误
	A4 操作过小或过大
	A5 不一致
	A6 对错误的对象进行了正确的操作
	A7 对正确的对象进行了错误的操作
	A8 忘了操作
	A9 操作不完整
	A10 对错误的对象进行了错误的操作
确认错误	C1 忘了确认
	C2 确认不完整
	C3 对错误的目标进行了正确的确认
	C4 对正确的目标进行了错误的确认
	C5 确认时机不当
	C6 对错误的对象进行了错误的确认
检索	R1 信息未获取
	R2 获取了错误的信息
	R3 信息检索不完整

（续表）

类型	具体差错模式
交流错误	I1 信息未交流
	I2 错误的信息交流
	I3 信息交流
选择错误	S1 忘了选择
	S2 选择错误模式

10.5　驾驶舱评估准则

对民机驾驶舱人机工效进行评价时，不能孤立地针对单个指标，必须根据总的评价目标，按照正确的比例关系考虑所有的评价指标，建立一套科学、合理的评价指标体系，从不同层次和角度真实地反映驾驶舱的人机工效水平。同时，驾驶舱评估准则需要与驾驶舱的设计要求和目标呼应，不能孤立地存在。建立的指标体系必须满足以下要求。

1）科学性和客观性

指标的选择必须科学合理，既要符合人机工效学的基本要求，又要与民机驾驶舱设计这一特定的背景结合起来。建立评价指标体系必须以多指标综合评价的理论和方法为依据，具有客观性。

2）全面性和综合性

如果只考虑单个指标的优劣而不综合考虑各指标之间的协调关系，则容易出现部分指标较好，但总体工效水平欠佳的问题。因此，应尽可能全面地考虑各方面的工效要求，建立指标体系。

3）层次性和独立性

在建立指标体系时，为了便于分析比较，应将评价指标划分成不同的层次；

同时各指标之间应尽可能地保持独立性,避免因指标重叠而产生的不利影响。

4)可操作性

各评价指标应该含义明确,易于理解,确定合理的定性或定量指标值,并给出相应的单指标评价方法。

10.5.1 控制器件评估准则

控制器件评估准则共计 8 类,分别为功能、系统行为、位置、操作、反馈、标识、一致性和防错。设计准则源自驾驶舱控制器件设计要求、适航条款(CCAR - 25 - R4)、咨询通告(AMC 25.1302)、行业标准(SAE ARP 4102)等。控制器件评估准则是在设计准则基础上进行的高度概括和提升,为了便于驾驶舱评估实施阶段使用,采用提问的方式进行主观评估。详细的控制器件评估准则如表 10 - 3 所示。

表 10 - 3　控制器件评估准则

序号	类别名	评估准则编号	评 估 准 则
1	功能	101	该控制器件的功能是否必要
		102	该控制器的功能是否显而易见,易于驾驶员理解;操作的后果是否可识别和可预测
		103	机组任务是否合理分配到控制器件功能上
		104	是否存在实现相似功能的其他器件,是否可以接受
		105	当多个控制器件控制相同的参数或模式时,控制方式是否可以接受(机组是否容易分辨哪一个控制器件正在工作;控制器件是否可以同时调节)
		106	控制器件功能或指示灯失效的影响是否可以接受
2	系统行为	201	该控制器件的功能是否显而易见,易于驾驶员理解;系统行为是否可以预测
		202	预位、接通、解除预位或解除接通所必需的控制行为是否简洁
		203	如果系统采用自动化设计,则是否为机组预留了人工干预的手段

（续表）

序号	类别名	评估 准则 编号	评 估 准 则
		204	飞行过程中接通或切换该控制器件是否会引起不可接受的航路瞬态响应
		205	该功能的控制逻辑是否与其他系统有关联;逻辑是否合理
3	位置	301	该控制器件是否安装在驾驶舱的合适位置(考虑位置是否符合相应机组任务的可视性、可达性、紧迫度、操作频率、操作时长的需求)
		302	该控制器件是否安装在合适控制板的合适位置(考虑该控制器件是否位于合适控制板的合适位置,确保机组能高效、准确地定位该器件)
		303	在机组执行任务的过程中,控制器件的位置是否会造成视觉遮挡
		304	该控制器件的位置是否能确保控制器件的操作和运动不会受其他控制、设备、结构干扰
		305	与显示或指示有关的操纵器件的位置是否干扰机组执行任务
4	操作	401	该控制器件的外形、尺寸、表面纹理、运动范围是否合适
		402	操作方式是否直观、一致、易于理解;操作响应是否可预测(运动方向和相关参数的变化趋势)
		403	控制器件(行程、力感、外形)的操作是否简单、舒适
		404	操纵器件是否能提供执行任务所需的精度(考虑在湍流或振动以及极端的照明度、寒冷天气等不利环境下)
		405	如果该控制器件对于控制飞机非常关键,则该控制器件在浓烟和严重颠簸等条件下是否可用
		406	油门杆是否能对其操纵的发动机进行确实和及时反应的操纵
5	反馈	501	操作是否有反馈(信息、触觉、听觉、位置、目视、行程、力感)
		502	该控制器件的操作反馈是否充分、直观、一致(考虑位置、显示、指示等途径的响应)
		503	该控制器件是否存在相应的显示信息控制器件;安装在相应显示信息附近是否有必要
		504	针对系统已接收和未接收的机组输入,是否有清晰的指示

序号	类别名	评估准则编号	评估准则
6	标识	601	该控制器件的标识是否完整、直观、无歧义(包括功能、模式、操作方向)
		602	采用文字或图标形式,是否清楚而明确地标明其有意义的功能及如何操作;是否采用与其功能和驾驶舱范围内一致的、标准的术语、缩略语或图标
		603	控制器件的标识是否与显示、告警相关指示的字符一致
		604	该控制器件的标识在不同灯光和环境条件下是否都可读
		605	指针装置进行访问的图形操纵器件的标记是否包含在图形显示器中
		606	当菜单有下一级子菜单时,菜单的标记是否对下一级子菜单进行合理描述
7	一致性	701	控制器件的指示是否遵循"静暗驾驶舱"的设计理念
		702	符号、数据输入规定、格式、颜色规则、术语和标签是否一致
		703	同类控制器件动作感觉和相关效果是否一致
8	防错	801	该控制器件是否与其他控制器件(同一控制板或不同控制板上)之间有足够的区分度(颜色、位置和标签)
		802	控制器件的设计是否容易引发机组误操作,后果是否可以接受;是否需要防错措施(开关保护、互锁或多重确认操作);如果发生误操作,则是否容易让机组发现,是否有措施对其纠正

10.5.2 显示信息评估准则

显示信息评估准则共计 8 类,分别为功能、可视性、可读性、标识、颜色、一致性、防错和非正常指示。设计准则源自飞机驾驶舱显示设计需求、适航条款(CCAR‐25‐R4)、咨询通告(AC 25‐11、AMC 25.1302 等)、行业标准等。显示信息评估准则是在设计准则基础上进行的高度概括和提炼,为了便于驾驶舱评估实施阶段使用,采用提问的方式进行主观评估。详细的显示信息评估准则如表 10‐4 所示。

表 10 - 4　显示信息评估准则

序号	类别名	评估准则编号	评估准则
1	功能	101	显示信息是否必要
		102	显示信息能否帮助机组制订、执行任务和计划
		103	显示信息是否合理分配到显示器的各个区域上
		104	显示信息的排列是否井然有序
		105	显示信息是否根据任务的关键程度决定信息的优先次序
		106	对控制输入的反应是否可接受
		107	输入后的显示反馈是否可接受
		108	驾驶员能否通过显示信息区别输入优先权
		109	下拉式菜单和弹出式窗口这种图形控制方式是否给出适当的目视反馈
		110	输入界面是否复杂
		111	飞行机组能否充分理解和预测系统后续行为
		112	显示信息是否与任务的紧急性、使用频率和持续时间协调一致的方式显示
2	可视性	201	机组操作对显示信息是否有遮挡
		202	设备对显示信息是否有遮挡
3	可读性	301	该信息能否清楚和明确
		302	显示信息显示方式和显示格式是否易读
		303	显示信息是否考虑优先级问题,高优先级是否始终可见
		304	在交叉检查、湍流和光照条件下,显示信息的可读性
		305	读数变化是否连续平滑
4	标识	401	该信息的分辨率和精度是否足够
		402	当菜单有下一级子菜单时,菜单的标记是否对下一级子菜单进行合理描述
5	颜色	501	显示信息使用颜色的理念是否合适
		502	显示信息使用的颜色是否合适

序号	类别名	评估准则编号	评 估 准 则
		503	显示信息与背景色搭配是否合适
		504	颜色是否作为信息显示的唯一方法
		505	显示器上的分层信息是否会增加混淆和混乱
6	一致性	601	指示是否遵循"静暗驾驶舱"的设计理念
		602	显示信息是否保持一致
		603	显示信息符号、数据输入规定、格式、颜色规则、术语和标签是否一致
		604	显示信息的简化示意图是否与飞机实际情况一致
		605	显示标记与驾驶舱内其他标记是否一致
		606	显示信息的缩写和术语是否与驾驶舱内的缩写和术语一致
		607	显示信息功能与逻辑是否一致
		608	与其他驾驶舱使用同类型信息是否一致
		609	显示信息与运行环境是否保持一致
		610	如果显示信息不一致,则显示信息是否能接受
7	防错	701	显示信息能否被飞行机组干预
		702	显示信息是否是可预知的和明确的
		703	机组能否通过显示信息发现错误的操作
		704	机组能否通过显示信息恢复错误操作
		705	是否存在将同样的信息显示成两种不同格式的情况
		706	是否存在显示冲突的信息
8	非正常指示	801	指示信息是否必要
		802	指示信息是否合理
		803	在故障状态下,显示位置的重构是否合理
		804	指示信息是否一致
		805	应急状态下显示信息是否满足机组需求
		806	在降级情况下显示信息是否满足机组需求

10.5.3   系统级任务评估准则

系统级任务评估准则共计 7 类,分别为功能、系统行为、可视性、可读性、可达性、一致性和差错控制。主要依据咨询通告(AMC 25.1302、AC 25 - 11)、适航规章(CCAR - 25 - R4)、行业标准(SAE ARP 4102),凝练形成了基于任务的评估准则。系统级任务评估准则是在设计准则基础上进行的高度概括和提炼,为了便于驾驶舱评估实施阶段使用,采用提问的方式进行主观评估。详细的系统级任务评估准则如表 10 - 5 所示。

表 10 - 5   系统级任务评估准则

序号	类别名	评估准则编号	评 估 准 则
1	功能	101	触发系统级任务的信息提示是否充分
		102	若存在多种方法完成系统级任务,则是否可接受
		103	执行系统级任务时系统是否有反馈,若无,则是否可接受;若有,则是否及时、合理,可指导飞行机组完成任务
		104	具有多通道控制的系统级任务是否有优先权提示,若无,则是否可接受;若有,则是否合理,易于驾驶员理解
		105	任务的信息提示是否一致,若不一致,则是否有合理的处置措施(如空速指示等信息)
		106	在执行任务时,是否存在临界状态指示(如包线保护指示等)
2	系统行为	201	完成系统级任务的必要操作是否简洁
		202	执行系统级任务过程中的系统响应时间是否可接受
		203	具备自动化功能的系统,是否为机组设置了合理的人工干预手段
		204	飞行过程中系统功能在接通或切换时,是否会引起不可接受的瞬态响应
		205	若需要在极端环境(包括湍流、振动、极端照明环境、浓烟和严重颠簸)中执行系统级任务,则机组是否能顺利完成
3	可视性	301	完成系统级任务所需的操纵器件是否被遮挡(包括驾驶员自身的操作遮挡)

序号	类别名	评估准则编号	评 估 准 则
		302	执行任务过程中的系统反馈信息是否被遮挡(信息之间存在遮挡)
		303	在执行系统级任务过程中,相关操纵器件是否会遮挡其他系统的关键信息
		304	若有灯光告警,则告警灯光的布置位置、类型、强度、频率等是否合理
		305	若有振动和声音等告警,则其类型、强度、频率等是否合理
4	可读性	401	在执行系统级任务过程中,显示信息是否清晰可辨(包括在不良光照环境下)
		402	信息显示的读数变化平滑度是否合适
		403	闪烁的显示信息和闪烁程度是否可接受
5	可达性	501	完成系统级任务的控制器件布置是否合理
		502	完成系统级任务的操纵器件的操作方式是否合适(拨动、旋转等)
		503	在系统级任务执行过程中,操纵器件的触觉、力感、外形、行程等是否合理、舒适
6	一致性	601	符号、数据输入规则、格式、颜色规则、术语和标签是否一致
		602	显示信息的功能界面和逻辑是否一致(当两个或多个系统处于激活状态并且执行相同功能时,应当一致运行并使用相同风格的界面)
		603	同类控制器件动作感觉、效果是否一致
7	差错控制	701	在执行系统级任务过程中,是否具有误操作保护措施
		702	在执行系统级任务过程中,是否容易误操作其他系统
		703	发生差错时,系统是否具有容错能力
		704	发生差错时,系统是否具有纠正措施

10.5.4 全任务评估准则

全任务评估主要针对驾驶舱内多系统的机组任务,对其正常、非正常、应急使用场景与任务开展评估，评估机组在特定的场景（如起飞、复飞、单发等）执行相应任务后，对驾驶舱设计相关的人机交互、操作任务、工作环境等方面进行主观评分和评述。全任务评估准则如表 10‐6 所示。

表 10‐6　全任务评估准则

序号	评 估 准 则
1	驾驶舱人机界面是否能够支持机组顺利完成任务
2	驾驶舱操纵器件的可达性是否可接受
3	驾驶舱显示信息的可读性是否可接受
4	驾驶舱告警设计是否可接受
5	驾驶舱人机界面设计是否简洁明了
6	驾驶舱人机界面设计是否提供了合理的状态指示和反馈
7	驾驶舱自动化系统是否设置了合理的人工干预手段
8	驾驶舱人机界面设计在任务执行过程中是否存在相互干扰
9	驾驶舱人机界面的一致性是否可接受
10	驾驶舱整体环境是否可接受（光、色彩、空间等）
11	人机界面设计是否具有防错、容错、纠错功能
12	机组工作负荷是否可接受

10.6　驾驶舱评估案例

10.6.1　评估优化对象

针对某型飞机驾驶舱控制系统驾驶盘外形、平尾配平开关、按压通话（push‐to‐talk，PTT）开关、AP 同步开关外形和布置，进行多轮评估优化，为该型飞机驾驶盘优化设计提供依据。

10.6.2 评估优化过程

评估优化过程主要包括确定被评方案、制订评估要求、实施评估、评估数据处理和结果分析 5 个步骤。

1）确定被评方案

设计人员根据驾驶舱评估意见制订了三种优化方案，如表 10 - 7 所示。

表 10 - 7　驾驶舱优化方案

	外观示意图	PTT 开关示意图	拇指休息区示意图	虎口卡槽示意图
方案一				
	采用细驾驶杆，PTT 开关改为跷跷板形式，布置在驾驶盘背面，类似于波音飞机，AP 同步开关位置不变，但加大柄头设计，增加了拇指休息区，增加了拇指虎口的卡槽设计			
方案二				
	采用细驾驶杆，将 PTT 开关布置在 AP 同步开关位置，将 AP 同步开关移至驾驶盘背面，通过食指触发，同时也增加了拇指虎口的卡槽			
方案三				
	加粗了驾驶盘直径，使其更加具有握感，并增加了拇指虎口的卡槽，AP 同步开关位置布置与方案一保持一致，PTT 开关改为跷跷板形式，布置在驾驶盘背面			

2）制订评估要求

采用静态评估方法，每次只能单独对一个驾驶员进行评估并记录，让驾驶员分别对不同的优化方案样件进行模型抓握并打分，评估内容和指标如表 10 - 8 所示。

表 10-8　驾驶盘评估内容和指标

评 估 内 容	评 估 指 标
驾驶盘外形	粗细舒适度
	指槽握感舒适度
	虎口卡槽舒适度
	拇指习惯的摆放位置
PTT 开关布置	开关外形舒适度
	操纵可达性
	操纵便利性
	是否容易出现误操纵
平尾配平开关布置	操纵可达性
	操纵便利性
	在拇指习惯摆放位置时,是否容易触碰该开关
AP 同步开关布置	操纵可达性
	操纵便利性
	是否容易误触碰该开关

注:
(1)"操纵可达性"表示驾驶员在操纵驾驶盘时不移动手掌而能对某个设计开关进行操控的难易程度。
(2)"操纵便利性"表示在满足操纵可达性的情况下,驾驶员对某个设计开关进行操控时,由于安装位置或外形设计等原因令驾驶员操纵时感觉舒适与否的程度。
(3)驾驶员对评估项目打分参照国际通用的库伯-哈伯 HQR 等级评分方法,对驾驶盘的外形和开关的操纵特性进行评估,每一等级都直接对应其相应的状态。

3) 实施评估

评估前驾驶员需测量手的长度、手指平均宽度、拇指长度和拇指宽度,如图 10-7 所示,并进行记录。

测量结束后,参与评估的驾驶员需轮流对优化方案样件打分,样件的评估项目包括驾驶盘的外形和开关的操纵特性等,如表 10-8 所示。

本次参与评估的驾驶员为 10 人,经数据统计与测量,并根据 GJB 4856—2003《中国男性驾驶员人体尺寸》,可得到全国驾驶员手的长度、手指平均宽度、拇指宽度以及拇指长度的概率分布,若将样本驾驶员与全国驾驶员相关人体尺

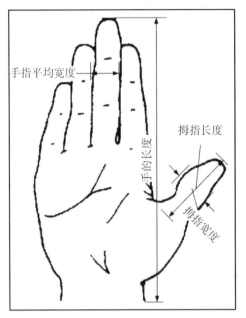

图 10 - 7   驾驶员手掌参数测量示意

寸进行对比,则可以确定所选驾驶员样本对优化方案进行评估是否具有可信度。样本驾驶员与全国驾驶员平均身体尺寸概率分布如图 10 - 8 所示。

从图 10 - 8 中可以看出,样本驾驶员手的长度、驾驶员手指平均宽度、驾驶员拇指长度以及驾驶员拇指宽度与全国驾驶员身体尺寸概率分布比较吻合,说明该采样样本接近于全国驾驶员身体尺寸的平均水平,因此采样样本以及评估分析结果具有较高的可信度。

4）评估数据处理

在驾驶员对优化方案进行评估的同时,将"驾驶盘外形""PTT 开关布置""平尾配平开关布置""AP 同步开关布置"等评估项按驾驶员在操纵驾驶盘时的注重程度排序比较,得到这些评估项目在评估试验中的权重系数,最后计算出各方案的加权平均得分,从而确定所需的最终改进方案。

单个评估项加权平均分计算公式为

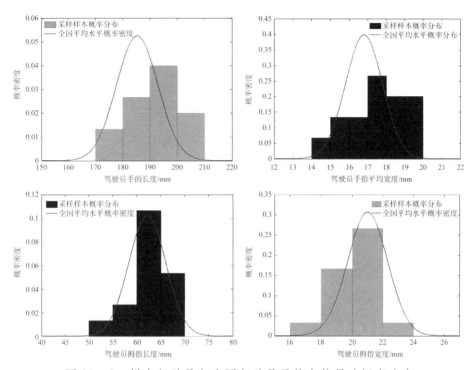

图 10-8　样本驾驶员与全国驾驶员平均身体尺寸概率分布

$$f_i = \sum_{i=1}^{n} \frac{\xi_{j1}a_i + \xi_{j2}b_i + \xi_{j3}c_i}{n} \quad (\xi_{j1} + \xi_{j2} + \xi_{j3} = 1, \ j = 1, 2, 3, 4)$$

$$(10-2)$$

式中,ξ_{j1}、ξ_{j2}、ξ_{j3} 为评估单项中各操纵特性权重系数;a_i、b_i、c_i 为驾驶员对评估项目的打分结果;n 为参加评估的驾驶员人数。

各方案加权平均分计算公式为

$$f = \xi_1 f_1 + \xi_2 f_2 + \xi_3 f_3 + \xi_4 f_4$$

$$(10-3)$$

式中,f_1、f_2、f_3、f_4 为某方案四个评估单项平均得分;ξ_1、ξ_2、ξ_3、ξ_4 为计算总得分时四个评估单项的权重系数。

5) 结果分析

评估试验共有 10 名驾驶员参与,其中 9 名驾驶员进行了身体尺寸测量,对所有方案进行了评估打分,1名驾驶员没有参与评估打分,但给出了评估意见。

综合驾驶员的评估意见,将"驾驶盘外形""PTT开关布置""平尾配平开关布置""AP同步开关布置"等评估项按驾驶员在操纵驾驶盘时的注重程度排序比较,大多数驾驶员对驾驶盘评估项的关注程度依次为"驾驶盘外形""平尾配平开关布置""PTT开关布置""AP同步开关布置",相应的评估项权重系数依次为0.4、0.3、0.2、0.1。同样按照此方法给定评估项中各操纵特性的权重系数,最后得到不同优化设计方案评估项目的权重系数及评分计算结果汇总,部分结果如表10-9所示。

表10-9　不同优化设计方案评估项目的权重系数及评分计算结果汇总

评估内容及权重系数		单项加权平均分			方案加权平均分		
		1	2	3	1	2	3
驾驶盘外形 (0.4)	粗细舒适度 (0.5)	4.311	3.9	3.099			
	指槽握感舒适度 (0.2)						
	虎口卡槽舒适度 (0.3)				3.409	3.393	3.313
...		...	...	...			
AP同步开关布置 (0.1)	操纵可达性 (0.5)	2.556	4.278	2.5			
	操纵便利性 (0.5)						

比较三种设计方案的评分计算结果,方案三得分较高,大多数驾驶员希望PTT开关布置在搭盘背面,同时方案二的PTT开关布置也有一定亮点,因此第一轮评估试验后得到的优化方案结论如下:方案三外形不做更改,保持原粗细程度,将平尾配平开关布置于搭盘正面,并将其下移至操控便利的位置,AP同步开关位置保持不变,PTT开关布置于搭盘背面,构型改为扳机式,保留其连接外话功能。

11

驾驶舱适航验证

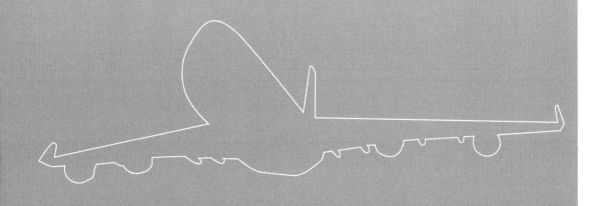

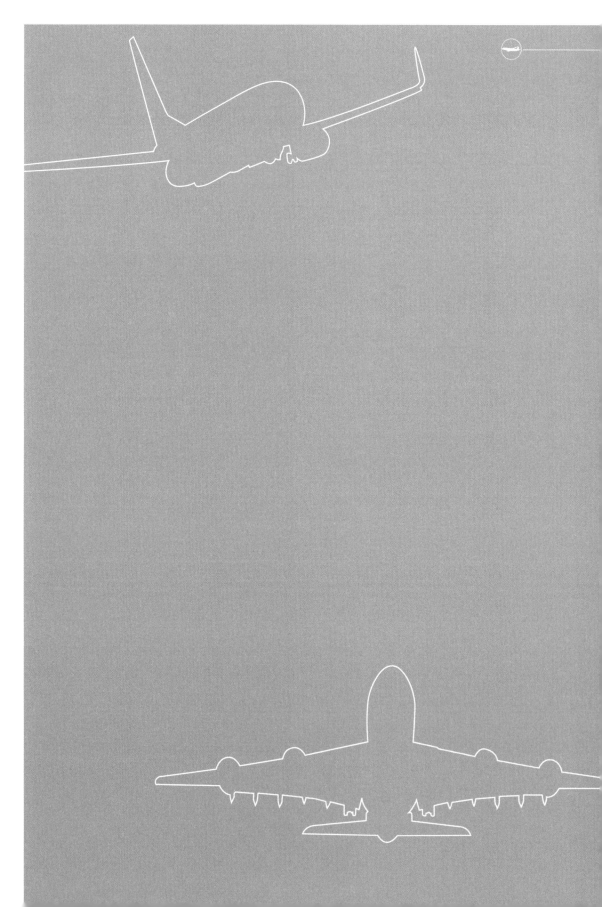

11.1　概述

驾驶舱适航验证工作是基于申请人与局方达成一致的审定基础,按照局方批准的验证大纲,在局方认可的飞机构型下表明驾驶舱及其系统符合性的活动和过程。除上述章节介绍的相关适航验证工作外,驾驶舱集成层面也需要规划和开展相应的适航符合性验证工作,本章将针对人为因素和最小机组两项驾驶舱集成验证工作进行说明。

驾驶舱适航验证工作是型号适航验证工作的重要组成部分,必须按照 CAAC 颁布的 AP‐21‐AA‐2011‐03‐R4《航空器型号合格审定程序》,配合局方开展驾驶舱设计符合性验证工作。该规章定义了典型的合格审定过程模型,按航空器的生命周期将审定过程划分为概念设计阶段、要求确定阶段、符合性计划制订阶段、计划实施阶段和证后阶段共 5 个阶段。在一定的假设下,经过简化的、典型的运输类航空器型号合格审定过程的模型图可用来解释型号合格审定过程,反映型号合格审定过程中主要工作事项之间的相互关系,而不是对型号合格审定项目的审定如何开展做出准确描述。尽管图 11‐1 反映了型号合格审定过程中主要工作事项之间的顺序,然而针对具体型号合格审定项目,由于不同专业通常在型号合格审定过程中进展不一致,因此可将具体的型号合格审定项目视为有内在联系的多个子项目,这些子项目分别按图 11‐2 列出了型号合格审定过程中的主要工作事项。

11.1.1　概念设计阶段主要工作

概念设计阶段是指意向申请人对潜在的审定项目尚未向 CAAC 的责任审定单位提出型号合格证或型号设计批准书申请的阶段。CAAC 鼓励意向申请人在航空器型号项目尚处于概念设计时就与责任审查部门书面联系,责任审查

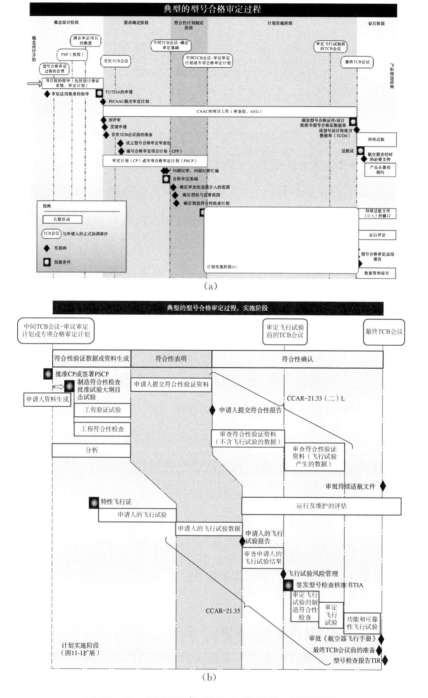

图 11-1 民用飞机型号合格审定过程模型

概念设计阶段（concept design）

（1）型号合格审定过程的宣贯

（2）安全保障合作计划的签署或修订（按需）

（3）审定适用规章的指导

（4）熟悉潜在审定项目

（5）讨论审定计划

（6）设计保证系统的初步评估

需求确定阶段（requirements definition）

（1）型号合格证或型号设计批准书的申请

（2）受理申请

（3）首次 TCB 会议前的准备

（4）召开首次 TCB 会议

（5）编制合格审定项目计划

（6）按需编制专项合格审定计划草案

（7）专用条件、等效安全和豁免的审批

（8）召开中间 TCB 会议——确定审定基础

符合性计划制订阶段（compliance planning）

（1）确定审查组直接介入的范围

（2）确定授权与监督范围

（3）确定制造符合性检查计划

（4）完成审定计划或专项合格审定计划

（5）TCB 审议审定计划或专项合格审定计划

计划实施阶段（implementation）

（1）工程验证试验

（2）工程符合性检查

（3）分析

（4）申请人的飞行试验

（5）申请人提交符合性验证资料

（6）申请人的飞行试验数据和报告

（7）申请人提交符合性报告

（8）审查型号资料

（9）审查申请人的飞行试验结果

（10）飞行试验风险管理

（11）审定飞行试验前的 TCB 会议

（12）签发型号检查核准书

（13）审定飞行试验的制造符合性检查

（14）审定飞行试验

（15）运行和维护的评估

（16）审批持续适航文件

（17）功能和可靠性飞行试验

（18）审批《航空器飞行手册》

（19）最终 TCB 会议前的准备

（20）召开最终 TCB 会议

（21）颁发型号合格证和型号设计批准书

证后阶段(post certification activities)

（1）完成型号合格审定总结报告

（2）完成型号检查报告

（3）持续适航

（4）设计保证系统、手册及其更改的控制与管理

（5）持续适航文件的修订

（6）证后评定

（7）资料保存

（8）航空器交付时的必要文件

图 11-2　型号合格审定过程中的主要工作事项

部门收到联系函后即启动本阶段。

本阶段的目的是使责任审查部门尽早介入潜在的审定项目,对驾驶舱设计领域和规章相关要求符合性的问题与意向申请人达成共识,为后续驾驶舱审查活动的顺利开展奠定基础。

11.1.2　需求确定阶段主要工作

需求确定阶段是指意向申请人向责任审定单位提出了型号合格证或型号设计批准书的申请,责任审定单位受理申请并确定适用的审定基础阶段。本阶段的工作旨在明确产品定义和有关的风险,确定需要满足的具体规章要求和符合性方法,识别重大问题,对于审查方和申请人均同意按专项合格审定计划(project specific certification plan，PSCP)进行管理的型号合格审定项目,双方编制初步的 PSCP。

11.1.3　符合性计划制订阶段主要工作

本阶段的目的是完成审定计划(certification plan，CP)和审定项目计划(certification project plan，CPP)或 PSCP。对于申请人和责任审查部门均同意采用 PSCP 方式进行管理的项目，PSCP 作为审查组和申请人双方使用的工具之一，管理合格审定项目。审查组与申请人也应在该阶段完成设计保证系统的审查计划。

11.1.4　计划实施阶段主要工作

计划实施阶段是审查方和申请人执行经批准的 CP 和 CPP 或经双方共同签署的 PSCP 的阶段。申请人和审查方应密切合作，对已经批准的 CP 或签署的 PSCP 进行管理和完善，确保计划中的所有要求都得以满足。计划实施阶段的审定过程模型如图 11－3 所示。

(1) 本阶段的活动分为三类：符合性验证数据或资料生成、符合性表明以及符合性确认。符合性验证数据或资料生成指与产生符合性验证数据有关的活动，如试验(工程验证试验和飞行试验)、分析、检查等；符合性表明是指申请人应用符合性验证数据向审查组表明符合性的活动，如编写符合性报告；符合性确认是审查代表对申请人表明的符合性进行确认的活动，如审查申请人提交的符合性报告、进行必要的飞行试验等来确定型号设计构型、确认型号设计对审定基础的符合性、判断航空器是否有不安全的状态。

(2)《民用航空产品和零部件合格审定规定》(CCAR－21)第 21.33 条和第 21.35 条规定了关于试验和检查的两个过程。对于审定飞行试验，申请人要进行必要的地面试验和检查以及飞行试验，并将飞行试验报告提交给审查组进行审查。审查组通过审查申请人的飞行试验结果，选择审定飞行试验项目，用以确认申请人整个飞行数据包的有效性(审定飞行试验前需签发型号检查核准书)。对于某些飞行试验，审查组可根据申请人的请求决定是否将审定飞行试验与申请人的飞行试验合并进行，若决定合并进行飞行试验则在该试验前必须

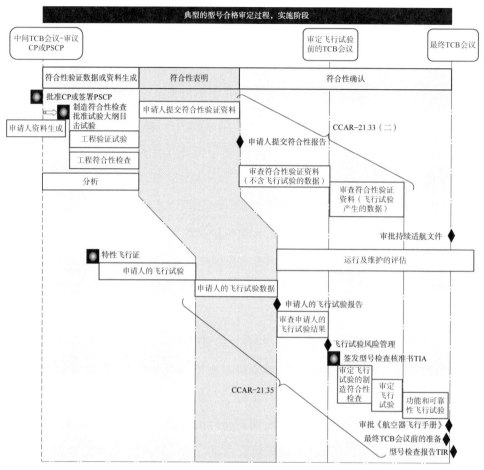

図 11-3 計画実施阶段的审定过程模型

签发型号检查核准书(type inspection authorization，TIA)。

（3）对于已批准的 CP 或已签署的 PSCP 中确定的验证试验项目，申请人应在试验前足够长的时间内，向审查组提交试验大纲，以便工程审查代表能在试验开始前完成试验大纲的审查和批准。

11.1.5　证后阶段主要工作

本阶段在颁发型号合格证或型号设计批准书之后，完成项目的型号合格审定收尾工作,并开展证后驾驶舱设计优化工作。

11.2　CCAR‑25.1301 条款验证

11.2.1　条款内容

CCAR‑25.1301　功能和安装

(a) 所安装的每项设备必须符合下列要求:

(1) 其种类和设计与预定功能相适应;

(2) 用标牌标明其名称、功能或使用限制,或这些要素的适用的组合;

(3) 按对该设备规定的限制进行安装;

(4) 在安装后功能正常。

CCAR‑25.1301 是 F 分部的综合性条款,原则上适用于所有机载系统。然而本条款不适用于 B 分部和 C 分部的性能、飞行特性、结构载荷和强度等要求。

(1)项要求安装于机上的每个系统和设备的种类和设计都必须满足飞机在规定条件下营运时应具有的性能要求。

(2)项要求必须有标牌标明,以方便在机上判别设备。标牌上应标有下述内容或这些内容的适用组合:准确反映其功能的设备名称、与设计图纸一致的设备型号、适用的环境条件类别(使用限制)、制造商、设备合格审定依据(如 TSO 号)、系列号等。设备安装后,组件上的标牌应清晰可见,以便日常维护工作。例如,对于构成系统的所有线束、导线、连接器和接线端子,都应当提供适当的识别措施。对于导管的标识,为区别各个导管的功能而做的标记应使维护人员发生混淆的可能性减至最小,仅仅借助于颜色标记是不可接受的。可以采用字母符号和数字符号识别并参照标准图例,且避免符号和功能之间有任何联系的标识方式。

（3）项要求基于设备工作原理或设备设计要求，考虑各设备对安装部位和安装方式的要求和限制，如关于供能、冷却、振动、温度、低气压和电磁干扰等要求。

（4）项要求系统安装后功能正常，这不仅与系统自身相关，而且与系统的安装设计、相交联的设备和系统密切相关。

11.2.2 符合性验证方法

一般地，驾驶舱相关机载系统符合性方法包括 MC1、MC4、MC5、MC6、MC7 和 MC9。

1）说明性文件（MC1）

编制各系统适航符合性说明性文件，其中应包括总结对应合格审定计划中关于 CCAR-25.1301 条款的验证工作。

对于含有软件和电子硬件的机载系统、设备、组件、器件和部件，软件/硬件的符合性是证明其符合 CCAR-25.1301 条款的必要组成部分。按照机载设备和系统软件合格审定要求，RTCA/DO-178B 作为机载软件对 CCAR-25.1301 条款的符合性方法；按照机载设备和系统的编程逻辑器件合格审定要求，RTCA/DO-254 作为电子硬件对 CCAR-25.1301 条款的符合性方法。各系统需编制系统和设备级机载软件构型索引（software configuration index，SCI）、软件完结综述（software accomplishment summary，SAS）、电子硬件构型索引（hardware configuration index，HCI）、硬件完结综述（hardware accomplishment summary，HAS），作为 CCAR-25.1301(a) 款的符合性文件。编制各系统取证构型定义及说明。

2）试验室试验（MC4）

通常有单系统试验和系统交联试验，表明驾驶舱各系统和设备对 CCAR-25.1301(a)(1) 和 (a)(4) 项的符合性，各系统需按照合格审定计划规划系统的 MC4，试验须按经审查方批准的试验大纲进行，试验数据或结果应能表明系统功能满足预期要求。

3）地面试验（MC5）

系统装机后，MC5 是判断功能是否正常的第一步，用于表明对 CCAR -
25.1301(1)(4)项的符合性。各系统需按照合格审定计划规划系统的地面试
验，试验须按经审查方批准的试验大纲进行，试验数据或结果应能表明系统功
能满足预期要求。

4）飞行试验（MC6）

MC6 是表明系统功能正常的最后步骤，用于检查系统装机后功能是否正
常。各系统合格审定计划应规划相关的试飞项目，飞行试验大纲须经审查方批
准。MC6 通常可按审查方认可的方法进行，如 AC 25 - 7《运输类飞机合格审定
飞行试验指南》等。MC6 数据或结果供审查方判断该系统对 CCAR - 25.1301
(1)(4)项的符合性。

5）航空器检查（MC7）

各系统合格审定计划应规划系统的机上检查：通过目视检查系统和设备
的安装，确认系统和设备的种类和设计与预定功能相适应，以满足 CCAR -
25.1301(a)(1)项的要求；通过目视检查设备的标牌，确认设备设置了标牌，标
牌上需标明设备的名称、功能或使用限制，以满足 CCAR - 25.1301(a)(2)项的
要求；确认设备按照其限制进行了安装，满足 CCAR - 25.1301(a)(3)项的
要求。

6）设备合格性（MC9）

各系统合格审定计划应规划系统和设备需完成相关的供应商进行的合格
鉴定试验，以表明装机的各系统和设备满足 CCAR - 25.1301(a)(1)、(a)(2)
和(a)(3)项的要求。对于 TSO 设备，需取得其所在国适航当局的技术标准规
定项目批准书（technical standard order approval，TSOA）。对于非 TSO 设
备，通常采取随机批准的方式进行审查，并按申请人的需求进行合格鉴定试验，
试验考核设备的种类、性能及环境等需求必须满足飞机总体设计规范的要求。
通常，推荐的环境和电磁效应试验内容和鉴定方法采用 RTCA/DO - 160D《机

载设备环境条件及试验程序》中规定的相应要求。

11.3　CCAR‑25.1309 条款验证

11.3.1　条款内容

CCAR‑25.1309　设备、系统及安装

（a）凡航空器适航标准对其功能有要求的设备、系统及安装，其设计必须保证在各种可预期的运行条件下能完成预定功能。

（b）飞机系统与有关部件的设计，在单独考虑以及与其它系统一同考虑的情况下，必须符合下列规定：

（1）发生任何妨碍飞机继续安全飞行与着陆的失效情况的概率为极不可能；

（2）发生任何降低飞机能力或机组处理不利运行条件能力的其它失效状态的概率为不可能。

（c）必须提供警告信息，向机组指出系统的不安全工作情况并能使机组采取适当的纠正动作。系统、控制器件和有关的监控与警告装置的设计必须尽量减少可能增加危险的机组失误。

（d）必须通过分析，必要时通过适当的地面、飞行或模拟器试验，来表明符合本条（b）的规定。这种分析必须考虑下列情况：

（1）可能的失效模式，包括外界原因造成的故障和损坏；

（2）多重失效和失效未被检测出的概率；

（3）在各个飞行阶段和各种运行条件下，对飞机和乘员造成的后果；

（4）对机组的警告信号，所需的纠正动作，以及对故障的检测能力。

（e）在表明电气系统和设备的设计与安装符合本条（a）和（b）的规定时，必须考虑临界的环境条件。中国民用航空规章规定具备的或要求使用的发电、配电和用电设备，在可预期的环境条件下能否连续安全使用，可由环境试验、设计

分析或参考其它飞机已有的类似使用经验来表明,但适航当局认可的技术标准中含有环境试验程序的设备除外。

11.3.2　符合性验证方法

按照适航规章 CCAR – 25.1309 条款的要求以及 AC 25.1309 – 1A 和 AC 25.1309 的要求,依据 SAE ARP 4754 和 SAE ARP 4761 中描述的方法,为表明驾驶舱系统满足 CCAR – 25.1309(b)(c)(d)款要求,需编制飞机系统安全性合格审定计划,对飞机系统安全性进行分析和评估,并提交审查。为表明飞机满足 CCAR – 25.1309(a)(e)(f)款,需要对驾驶舱相关系统和专业所开展的符合性验证活动,包括验证程序、验证方法等进行规划,并获得局方批准。

一般地,CCAR – 25.1309 条的符合性验证方法为 MC1、MC2、MC3、MC4、MC5、MC6、MC7、MC8、MC9。其中,MC3 用于对 CCAR – 25.1309(b)(c)(d)款进行符合性验证;MC1、MC2、MC4、MC5、MC6、MC7、MC8 及 MC9 等符合性方法用于对 25.1309(a)(e)(f)款进行符合性验证。

11.4　驾驶舱人为因素验证

11.4.1　条款内容

FAR/CS – 1302 条款适用于为飞行机组成员在驾驶舱正常座位上操纵飞机而安装的设备。此类设备必须独立或与其他这样的设备结合在一起表明,通过满足以下设计要求,能使经过培训后具备资格的飞行机组成员可以安全地执行预期功能的相关任务:

(1) 必须安装驾驶舱操纵器件并提供必要的信息以完成任务。

(2) 为飞行机组使用的驾驶舱操纵器件和信息必须满足以下条件。

a. 以清晰和明确的形式呈现,分辨度和精度与机组任务相适应。

b. 操纵器件和信息对于飞行机组来说是可达和可用的,且应以与任务的紧急性、使用频率和持续时间协调一致的方式使用或显示。

c. 如果对安全运行而言情景感知是必要的,则应让飞行机组知晓其动作对飞机或系统的影响。

(3) 与安装设备的操作相关的行为必须是可预知的和明确的,且应设计成使飞行机组能够以与任务(及预定功能)相适应的模式干预。

(4) 如可行,则在假设机组进行的是善意的操作的情况下,安装的设备必须使飞行机组能够管理各种与在服务中被合理预期的设备之间的交互所导致的差错。本条不适用于与飞机的手动操纵相关的技巧性差错。

11.4.2　符合性验证思路

民用飞机适航体系以安全性为牵引,所有使用的设备、系统及其功能都必须表明是安全的。因此在型号研制过程中所使用的设备、采用的技术通常是成熟和经过验证的。飞机产品本身具有复杂的特性,同时飞机作为面向市场的产品,追求良好的经济性和用户体验的目标,使得新技术的引入成为必然趋势。在"以人为中心"的设计理念牵引下,为飞行机组提供更简洁的人机界面和操作程序是飞机驾驶舱人为因素设计的重点内容。在这样的背景下,人为因素的适航符合性验证工作必须重点考虑多系统集成和复杂特征,以及新技术引入带来的潜在人为因素安全风险。

1) 集成水平

系统集成水平主要指影响飞行机组操纵飞机的各系统之间的相互作用或依赖程度。现代民机为了有效降低飞行机组执行飞行任务过程中的工作负荷,越来越多地采用自动化技术,如 IMA 系统,这势必带来更多的系统交联,可能会影响飞行机组对系统工作状态的情景意识。因此,申请人在符合性验证工作中应针对系统集成的情况,通过详细的系统描述文件明确飞行机组任务和系统功能的关系。对于可能造成飞行机组情景意识降低的情形需要开展相关试验验证工作。

2）复杂性

复杂性主要指从飞行机组操纵飞机的角度来看系统设计的复杂程度，包括认知和操纵两个方面。认知主要指驾驶舱为机组提供的信息数量；操纵主要指对系统的控制或自动化模式的切换等。由于自动化程度较高，需要机组监控的信息量可能会有所增加；同时不同自动化模式的转换控制也会相应增加，因此在验证方面也要给予充分关注。

3）新颖性

新颖性这一概念对于人为因素尤为重要，系统设计引入新技术可能带来新的交互方式，飞行机组在这种情况下可能带来人为差错。一般来说新颖性主要包括以下几类：

（1）引入新技术带来的新的操作方式。

（2）引入新技术带来的非常规操作或额外的附加程序。

（3）引入新的交互方式。

（4）对原有系统增加新的任务功能。

本部分描述了申请人和认证机构之间的活动、沟通，以及遵从 AMC 寻找验证方法所需要的文件。符合 CS-25 的型号认证的规定可以在 21 分部中找到。

申请人应当尽可能在申请和设计阶段与认证机构取得联系，使潜在设计中关于人为因素的问题及时达成共识，从而降低申请人在设计特征阶段不被机构认可的风险。某些行为普遍发生在一种新产品、新的驾驶舱系统或者功能的开发阶段，发生在官方认证数据提交之前，这些数据是为了显示与要求之间的一致性。申请人可以选择仅仅在信息的基础上与局方讨论或者分享这些活动，在适当情况下，局方可能希望参与评估申请人正在建立的实物模型、原型机和模拟器。

认证机构认为，作为认证计划过程的一部分，对人为因素的详细鉴定、分析、评估将成为设计符合性的一部分。这种鉴定、分析、评估称为"认证信用"。

与人为因素相关的条款的核心要求是减小机组人为差错,管理并降低人为差错的后果,并从机组任务与系统功能的角度提出具体的设计要求。为了达到这一要求,AMC 25.1302第4章给出了人为因素条款的适航符合性验证方法的指导,如图 11-4 所示。

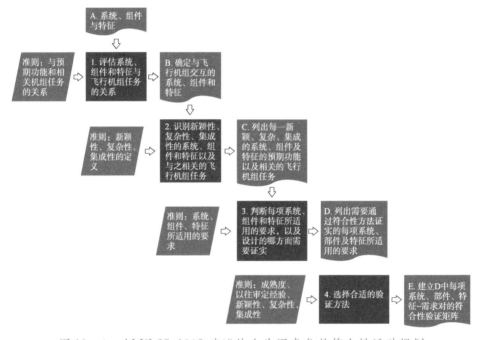

图 11-4　AMC 25.1302 建议的人为因素条款符合性活动规划

AMC 25.1302第4.1节要求:申请人应该考虑驾驶舱操纵系统、信息和系统行为与机组成员的相互作用。申请人应该把系统功能、组件和特征与机组成员的任务联系起来。当引进了新的系统、组件和特征时,应当理解机组成员的任务是怎么被更换或修改的。

AMC 25.1302第4.4节要求:申请人应该记录适航审定过程、输出和前面章节中描述的协议,这些内容可以列入一个单独的审定计划,也可以并入一个更高级的审定计划中完成。审定计划必须包含以下内容:新飞机、系统、操纵系统、信息或特征;正在评估的设计功能,以及这些功能是否新颖;新功能的

442

集成性和复杂性;受影响的或新产生的飞行机组任务;任何新的飞行机组程序;必须符合的特定要求;符合适航性验证方法(一种或多种);向审定方提交数据信息的方法。

综合人为因素条款内容和 AMC 25.1302 的建议,申请人在设计新的驾驶舱或者在原有驾驶舱中引入新的功能或特征时,必须从驾驶舱功能→机组任务→驾驶舱界面要素需求→人机界面方案→机组操作程序的角度进行正向设计。并在研制过程中,基于机组任务对人机界面方案进行分析和评估,确保FAR/CS‐25.1302(a)(b)(c)(d)款能得以满足。为此在后续章节中我们将从人为因素适航验证的基础出发,探讨相应的适航符合性验证方法。

11.4.3　符合性验证方法

在人为因素适航符合性验证过程中可选择下列验证方法,根据条款的特殊性做了细分。

1) 相似性声明

相似性声明是关于待批准系统和之前已批准系统针对符合性要求,在物理、逻辑和运行方面关于相似性的详细描述。可与先前已通过审定的系统进行比较以证明设计的充分性,这种比较可表明系统设计会尽可能少地产生机组差错或当差错发生时增强飞行机组进行相应处理的能力。相似性声明方法的适用范围较窄,驾驶舱人为因素审定以任务为基础,强调整体动态过程,因此该方法只能局部适用并作为符合性材料的一部分。

2) 设计描述

可采用图纸、构型描述和设计准则等设计描述证明设计符合特定规章的要求。图纸(如驾驶舱布置图、驾驶舱界面矢量图等)可通过直观的方式表明物理布置设计与规章的符合性。系统描述可通过对驾驶舱人机界面的显示、操纵、功能逻辑说明、防错设计、设计要求符合性等信息作为符合性验证材料。系统描述信息通常以机组操作手册的形式提供,但需补充人为因素相关信息。

3）计算分析

通过工程计算或分析的方式表明符合性。可以通过在数字样机中建立合理的人体模型对驾驶舱的可达性进行分析。可采用计算的方式表明外视界的符合性。

4）评估

驾驶舱评估是驾驶舱人为因素符合性验证区别于其他条款的重要方法之一。驾驶舱评估并不要求一定在达到最终状态时才开始评估，在设计过程中即可与局方沟通进行驾驶舱评估。评估可以在工程样机、部分任务模拟器、全任务模拟器中进行，也可以是飞行评估。在不同的平台上开展的评估工作都可以作为取证过程中的一种验证信用积累，这在人为因素符合性验证工作中尤为重要。

5）试验

试验包括 MC4、MC6 和 MC8。试验与评估是相似的方法，其根本区别有两点：一是试验所在平台能够代表最终设计状态，二是试验方法由在场的局方实施人员评估。

针对新颖性、集成性和复杂性较差的设计特征，可使用相似性声明、设计描述以及评估相结合的方式，证明对条款的符合性。而对于新颖性、集成性和复杂性较好的设计特征，局方会进行比较严苛的审核，需要使用设计描述、分析和试验的方法向局方表明符合性，同时将设计过程中的评估结果作为表明符合性的支撑材料。

11.4.4 符合性验证实施

在符合性验证具体实施过程中，某型飞机选用了设计描述、计算分析、评估和试验的方法表明对条款的符合性。

1）设计描述实施过程

某型飞机通过飞机驾驶舱人机界面系统描述文件进行设计描述实施。描述的范围包括驾驶舱各系统的设备，即飞行机组成员在正常和非正常情况下执行任务会用到的全部设备，并对由飞行机组在操纵飞机时使用的该系统设备的预定功能进行详细描述，尤其是可能影响培训时间或飞行机组程序的所有新颖独特、高度复杂或高度集成的设计特征或假设进行更为详细的说明。系统的人机界面描述从以下几个方面进行：

（1）系统设备是否设计成飞行机组能安全地执行与设备预定功能相关的任务（"与设备预定功能相关的任务"用来表征操作设备所需的任务或者为设备预定功能提供支持的任务），在正常和非正常情况下都适用。

（2）系统设备是否设计成使得飞行机组成员能以充分的准确性及时地执行任务，而不会不适当地干扰其他所需的任务。

（3）操纵器件和显示信息是否充分并满足飞行机组完成其任务的需求。对驾驶舱显示器和操纵器件的设计是否能够减少飞行机组的差错。

（4）操纵器件和显示信息是否以清楚和明确的形式呈现，分辨度和精度是否与任务相匹配。

a. 操纵器件是否是"清楚的和明确的"，即飞行机组是否能够恰当使用操纵器件以实现设备的预定功能。

b. 显示信息或操纵器件工作的详细程度和准确程度对于完成任务来说是否是恰当的。

c. 操纵器件和显示信息对于飞行机组来说是否是可达的和可用的，且以与任务的紧急性、使用频率和持续时间协调一致的方式使用或显示。

（5）系统设备设计是否具备情景感知功能。安全运行要求设计必须具备情景感知功能，即让飞行机组知晓其动作对飞机或系统的影响；让飞行机组知晓由其动作所导致的系统或飞机状态，允许他们察觉并纠正自己的错误。

（6）设备的系统逻辑、控制和显示信息对飞行机组感知或理解系统操作的实际效果是否能够达到使其进行必要的行动计划或系统操作的程度。其目的是将这种系统行为与系统设计内部的功能逻辑相区别，大部分系统内部的功能逻辑是飞行机组不了解或没必要了解的,因此对于飞行机组来说应是透明的。

(7) 系统的行为是否能够使得一名合格的飞行机组成员知道系统正在做什么以及为什么这样做。

(8) 设备的设计是否能够保证飞行机组对人为错误进行管理;系统的设计是否能够保证飞行机组以适当的方式采取某些行动,或者更改系统的输入以恢复错误。

2) 计算分析实施过程

计算分析过程是识别潜在人为因素问题的主要方式。人为因素问题指机组在机组与驾驶舱人机界面进行交互的过程中,设计因素可能导致机组操作困难或差错。在分析潜在人为因素问题时,应按照以下步骤进行:

(1) 选择要进行分析的功能或设计特征。

(2) 识别与该功能相关的机组任务。

(3) 分析机组在执行任务时可能遇到的困难或问题,并分析造成的结果,可以从以下三方面进行分析:

a. 在研发过程中开展评估工作发现的问题。

b. 机组人为差错理论分析的结果(参见第 10 章工程分析中人为差错分析方法)。

c. 设计符合性检查中发现的设计问题。

3) 评估和试验实施过程

驾驶舱人为因素适航验证评估和试验实施过程如图 11-5 所示。其中潜在人为因素识别步骤已在计算分析过程中进行。

(1) 人为因素试验目标定义。人为因素验证目标是对人为因素问题的分解,定义人为因素试验目标时,应使用特定的人为因素用语,包括但不限于以下内容。

a. 与控制器件相关的,应使用:

a) 可达性(accessibility),用于描述驾驶员在其正常就座位置处,方便地触

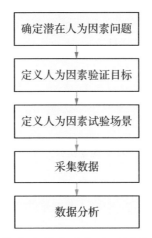

图 11-5　驾驶舱人为因素适航验证评估和试验实施过程

及并使用某一控制器件或设备的容易程度。

b）可用性（usability），用于描述驾驶员使用某一控制器或设备完成特定任务的有效性、效率和满意度。

c）与任务的适应性（appropriateness to the task），用于描述某一控制器或设备的预定功能与相应机组任务的适应性。

b. 与信息相关的，应使用：

a）可见性（visibility），用于描述驾驶员无遮挡、不受影响地看到显示器或控制板上某一信息的能力，关注的可以是数值、图标、标记、颜色等。

b）可读性（legibility），用于描述驾驶员识别、读出某一信息的容易程度，关注的可以是数值、图标、标记等，但不包括颜色。

c）可达性，用于描述在驾驶员需要时，是否能读取并处理某一信息。

d）判读（interpretation），用于描述、处理某些信息和推论可能缺少的信息时的容易程度。

e）理解（understanding），用于描述、处理、分析某一信息或情况时的容易程度。

f）意识（awareness），用于描述感知、理解并预测某一情况的未来状态。

c. 其他用语。

a) 效率(efficiency)，用于描述在有效地完成某一特定机组任务时，驾驶员付出的努力尽可能少。

b) 有效性(effectiveness)，用于描述在完成某一特定机组任务时，达成期望的目标的程度。

（2）人为因素试验场景定义。试验场景应包含两类信息：基本运行信息和触发事件。

a. 基本运行信息指真实航线运行中的必要条件，包括飞行计划、飞机配置、气象条件、通信和交流。

b. 触发事件是为验证具体人为因素评估试验目标而故意引发驾驶员操作的事件，是试验场景的核心要素。

基本运行信息应考虑以下因素进行具体定义：具体型号飞机的配置和性能参数、该型号飞机预期运行的航线、航线相关的飞行程序和外界环境、实际运行过程中可能发生的通信和交流。

基本运行信息应按照如表 11 – 1 所示的格式和内容进行定义。

表 11 – 1　基本运行信息

要素	具 体 定 义	
飞行计划	起飞机场：上海浦东(ZSPD) 跑道：34L 离场程序：PIK – 24X	目的地机场：北京首都(ZBAA) 跑道：01(代表着陆系统进近) 进场程序：VYK – 7A
	飞行距离：593 n mile 预计飞行时间：1 h 40 min 巡航高度：FL200 备降机场：上海虹桥(ZSSS)、天津滨海(ZBTJ)	
飞机配置	零油重量：41 500 kg 燃油重量：18 500 kg 储备油：N/A 飞机重心：31.6% 起飞速度：$V_1 = 147$ kn，$V_R = 149$ kn，$V_2 = 151$ kn 成本指数：25	

（续表）

要素	具 体 定 义
气象条件	风向和风速：350°、4 m/s 温度/露点：15℃/10℃ 修正海平面气压：1 013 hPa 能见度：5 000 m 或 CAVOK(云底高和能见度良好) 跑道视程：1 600 m 云量和云高：SCT(指 3/8～4/8 份云)，4 000 ft(1 219 m) 天气现象：小雨
通信和交流	航空气象广播 空中交通管制指挥 航空公司运行控制中心通信 飞行机组交流

（3）触发事件定义。触发事件的基本类型包括正常操作程序、系统故障、故意引入的机组差错、运行环境改变、特殊气象条件等。

触发事件的定义应结合具体的潜在人为因素问题和人为因素试验目标，考虑真实的航线运行过程中需要机组进行操作（具体的动作或者监控行为）的情景。在定义触发事件时，应遵循以下原则：

a. 保证触发事件的设计能够使机组进行与人为因素试验目标相关的操作。

b. 充分考虑发生潜在人为因素问题的情景及其严苛程度，例如判断该潜在人为因素问题是在正常情况下发生的还是在非正常情况下发生的，进而决定触发事件的类型。

以"飞行模式控制板（flight mode control panel，FMCP）上没有 LOC 按钮，通过在 FMS 中设置仅 LOC 进近功能所花费时间较长，在最后进近阶段，存在无法按 ATC 指令及时切换进近方式的风险"这一潜在人为因素问题为例，其人为因素试验目标为"由 ILS 进近切换到仅 LOC 进近的机组工作负荷是可接受的（AFCS-01）"，其触发事件应确保机组能够使用 FMS 进行设置仅 LOC 进近，同时考虑该人为因素问题发生的情景是"在最后进近阶段 ATC 临时指令切换为仅 LOC 的进近方式"，其触发事件应定义为"机组执行 ILS 进近时，ATC 发出指令'截获 LOC 后先保持高度'"。

　　完成场景要素定义后，应通过图例的形式对试验场景进行更直观的说明，如图 11-6 所示。试验场景图例以时间线的形式，按设计的触发事件发生顺序进行说明。这种描述方式能够清晰地标识人为因素试验目标与触发事件之间的对应关系。示意图应包含表 11-2 中的元素与图示定义。

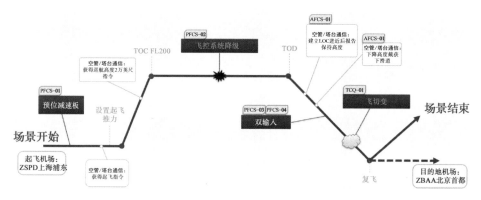

图 11-6　试验场景图例

表 11-2　元素与图示定义

元　　　素	图　示　定　义
时间线	
人为因素试验目标编号	
触发事件描述	
通信	
系统故障	
特殊气象条件	

（4）试验数据采集。

a. 观察。观察记录主要通过人为因素专家观察驾驶员动作的方式，观察并记录驾驶员在完成表 11-3 中定义的预期驾驶员动作时是否存在困难、迟疑或进行了错误的动作，从客观的角度评估相应的驾驶舱设计是否存在人为因素问题。观察记录表格如表 11-3 所示。

表 11-3　人为因素观察记录表格示例

触发事件	预期驾驶员动作	观察点
起飞	襟缝翼手柄——0	（1）驾驶员操作过程中的迟疑 （2）驾驶员操作过程中的差错 （3）与预期行为的偏差 （4）机组交流信息
	减速板手柄——RET 位	
	短舱防冰选择开关（两个）（若可用）——AUTO	
	外部灯——设置	
	滑行灯开关——OFF	
	跑道转弯灯开关——OFF	

b. 访谈。在评估试验完成后，对参试驾驶员进行访谈。访谈大纲根据评估试验目标编制，尤其是针对无法通过观察进行分析的评估试验目标，通过访谈的形式收集驾驶员的主观评价意见。

（5）评估试验驾驶员选用要求。参与评估试验的驾驶员应满足以下要求：

a. 评估试验一般邀请 3～5 名驾驶员参与。

b. 驾驶员应具备航线飞行经验及与被评估机型相似的机型的机长经验。

c. 如评估试验目标中含有操作设备的可达性，则至少有两名驾驶员身高要求应满足 CCAR-25.777(c)规定的身高要求。

d. 在评估开展前，应对驾驶员开展机型熟悉培训，避免由于培训不足对评估结果造成影响。

e. 每两名驾驶员组成一个飞行机组参与评估，假设参与评估的三名驾驶员分别为 A、B、C，则其组合形式应如表 11-4 所示。

表 11-4 参与评估的驾驶员组合形式

飞行机组编号	左驾驶员	右驾驶员
1	A	B
2	B	C
3	C	A

（6）试验数据分析。记录的数据对照着每一个试验目标，分类整理出的观察到的信息和访谈的结果包括以下几点。

a. 与预期行为偏差：机组动作迟疑点、具体偏差动作描述。

b. 机组差错：差错描述、机组是否发现差错、是否采取纠正措施、纠正差错时长、差错造成的后果。

c. 机组交流。

d. 机组处理该目标对应的触发事件的时长。

结合观察进行数据分析，人为因素观察试验组数一般为 3～6 组，因此在进行数据分析时以定性分析为主，定量分析为辅。

人为因素试验验证重点关注以下两方面内容：

a. 机组是否顺利完成任务。

b. 机组在执行任务过程中是否发生差错。

如果这两方面内容在试验过程中均出现了问题，则需要分析造成机组不能顺利完成任务或发生机组差错的原因（机组表现分析、机组差错分析）。

人为差错的分析应包括下列元素：差错的类型、差错对运行和安全的影响和后果、差错发生时的运行场景描述、差错根本原因分析、推测差错在其他适用场景中对安全的影响和后果、差错的识别（何时、被谁、如何发现）、差错的恢复（何时、被谁、如何发现）、现有安全策略和风险降低措施。

11.4.5 人为因素验证实例

11.4.5.1 试飞验证对象

该人为因素试飞验证项目以某型飞机驾驶舱为验证对象。某型飞机驾驶舱采用两人制飞行驾驶机组，驾驶舱并排布置左、右驾驶员座椅和大屏 LCD 显示器。飞机采用全时、全权限电传操纵和主动控制技术。在飞行过程中，飞行操作可以采用自动驾驶和人工驾驶。当采用自动驾驶飞行时，机组人员的主要工作是负责飞机系统管理、飞行姿态、飞行信息监控和通信等。

根据某型飞机驾驶舱人为因素设计目标，飞机在飞行过程中，主驾驶员（把杆驾驶员）的主要职责是航路与速度控制、飞机姿态控制、飞机各系统调配和导航，次要职责是通信。副驾驶员（非把杆驾驶员）的主要职责是通信、检查和监视各种信息、系统管理，并完成副驾驶员要求完成的任务，次要职责是导航和监视主驾驶员的操作。

某型飞机驾驶舱人机界面如图 11-7 所示。

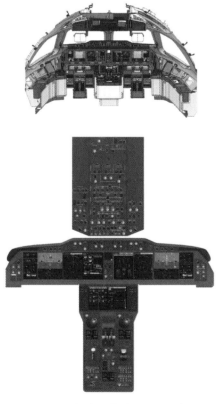

图 11-7　某型飞机驾驶舱人机界面

11.4.5.2 任务安排及验证条款

某型飞机人为因素合格审定试飞任务安排及相关验证条款如表 11-5 所示。

表 11-5 某型飞机人为因素合格审定试飞任务安排及相关验证条款

序号	科目	验证条款/标准
1	人工手动飞行	F-13(CS-25.1302)
2	精密进近	F-13(CS-25.1302)
3	标准仪表离场	F-13(CS-25.1302)

11.4.5.3 试飞科目

1) 人工手动飞行

(1) 试飞目的。通过某型飞机人工手动飞行合格审定试飞,达到以下目的:

a. 验证飞机符合驾驶舱人为因素与 F-13(CS-25.1302)条款的要求,为符合性验证提供依据。

b. 为编制某型飞机驾驶舱人为因素合格审定报告提供数据和依据。

c. 为编写某型飞机飞行手册提供依据。

d. 验证符合 CS-25.1302 条款要求的双人机组在经过培训合格后进行人工飞行时,飞行机组通过与驾驶舱安装的系统设备间的交互进行差错管理,使飞行机组的人为差错最小化,或者不会发生人为差错,能够安全地完成飞行任务。

(2) 试验程序。人工手动飞行合格审定试飞的试验点安排如表 11-6 所示,具体试飞方法如下。

表 11-6 人工手动飞行合格审定试飞的试验点安排

序号	高度/ft	速度/kn	重量/kg	重心/%MAC	襟缝翼	起落架	推力	备注
1	场高	按需	任选	任选	按需	按需	按需	按手册执行

a. 任务于飞机位于跑道头开始。

b. 按照正常操作程序手动操纵飞机起飞,全程不使用自动油门和自动飞行系统。

c. 飞机爬升到 10 000 ft 以上,试验结束。

具体操作程序将按照飞行手册中相关标准正常操作程序执行。

(3) 成功判据。符合要求的双人机组在经过培训合格后进行人工手动飞行时,飞行机组通过与驾驶舱安装的系统设备间的交互进行差错管理,使飞行机组的人为差错最小化甚至避免,能够完成飞行任务。

(4) 结果要求。试验结果要求如下:

a. 驾驶员根据贝德福德机组工作量评定标准填写 BRS 等级评分表,并填写美国国家航空航天局任务负荷指数(National Aeronautics and Space Administration-task load index, NASA-TLX)评分表。

b. 驾驶员在整个试飞过程中,对机组完成相关任务必须使用的与机组程序相关的安装的系统设备及其操作的紧迫程度、使用频率和持续时间进行主观综合评述。

c. 摄像头记录试飞过程中驾驶员的动作。

d. 生理测量参数及眼动参数。

2) 精密进近

(1) 试飞目的。通过某型飞机精密进近合格审定试飞,达到以下目的:

a. 验证飞机符合驾驶舱人为因素与 F - 13(CS - 25.1302)条款的要求,为型号审定提供依据。

b. 为编制某型飞机驾驶舱人为因素合格审定报告提供数据和依据。

c. 为编写某型飞机飞行手册提供数据和依据。

d. 验证最小飞行机组在进行精密进近时,在机组工作量适中的条件下,飞行机组通过与驾驶舱安装的系统设备间的交互进行差错管理,使飞行机组的人为差错最小化,或者不会发生人为差错,能够安全地完成飞行任务。

(2) 试验程序。精密进近飞行合格审定试飞的试验点安排如表 11 - 7 所示,具体试飞方法如下。

表 11-7 精密进近飞行合格审定试飞的试验点安排

序号	高度/ft	速度/kn	重量/kg	重心/%MAC	襟缝翼	起落架	推力	备注
1	10 000	按需	任选	任选	按需	按需	按需	按手册执行

a. 飞机平飞减速并下降至进场高度。

b. 以 V_{REF} 速度稳定进场,进入着陆航线后,进行正常 CAT Ⅱ ILS 进近。

c. 着陆后任务结束。

具体操作程序将按照飞行手册中的相关标准正常操作程序执行。

(3) 成功判据。符合要求的双人制最小飞行机组在执行精密进近,且工作量适中时,飞行机组通过与驾驶舱安装的系统设备间的交互进行差错管理,使飞行机组的人为差错最小化甚至避免,能够完成飞行任务。

(4) 结果要求。试验结果要求如下:

a. 驾驶员根据贝德福德机组工作量评定标准填写 BRS 等级评分表,并填写 NASA-TLX 评分表。

b. 驾驶员在整个试飞过程中,对机组完成相关任务必须使用的与机组程序相关的安装的系统设备及其操作的紧迫程度、使用频率和持续时间进行主观综合评述。

c. 摄像头记录试飞过程中驾驶员的动作。

d. 生理测量参数及眼动参数。

3) 标准仪表离场

(1) 试飞目的。通过某型飞机标准仪表离场飞行合格审定试飞,达到以下目的:

a. 验证飞机符合驾驶舱人为因素与 F-13(CS-25.1302)条款的要求,为符合性验证提供依据。

b. 为编制某型飞机驾驶舱人为因素合格审定报告提供数据和依据。

c. 为编写某型飞机飞行手册提供依据。

d. 验证标准仪表离场时,飞行机组通过与驾驶舱安装的系统设备间的交互进行差错管理,使飞行机组的人为差错最小化,甚至无人为差错发生,能够完成飞行任务。

(2) 试验程序。标准仪表离场飞行合格审定试飞的试验点安排如表 11-8 所示,具体试飞方法如下。

表 11-8　标准仪表离场飞行合格审定试飞的试验点安排

序号	高度/ft	速度/kn	重量/kg	重心/%MAC	襟缝翼	起落架	推力	备注
1	场高	按需	任选	任选	按需	按需	按需	按手册执行

a. 任务于飞机位于跑道头开始,自动油门和飞行指引接通。

b. 手动操纵起飞。

c. 沿标准离场程序,飞机爬升至 10 000 ft 以上,任务结束。

具体操作程序将按照飞行手册中相关标准正常操作程序执行。

(3) 成功判据。符合要求的双人制最小飞行机组可以进行标准仪表离场,且在工作量适中的条件下,飞行机组通过与驾驶舱安装的系统设备间的交互进行差错管理,使飞行机组的人为差错最小化甚至避免,从而完成飞行任务。

(4) 结果要求。试验结果要求如下:

a. 驾驶员根据贝德福德机组工作量评定标准填写 BRS 等级评分表,并填写 NASA-TLX 评分表。

b. 驾驶员在整个试飞过程中,对机组完成相关任务必须使用的与机组程序相关的安装的系统设备及其操作的紧迫程度、使用频率和持续时间进行主观综合评述。

c. 摄像头记录试飞过程中驾驶员的动作。

d. 生理测量参数及眼动参数。

11.5 最小机组验证

11.5.1 条款内容

必须考虑下列因素来规定最小飞行机组,使其足以保证安全运行:

(1) 每个机组成员的工作量。

(2) 有关机组成员对必需的操纵器件的可达性和操作简易性。

(3) 按第 25.1525 条所核准的运行类型。

11.5.2 条款制定背景

工作量是指单位时间内人体承受的工作强度。"工作量"一词最早出现在建筑、运输等以体力消耗为主的工作领域,是衡量消耗体能多少的标准。近些年,该词越来越多地出现在以脑力消耗为主的科研、教育、管理等领域。因此,可以将工作量总结为脑力负荷与体力负荷共同作用的结果,即工作量等于脑力负荷与体力负荷之和。"脑力负荷"一词由来已久,目前为止最为权威的定义于1977 年由北大西洋公约组织提出,指作业人员为达到业绩标准而付出的注意力大小,涉及完成某项任务时的工作要求、时间压力、作业人员的能力和努力程度,以及任务不顺利时的挫折感等。体力负荷指作业人员为达到业绩标准而付出的体力,体力负荷通常与氧气消耗量成正比。随着科学技术的进步,特别是电子计算机的飞速发展,人在作业系统中的作用发生了根本的转变。人与设备之间的关系开始由传统粗枝大叶式的机械操作转变为以高效的监测、控制为主的人机交互行为。以脑力消耗为主的工作正逐步代替以体力消耗为主的工作。在整个社会中,体力劳动所创造的价值比例已越来越小,而脑力劳动的价值比例越来越大,这一现象在 IT 领域更为明显。飞行便是一项以脑力劳动为主、脑体结合的复杂人机交互活动,在飞行过程中机组需完成飞机防撞、导引航向、地空通信、操纵系统、监视仪表及关键时刻的指挥与决策任务。驾驶舱这一设备密集、仪表繁多的狭小空间便是进行该复杂活动的场所,如图 11-8 所示。

图 11-8　某型民用飞机驾驶舱

1965 年,FAA 首次提出了对改进型或新型民用飞机的机组工作量进行评估的要求,并在 FAR-25.1523 及其附录中以规章形式提出了"最小飞行机组"与"机组工作量"的概念和适航要求。在随后颁布的 AC 25.1523-1 中,FAA 提出了针对该条款的符合性验证方法,以保证机组工作量与机组成员的匹配关系。综合 FAA 的上述材料,可对相关名词解释如下:"最小飞行机组"(下文简称"最小机组")指在驾驶舱设备配置、布局已经确定的条件下,机组能够在没有过度的注意力集中或感到疲劳的情况下,安全完成飞行任务时所需的最小编制人数;"机组工作量"指机组在正常或非正常条件下的一个完整飞行剖面内,为完成飞机防撞、导引航向、地空通信、操纵系统、监视仪表及关键时刻的指挥与决策等职能时所消耗的工作量。其中"正常条件"指机组、设备、天气均正常;"非正常条件"指除正常条件以外的所有情况,如单(双)侧发动机故障、暴风雪天气等。"完整飞行剖面"指飞机从静止开始,经滑跑、起飞、爬升、巡航、下降、进近至最终着陆静止的整个过程。南方航空湖北分公司的一份统计报告显示,在 1980—1994 年发生的 81 起民航事故中,因机组对工作负荷处理不当所导致的航空事故为 15 起,占事故总数的 17.2%;同时,国际民航组织的数据也显示,80%的民航事故由人为因素引起(如误操作、违规操作、工作量过高等),而人为因素所导致的航空事故大部分由机组的脑力负荷过高引起。

综上所述,机组工作量的评估是否准确、最小机组的编制是否合理直接关系到飞行安全;同时,一个权威、准确的评估方法也能为我国自主研制的支线客机与干线客机的适航审定工作提供技术支持。因此,研究民机驾驶舱最小机组工作量的评估方法具有重要意义。

11.5.3 条款解析

机组成员对航空运输起着积极的作用,他们需要依靠自己的能力,对不断变化的飞行环境和条件进行评估,分析潜在的可能,做出合理的决策,最终安全地操作飞机完成飞行任务,机组的能力、状态、作业绩效对于飞行安全有重大影响。因此人为因素已经成为影响航空安全的最重要因素。但是,即使是训练得当的、合格的、健康的、警觉的机组成员仍然会犯错。有些差错是由于受到了设备系统设计及其相关的人机交互作用影响而导致的,经过谨慎设计的系统也有可能导致人的差错。虽然大部分的差错未引起重大的安全事故,或是被及时发现并得到了缓解,但事故分析表明在大部分各种类型的航空事故中,人为差错是最重要的影响因素。事故通常是由一系列的差错或是由与差错相关事件(如设备故障、天气状况)的结合而引起的。分析同时指出,飞机驾驶舱及其他系统的设计能影响驾驶员的行为和驾驶员发生差错的频率和结果。如何在设计过程中通过有效的手段降低人为因素导致的安全事故已成为飞机设计部门和适航当局关注的焦点问题。FAA 和 EASA 在适航条款发展过程中也都体现了这一点。

早期有关人为因素的相关条款分布在各部分条款中,最终通过最小机组条款 FAR/CS - 25.1523 集中体现。在 FAA 制定的 AC 25.1523 - 1 中指出:25部中没有专门的条款强调人为因素问题和工作负荷评估问题,所有这些问题都趋向于对最小机组的评估上。也就是说在早期并没有对人为因素进行专项要求,而是通过对 FAR/CS－25.1523 的符合性来间接表明人为因素的符合性。

人为因素适航要求的相关研究受到越来越多的重视,FAA 和 EASA 都针对人为因素开展了专项研究,并于 1999 年共同成立了 HFHWG,开展联合研究。2008 年,EASA 在前期研究基础上率先在 CS－25 修正案 3 中增加了 25.1302 条款,而 FAA 也于 2011 年 2 月正式提交了增加 25.1302 条款的申请。这标志着适航人为因素将作为一个专门条款进行考察,并对人为因素提出了更高的要求,如对差错的管理、基于任务的动态人为因素评估等。

考虑到机组成员的工作量、控制设备的可达性及操控难易程度,以及经授权的适于认证及所安装设备的操作类型,FAR－25.1523 指出,必须确定完成安全的飞机操纵所需的最小机组。同时,FAR－25 附录 D 指出了确定最小机组的准则和相应的飞行机组工作量基本功能及因素。因此,为了确定最小机组和评估最小机组工作量的可接受性,所定义和开发的飞行情景必须符合 FAR－25 附录 D 所指出的最小机组准则。

1) 基本的工作量功能

航迹控制、防碰撞、导航、通信、飞机发动机及系统的操作和监视、命令决策。

2) 工作量因素

(1) 所有飞行、动力及设备控制的必要操作的可达性、难易程度。

(2) 所有必要的仪器及失效报警设备的可达性、显著程度。

(3) 操作程序的数量、紧急程度及复杂程度。

(4) 脑力及体力的集中程度及持续时间。

(5) 航路飞行中对燃油、液压、增压、电气、电子、除冰及其他系统所需的监视程度。

(6) 需机组成员离开其岗位才能完成的动作。

(7) 飞机系统减少机组参与克服或隔离故障的自动化程度。

（8）通信及导航工作量。

（9）由连锁的紧急情况导致工作量增加的可能性。

（10）运营规则要求最小机组不得少于两名驾驶员，而其中一名因故不能工作。

3）经授权的操作类型

经授权的操作类型的确定需考虑飞机的运营规则。除非申请者要求批准更有限的操作类型，否则依 FAR‑25 获得认证的飞机须在仪表飞行条件下操作。

11.5.4　条款符合性验证思路

1）机组工作量特点研究

机组工作量指每个机组成员为完成飞行任务的基本职责。通过研究相关资料，总结机组工作量特点如下：①与多种因素相关；②评估流程复杂；③可由多指标衡量。下文对其逐一论述。

2）机组工作量的相关因素

机组工作量与设备可达性、系统的自动化程度、驾驶员对仪表的监控程度及紧急条件下对事件的处理密切相关。根据 CCAR‑25‑R4 规定，机组工作量具体与以下 10 种因素相关。

（1）对所有必需的飞行、动力装置和设备操纵器件（包括燃油应急切断阀、电气控制器件、电子控制器件、增压系统操纵器件和发动机操纵器件）进行操作的可达性和简便程度。

（2）所有必需的仪表和故障告警装置（如火警、电气系统故障和其他故障的指示器或告警指示器）的可达性和醒目程度，并考虑这些仪表或装置引导进行适当纠正的程度。

（3）操作程序的数量、紧迫性和复杂性。特别要考虑由于重心、结构或其他适航性的原因而强制采用的专用燃油管理程序以及发动机自始至终依靠单一油箱或油源（其他油箱如果贮有燃油，则自动向该油箱或油源输油）供油而运转的能力。

（4）在正常操作以及判断、应对故障和应急情况时消耗的精力、体力和持续时间。

（5）在航路飞行中，需对燃油、液压、增压、电气、电子、除冰和其他系统进行监控的程度。

（6）需要机组成员离开原定工作岗位才能完成的动作，包括查看飞机的系统、应急操作操纵器件和处理任何隔舱的应急情况。

（7）飞机系统的自动化程度。自动化是指系统在发生故障或失效后，能自动切断、隔离由此引起的飞行障碍，从而减少飞行机组为防止丧失能源（飞行操纵系统或其他主要系统的液压源、电源）所需的动作。

（8）通信和导航的工作量。

（9）由任一应急情况导致其他应急情况而产生的增加工作量的可能性。

（10）当适用的营运规则要求至少由两名驾驶员组成最小机组时，一名机组成员因故不能工作。

由上可知，机组工作量可分为正常情况与紧急（或故障）情况两种。在正常情况下，机组成员除了按照飞行手册对设备进行正常的操作以外，更多的精力消耗在对飞行高度、速度、燃油量、飞行姿态、航迹等多个信息的监控中。在紧急情况下（如飞机空中停车、遇鸟撞等），机组除了对飞机进行紧急操控以外，还需将更多精力分配到对仪表、设备的监控中。此时，机组的工作量会陡然增大，因此导致脑力负荷超载的情况时有发生。如果驾驶员的注意力出现游离或落后于飞行状态的变化，则往往会因措手不及而失去处置危险的最佳时期，甚至会因盲目操作导致更为严重的后果，从而影响飞行安全。除以上因素外，机组工作量还与工作表现及人为差错存在联系。机组工作量与工作表现整体呈倒 U 形关系。20 世纪 70 年代，自动化设备开始应用于民机，该举措使机组工作量大大降低，但新的问题随之产生。大量自动化设备的引入使机组由原来的设备操纵者变成了监控者，因工作量过低，机组会出现精力不集中、懈怠任务的"负荷欠载"情况，影响工作表现；当发生紧急情况（如火灾）或自动化设备故障时,机组工作量会陡然增加,机组成员出现精神高度紧张、遗漏关键信息的"负荷过载"情况,极端时会出现为减轻工作量而主动放弃任务的致命错误,最终影响飞行安全。

机组工作量与人为差错整体呈正U形关系。类似于工作量与工作表现的关系,工作量过高时往往会导致人为差错。近些年研究也发现,机组工作量过低时同样也会诱发人为差错。差错的发生次数、差错所致的影响、改正差错的时间、由差错引起的其他差错数量可以在一定程度上衡量机组工作量。机组工作量与工作表现及人为差错的关系如图11-9所示。

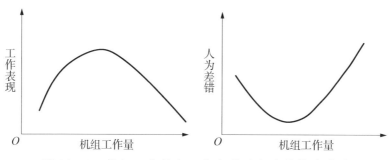

图 11-9　机组工作量与工作表现及人为差错的关系

3) 机组工作量的评估流程

在投入商业运营之前,任何新型或改进型(下文称待审机型)民用飞机都必须满足局方适航审定的要求。在 CCAR-25.1523 条款中,CAAC 明确规定了最小机组工作量的适航审定要求。本节对 CCAR、FAR、CS、AC 等有关最小机组工作量的评估流程进行了深入研究,得出以下结论。

机组工作量的评估流程可分为 7 个阶段,如下所示。

(1) 选定工作量评估方法。机组工作量的评估方法以驾驶员主观评价法为主,除非型号申请人提出其他评估方法并得到局方认可,否则默认使用该方法。

(2) 选择相似的参考机型。根据待审机型中新设备的利用率、自动化程度、飞机结构及驾驶舱布局等指标,选择最为相似的且已通过适航审定的飞机作为参考机型。

（3）选定主观评定法。主观评定法主要包括库柏哈柏法、主观工作负荷评估（subjective workload assessment technique，SWAT）法及 NASA - TLX 量表法，局方可根据情况选定。

（4）为验证待审机型的可操作性，进行模拟飞行试验。试验在待审机型上进行，是一个包含滑跑、起飞、爬升、巡航、下降、进近、着陆的完整模拟飞行过程。在试验过程中，驾驶员需完成对相关设备的操作、飞行过程的通信、对仪表的监控等工作，并利用主观评定法对工作量进行评估，对待审机型的可操作性进行验证。

（5）为验证模拟试验效果，进行实际飞行试验。试验在参考机上进行，是一个完整的真实飞行过程。在试验过程中，驾驶员需完成对相关设备的操作、飞行过程的通信、对仪表的监控等工作，并利用主观评定法对工作量进行评估。将评估结果与（4）中结果对比，若满足要求则进行下一步。否则返回（4），对模拟试验进行改进。

（6）制订飞行试验大纲，进行飞行试验，确定最小机组。试验由有经验的驾驶员或局方指派的驾驶员在待审机型上进行，试验过程应尽可能与真实飞行相近。为满足上述要求，飞行前需制订实验大纲。大纲应包括不同航路、恶劣天气、机组的作息时间、飞机最低设备清单、空中交通情况、任一机组成员丧失能力、突发状况及设备故障等情况，试验需严格按照大纲进行。试验结束后，驾驶员对工作量进行评估并以此确定最小机组成员数量。

（7）在实际飞行环境中检验最小机组配置是否合理，在待审机型上进行真实飞行试验。在试验所涉及的所有飞行条件下，对最小机组成员的配置合理性进行检验，但重点应放在恶劣天气、夜间、突发状况及设备故障等情况上。若配置不合理则返回（6），重新确定最小机组成员数，否则结束。

机组工作量评估具体流程如图 11 - 10 所示。

4）衡量机组工作量水平的指标

机组工作量受多种因素影响且评估流程复杂，依靠传统的驾驶员主观评价

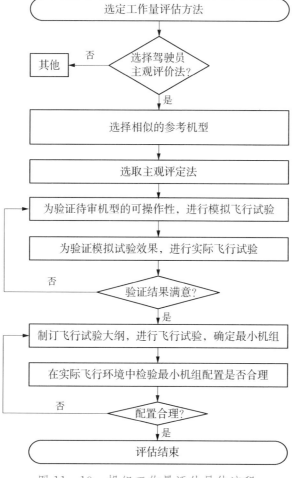

图 11 - 10　机组工作量评估具体流程

法很难逐一反映各个影响因素,且主观评价法存在个体差异大的缺点(即不同驾驶员对同一工作量的主观评价可能相差很大),往往需要较大样本量才能获得较准确的评估结果。近些年的研究表明:在视觉监控任务中,被试的瞳仁、眨眼频率变化显著;在执行情景意识条件下的操纵与认知任务时,被试的心率、脑电变化比较明显。机组工作属于情景意识条件下的操纵与监控任务,故工作量与眨眼率、心率、脑电等生理指标的变化紧密相关。同时,廖建桥也在其论文中证实了心率、脑电与工作量之间存在某种映射关系。除此之外,Kilseop 等人的实验也证明了眼动、脑电和心率三个生理指标与脑力负荷关系紧密,可以在一定程度上反映脑力负荷的大小。综上所述,一般选择心率、眨眼率、脑电功率值三个生理指标作为衡量机组工作量水平的指标。相比于主观评价法,生理指标测量法更为客观、稳定,但难点在于生理指标与工作量之间的映射关系十分复杂,且通常无法求出两者间的显性映射公式。

11.5.5　符合性验证方法

符合性验证方法的复杂程度受如下因素影响:新模型;衍生模型;为减少机组人数,在原来经过批准的飞机上进行改装;需要大幅增加机组工作负荷的型号设计更改或补充型号合格证项目。

通常可接受的符合性方法包括但不限于以下方法:MC1、MC5、MC6和 MC8。

对新机型或改型飞机,需进行系统评估并制订试验大纲。最小机组工作负荷需通过严谨的分析、测量和验证等程序进行有效评估,在设计过程的早期应予以合理的分析。特定分析方法的选取原则应满足特定飞机驾驶舱构型的有效性、可靠性和适用性。

1) 分析方法

(1) 对工作负荷进行评估可采用任务时间线分析法。该方法适用于对与驾驶员任务明显相关的(如操作运动和数据输入)驾驶舱更改进行评估。需对有限的飞行场景和代表运行要求范畴(包括正常、非正常和应急程序)的时间段进行选择。该方法的关键是对可用时间的准确判定。由于驾驶舱更改对飞行任务造成了影响,因此必须对应急或非正常程序的计划编制和执行进行专门的评估。

(2) 评估新颖设计的最有效方法是通过与以往经批准的设计进行比较。通过在设计场景下对新颖设计特性进行专门评估,并将结果与已知基准进行比较,以确定新的设计更改可实现预期的结果。如果新颖设计在参照的驾驶舱基础之上进行了重大的变革而没有增加影响机组工作负荷的主要系统,则可采用直接比较法。应对来自参照的驾驶舱运行经验及与新设计的、具有相似系统的飞机进行评审,以确保解决所有存在的问题并且不会增加由新设计带来的不必要的问题。

(3) 如果审查组通过初步分析识别出潜在的问题区域,则应对这些区域投入更多的评估和相关数据收集工作。当提交给局方时,这些关注问题应在制造商试验或审查计划中予以充分说明。

(4) 如果新颖设计是对自动化水平或驾驶员职责的一次重大的更改,那么分析比较法可能无法提供更多有用的数据,这时可能需要通过真实模拟和飞行试验予以确认。

2) 试验

(1) 具有相关经验和资质的驾驶员受训后,对飞机进行实际运行方可最终决定最小机组。做出评估的驾驶员不应仅限于制造商的试飞员,还应包括局方试飞员。强烈建议由航线驾驶员进行一些评估,因为他们定期飞相似机型,能依据运行经验做判断。CCAR - 25 附录 D 包含了根据 CCAR - 25.1523 制定的最小机组相关标准(基本工作职能和工作负荷因素)。

(2) 试验大纲应包括 CCAR - 25.1523 和 CCAR - 25 附录 D 中列出的所有工作职能和工作负荷因素。例如,对工作负荷进行评估时应包括在预期环境下为正确运行飞机所需的通信任务,其目的是评估在真实运行条件下的工作负荷,包括具有代表性的空中交通、天气、航线运行职责、适当的团队和客舱交流。

(3) 评估驾驶员应确保在可能的运行场景下对新系统和驾驶舱构型的重新布局进行评价。虽然可提供足够数量的机组工作负荷数据,但目前仍需依赖于结构化的主观评定法。在同样的或非常相似的场景下,通过与来自参照的驾驶舱的运行经验相比较,对机组任务执行的简易程度进行评估。

(4) 为表明符合 CCAR - 25.1523 和 CCAR - 25 附录 D 的相关规定,申请人需拟定试飞试验大纲,并且应包含以下因素:

　　a. 航路。试验航路应综合考虑导航系统、机场、仪表着陆和空中交通管制等因素。

　　b. 天气。航路的选择应能使在飞机预期的运行环境下遭遇各种不利的天气状况，如仪表气象条件（instrument meteorological condition，IMC）、夜间飞行、湍流、结冰等。

　　c. 机组工作时间表。应指派试验机组制订日常工作时间表，该时间表应表现飞机的运行类型。该时间表应包括工作日的持续时间和预期的最大离港和抵港的数量、从夜里开始的航班数、最大允许工作时间和最短休息周期。

　　d. 最低设备清单。试飞大纲中应加入具有代表性的签派构型。这些具有代表性的签派构型与后续可能的模拟仿真故障相结合作为许多评估场景的基础。

　　e. 交通密度。飞机应能在 IMC 和目视气象条件（visual meteorological condition，VMC）下高密度区域的航路运行，也应包括精密进近和非精密进近、等待、复飞、转场至备用机场等情况。

　　f. 机组成员能力丧失。美国国家运输安全委员会（National Transportation Safety Board，NTSB）事故数据显示从 1980 年 1 月至 1989 年 7 月期间，在 91 部要求下运行时，共发生 262 起驾驶员丧失活动能力的事件，并导致 180 起灾难性事故，所有灾难性事故都归因于单个驾驶员运行飞机。NTSB 同时期的数据显示在 135 部要求下运行时，共发生 32 起驾驶员丧失活动能力的事件，并导致 32 起灾难性事件，所有灾难性事故同样都归因于单个驾驶员运行飞机。相反在 121 部要求下运行时，同一时期共发生了 51 起驾驶员丧失活动能力的事件，并都由另一驾驶员将飞机调整回正常状态。只要适用的运行规章要求最小机组为至少两名，审定大纲就应包括在指定飞行中的任意时刻有一名机组成员完全丧失活动能力时的运行证明。应表明在剩余机组的操作下，飞机能够安全运行并能在目标地点或计划外地点安全着陆。机组成员能力丧失试验无须进行其他"签派及后续失效"的场景试验。应将能力丧失作为"后续失效"的一个例子,纳入起始于签派构型(包括从提议的最低设备清单中挑选的项目)的一个或多个场景之中。尽管 25 部没有专门要求不允许运输类飞机只配备一名驾驶员,但考虑到飞机预期的使用情况和驾驶员能力丧失后所造成的后果,同时考虑到上文统计的事故记录,FAA 很难批准此类运行情况。

g. 系统故障。试验大纲应包含由正常运行模式至故障运行模式所引起的后果。主系统和备用系统都应予以考虑,还应考虑具有代表性的失效组合情况。

h. 应急和非正常情况。在试飞大纲中应列举各种应急和非正常条件,用于表明其对机组工作负荷的影响。在试飞中对所选择的系统失效进行评估之前,必须先进行模拟或分析。应考虑在应急或非正常情况下运行时机组工作负荷的分配,以确保选择合适的失效情况。

3)记录飞行试验数据

应向型号合格审定小组成员(驾驶员或观察员)提供工作负荷主观评估调查问卷,以确保其达到评估要求。如果驾驶舱在先前经批准的构型基础上增加了单个新系统,则使用场景和调查问卷进行专门评估。对于全新的驾驶舱设计以及在先前经批准的最小机组基础上削减人数时,应对所有飞行阶段的工作负荷都进行完整评估,制订完整的评估调查问卷。此外,应制订机上观察员表格以记录机组绩效、机组差错、检查单问题、飞行管理和飞行指引系统问题,或是提供结构化的调查问卷和访谈。

4)其他工作负荷测试方法

当传统的试验方法不能评估新颖飞机设计时,应建议使用其他替代方法,并提供足够的数据表明这种方法的有效性、可靠性和实用性。

11.5.6 最小机组验证实例

1)选取对比机型

对比机型的选取原则如下:

（1）对比机型的确定需考虑飞机的类型和构型、预期使用用途、驾驶舱布局、驾驶舱系统的功能、机组操作程序等方面的相似性。

（2）由于最小机组的试验需要在对比机型的模拟器上进行，因此选择对比机型时还应考虑该机型在国内是否有可用的模拟器。

2）分析操作程序

操作程序决定或影响机组成员可预知的任务量，操作程序的好坏直接影响飞行机组的工作量。操作程序的分析主要包括以下几个方面：程序条件、故障现象、故障对飞机或人员的影响、处置逻辑、具体操作程序。

表 11 - 9 给出了典型操作程序分析案例。

表 11 - 9　典型操作程序分析案例

程序类别	程序名称：左(右)发动机超限		版本/日期：R1/ 2016.12.15
CAS 级别：警戒	CAS 信息：L(R)ENG EXCEEDANCE	ATA 章节：71	程序等级：警戒
程序来源	安全性分析□　规章要求□　机型特点□　类似机型■		
安全性分析结论 （Ⅰ～Ⅴ类）	Ⅰ类□　Ⅱ类■　Ⅲ类□　Ⅳ类□　Ⅴ类□		分析报告编号： E - C271JB022
程序条件（执行本程序的条件）	左(右)发动机以下任一参数超出限制值：N1、N2、EGT 触发条件：(抑制条件为 TO2、TO3、TO4、进近、着陆) (1) N1 转速超出限制值 (2) N2 转速超出限制值 (3) EGT 超出限制值 N1 101% N2 116.5% EGT 瞬态 1 065℃ EGT 稳态 1 060℃ N2 超速保护 118.8%		
故障现象 （驾驶员能感知）	EICAS：L(R)ENG EXCEEDANCE AUDIO：一声谐音，主警戒灯亮 EICAS上相应发动机参数超出限制值：N1、N2、EGT		

故障对飞机或人员的影响	飞机：无 机组：机组人员可察觉故障,并采取应急措施,增加了机组人员的操作负担 乘客：无
程序目标 (执行本程序要达到的目的)	收正推力杆,使发动机不超限
处置逻辑 (故障的处置原则)	(1) 收正推力杆,直到参数恢复至正常范围以内,监控发动机参数 (2) 若发动机参数超限消除,则发动机可正常使用 (3) 若发动机参数超限依然存在,则关闭对应侧发动机(若发动机 N2 超限持续一定时间内驾驶员没有采取操作,则 FADEC 会自动关闭受影响侧发动机)
操作程序 (与处置逻辑对应)	自动油门(若接通) ·· 断开 左(右)发动机正推力杆 ·· 正慢车位 左(右)发动机正推力杆 ·· 监控 告警消失： (受影响侧)发动机 ··· 监控使用 告警仍然存在： 左(右)发动机失效关车程序 ·· 执行 (受监控发动机参数红线限制值：N1 101％；N2 116.5％；EGT 瞬态 1 065℃；EGT 稳态 1 060℃)
不工作项	自动油门 受影响侧发动机气源、发动机驱动泵和变频发电机
备注 (疑问或不确定处)	对应 FMEA 需安全性专业确认
程序执行后,后续操作总结 (巡航、进近、着陆、复飞等飞行阶段)	详见操作程序

3) 确定试验场景

确定试验场景所需考虑的因素如下：

(1) 场景的设置需涵盖 CCAR - 25 - R4 中规定的机组基本工作职能和工作量因素。

（2）AC 25.1523-1中还要求考虑机组差错情况。对驾驶舱设计进行评估时，重点关注工作量大的场景是否会导致驾驶员机组差错。

（3）场景的设计还得考虑被试飞机的安全性分析结果。根据安全性分析结果和科目的风险程度，选定用于模拟器试验的场景和用于飞行试验的场景。

根据飞机型号设计特点，试验场景选取有所不同，典型的试验场景如下。

a. 场景1：人工手动飞行。

b. 场景2：标准仪表离场。

c. 场景3：非精密进近（湍流气象条件）。

d. 场景4：非精密进近（正常气象条件）。

e. 场景5：过V_1后的单发失效。

f. 场景6：两套液压系统失效。

g. 场景7：TCAS告警（一名驾驶员失能）。

h. 场景8：燃油不平衡。

i. 场景9：发电机失效。

j. 场景10：侧风条件下复飞。

k. 场景11：飞行控制系统直接模式。

l. 场景12：发动机着火。

m. 场景13：标准仪表进场。

n. 场景14：结冰环境。

4）确定试飞机组

确定试飞机组所需考虑因素如下所示。

（1）为确保机组工作量试验和试飞结果的有效性和可信度，试验和试飞机组的选择需考虑不同的年龄、飞行经验、身体特征等要求。

（2）确定若干个试验和试飞机组，包括民用飞机试飞员、局方试飞员、对比机型航线驾驶员、其他航线驾驶员等各若干名。

（3）为保证试飞的安全性，试飞时双人机组必须保证有且只有一名为民用飞机的试飞员。此外,对于航线驾驶员,在试验前一周内需要完成 15～25 h 的航线飞行。

某型飞机试飞继续选取示例如下:在某型飞机最小机组工作量适航符合性验证过程中,飞行机组由 6 名某型飞机申请人试飞员、2 名局方试飞员、4 名相似机型驾驶员和其他 5 名航线驾驶员,共计 17 人,搭配成 11 个机组。在试验前一周内需要完成 15～25 h 的航线飞行。某型飞机最小机组模拟器试验机组搭配如表 11 - 10 所示。

表 11 - 10　某型飞机最小机组模拟器试验机组搭配

序号	驾驶员 1	驾驶员 2
1	局方(1)	航线(1)
2	局方(2)	航线(2)
3	某型飞机(1)	航线(3)
4	某型飞机(2)	航线(4)
5	某型飞机(3)	航线(5)
6	某型飞机(4)	相似机型(1)
7	某型飞机(5)	相似机型(2)
8	某型飞机(6)	相似机型(3)
9	某型飞机(1)	相似机型(4)
10	某型飞机(2)	航线(1)
11	某型飞机(3)	航线(2)

5) 培训试飞机组

试飞机组的培训过程如下:

(1) 试验人员向驾驶员详细解释每个测量设备的使用目的和使用方法,并明确告诉驾驶员,测量设备不会对他们操作飞机造成影响,并且不会对他们本身造成任何影响,让驾驶员按照正常飞行的情况操作飞机。

(2) 提供给驾驶员一段时间以适应各个测量设备,如心率仪、眼动仪的佩戴。避免在正式试验过程中，由测量设备佩戴不适应的因素带来的飞行绩效评估结果的偏差。

（3）熟悉贝德福德机组工作量评定标准、NASA‐TLX 评分表。

6）采集试验和试飞数据

在试验和试飞过程中，需要采集和记录下述三类数据：

（1）记录在整个飞行过程中机组操作、机组错误、通信不成功等（观察员记录、摄像机记录）。

（2）驾驶员在整个飞行过程中的生理参数（眼动数据、心率、呼吸等）。

（3）驾驶员在整个飞行过程中对工作量的主观评估（BRS 等级评分表、NASA TLX 评分表、驾驶员的综合评述）。

12

展望

民用飞机未来驾驶舱的变革是涉及整个民航交通运输体系的综合化升级过程，技术更新涉及飞行、空管、机场、运营签派、地勤维护、培训等全方位技术领域，单纯的驾驶舱功能设计和界面优化对提升航空安全和运行效率的贡献有限。全方位的驾驶舱变革目标是充分利用当前主流的空地一体化、人工智能、大数据等技术，将驾驶舱打造成全智能驾驶舱，实现智能检测、智能显示、智能告警、智能交互、智能辅助决策等功能，以大幅提升驾驶舱人机交互效能和智能化水平，可能的变革聚焦于两大方面：

（1）通过引入新技术，优化当前技术，对当前主流的驾驶舱进行更加智能化的设计，以期进一步提高飞行安全，降低机组工作负荷，减少机组差错，保持情景意识，增强公司运行效率和收益，改善机组舒适性。

（2）在整个民航运输体系下，智能驾驶舱将与下一代的空管、签派、维护、机场等多个民航运输主体进行交互，保证驾驶舱在整个运行系统中的匹配性，发挥各自最大效率。

具体的技术可能在触摸屏的广泛使用、新航行技术发展和单人制机组等方面获得发展。

12.1 触摸屏的广泛使用

十年以后，操纵飞机驾驶舱的将是出生于 21 世纪的一代人，而这一代人从小使用的就是触摸屏设备，对于他们而言，可能会非常不适应现在复杂的物理按键式飞机驾驶舱。目前，触摸屏设备已逐步应用于驾驶舱，触摸屏的应用主要有两大优点。

（1）显示与控制一体化，即一块触控屏在呈现用户所需信息的同时，在对应区域上可以实现直接操作，而操作所产生的视觉反馈（信息变化）也可以在相同的区域呈现。传统飞机驾驶舱人机界面显示区域与操纵区域是完全分离的，驾驶员往往需要花费更多的精力在两个不同的区域之间进行切换以获得飞机的状态信息。因此,触控技术的发展将使得飞行控制更加直观高效。

（2）智能化,自动化处置程序是采用触控界面后的一个优势,应用触控式驾驶舱的根本目的是减少驾驶员的工作负担,触控界面本身不能替驾驶员决策和处置任务,但是随着智能化技术的发展,在控制界面背后的逻辑将会代替驾驶员自动处置更多工作。

国内外已经针对触摸屏在驾驶舱内的应用展开了研究工作,Garmin 公司的 G3000 和 G5000 导航系统均使用了触摸屏进行显示控制,波音 777X 飞机也即将投入商业运行,可以预期,触摸屏将是未来民机驾驶舱的标配。

12.2　新航行技术发展

目前,得益于 ICAO 和各国民航组织在航行新技术方面的努力推广,基于 HUD、基于性能的导航(performance based navigation,PBN)、广播式自动相关监视(automatic dependent surveillance-broadcast,ADS - B)等技术的下一代飞机,为实现高密度、全天候、复杂地形的运行提供了可能,其中,HUD、SVS、ESVS、ADS - B IN/OUT、新一代 TCAS、所需导航性能(required navigation performance,RNP)0.1 等技术的逐渐成熟与推广,可有效解决高密度运行环境下的间隔管理、防撞预警和决策;低能见度环境下的等效视觉运行;复杂地形下的精准航路规划等难题。

同时,飞机也能融入下一代新空中交通管理系统,进行智能化流量管理和飞行冲突的判断、解除,使空域资源得到充分而有效的利用,大幅提升管制工作的效率和精准程度,降低管制员、驾驶员的工作负荷。

由于全球卫星导航定位、星基着陆技术在保障运行安全等级、提高公司运行效率、减少地面设备运营维护成本等方面的突出优势,全球卫星导航定位、星基着陆技术将在未来驾驶舱内普遍使用,并成为主流技术。

在此基础上,短期可以预见的、传统的基于 NDB 的 ADF 将逐渐退出民航驾驶舱历史舞台,VOR、DME、ILS 等地基导航技术也将逐渐成为驾驶员的备用选择方式。

全球卫星导航定位、星基着陆将成为主流进近方式,同时,考虑到不同国家或组织对于 GPS、北斗、伽利略等卫星导航系统的战略布局,未来驾驶舱必定会提供更加灵活的地基增强、星基着陆技术支持。

12.2.1　无纸化驾驶舱

未来的驾驶舱将真正实现无纸化,气象信息、ATC 指令、飞行计划和其他航空公司运控大厅信息都将通过电子化的方式进行交互。例如,具备满足适航网络安全要求的便携式电子飞行包(electronic flight bag,EFB)将成为主流,通过飞机通信寻址与报告系统(aircraft communications addressing and reporting system,ACARS)、管制员-驾驶员数据链通信(controller pilot data link communication,CPDLC)、蓝牙、WiFi、3G/4G(甚至 5G)等数据上下链技术的使用,自动完成飞行计划、自动终端情报服务、航空公司运控大厅指令等信息的智能推送。

此外,具备智能交互的电子化运行手册(操作程序、检查单)、可交互性能计算、闭环式电子检查单等技术,可实现自动化交叉检查、提醒、告警、一致性监控、数据上传与下载、辅助决策执行等功能。

12.2.2　更加安全的场面导引技术

飞机在地面运行阶段,特别是地面滑行和落地滑跑阶段,发生事故的概率占航空安全事故的较大比例。

目前,A350 和波音 787 飞机均已经具备了防冲出跑道、自动刹车以脱离跑道、场面导航技术,已被驾驶员和航空公司广泛接受。未来,这些技术将被普遍推广。

此外,基于下一代飞管系统对于机场数据库的数据加载更新和导航精度的升级,场面导航技术将逐步升级为场面导航加导引功能,包括路线规划、障碍物识别等,有效提高运行效率,降低安全风险。

12.2.3　更加强大的飞行管理系统

更加精确的飞行计划管理、燃油管理;实现气象信息的采集和共享、先进综合导航导引(四维导航)、基于区块链的自由航路规划、基于时间的间隔、环境监视、基于性能的通信和监视(performance based communication and surveillance,PBCS)。

12.3　单人制机组

驾驶员资源是民用航空领域的稀缺资源,飞行机组人数是影响航空公司盈利的关键因素之一。最早的飞机驾驶舱需要 5 名驾驶员,现在的飞机驾驶舱基本以双人制机组为主,随着智能化技术的发展,单人制机组将成为可能。

随着技术进步,自动化程度越来越高,人为差错引起的航空事故占比居高不下,更可靠、更稳定的、依靠自动化实现机组功能的单人制驾驶技术在市场需求的催生下有可能获得快速的突破和进步。

单人制机组的实现依靠先进自动控制技术、导航技术、监视技术、通信技术等方面的革新。目前可预见的需要突破的技术如下:

(1) 驾驶舱布置布局与适航。由于单人制机组的人员数量改变,因此传统的驾驶舱布置布局技术将发生翻天覆地的变革;此外,已有适航条款中关于机组工作量、可达、可视、可用等方面的要求也将产生新的改变。

(2) 自动控制技术。为保证单人制机组工作负荷在正常区间内,在现有的双人制机组情况下,各飞行阶段的机组任务需要进行大规模精简,传统的副驾驶员动作和部分主驾驶员动作将由计算机辅助决策(自动程序执行)替代,从而同等满足传统意义上驾驶舱内部的机组资源管理。此外,语音识别与控制技术可能会在局部尝试应用。

(3) 空地数据传输技术。按现有单人制机组的发展路径,未来将在地面增设相关地面监控(甚至控制)的机组角色,用于与飞机上驾驶员的沟通、协作以及在紧急情况下的故障处置等。这需要全程、实时、安全的高流量数据空地传输,包括飞机状态数据实时监控、自动接收、地面控制、图像显示等,为空地数据传输技术带来了极大的挑战。目前来看,基于卫星的通信技术在提供超高带宽、优越的稳定性和网络安全性方面有较大的研究空间。此外,实时的驾驶员健康监控系统也可能是需要进一步研究的一个方向。

总结来讲,单人制机组依靠先进的自动化控制技术和空地数据传输技术,降低机组工作负荷,使驾驶员从驾驶飞机更多地向管理飞机转变,改变人机功能分配,大幅降低机组工作负荷,降低人为差错发生概率,改善航空运行安全水平,是引领未来驾驶舱发展的新契机。

附录 A　驾驶舱相关适航条款

驾驶舱相关适航条款如表 A-1 所示。

表 A-1　驾驶舱相关适航条款

条款	标题	内　　容	内容分类
CCAR-25.207	失速警告	(a) 在直线和转弯飞行中,为防止襟翼和起落架在任一正常位置时无意中造成失速,必须给驾驶员以有效的清晰可辨的具有足够余量的失速警告	机组告警—功能—失速
CCAR-25.253	高速特性	(a) **增速特性和速度恢复特性**　必须满足下列对增速特性和速度恢复特性的要求: (2) 积极有效的固有或人为速度警告发出后驾驶员作出反应的时间,必须表明在下述条件下能够恢复到正常的姿态,并且速度降低到 V_{MO}/M_{MO}: (i) 不需要特别大的驾驶杆力或特殊的技巧; (ii) 不超过 V_D/M_D, V_{DF}/M_{DF} 及各种结构限制; (iii) 不出现会削弱驾驶员判读仪表或操纵飞机恢复正常的能力的抖振	机组告警—功能—过速 飞机操纵—控制律
CCAR-25.611	可达性措施	(a) 必须具有措施,使能进行为持续适航所必需的检查(包括检查主要结构元件和操纵系统)、更换正常需要更换的零件、调整和润滑。每一项目的检查方法对于该项目的检查间隔时间必须是切实可行的。如果表明无损检查是有效的并在第25.1529条要求的维护手册中规定有检查程序,则在无法进行直接目视检查的部位可以借助无损检查手段来检查结构元件	布置布局
CCAR-25.672	增稳系统及自动和带动力的操纵系统	如果增稳系统或其它自动或带动力的操纵系统的功能对于表明满足本部的飞行特性要求是必要的,则这些系统必须符合第25.671条和下列规定:	机组告警—功能—飞行控制

（续表）

条款	标题	内　容	内容分类
		(a) 在增稳系统或任何其它自动或带动力的操纵系统中,对于如驾驶员未察觉会导致不安全结果的任何故障,必须设置警告系统,该系统应在预期的飞行条件下无需驾驶员注意即可向驾驶员发出清晰可辨的警告。警告系统不得直接驱动操纵系统	
CCAR - 25.679	操纵系统突风锁	(a) 必须设置防止飞机在地面或水面时因受突风冲击而损坏操纵面(包括调整片)和操纵系统的装置。如果该装置啮合时会妨碍驾驶员对操纵面的正常操纵,则该装置必须满足下列要求之一: (2) 能限制飞机的运行,使驾驶员在开始起飞时就获得不致误解的警告	机组告警—功能—飞行控制
CCAR - 25.703	起飞警告系统	飞机必须安装起飞警告系统并满足下列要求: (a) 在起飞滑跑的开始阶段,如果飞机处于任何一种不允许安全起飞的形态,则警告系统必须自动向驾驶员发出音响警告,这些形态包括: (1) 襟翼或前缘升力装置不在经批准的起飞位置范围以内; (2) 机翼扰流板(符合第25.671条要求的横向操纵扰流板除外),减速板或纵向配平装置处于不允许安全起飞的位置; (b) 本条(a)中要求的警告必须持续到下列任一时刻为止: (1) 飞机的形态改变为允许安全起飞; (2) 驾驶员采取行动停止起飞滑跑; (3) 飞机抬头起飞; (4) 驾驶员人为地切断警告。 (c) 在申请合格审定的整个起飞重量、高度和温度范围内,用于接通警告系统的装置必须能正常工作	机组告警—功能—飞机形态—襟缝翼、扰流板
CCAR - 25.729	收放机构	(e) 位置指示器和警告装置　如果采用可收放起落架,必须有起落架位置指示器(以及驱动指示器工作所需的开关)或其它手段来通知驾驶员,起落架已锁定在放下(或收上)位置,该指示和警告手段的设计必须满足下列要求:	机组告警—功能—起落架形态 机组告警—虚警管理 机组告警—音响告警抑制

条款	标题	内　　容	内容分类
		(1) 如果使用开关,则开关的安置及其与起落架机械系统的结合方式必须能防止在起落架未完全放下时误示"放下和锁住",或在起落架未完全收上时误示"收上和锁住"。开关可安置在受实际的起落架锁闩或其等效装置驱动的部位; (2) 当准备着陆时如果起落架未在下位锁锁住,必须向飞行机组发出持续的或定期重复的音响警告。 (3) 发出警告的时间必须足以来得及将起落架在下位锁锁住或进行复飞。 (4) 本条(e)(2)所要求的警告不得有容易被飞行机组操作的手动关断装置,以免其可能因本能、无意或习惯性反应动作而关断。 (5) 用于发生音响警告的系统设计必须避免虚假警告或不当警告。 (6) 用于抑制起落架音响警告的系统,其阻止警告系统工作的失效概率必须是不可能的	
CCAR-25.771	驾驶舱	(a) 驾驶舱及其设备必须能使(按第25.1523条规定的)最小飞行机组在执行职责时不致过份专注或疲劳	驾驶舱综合性条款—机组工作量
CCAR-25.773	驾驶舱视界	(a) 无降水情况　对于无降水情况,采用下列规定: (1) 驾驶舱的布局必须给驾驶员以足够宽阔、清晰和不失真的视界,使其能在飞机使用限制内安全地完成任何机动动作,包括滑行、起飞、进场和着陆。 (2) 驾驶舱不得有影响(按第25.1523条规定的)最小飞行机组完成正常职责的眩光和反射,必须在无降水情况下通过昼和夜间飞行试验表明满足上述要求。 (b) 降水情况　对于降水情况,采用下列规定: (1) 飞机必须具有措施使风挡在降水过程中保持有一个清晰的部分,足以使两名驾驶员在飞机各种正常姿态下沿飞行航迹均有充分宽阔的视界。此措施必须设计成在下列情况中均有效,而无需机组成员不断关注:	驾驶舱外视界 驾驶舱眩光

条款	标题	内　容	内容分类
		(i) 大雨,速度直至 $1.5V_{SR1}$,升力和阻力装置都收上; (ii) 第 25.1419 条规定的结冰条件下,如果要求按结冰条件下的飞行进行审定。 (2) 正驾驶员必须有: (i) 当座舱不增压时,在本条(b)(1)规定条件下能打开的窗户,提供该项所规定的视界,又能给予驾驶员足够的保护,防止风雨影响其观察能力; (ii) 在本条(b)(1)规定条件下考虑遭到严重冰雹可能造成的损伤,保持清晰视界的其它手段。 (c) **风挡和窗户内侧的起雾**　飞机必须具有在其预定运行的所有内外环境条件(包括降水)下,防止风挡和窗户玻璃内侧在提供本条(a)规定视界的范围上起雾的措施。 (d) 在每一驾驶员位置处必须装有固定标记或其它导标,使驾驶员能把座椅定位于可获得外部视界和仪表扫视最佳组合的位置。如使用有照明的标记或导标,它们必须满足第 25.1381 条规定的要求	
CCAR - 25.777	驾驶舱操纵器件	(a) 驾驶舱每个操纵器件的位置必须保证操作方便并防止混淆和误动。 (b) 驾驶舱操纵器件的运动方向必须符合第 25.779 条的规定。凡可行处,其它操纵器件操作动作的直感必须与此种操作对飞机或对被操作部分的效果直感一致。用旋转运动调节大小的操纵器件,必须从断开位置顺时针转起,经过逐渐增大的行程达到全开位置。 (c) 操纵器件相对于驾驶员座椅的位置和布局,必须使任何身高 158 厘米(5 英尺 2 英寸)至 190 厘米(6 英尺 3 英寸)的(按第 25.1523 条规定的)最小飞行机组成员就座并系紧安全带和肩带(如果装有)时,每个操纵器件可无阻挡地作全行程运动,而不受驾驶舱结构或最小飞行机组成员衣着的干扰。	控制器件—方向 控制器件—布置 控制器件—可达性 控制器件—形状 控制器件—防差错

条款	标题	内　　　容	内容分类
		(d) 各台发动机使用同样的动力装置操纵器件时，操纵器件的位置安排必须能防止混淆各自控制的发动机。 (e) 襟翼和其它辅助升力装置的操纵器件必须设在操纵台的上部，油门杆之后，对准或右偏于操纵台中心线并在起落架操纵器件之后至少 254 毫米（10 英寸）。 (f) 起落架操纵器件必须设在油门杆之前，并且必须使每个驾驶员在就座并系紧安全带和肩带（如果装有）后可以操作。 (g) 操纵手柄必须设计成第 25.781 条规定的形状。此外，这些手柄必须是同色的，而且颜色与其它用途的操纵手柄和周围驾驶舱的颜色有鲜明的对比。 (h) 如要求有飞行工程师作为（按第 25.1523 条规定的）最小飞行机组成员，则飞机上必须设有飞行工程师工作位置，其部位和安排能使飞行机组成员有效地各行其职而互不干扰	
CCAR - 25.779	驾驶舱操纵器件的动作和效果	驾驶舱操纵器件必须设计成使它们按下列运动和作用来进行操纵： **（a）空气动力操纵器件：** (1) 主操纵 | 操纵器件	动作和效果
---	---
副翼	右偏（顺时针）使右翼下沉
升降舵	向后使机头抬起
方向舵	右脚前蹬使机头右偏 | (2) 次操纵 | 操纵器件	动作和效果
---	---
襟翼（或辅助升力装置）	向前使襟翼收起；向后使襟翼放下
配平调整片（或等效装置）	转动使飞机绕平行于操纵器件轴线的轴线作相似转动		

（续表）

条款	标题	内　　容	内容分类
		（b）动力装置操纵器件和辅助操纵器件： （1）动力装置操纵器件 | 操纵器件	动作和效果 | |---|---|
功率或推力 杆 螺旋桨 混合比 汽化器空气 加热 增压器	油门杆向前使正推力增大，向后使反推力增大 向前使转速增加 向前或向上使富油 向前或向上使冷却 对于低压头增压器，向前或向上使压力增大 对于涡轮增压器，向前、向上或顺时针转动使压力增大 | （2）辅助操纵器件 | 操纵器件	动作和效果 | |---|---|
起落架	向下使起落架放下		控制器件—方向
CCAR - 25.781	驾驶舱操纵手柄形状	驾驶舱操纵手柄必须符合下图中的一般形状（但无需按其精确大小和特定比例）： 襟翼操纵手柄　　　　起落架操纵手柄 混合比操纵手柄　　　增压器操纵手柄 功率或推力操纵手柄　转速操纵手柄	控制器件—外形

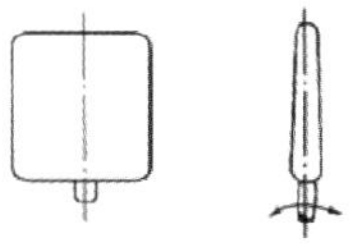

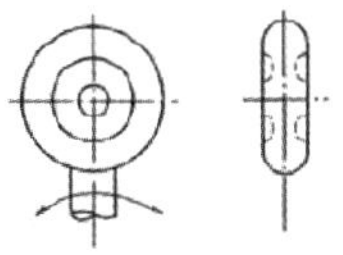

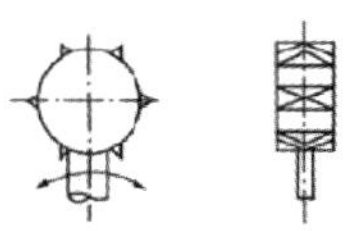

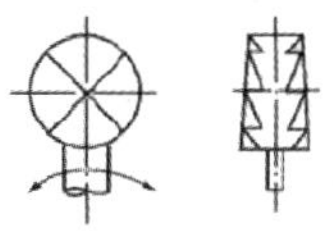

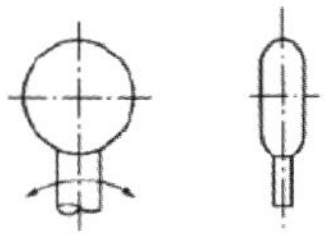

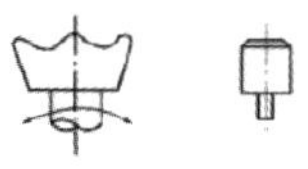

条款	标题	内　　容	内容分类
CCAR-25.783	机身舱门	(e) **警告、戒备和提示指示**　必须给门提供下列指示： (3) 在驾驶舱内必须有目视措施，如果门没有完全关闭、锁闩和锁定则给驾驶员发出信号。对于以下情况，该措施必须被设计成，任何失效或者失效组合导致错误的关闭、锁闩和锁定指示是不可能的： (i) 每一承压和打开时首先作非内向运动的门；或 (ii) 每一未锁闩可能有危险的门。 (4) 在起飞滑跑最初阶段之前或者在起飞滑跑最初阶段中，如果任何门没有完全关闭、锁闩和锁定并且其打开可能妨碍安全起飞或返航着陆，则必须给驾驶员声学警告	机组告警—舱门
CCAR-25.812	应急照明	(f) 除了按本条(h)设置的仅供给一个辅助设施使用、并独立于飞机主应急照明系统的分系统（该分系统在辅助设施竖立时能自动接通）之外，应急照明系统必须按照下列要求设计： (1) 必须能从飞行机组的工作位置和从客舱中空中服务员正常座位易于接近的地点，对灯光进行手控； (2) 必须有飞行机组警告灯，当飞机电源接通而应急照明控制装置未处于准备状态时，该灯发亮； (3) 驾驶舱内的控制装置必须有"接通"、"断开"和"准备"三种位置。当该装置置于"准备"位置，或者驾驶舱或空中服务员处的一个控制装置置于"接通"位置时，一旦飞机正常电源中断（撞损着陆时机身横向垂直分离引起的中断除外），灯发亮或保持发亮。必须有保险措施以防止处于"准备"或"接通"位置的控制装置被误动	控制器件—应急撤离 机组告警—应急撤离
CCAR-25.819	下层服务舱（包括厨房）	对于在主舱下面设置服务舱（该舱在滑行和飞行期间可以有人，但在起飞与着陆期间不得有人）的飞机，采用下列规定：	控制器件—应急撤离

条款	标题	内　　容	内容分类
		(c) 必须有在正常与应急情况下都能听见的应急音响警报系统,使得驾驶舱内的机组成员,和在每个与地板齐平的应急出口处的机组成员,均能对下层服务舱中的乘员发出应急警报	
CCAR - 25.841	增压座舱	(b) 增压座舱必须至少有下列控制座舱压力的活门、控制器和指示器: (5) 驾驶员和飞行工程师工作位置处的仪表,用来指示压差、座舱压力高度和压力高度变化率; (6) 驾驶员和飞行工程师工作位置处的警告指示器,当超过压差的安全值或预先调定值时,以及超过座舱压力高度限制时能发出指示。座舱压差指示器上相应的警告标记,要满足对压差限制的报警要求;音响或目视信号(座舱高度指示装置除外)要满足对座舱压力高度限制的要求,当座舱压力高度超过 3,048 米(10,000 英尺)时向飞行机组发出警告; (7) 如果结构不是按压差(直到释压活门的最大调定值)和着陆载荷的组合来设计的,驾驶员或飞行工程师工作位置处应设置警告标牌	控制器件—座舱压力 机组告警—座舱压力
CCAR - 25.854	厕所防火	客座量等于或大于 20 座的飞机,必须满足下列厕所防火要求: (a) 每个厕所必须安装烟雾探测系统或等效装置,在驾驶舱内设置警告灯,或者在旅客舱设置空中服务员容易察觉的警告灯或音响警告	机组告警—盥洗室防火
CCAR - 25.857	货舱等级	(b) B 级　B 级货舱或行李舱是指具备下列条件的舱: (3) 有经批准的、独立的烟雾探测或火警探测器系统,可在驾驶员或飞行工程师工作位置处给出警告。 (c) C 级　C 级货舱或行李舱是指不符合 A 级和 B 级要求的舱,但是这类舱应具备下列条件: (1) 有经批准的、独立的烟雾探测或火警探测器系统,可在驾驶员或飞行工程师工作位置处给出警告;	机组告警—货舱防火

（续表）

条款	标题	内　　　容	内容分类
		(e) **E级**　E级货舱指仅用于装货的飞机上的货舱： (2) 有经批准的、独立的烟雾探测或火警探测器系统，可在驾驶员或飞行工程师工作位置处给出警告	
CCAR-25.859	燃烧加温器的防火	(e) **加温器安全控制装置**　对于每个燃烧加温器，必须备有下列安全控制装置： (3) 必须有措施，能在任何加温器（其供热对安全运行是至关重要的）被本条(e)(1)规定的自动装置切断后向机组发出警告	控制器件—火区防火 机组告警—火区防火
CCAR-25.863	可燃液体的防火	(c) 如果要求飞行机组采取行动来预防或处置液体着火（例如关断设备或起动灭火瓶），则必须备有迅速动作的向机组报警的装置	机组告警—防火
CCAR-25.1019	滑油滤网或滑油滤	(a) 每台涡轮发动机安装，必须包括能过滤发动机全部滑油并满足下列要求的滑油滤网或滑油滤： (5) 不具备旁路的滑油滤网或滑油滤（装在滑油箱出口处除外），必须具有将滑油滤网或滑油滤与第25.1305(c)(7)条中要求的警告系统相连的措施	机组告警—动力装置
CCAR-25.1141	动力装置的操纵器件：总则	动力装置操纵器件的位置、排列和设计，必须符合第25.777至25.781条的规定，并按第25.1555条的要求作标记。此外，还必须满足下列要求： (a) 操纵器件的位置必须保证不会由于人员进出驾驶舱或在驾驶舱内正常活动而使其误动； (b) 柔性操纵器件必须经过批准，或必须表明适合于特定用途； (c) 操纵器件必须具有足够的强度和刚度，能承受工作载荷而不失效和没有过度的变形； (d) 操纵器件必须能保持在任何给定的位置而不需飞行机组成员经常注意，并且不会由于操纵载荷或振动而滑移； (e) 位于指定火区内要求在着火情况下能够工作的每个动力装置操纵器件，必须至少是耐火的。	控制器件—布置—动力装置 控制器件—阻尼—动力装置 控制器件—功能—动力装置 信息指示—功能—动力装置

条款	标题	内　容	内容分类
		(f) 位于驾驶舱内的动力装置阀门操纵器件必须具有下列措施: (1) 飞行机组可以选择阀门的每个预定位置或者功能;和 (2) 向飞行机组指示下列情况: (i) 阀门的所选位置或功能;和 (ii) 阀门没有处于预定选择的位置或功能	
CCAR - 25.1142	辅助动力装置的操纵器件	驾驶舱内必须有起动、停车和应急关断每台机载辅助动力装置的设施	控制器件—动力装置
CCAR - 25.1143	发动机的操纵器件	(a) 每台发动机必须有单独的功率(推力)操纵器件。 (b) 功率(推力)操纵器件的排列必须满足下列要求: (1) 能单独操纵每台发动机; (2) 能同时操纵所有的发动机。 (c) 每个功率(推力)操纵器件必须能对其操纵的发动机进行确实和及时反应的操纵。 (d) 如果液体(燃油除外)喷射系统及其控制机构不作为发动机的一部分来提供和批准,则申请人必须表明喷射液体的流量是受到适当控制的。 (e) 如果功率(推力)操纵器件具有切断燃油的特性,则该操纵器件必须有措施防止其误动到断油位置。该措施必须满足下列要求: (1) 在慢车位置有确实的锁或止动器; (2) 要用另外的明显动作才能将操纵器件移到断油位置	控制器件—功能—动力装置 控制器件—防错—动力装置
CCAR - 25.1145	点火开关	(a) 必须用点火开关来控制每台发动机上的每个点火电路。 (b) 必须有快速切断所有点火电路的措施,其方法可将点火开关构成组列或者使用一个总点火控制器。 (c) 每组点火开关和每个总点火控制器都必须有防止被误动的措施,但不要求连续点火的涡轮发动机的点火开关除外	控制器件—功能—动力装置 控制器件—防错—动力装置

条款	标题	内　　容	内容分类
CCAR-25.1147	混合比操纵器件	(a) 如果有混合比操纵器件,每台发动机必须有一单独的混合比操纵器件。这些操纵器件必须成组排列并满足下列要求: (1) 能单独操纵每台发动机; (2) 能同时操纵所有的发动机。 (b) 混合比操纵器件对于正常工作调定值的每一中间位置,必须能靠手感和视觉分辨。 (c) 混合比操纵器件必须是左右驾驶员都可接近的。但是,如果有单独的带操纵台的飞行工程师工作位置,则混合比操纵器件只需是飞行工程师可接近的	控制器件—功能—动力装置 控制器件—布置—动力装置
CCAR-25.1149	螺旋桨转速和桨距的操纵器件	(a) 每一螺旋桨必须有单独的螺旋桨转速和桨距的操纵器件。 (b) 操纵器件必须成组排列并满足下列要求: (1) 能单独操纵每一螺旋桨; (2) 能同时操纵所有的螺旋桨。 (c) 操纵器件必须能使所有螺旋桨同步。 (d) 螺旋桨转速和桨距的操纵器件必须设在驾驶员油门操纵器件的右面,至少比其低25毫米(1英寸)	控制器件—功能—动力装置 控制器件—布置—动力装置
CCAR-25.1153	螺旋桨顺桨操纵器件	(a) 每一螺旋桨必须有单独的顺桨操纵器件,该器件必须有防止被误动的措施。 (b) 如果是用移动螺旋桨桨距或转速操纵手柄来实现顺桨,则必须有措施能防止在正常运行时将该手柄误动到顺桨位置	控制器件—防错—动力装置
CCAR-25.1155	反推力和低于飞行状态的桨距调定	用于反推力和低于飞行状态的桨距调定的每一操纵器件,均须有防止被误动的措施。该措施在飞行慢车位置必须有确实的锁或止动器,而且必须要求机组采取另外明显动作,才能将操纵器件从飞行状态(对于涡轮喷气发动机飞机为正推力状态)的位置移开	控制器件—防错—动力装置
CCAR-25.1159	增压器操纵器件	每个增压器操纵器件必须是左右驾驶员都可达的。或者,如果有单独的带操纵台的飞行工程师工作位置,则增压器操纵器件必须是飞行工程师可达的	控制器件—布置—动力装置

（续表）

条款	标题	内　　容	内容分类
CCAR - 25.1161	应急放油系统的操纵器件	每个应急放油系统的操纵器件必须有防止其被误动的保护罩,应急放油操纵器件不得靠近灭火瓶的控制器件或用于灭火的其它控制器件	控制器件—防错—动力装置
CCAR - 25.1165	发动机点火系统	(g) 如果电气系统任一部分发生故障引起发动机点火所需的蓄电池连续放电,则必须有警告有关飞行机组成员的措施	机组告警—动力装置
CCAR - 25.1203	火警探测系统	(b) 火警探测系统的构造和安装必须符合下列规定: (2) 装有警告装置,一旦指定火区的传感器或有关导线在某一处断开时,能向机组报警,如果该系统在断开后仍能作为满足要求的探测系统继续工作则除外; (3) 装有警告装置,一旦指定火区内的传感器或有关导线短路时,能向机组报警,如果该系统在短路后仍能作为满足要求的探测系统继续工作则除外。 (f) 任何火区的火警或过热探测系统的部件不得穿过另一火区,但具备下列条件之一者除外: (1) 能够防止由于所穿过的火区着火而发生假火警的可能性	机组告警—防火系统 机组告警—防火系统
CCAR - 25.1301	功能和安装	(a) 所安装的每项设备必须符合下列要求: (1) 其种类和设计与预定功能相适应; (2) 用标牌标明其名称、功能或使用限制,或这些要素的适用的组合; (3) 按对该设备规定的限制进行安装; (4) 在安装后功能正常	飞机系统综合性条款—功能、环境、安装
FAR - 25.1302	为机组安装的设备	本条款适用于为飞行机组成员在驾驶舱正常座位上操纵飞机而安装的设备。此类设备必须独立地并与其他这样的设备结合在一起表明,通过满足以下设计要求,能使经过培训后具备资格的飞行机组成员可以安全地执行预期功能的相关任务: (1) 必须安装驾驶舱操纵器件并提供必要的信息以完成任务。 (2) 为飞行机组使用的驾驶舱操纵器件和信息必须:	驾驶舱综合性条款—控制器件、信息显示、任务匹配、差错管理

条款	标题	内　　容	内容分类
		a. 以清晰和明确的形式呈现，在分辨度和精度上与机组任务相适应。 b. 操纵器件和信息对于飞行机组来说是可达的和可用的，且应以与任务的紧急性、使用频率和持续时间协调一致的方式来使用或显示。 c. 如果对安全运行而言情景感知是必要的，则应让飞行机组知晓飞行机组动作后对飞机或系统的影响。 （3）与安装设备的操作相关的行为必须： a. 可预知和明确。 b. 设计成使飞行机组能够以与任务（及预定功能）相适应的模式干预。 （4）如可行，则在假设机组进行的是善意操作的情况下，安装的设备必须使飞行机组能够对各种飞行机组与在服务中被合理预期的设备之间的交互所导致的差错进行管理。本条不适用于与飞机的手动操纵相关的技巧性差错	
CCAR - 25.1303	飞行和导航仪表	（a）下列飞行和导航仪表的安装必须使每一驾驶员从其工作位置都能看到该仪表： （1）大气静温表，或将其指示换算为大气静温的大气温度表； （2）带秒针的或数字式的显示时、分、秒的时钟； （3）航向指示器（无陀螺稳定的磁罗盘）。 （b）每一驾驶员工作位置处必须安装下列飞行和导航仪表： （1）空速表。如果空速限制随高度变化，则该表必须指示随高度变化的最大允许空速 V_{MO}； （2）高度表（灵敏型）； （3）升降速度表（垂直速度）； （4）带有侧滑指示器（转弯倾斜仪）的陀螺转弯仪，但按有关营运条例装在 360 度俯仰和滚转姿态中均可工作的第三套姿态仪表系统的大型飞机，只需有侧滑指示器； （5）倾斜俯仰指示器（陀螺稳定的）；	信息显示—SAT、时钟、空速、空速限制、高度、升降率、姿态、侧滑、航向、马赫数 机组告警—速度超限

条款	标题	内　　容	内容分类
		(6) 航向指示器(陀螺稳定的磁罗盘或非磁罗盘)。 (c) 飞机应根据下列规定的情况安装相应的飞行和导航仪表： (1) 涡轮发动机飞机和 V_{MO}/M_{MO} 大于 $0.8V_{DF}/M_{DF}$ 或 $0.8 V_D/M_D$ 的飞机,需有速度警告装置。当速度超过 $V_{MO}+6$ 节或 $M_{MO}+0.01$ 时,速度警告装置必须向驾驶员发出有效的音响警告(要与其它用途的音响警告有明显区别)。该警告装置的制造允差的上限不得超过规定的警告速度； (2) 有压缩性限制而本条(b)(1)要求的空速指示系统未向驾驶员指示 M_{MO} 的飞机,在每一驾驶员工作位置处需有马赫数表	
CCAR - 25.1305	动力装置仪表	所需的动力装置仪表规定如下： **(a) 各种飞机** (1) 每台发动机一个燃油压力警告装置,或所有发动机一个总警告装置,并有分离各单独警告的措施； (2) 每个燃油箱一个燃油油量表； (3) 每个滑油箱一个滑油油量指示器； (4) 每台发动机的每个独立的滑油压力系统一个滑油压力表； (5) 每台发动机一个滑油压力警告装置,或所有发动机一个总警告装置,并有分离各单独警告的措施； (6) 每台发动机一个滑油温度表； (7) 提供可视和音响警告的火警设备； (8) 每个加力液箱一个液量指示器(和飞机运行中液体的使用方式相适应)。 **(b) 活塞发动机飞机**　除本条(a)要求的动力装置仪表外,还需装有下列动力装置仪表： (1) 每台发动机一个汽化器空气温度表； (2) 每台气冷发动机一个气缸头温度表； (3) 每台发动机一个进气压力表； (4) 每台发动机一个燃油压力表(指示供油压力)；	机组告警—功能—动力装置—燃油压力、滑油压力、火警、油滤信息显示—功能—动力装置—燃油油量、燃油流量、滑油油量、滑油压力、转速、防冰、油滤、反推、推力

条款	标题	内　　容	内容分类
		(5) 无自动高度混合控制器的每台发动机，一个燃油流量表或一个油气混合比指示器； (6) 每台发动机一个转速表； (7) 属于下列任一情况的每台发动机，一个在飞行中向飞行机组指示功率输出变化的装置： (i) 装有由功率输出测量系统启动的螺旋桨自动顺桨系统； (ii) 发动机活塞总排气量等于或大于 33,000 毫升(2,000 英寸^3)。 (8) 每具可反桨的螺旋桨一个指示装置，在螺旋桨反桨时向驾驶员发出指示。 **(c) 涡轮发动机飞机**　除本条(a)要求的动力装置仪表外，还需装有下列动力装置仪表： (1) 每台发动机一个燃气温度表； (2) 每台发动机一个燃油流量表； (3) 每台发动机一个转速表(指示有规定限制转速的转子转速)； (4) 如果发动机起动机既未按连续使用设计，又未设计成在其失效后能防止危险，但是可能被连续使用，则每台起动机应有一种向飞行机组指示其运转状态的装置； (5) 每台发动机一个动力装置防冰系统功能指示器； (6) 第 25.997 条要求的燃油滤网或燃油滤，应有一个指示器，在滤网或油滤的脏污程度影响第 25.997(d)条规定的滤通能力之前即指示出现脏污； (7) 第 25.1019 条要求的滑油滤网或滑油滤，如果没有旁路，则应有一个警告装置，在滤网或油滤的脏污程度影响第 25.1019 (a)(2)条规定的滤通能力之前向驾驶员警告出现脏污； (8) 防止燃油系统部件被冰堵塞的任何加温器，应有一个指示其功能是否正常的指示器。 **(d) 涡轮喷气发动机飞机**　除本条(a)和(c)要求的动力装置仪表外，还需装有下列动力装置仪表：	

（续表）

条款	标题	内　　容	内容分类
		(1) 一个向驾驶员指示推力或与推力直接有关的参数的指示器。其指示必须以对推力或该参数的直接测量为依据。该指示器必须能指示发动机故障、损坏或性能降低所造成的推力变化； (2) 当反推力装置处于下列状态时，位置指示装置向飞行机组发出指示： (i) 未处于所选位置，和 (ii) 对于每台装有反推力装置的发动机，处于反推力位置。 (3) 一个指示转子系统不平衡状态的指示器。 **(e) 涡轮螺旋桨飞机**　除本条(a)和(c)要求的动力装置仪表外，还需装有下列动力装置仪表： (1) 每台发动机一个扭矩表； (2) 每具螺旋桨一个位置指示器，在螺旋桨桨叶角小于飞行低距位置时向飞行机组发出指示； (f) 装有增大功率(推力)的液体系统(燃油除外)的飞机，必须装有一个经批准的向飞行机组指示该系统功能是否正常的装置	
CCAR-25.1307	其它设备	所需的其它设备规定如下： (a) ［备用］ (b) 两个或两个以上独立的电源； (c) 本部规定的电气保护装置； (d) 两套双向无线电通信系统，每套系统的控制装置可从每个驾驶员的工作位置进行操作，其设计和安装需保证一套系统失效时不影响另一套系统工作。允许使用公共的天线系统，只要表明使用后仍具有足够的可靠性； (e) 两套无线电导航系统，每套系统的控制装置可从每个驾驶员的工作位置进行操作，其设计和安装需保证一套系统失效时不影响另一套系统工作。允许使用公共的天线系统，只要表明使用后仍具有足够的可靠性	控制器件—布置—无线电通信

条款	标题	内　　容	内容分类
CCAR-25.1309	设备、系统及安装	(a) 凡航空器适航标准对其功能有要求的设备、系统及安装，其设计必须保证在各种可预期的运行条件下能完成预定功能。 (b) 飞机系统与有关部件的设计，在单独考虑以及与其它系统一同考虑的情况下，必须符合下列规定： (1) 发生任何妨碍飞机继续安全飞行与着陆的失效状态的概率为极不可能； (2) 发生任何降低飞机能力或机组处理不利运行条件能力的其它失效状态的概率为不可能。 (c) 必须提供警告信息，向机组指出系统的不安全工作情况并能使机组采取适当的纠正动作。系统、控制器件和有关的监控与警告装置的设计必须尽量减少可能增加危险的机组失误。 (d) 必须通过分析，必要时通过适当的地面、飞行或模拟器试验，来表明符合本条(b)的规定。这种分析必须考虑下列情况： (1) 可能的失效模式，包括外界原因造成的故障和损坏； (2) 多重失效和失效未被检测出的概率； (3) 在各个飞行阶段和各种运行条件下，对飞机和乘员造成的后果； (4) 对机组的警告信号，所需的纠正动作，以及对故障的检测能力。 (e) 在表明电气系统和设备的设计与安装符合本条(a)和(b)的规定时，必须考虑临界的环境条件。中国民用航空规章规定具备的或要求使用的发电、配电和用电设备，在可预期的环境条件下能否连续安全使用，可由环境试验、设计分析或参考其它飞机已有的类似使用经验来表明，但适航当局认可的技术标准中含有环境试验程序的设备除外	飞机系统综合性条款—安全性 机组告警—综合性 操纵器件—差错
CCAR-25.1321	布局和可见度	(a) 必须使任一驾驶员在其工作位置沿飞行航迹向前观察时，尽可能少偏移正常姿势和视线，即可看清供他使用的每个飞行、导航和动力装置仪表。	信息显示—布置—飞行、导航、动力装置仪表 驾驶舱照明—仪表照明

(续表)

条款	标题	内　容	内容分类
		(b) 第 25.1303 条所要求的飞行仪表必须在仪表板上构成组列,并尽可能集中在驾驶员向前视线所在的垂直平面附近。此外,必须符合下列规定: (1) 最有效地指示姿态的仪表必须装在仪表板上部中心位置; (2) 最有效地指示空速的仪表必须直接装在本条(b)(1)所述仪表的左边; (3) 最有效地指示高度的仪表必须直接装在本条(b)(1)所述仪表的右边; (4) 最有效地指示航向的仪表必须直接装在本条(b)(1)所述仪表的下边。 (c) 所要求的动力装置仪表,必须在仪表板上紧凑地构成组列。此外,必须符合下列规定: (1) 各发动机使用同样的动力装置仪表时,其位置的安排必须避免混淆每个仪表所对应的发动机; (2) 对飞机安全运行极端重要的动力装置仪表,必须能被有关机组成员看清。 (d) 仪表板的振动不得破坏或降低任何仪表的精度。 (e) 如果装有指出仪表失灵的目视指示器,则该指示器必须在驾驶舱所有可能的照明条件下都有效	
CCAR - 25.1322	警告灯、戒备灯和提示灯	如果在驾驶舱内装有警告灯、戒备灯和提示灯,则除适航当局另行批准外,灯的颜色必须按照下列规定: (a) 红色,用于警告灯(指示危险情况,可能要求立即采取纠正动作的指示灯); (b) 琥珀色,用于戒备灯(指示将可能需要采取纠正动作的指示灯); (c) 绿色,用于安全工作灯; (d) 任何其它颜色,包括白色,用于本条(a)至(c)未作规定的灯,该颜色要足以同本条(a)至(c)规定的颜色相区别,以避免可能的混淆	机组告警—告警灯

条款	标题	内　　容	内容分类
FAR/CS –25.1322	机组告警	（1）飞行机组告警必须： a. 向飞行机组提供必要的信息，用于识别非正常工作或飞机系统状态；必要时，确定采取适当的动作。 b. 在所有可预期的运行条件下，包括同时提供多个告警的条件下，都可被飞行机组快速容易地察觉并理解。 c. 当告警条件不存在时解除告警。 （2）根据告警是否需要飞行机组感知和相应的紧迫性，告警必须符合以下优先等级。 a. 警告：需要飞行机组立即感知和响应的情况。 b. 戒备：需要飞行机组立即感知并随后响应的情况。 c. 提示：需要飞行机组感知并可能要求随后响应的情况。 （3）警告和戒备告警必须： a. 必要时，在每一级别内区分优先级。 b. 至少通过听觉、视觉或触觉中两种不同的感官形式的组合提供及时的、吸引飞行机组注意力的指示。 c. 除非要求是连续的，否则允许本条（3）b中的吸引注意力的指示可在每次触发后被确认和抑制。 （4）告警功能的设计必须能最大限度地减小错误告警和扰人告警的影响，特别是必须设计成： a. 防止出现不恰当或不必要的告警。 b. 当告警功能失效所导致的告警会干扰飞行机组安全操作飞机的能力时，应提供抑制吸引注意力那部分告警的手段。该手段不得被飞行机组方便操作，以防止无意操作或由于习惯性反应动作引起的操作。当告警被抑制时，必须向飞行机组提供清晰无误的通告表明告警已被抑制。 （5）视觉告警提示必须： a. 符合下列颜色规定：红色用于警告的告警提示；琥珀色或黄色用于警戒的告警指示；除红色或绿色以外的任何颜色用于提示的指示。	机组告警—综合性条款

（续表）

条款	标题	内　　容	内容分类
		b. 如果在单色显示器上显示的告警指示不能符合本条(5)a 的颜色规定,则视觉编码技术应与驾驶舱内其他告警方式共同使用,以区分警告、警戒和提示的告警指示。 (6) 必须对驾驶舱内除飞行机组告警功能以外的红色、琥珀色和黄色的使用加以限制,且这些颜色的使用不能对飞行机组告警造成不利影响	
CCAR - 25.1326	空速管加温指示系统	如果装有飞行仪表的空速管加温系统,则必须设置指示系统,当空速管加温系统不工作时向飞行机组发出指示,指示系统必须满足下列要求: (a) 在飞行机组成员清晰可见的视野内有一琥珀色灯; (b) 其设计应能在出现任一下列情况时提请飞行机组注意: (1) 空速管加温系统开关在"断开"位置; (2) 空速管加温系统开关在"接通"位置,而任一空速管加温元件不工作	机组告警—功能—空速管加温 机组告警—颜色—空速管加温
CCAR - 25.1329	飞行导引系统	(a) 必须给每个驾驶员提供具有快速切断自动驾驶仪和自动推力功能的操纵器件。自动驾驶仪快速切断操纵器件必须装在两个操纵盘(或其等效装置)上。自动推力快速切断操纵器件必须装在推力操纵杆上。当驾驶员在操作操纵盘(或其等效装置)和推力操纵杆时,必须易于接近快速断开操纵器件。 (i) 飞行导引系统的功能、操纵器件、指示和警告必须被设计成使飞行机组对于飞行导引系统的工作和特性产生的错误和混淆最小。必须提供措施指示当前的工作模式,包括任何预位模式、转换和复原。选择器电门的位置不能作为一种可接受的指示方式。操纵器件和指示必须合理和统一地进行分类组合和排列。在任何预期的照明条件下,指示都必须能够被每个驾驶员看见。	控制器件—功能—自动飞行 控制器件—布置—自动飞行 控制器件—可达性—自动飞行 控制器件—防错—自动飞行 信息显示—功能—自动飞行 信息显示—防错—自动飞行 机组告警—功能—自动飞行 机组告警—形式—自动飞行

条款	标题	内　　容	内容分类
		(j) 自动驾驶仪断开后,必须及时的给每一驾驶员提供与驾驶舱其它警告截然不同的警告(视觉和听觉的)。 (k) 自动推力功能断开后,必须给每一驾驶员提供戒备指示	
CCAR - 25.1331	使用能源的仪表	(a) 对于第25.1303(b)条要求的使用能源的每个仪表,采用下列规定: (3) 如果提供导航数据的仪表是从该仪表外部的来源接受信息的,并且丧失这些信息就会使所提供的数据不可靠,则该仪表必须具有目视指示装置,当信息丧失时向机组发出警告,不应再信赖所提供的数据	信息显示—功能—导航 机组告警—功能—导航
CCAR - 25.1333	仪表系统	第25.1303(b)条要求的,各驾驶员工作位置处的仪表,其工作系统应符合下列规定: (a) 必须有措施,能使正驾驶员工作位置处的仪表与独立的工作系统相连接(独立于其它飞行机组工作位置处的工作系统或其它设备); (b) 设备、系统和安装必须设计成,当发生任何单个故障或故障组合后(如未表明其概率极不可能),无需增加机组成员的动作,仍能保留一组可供驾驶员使用的、由仪表提供的、对飞行安全必不可少的信息显示(包括姿态、航向、空速和高度); (c) 附加的仪表、系统和设备不得连接到所要求的仪表工作的系统上,除非有措施保证,附加的仪表、系统或设备发生任一失灵后(如未表明其概率极不可能),所要求的仪表仍能继续正常工作	信息显示—可用性—仪表 信息显示—重构—仪表
CCAR - 25.1337	动力装置仪表	**(b) 燃油油量表**　必须装有指示装置向飞行机组成员指示飞行中每个油箱内可用燃油油量,单位为升(美加仑),或者当量单位。此外,还必须符合下列规定: (1) 每个燃油油量表必须经过校准,使得在平飞过程中当油箱内剩余燃油量等于按第25.959条确定的不可用燃油量时,其读数为"零";	信息显示—功能—动力装置—燃油量 信息显示—功能—动力装置—滑油量

（续表）

条款	标题	内　　容	内容分类
		（c）**燃油流量指示系统**　如果装有该系统，则每个测量部件必须具有在该部件发生故障而严重限制燃油流动时使供油旁路的装置。 （d）**滑油油量指示器**　必须有油尺或等效装置以指示每个油箱内的滑油量。如果装有滑油转输系统或备用滑油供油系统，则必须具有在飞行中向飞行机组指示每个油箱滑油量的装置。 （e）**涡轮螺旋桨桨叶位置指示器**　所要求的涡轮螺旋桨桨叶位置指示器在桨叶角低于飞行低距止动点 8 度之前必须开始指示。指示信号源必须直接感受桨叶位置。 （f）**燃油压力指示器**　在活塞发动机的每一供油系统中，必须具有测量任一燃油泵（燃油注油泵除外）下游燃油压力的装置	
CCAR - 25.1381	仪表灯	（a）仪表灯必须满足下列要求： （1）提供足够的照明，使安全运行所必需的每个仪表、开关或其它装置易于判读，除非有其它光源提供的充足照明。 （2）灯的安装应做到： （i）遮蔽直射驾驶员眼睛的光线； （ii）使驾驶员看不到有害的反光。 （b）除非在每一预期的飞行条件下，不可调节亮度的仪表灯已令人满意，否则必须有措施控制照明强度	驾驶舱照明—仪表
CCAR - 25.1353	电气设备及安装	（b）蓄电池必须按下列要求设计和安装： （6）镉镍蓄电池必须具有下列系统之一： （ii）蓄电池温度敏感和超温警告系统，该系统具有一旦出现超温情况即可将蓄电池与其充电电源断开的措施； （iii）蓄电池失效敏感和警告系统，该系统具有一旦发生蓄电池失效即可将蓄电池与其充电电源断开的措施	机组告警—功能—蓄电池
CCAR - 25.1383	着陆灯	（a）每个着陆灯必须经过批准，其安装必须做到： （1）使驾驶员看不到有害的眩光； （2）使驾驶员不受晕影的不利影响；	控制器件—功能—照明

条款	标题	内 容	内容分类
		(3) 为夜间着陆提供足够的光线。 (b) 除了装在同一部位的几个着陆灯可以共用一个开关控制之外，每个着陆灯必须有一个单独的开关。 (c) 必须有手段，当着陆灯在放出位置时，向驾驶员发出指示	
CCAR - 25.1419	防冰	如果申请结冰条件下的飞行验证，飞机必须能在附录C确定的连续和间断的最大结冰状态下安全运行。为确认这一点，采用下列验证方法： (c) 当防冰或除冰系统的功能不正常时，必须有琥珀色戒备灯或等效的戒备信息向机组报警	机组告警—功能—防冰
CCAR - 25.1449	判断供氧的措施	必须设置使机组能够判定是否正在向分氧装置供氧的措施	信息指示—功能—氧气
CCAR - 25.1517	颠簸气流速度，V_{RA}	必须建立颠簸气流速度 V_{RA}，作为第25.1585 (a)(8)条所要求的紊流穿越空速的建议值，该值必须： (3) 充分小于 V_{MO}，以确保在遭遇紊流时很可能发生的空速改变不会导致过速警告的频繁发生。如果选取其它值缺少合理依据，V_{RA} 必须小于 $V_{MO}-35$ 节（TAS）。	机组告警—功能
CCAR - 25.1523	最小飞行机组	必须考虑下列因素来规定最小飞行机组，使其足以保证安全运行： (a) 每个机组成员的工作量； (b) 有关机组成员对必需的操纵器件的可达性和操作简易性； (c) 按第25.1525条所核准的运行类型。 附录D阐述了按本条要求确定最小飞行机组时采用的准则	驾驶舱综合性条款—机组工作量控制器件—可达性
CCAR - 25.1541	标记和标牌总则	(a) 飞机必须装有： (1) 规定的标记和标牌； (2) 如果具有不寻常的设计、使用或操纵特性，为安全运行所需的附加的信息、仪表标记和标牌。 (b) 本条(a)中规定的每一标记和标牌必须符合下列要求：	驾驶舱综合性条款—标记标牌

条款	标题	内　　容	内容分类
		(1) 示于醒目处； (2) 不易擦去、走样或模糊	
CCAR - 25.1543	仪表标记：总则	每一仪表标记必须符合下列要求： (a) 当标记位于仪表的玻璃罩上时，有使玻璃罩与刻度盘盘面保持正确定位的措施； (b) 每一仪表标记必须使相应机组人员清晰可见	标记标牌—可读性
CCAR - 25.1545	空速限制信息	第 25.1583(a)条所要求的空速限制信息必须为飞行机组易于辨读和理解	信息显示—可读性
CCAR - 25.1547	磁航向指示器	(a) 在磁航向指示器上或其近旁必须装有符合本条要求的标牌。 (b) 标牌必须标明在发动机工作的平飞状态该仪表的校准结果。 (c) 标牌必须说明是在无线电接收机打开还是关闭的情况下进行上述校准。 (d) 每一校准读数必须用增量不大于 45°的磁航向角表示	标记标牌—功能—磁航向
CCAR - 25.1549	动力装置和辅助动力装置仪表	每个需用的动力装置和辅助动力装置仪表，必须根据仪表相应的型别，符合下列要求： (a) 最大安全使用限制和（如有）最小安全使用限制用红色径向射线或红色直线标示； (b) 正常使用范围用绿色弧线或绿色直线标示，但不得超过最大和最小安全使用限制； (c) 起飞和预警范围用黄色弧线或黄色直线标示； (d) 发动机、辅助动力装置或螺旋桨因振动应力过大而需加以限制的转速范围用红色弧线或红色直线标示	信息显示—功能—动力装置 信息显示—颜色—动力装置 信息显示—图形—动力装置
CCAR - 25.1551	滑油油量指示器	滑油油量指示器的标记必须迅速而准确地指示滑油油量	信息显示—功能—动力装置—滑油量
CCAR - 25.1553	燃油油量表	如果任一油箱的不可用燃油超过 3.8 升（1 美加仑）和该油箱容量的 5% 中之大者，必须在其油量表上从校准的零读数到平飞姿态下能读得的最小读数用红色弧线标示	信息显示—功能—燃油

条款	标题	内　　容	内容分类
CCAR-25.1555	操纵器件标记	(a) 除飞行主操纵器件和功能显而易见的操纵器件外，必须清晰地标明驾驶舱内每一操纵器件的功能和操作方法。 (b) 每一气动力操纵器件必须按第 25.677 条和第 25.699 条的要求来标示。 (c) 对动力装置燃油操纵器件有下列要求： (1) 必须对燃油箱转换开关的操纵器件作出标记，指明相对于每个油箱的位置和相应于每种实际存在的交叉供油状态的位置； (2) 为了安全运行，如果要求按特定顺序使用某些油箱，则在此组油箱的转换开关上或其近旁必须标明该顺序； (3) 每台发动机的每个阀门操纵器件必须作出标记，指明相应于所操纵的发动机的位置。 (d) 对附件、辅助设备和应急装置的操纵器件有下列要求： (1) 每个应急操纵器件（包括应急放油操纵器件和液流切断操纵器件）必须为红色； (2) 如果采用可收放起落架，则必须对第 25.729(e) 条所要求的每个目视指示器作出标记，以便在任何时候当机轮锁住在收起或放下的极限位置时驾驶员能够判明	控制器件—标识 控制器件—颜色 控制器件—防错
CCAR-25.1563	空速标牌	必须在每个驾驶员的清晰视界内安装标有襟翼在起飞、进场和着陆位置时最大空速的标牌	标记标牌—布置
CCAR-25 附录 I25.6	动力装置仪表	除第 25.1305 条的要求外，还应满足下列要求： (a) 必须备有一种指示 ATTCS 处于接通或准备状态的装置； (b) 如果飞机固有的飞行特性不能提供一台发动机已经失效的充分警告，则必须备有一个独立于 ATTCS 的警告系统，以便在起飞中在任一台发动机失效时向驾驶员发出清晰警告	机组告警—功能

附录 B　驾驶舱符合性验证方法

在型号合格审查过程中,为了获得所需的证据资料以表明适航条款的符合性,申请人通常需要采用不同的方法,而这些方法统称为符合性验证方法(简称符合性方法)。为了统一审查双方的认识,以便信息交流,在整理以前的审查经验和借鉴国外的管理成果的基础上,将符合性方法汇总为下述十种。审查中根据适航条款的具体要求选取其中的一种或多种组合的方式来满足条款的要求。

此外,为了便于编制计划和文件,为每种符合性方法赋予相应的代码。

符合性方法的代码、名称和使用说明如表 B-1 所示。

表 B-1　符合性验证方法

代码	名称	使 用 说 明
MC0	符合性声明	通常在符合性记录文件中直接给出
MC1	说明性文件	如技术说明、安装图纸、计算方法、技术方案、航空器飞行手册等
MC2	分析/计算	如载荷、静强度和疲劳强度、性能、统计数据分析、与以往型号的相似性等
MC3	安全评估	如 FHA、系统安全性分析(system safety analysis, SSA)等用于规定安全目标和演示已经达到这些安全目标的文件
MC4	试验室试验	如静力和疲劳试验,环境试验等,试验可能在零部件、分组件和完整组件上进行
MC5	地面试验	如旋翼和减速器的耐久性试验、环境等试验
MC6	飞行试验	规章明确要求时,或用其他方法无法完全演示符合性时采用
MC7	航空器检查	如系统的隔离检查、维修规定的检查等
MC8	模拟器试验	如评估潜在危险的失效情况、驾驶舱评估等
MC9	设备合格性	设备的鉴定是一种过程,它可能包含上述所有的符合性方法

以某型民用飞机为例,其驾驶舱适航验证条款及其符合性方法如表 B-2 所示。

表 B-2　某型民用飞机驾驶舱适航验证条款及其符合性方法

符合性方法表											
规章	条款	MC									
		0	1	2	3	4	5	6	7	8	9
FAR-25	25.671(a)		√				√				
CCAR-25	25.672(a)		√								
CCAR-25	25.672(b)		√								
CCAR-25	25.677(a)		√								
	25.677(b)		√								
CCAR-25	25.685(b)		√								
CCAR-25	25.697(a)		√								
	25.697(b)		√								
CCAR-25	25.699(a)		√								
	25.699(b)		√								
	25.699(c)		√								
CCAR-25	25.703(b)		√								
CCAR-25	25.729(e)(2)		√								
	25.729(e)(3)										
	25.729(e)(4)										
CCAR-25	25.771(c)		√				√	√		√	
	25.771(e)		√					√			
CCAR-25	25.773(a)(1)		√				√				
	25.773(a)(2)						√				
	25.773(b)(1)(i)		√								
	25.773(b)(1)(ii)										
CCAR-25	25.773(b)(2)		√			√	√				
CCAR-25	25.773(d)		√				√				

(续表)

规章	条款	MC									
		0	1	2	3	4	5	6	7	8	9
CCAR-25	25.775(e)		√					√			
CCAR-25	25.777(a)		√				√				
	25.777(b)		√				√				
	25.777(c)		√				√				
	25.777(d)		√								
	25.777(e)		√								
	25.777(f)		√				√				
	25.777(g)		√				√				
CCAR-25	25.779(a)(1)		√								
	25.779(a)(2)		√								
	25.779(b)(1)		√								
	25.779(b)(2)		√								
CCAR-25	25.781		√								
CCAR-25	25.785(k)		√								
	25.785(l)		√					√			
CCAR-25	25.807(j)		√								
CCAR-25	25.841(b)(5)		√								
	25.841(b)(6)		√								
CCAR-25	25.863(c)		√								
CCAR-25	25.1141(a)		√								
	25.1141(d)		√								
	25.1141(f)(2)		√								
CCAR-25	25.1143(c)		√								
	25.1143(e)		√								
CCAR-25	25.1145(c)		√				√				
CCAR-25	25.1155		√								

规章	条款	MC									
		0	1	2	3	4	5	6	7	8	9
CCAR－25	25.1189(f)	1									
FAR/CS－25	25.1302		√	√				√		√	
CCAR－25	25.1303(a)(1)		√								
	25.1303(a)(2)		√								
	25.1303(a)(3)		√								
	25.1303(b)		√								
	25.1303(c)		√								
CCAR－25	25.1307(d)		√								
	25.1307(e)		√								
CCAR－25	25.1321(a)(b)(c)		√								
FAR/CS－25	25.1322		√								
CCAR－25	25.1325(f)		√								
CCAR－25	25.1326(a)		√								
CCAR－25	25.1329(a)		√								
	25.1329(f)		√								
	25.1329(i)		√								
	25.1329(j)		√								
CCAR－25	25.1329(k)		√								
	25.1329(l)		√								
	25.1329(m)		√								
CCAR－25	25.1351(b)(5)		√								
	25.1351(b)(6)		√								
CCAR－25	25.1357(d)		√								
CCAR－25	25.1381(a)		√								
	25.1381(b)		√								

（续表）

规章	条款	MC									
		0	1	2	3	4	5	6	7	8	9
CCAR-25	25.1383(a)		√								
	25.1383(b)		√								
	25.1383(c)		√								
CCAR-25	25.1403		√								
CCAR-25	25.1523(a)(b)		√					√		√	
CCAR-25	25.1523(c)		√								
CCAR-25	25 部附录 D		√					√		√	
CCAR-25	25.1541		√				√				
CCAR-25	25.1543(b)		√								
CCAR-25	25.1545						√				
CCAR-25	25.1551		√								
CCAR-25	25.1553		√								
CCAR-25	25.1555		√				√				
CCAR-25	25.1563						√				
CCAR-25	25.1142		√								

参考文献

［1］ EASA. AMC 1302 Installed systems and equipment for use by the flight crew ［S］. EASA，2010.

［2］ FAA. The interfaces between flight crews and modern flight deck systems ［S］. FAA，1996.

［3］ FAA. AC 25.1302－1 Installed systems and equipment for use by the flight crew ［S］. FAA，2013.

［4］ 胡全鑫.基于动作元的操纵装置舒适性研究［D].合肥：合肥工业大学,2010.

［5］ 李枫.浅谈民用飞机客舱内饰的工程设计［J].装备制造技术,2014(8)：96－99.

［6］ 袁修干,庄达民.人机工效［M].北京：北京航空航天大学出版社,2002

［7］ 梅永辉.飞机座舱环境控制［J].科技资讯,2012(32)：60.

［8］ 宋海靖,孙有朝,陆中.民机驾驶舱工效学综合评价方法研究及应用［J].飞机设计,2010,30(4)：36－40.

［9］ BOSCHI N，HAGHIGHAT F. Aircraft cabin indoor air environment requirements ［M］. Springer Berlin Heidelberg，2005.

［10］ 赵明,孙建红,孙智.隔板对双座座舱热舒适性的影响［J].江苏航空,2014(3)：36－38.

［11］ 王镭.视觉工效在飞机驾驶舱设计中的应用［J].科技信息,2012(18)：110.

［12］ 杨彪.民机驾驶舱光环境设计及视觉工效学研究［D].上海：复旦大学,2011.

［13］ SAE ARP 4103 REV. A flight deck lighting for commercial transport aircraft ［S］. 1989.

［14］ SAE AS 7788 Panels，information，integrally illuminated ［S］. 2011.

［15］ SAE ARP 1161 Crew station lighting-commercial aircraft ［S］. 2002.

［16］ 杨立.民机驾驶舱自动调光技术浅析［C］//2016年第五届民用飞机航电系统国际

论文文集,2016.

[17] GJB 2873—1997 军事装备和设施的人机工效设计准则[S]. 2012.

[18] 程明昆. 环境噪声学进展[J]. 应用声学,1995(3)：1－6.

[19] 宋静波. 飞机构造集成[M]. 北京：航空工业出版社,2011.

[20] FAA. AC 20－175 Controls for flight deck systems [S]. FAA, 2011.

[21] FAA. AC 25－7D Flight test guide for certification of transport category airplanes [S]. FAA, 2018.

[22] 郑作棣. 运输类飞机适航标准技术咨询手册[M]. 北京：航空工业出版社,1995.

[23] EASA. AMC 25. 685 (a) Control system details [S]. Germany：European Aviation Safety Agency. 2018.

[24] Joint Aviation Authorities. ACJ 25. 777 (a) Cockpit controls (interpretative material) [S]. 1994.

[25] Joint Aviation Authorities. ACJ 25. 777 (e) Cockpit controls (interpretative material) [S]. 1994.

[26] Joint Aviation Authorities. ACJ 25. 777 (g) Cockpit controls (interpretative material) [S]. 1994.

[27] Defense D O. MIL－STD－1472G Human engineering [S]. 2012.

[28] 李朋,张凯,冯虎祥,等. 运输机方向舵脚蹬人机工效设计研究[J]. 航空科学技术, 2017,28(1)：75－78.

[29] B787 Flight Deck [EB/OL]. https：//imgproc. airliners. net/photos/airliners/0/9/6/2011690. jpg? v＝v40.

[30] B787 Yoke [EB/OL]. http：//www. wired. com/autopia/wp-content/gallery/787-cockpit/ana787cockpit03. jpg.

[31] A380 Flight Deck [EB/OL]. https：//www. britishairways. com/assets/images/business-travel/pathfinder/page-title/1200x675-02 _ FlightDeck _ britishairways _ 216861968366986. jpg.

[32] A380 Side Stick [EB/OL]. https：//imgproc. airliners. net/photos/airliners/9/2/ 5/2110529. jpg? v=v40.

[33] 李玉凤,王延刚,屈香菊.主动侧杆操纵的人机特性评价方法[J].飞行力学,2008, 26(6)：9－13.

[34] Gulfstream G500 Active Stick [EB/OL]. https：//assets. newatlas. com/dims4/ default/ab1640d/2147483647/strip/true/crop/601x401＋56＋0/resize/1160x774! / quality/90/? url＝https％3A％2F％2Fassets. newatlas. com％2Farchive％2Factive- stick-1. jpg.

[35] CAAC. CCAR－25－R4 运输类飞机适航标准[S]. CAAC,2011.

[36] FAA. AC 25－11B. Electronic flight displays [S]. FAA,2014.

[37] TSO－C113b. Airborne multipurpose electronic displays [S]. 2018.

[38] CTSO－C113a.机载多功能电子显示器[S]. 2013.

[39] SAE AS 8034C Minimum performance standard for airborne multipurpose electronic displays [S]. 2018.

[40] SAE ARP 4256A Design objectives for liquid crystal displays for part 25 (transport) aircraft [S]. 2008.

[41] SAE ARP 4032B Human engineering considerations in the application of color to electronic aircraft displays [S]. 2013.

[42] SAE ARP 4102 Flight deck panels，controls, and displays [S]. 1988.

[43] SAE ARP 4102/7 Electronic displays：and appendix A，B，C [S]. 1988.

[44] SAE ARP 5364 Human factor considerations in the design of multifunction display systems for civil aircraft [S]. 2003.

[45] 舒秀丽,董大勇,董文俊.飞机驾驶舱视觉告警信号设计的基本要求分析[J].航空 工程进展,2015,6(4)：512－518.

[46] 贺东风,赵越让,钱仲焱.中国商飞系统工程手册[M].上海：上海交通大学出版 社,2017.

［47］ SAE ARP 5056 Flight crew interface considerations in the flight deck design process for part 25 aircraft［S］. 2006.

［48］ SAE ARP 4033 Pilot-system integration［S］. 2008.

［49］ 薛红军,张晓燕.民机驾驶舱人机工效设计与评估［M］.西安：西北工业大学出版社,2014.

［50］ 袁霄,郝冬晶,刘海燕,等.民用飞机驾驶舱人机界面评估方法研究［J］.民用飞机设计与研究,2017(1)：17－22.

缩略语

缩写	全文	中文
AC	advisory circular	咨询通告
ACARS	aircraft communications addressing and reporting system	飞机通信寻址与报告系统
ADF	automatic direction finder	自动定向仪
ADS-B	automatic dependent surveillance-broadcast	广播式自动相关监视
AGL	above ground level	离地高度
AIR	aerospace information report	航空航天信息报告
AMLCD	active matrix liquid crystal display	有源矩阵液晶显示器
AP	autopilot	自动驾驶仪
APU	auxiliary power unit	辅助动力装置
ARAC	Aviation Rulemaking Advisory Committee	航空立法咨询委员会
ARINC	Aeronautical Radio，Incorporated	航空无线电通信公司
ARP	aerospace recommended practice	航空航天推荐实践
ASBU	aviation system block upgrade	航空系统组块升级
AT	auto throttle	自动油门
ATC	air traffic control	空中交通管制
CAAC	Civil Aviation Administration of China	中国民用航空局
CAN	controller area network	控制器局域网
CAS	crew alerting system	机组告警系统
CCAR	China Civil Aviation Regulation	中国民航规章
CCD	cursor control device	光标控制装置
CCP	cursor control panel	光标控制板

CDU	control display unit	控制显示单元
CIE	International Commission on Illumination	国际照明委员会
CP	certification plan	审定计划
CPDLC	controller pilot data link communication	管制员-驾驶员数据链通信
CPP	certification project plan	审定项目计划
CRI	color rendering index	显色指数
CRM	crew resource management	机组资源管理
CRT	cathode ray tube	阴极射线管
CS	certification specification	审定规范
CVR	cockpit voice recorder	驾驶舱话音记录器
CVS	combined vision system	组合视景系统
DCP	display control panel	显示控制板
DCU	data concentrator unit	数据集中单元
DEP	design eye point	设计眼位
DERA	Defense Evaluation and Research Agency	英国防务评估研究所
DERP	design eye reference point	设计参考眼位
DME	distance measuring equipment	测距仪
DTK	desired track	期望航迹
EASA	European Union Aviation Safety Agency	欧洲航空安全局
ECAM	electronic centralized aircraft monitor	电子集中监视系统
ECL	electronic check list	电子检查单
EFVS	enhanced flight vision system	增强飞行视景系统
EGT	exhaust gas temperature	排气温度
EICAS	engine indication and crew alerting system	发动机指示和机组警告系统

EIS	electronic instrument system	电子仪表系统
EMI	electromagnetic interference	电磁干扰
EVS	enhanced vision system	增强视景系统
FAA	Federal Aviation Administration	美国联邦航空管理局
FADEC	full authority digital engine control	全权限数字发动机控制
FAR	Federal Aviation Regulation	联邦航空规章
FCP	flight control panel	飞行控制板
FEP	final eye position	最终眼位
FHA	functional hazard assessment	功能危害性评估
FIM	flight deck interval management	驾驶舱间隔管理
FMEA	failure modes and effects analysis	失效模式及影响分析
FMS	flight management system	飞行管理系统
FTA	fault tree analysis	故障树分析
GPS	global positioning system	全球定位系统
GPWS	ground proximity warning system	近地告警系统
GS	ground speed	地速
GUI	graphical user interface	图形用户界面
HAS	hardware accomplishment summary	硬件完结综述
HATR	hazardous air traffic report	危险空中交通事故报告
HCI	hardware configuration index	硬件构型索引
HDD	head-down display	下视显示器
HFHWG	Human Factors-Harmonization Working Group	人为因素协调工作组
HTA	hierarchical task analysis	层次任务分析法
HUD	head-up display	平视显示器

IAS	indicated airspeed	指示空速
ICAO	International Civil Aviation Organization	国际民用航空组织
ILS	instrument landing system	仪表着陆系统
IMA	integrated modular avionics	综合模块化航空电子
IMC	instrument meteorological condition	仪表气象条件
ISA	international standard atmosphere	国际标准大气
KCCU	keyboard cursor control unit	键盘光标控制单元
LCD	liquid crystal display	液晶显示器
LOC	localizer	航向信标
LOFT	line oriented flight training	面向航线的飞行训练
MFD	multi-function display	多功能显示器
MKB	multi function keyboard	多功能键盘
MC	means of compliance	符合性方法
N1	low pressure compressor rotor speed	低压压气机转速
N2	high pressure compressor rotor speed	高压压气机转速
NAS	National Airspace System	国家空域系统
NASA	National Aeronautics and Space Administration	美国国家航空航天局
NASA-TLX	National Aeronautics and Space Administration-task load index	美国国家航空航天局任务负荷指数
ND	navigation display	导航显示器
NDB	non-directional beacon	无方向性信标
NextGen	next generation air transportation system	下一代航空运输系统
NGFMS	next generation flight management system	下一代飞行管理系统
NTSB	National Transportation Safety Board	美国国家运输安全委员会

PBA	push button annunciator	带指示灯按压开关
PBCS	performance based communication and surveillance	基于性能的通信和监视
PBE	protective breathing equipment	防护呼吸设备
PBN	performance based navigation	基于性能的导航
PFD	primary flight display	主飞行显示器
PPOS	present position	当前位置
PSCP	project specific certification plan	专项合格审定计划
PSU	passenger service unit	旅客服务单元
PTT	push-to-talk	按压通话
PWM	pulse width modulation	脉冲宽度调制
QFE	query: field elevation	场面气压
QNE	query: newlyn harbour	标准大气压
QNH	query: nautical height	修正海平面气压
RA	radio altimeter	无线电高度
RFI	radio frequency interference	射频干扰
RNP	required navigation performance	所需导航性能
RNP AR	RNP authorization required	RNP 特殊授权
RTCA	Radio Technical Commission for Aeronautics	航空无线电技术委员会
SAE	Society of Automotive Engineers	国际自动机工程师学会
SAS	software accomplishment summary	软件完结综述
SAT	static air temperature	静温
SAW	surface acoustic wave	表面声波
SCI	software configuration index	软件构型索引
SESAR	single European sky ATM research	欧洲单一天空空中交通管理研究

SVS	synthetic vision system	合成视景系统
SWAT	subjective workload assessment technique	主观工作负荷评估
TARC	Transport Airworthiness Requirements Committee	交通部适航需求委员会
TAS	true airspeed	真空速
TAT	total air temperature	总温
TAWS	terrain awareness and warning system	地形提示和警告系统
TCAS	traffic collision avoidance system	空中防撞系统
TIA	type inspection authorization	型号检查核准书
TSO	technical standard order	技术标准规定
TSOA	technical standard order approval	技术标准规定项目批准书
TUC	time of useful consciousness	有效意识时间
TVOC	total volatile organic compound	总挥发性有机化合物
UGR	unified glare rating	统一眩光值
VMC	visual meteorological condition	目视气象条件
VOC	volatile organic compound	挥发性有机化合物
VOR	VHF omnidirectional range	甚高频全向信标
YD	yaw damper	偏航阻尼器

索引

大飞机出版工程　书目

《复合材料连接》

《飞机结构设计与强度计算》

三期书目(已出版)

《适航理念与原则》

《适航性:航空器合格审定导论》(译著)

《民用飞机系统安全性设计与评估技术概论》

《民用航空器噪声合格审定概论》

《机载软件研制流程最佳实践》

《民用飞机金属结构耐久性与损伤容限设计》

《机载软件适航标准 DO‐178B/C 研究》

《运输类飞机合格审定飞行试验指南》(编译)

《民用飞机复合材料结构适航验证概论》

《民用运输类飞机驾驶舱人为因素设计原则》

四期书目(已出版)

《航空燃气涡轮发动机工作原理及性能》

《航空发动机结构强度设计问题》

《航空燃气轮机涡轮气体动力学:流动机理及气动设计》

《先进燃气轮机燃烧室设计研发》

《航空燃气涡轮发动机控制》

《航空涡轮风扇发动机试验技术与方法》

《航空压气机气动热力学理论与应用》

《燃气涡轮发动机性能》(译著)

《航空发动机进排气系统气动热力学》

《燃气涡轮推进系统》(译著)

《燃气涡轮发动机的传热和空气系统》

五期书目(已出版)

《民机飞行控制系统设计的理论与方法》

《民机导航系统》

《民机液压系统》(英文版)

《民机供电系统》

《民机传感器系统》

《飞行仿真技术》

《民机飞控系统适航性设计与验证》

《大型运输机飞行控制系统试验技术》

《飞行控制系统设计和实现中的问题》(译著)

《现代飞机飞行控制系统工程》

六期书目(已出版)

《民用飞机构件先进成形技术》

《民用飞机热表特种工艺技术》

《航空发动机高温合金大型铸件精密成型技术》

《飞机材料与结构检测技术》

《民用飞机构件数控加工技术》

《民用飞机复合材料结构制造技术》

《民用飞机自动化装配系统与装备》

《复合材料连接技术》

《先进复合材料的制造工艺》(译著)

七期书目(已出版)

《支线飞机设计流程与关键技术管理》

《支线飞机验证试飞技术》

《支线飞机电传飞行控制系统研发及验证》

《支线飞机适航符合性设计与验证》

《支线飞机市场研究技术与方法》

《支线飞机设计技术实践与创新》

《支线飞机项目管理》

《支线飞机自动飞行与飞行管理设计与验证》

《支线飞机电磁环境效应设计与验证》

《支线飞机动力装置系统设计与验证》

《支线飞机强度设计与验证》

《支线飞机结构设计与验证》

《支线飞机环控系统研发与验证》

《支线飞机运行支持技术》

《ARJ21‑700新支线飞机项目发展历程、探索与创新》

《飞机运行安全与事故调查技术》

《基于可靠性的飞机维修优化》

《民用飞机实时监控与健康管理》

《民用飞机工业设计的理论与实践》

八期书目（已出版）

《航空电子系统综合化与综合技术》

《民用飞机飞行管理系统》

《民用飞机驾驶舱显示系统》

《民用飞机机载总线与网络》

《航空电子软件开发与适航》

《民用机载电子硬件开发实践》

《民用飞机无线电通信导航监视系统》

《飞机环境综合监视系统》

《民用客机健康管理系统》

《航空电子适航性分析技术与管理》

《民用飞机客舱与机载信息系统》

《民用飞机驾驶舱集成设计与适航验证》

《航空电子系统安全性设计与分析技术》

《民机飞机飞行记录系统——"黑匣子"》

《数字航空电子技术（上、下）》